21 世纪全国高等院校自动化系列实用规划教材

微机原理及接口技术
(第 2 版)

主　编　赵志诚　段中兴

副主编　何秋生　王　君　张开生

参　编　金坤善　吴叶兰　聂诗良

北京大学出版社
PEKING UNIVERSITY PRESS

内 容 简 介

本书以 Intel 8086 CPU 为对象，详细、系统地介绍 16 位微型计算机的基本原理和接口技术。其主要内容包括微型计算机的基本结构、基本工作原理、指令系统及汇编语言程序设计、半导体存储器、中断系统、基本 I/O 技术及典型的接口芯片。另外还对高性能 CPU（80X86 以及 Pentium）进行了简要介绍。

本书内容新颖、详略得当并面向应用，在强调基本原理和概念的同时，更侧重于微型计算机的实际应用，通过学习本书可以培养学生应用微机系统软硬件开发的初步能力。

本书可作为高等院校非计算机专业的教材，同时也可作为从事研发、生产的广大科技工作者的自学用书。

图书在版编目(CIP)数据

微机原理及接口技术/赵志诚，段中兴主编. —2 版. —北京：北京大学出版社，2016.3
（21 世纪全国高等院校自动化系列实用规划教材）
ISBN 978-7-301-26512-3

Ⅰ. ①微… Ⅱ. ①赵…②段… Ⅲ. ①微型计算机—理论—高等学校—教材②微型计算机—接口技术—高等学校—教材 Ⅳ. ①TP36

中国版本图书馆 CIP 数据核字（2015）第 269307 号

书　　　名	微机原理及接口技术(第 2 版)
	Weiji Yuanli ji Jiekou Jishu
著作责任者	赵志诚　段中兴　主编
责任编辑	程志强
标准书号	ISBN 978-7-301-26512-3
出版发行	北京大学出版社
地　　　址	北京市海淀区成府路 205 号　100871
网　　　址	http://www.pup.cn　新浪微博：@北京大学出版社
电子信箱	pup_6@163.com
电　　　话	邮购部 62752015　发行部 62750672　编辑部 62750667
印 刷 者	北京溢漾印刷有限公司
经 销 者	新华书店
	787 毫米×1092 毫米　16 开本　24.5 印张　573 千字
	2006 年 9 月第 1 版
	2016 年 3 月第 2 版　2016 年 12 月第 2 次印刷
定　　　价	49.00 元

前　言

随着计算机技术的发展与应用，"微机原理及接口技术"已经成为我国高校自动化、电气工程、电子工程、通信工程、机电工程等非计算机专业的一门重要的技术基础课程，同时直接面向实际应用，在相关电子工程类学科中起着相当重要的作用。本书是根据作者多年的教学实践经验和 21 世纪本科人才培养目标与模式的要求编写而成的。

尽管微机的发展日新月异，微处理器的品种繁多，但考虑到微机的体系结构仍然是冯·诺依曼经典结构，同时为了遵从由特殊到一般、循序渐进的教学方法，因此本书仍以 8086 CPU 为对象，详细、系统地介绍了 16 位微型计算机的基本工作原理和接口技术，并在此基础上对更高性能的微处理器（80X86 以及 Pentium）以及目前微机发展的最新技术进行了简要介绍。

全书共分 11 章，其中第 1 章介绍微型计算机的发展与分类、计算机中的数制与码制、计算机系统的基本组成与运行原理以及微型计算机的基本结构等相关知识。第 2 章介绍 8086 微处理器的结构、系统的两种组态及其引脚功能，分析 8086 存储器、I/O 读写周期以及其他典型时序。第 3 章介绍 80286 及以后各系列微处理器的体系结构、寄存器、工作方式，着重叙述了虚拟存储器的管理。第 4 章主要介绍 8086 CPU 的寻址方式和指令系统，并简要介绍 80286、80386 等微处理器对指令功能的扩充及新增加的指令。第 5 章介绍汇编语言程序的基本知识、BIOS 和 DOS 系统功能调用的基本概念，并通过大量例程说明了程序设计的基本方法。第 6 章首先介绍半导体存储器的分类、存储器芯片的一般结构和主要性能指标，以及随机存储器 RAM、只读存储器 ROM 的基本工作原理和典型芯片，然后介绍存储器与 CPU 的接口技术，最后介绍了高速缓冲存储器 cache 和半导体存储器的新技术。第 7 章介绍 I/O 接口的基本概念、编址方式以及 CPU 与外设之间的数据传送方式，并给出了简单输入/输出接口设计的实例。第 8 章主要介绍微机中断系统的功能、中断过程、中断管理以及 8086 的中断系统，还详细介绍了可编程中断控制器 8259A 的工作原理及应用。第 9 章介绍并行输入/输出接口 8255A、定时/计数器 8253/8254、DMA 控制器 8237A、串行通信接口 8251A 等可编程接口芯片，从内部结构和引脚入手，重点介绍芯片的工作方式、编程控制字及应用实例。第 10 章介绍总线技术的基本概念、系统总线和通信总线，其中系统总线主要介绍 ISA 总线和 PCI 总线，通信总线除了常用的 RS-232C 总线之外，结合微机发展的新技术还介绍 USB 总线。第 11 章介绍数/模转换与模/数转换的基本原理和主要性能参数，并举例详细说明常用的数/模、模/数转换器芯片及其与 CPU 的硬件接口设计和程序设计。

为了充实相关知识内容，本书使用了二维码技术，读者可以通过扫描书中二维码来获取扩充的知识和例题。

本书第 1、2 章由西安建筑科技大学段中兴编写，第 3、8 章及附录由兰州理工大学王君编写，第 4 章由太原科技大学赵志诚编写，第 5 章由太原科技大学金坤善编写，第 6 章由太原科技大学何秋生编写，第 7 章由北京工商大学吴叶兰编写，第 9、10 章由陕西科技大学张开生编写，第 11 章由西南科技大学聂诗良编写。全书由赵志诚统稿。在本书的编写过程中得到北京大学出版社的大力支持和编写指导委员会的热情帮助，在此一并表示衷心的感谢。

  由于编者水平有限，书中不当之处在所难免，敬请专家、读者批评指正。

编 者

2015 年 5 月

目　　录

第 1 章　微型计算机基础

电子计算机是近代史上人类科学杰出的发明和贡献之一。而作为电子计算机典型代表的微型计算机的出现，为计算机技术的发展和普及开辟了崭新的途径，是计算机科学技术发展史上的一个新的里程碑。本章主要介绍微型计算机的发展、分类、系统组成、基本运行原理以及计算机中采用的数制和码制等基础知识。

1.1　概　　述

1.1.1　微型计算机发展概况

人类从原始社会学会使用工具到现代社会经历了三次大的产业革命：农业革命、工业革命和信息革命，其中信息革命就是以计算机技术和通信技术的发展和普及为代表的。如果从 17 世纪欧洲出现近代科学算起，到今天差不多有 400 年的历史了，但是在这 400 年中，人类社会的发展速度是以前几十万年的历史无法比拟的，尤其是进入信息革命以后，人类社会更是以突飞猛进的速度在发展。目前，人类社会已经进入了高速发展的后现代时代，其中计算机科学和技术发展之快，是任何其他技术都无法相提并论的。

自 20 世纪 40 年代世界上第一台计算机 ENIAC 在美国宾夕法尼亚大学研制成功以来，电子计算机经历了几次重大的技术革命。通常按照电子计算机所采用的电子器件来进行划分，将电子计算机的发展分为四个阶段，习惯上称为四代。

(1) 第一代：电子管计算机时代(从 1946 年第一台计算机问世到 20 世纪 50 年代后期)。这一时期的计算机采用电子管作为基本器件，计算机的研制主要为满足军事与国防尖端技术的需要，并逐步扩展到民用，转为工业产品，形成了计算机工业。

(2) 第二代：晶体管计算机时代(从 20 世纪 50 年代中期到 60 年代后期)。这 一时期作为计算机主要器件的电子管逐步由晶体管代替，使整机的体积缩小，功耗降低，可靠性和运算速度得到提高，且价格下降。

(3) 第三代：集成电路计算机时代(从 20 世纪 60 年代中期到 70 年代前期)。这一时期的计算机采用集成电路作为基本器件，因此，功耗、体积、价格进一步下降，而速度和可靠性进一步提高，计算机的应用领域进一步扩大，占领了许多数据处理的应用领域。

(4) 第四代：大规模集成电路和超大规模集成电路计算机时代(20 世纪 70 年代以后)。这一时期的计算机采用大规模和超大规模集成电路作为基本器件，芯片集成度和微处理器的工作速度以摩尔定律发展，大体上每 2～3 年翻两番；半导体存储器取代磁芯存储器，并不断向大容量、高速度发展；微型计算机和计算机网络的产生和发展，使计算机的应用更加普及，并深入到社会生活的各个方面。

随着大规模和超大规模集成电路制造技术的发展，到 20 世纪 70 年代初期，已经能把原来体积很大的中央处理单元(Center Process Unit，CPU)电路集成在一片面积仅十几平方毫米的微处理器(Microprocessor，μP)电路芯片上，微处理器的出现开创了微型计算机的新时代。

所谓微型计算机是指以微处理器为核心再配上半导体存储器、输入/输出接口电路、系统总线及其他支持逻辑电路组成的计算机，简称微机或者微型机。微型计算机的出现，为计算机技术的发展和普及开辟了崭新的途径，是计算机科学技术发展史上的一个新的里程碑。

由于微型计算机具有体积小、重量轻、价格便宜、功耗低、可靠性高、通用性和灵活性强等突出特点，再加上超大规模集成电路技术的迅速发展，使微型计算机技术得到极其迅速的发展和广泛的应用。从 1971 年美国 Intel 公司首先研制成功世界上第一块微处理器芯片 4004 以来，差不多每隔 2～3 年就推出一代新的微处理器产品。微处理器是微型计算机的核心部件，它的性能在很大程度上决定了微型计算机的性能。因此，微型计算机的发展以微处理器的发展为标志。

1. 第一代(1971—1973 年)4 位或低档 8 位微处理器

第一代微处理器和微型计算机是以 4 位微处理器和低档 8 位微处理器为代表，典型产品有美国 Intel 公司 1971 年首次推出的 Intel 4004，其改进型是 Intel 4040，它是实现 4 位并行运算的单片微处理器，构成运算器和控制器的所有元件都集成在一片大规模集成电路芯片上，以它为核心构成的微型机是 MCS-4；1972 年 3 月 Intel 公司推出的低档 8 位通用微处理器 Intel 8008，以 Intel 8008 为核心构成的微型计算机是 MCS-8。第一代微处理器的芯片采用 PMOS 工艺，集成度约为 2000 管/片，时钟频率为 1MHz，平均指令执行时间为 20μs。

第一代微型处理器的特点是指令系统简单，运算功能单一，但价格低廉，使用方便。

2. 第二代(1974—1978 年)中高档 8 位微处理器

微处理器问世后，众多公司纷纷研制微处理器，逐步形成以 Intel、Motorola、Zilog 为代表的三大系列产品。典型产品有 1973 年 Intel 公司推出的 Intel 8080 及其改进型 8085；1974 年美国 Motorola 公司推出的 MC6809；1975 年 Zilog 公司推出的 Z-80，它是国内曾经最流行的单板微型机 TP801 的微处理器。除此之外，还有 MOS 公司推出的 MOS 6502，它是 IBM PC 问世之前世界上最流行的微型计算机 Apple II 的微处理器。第二代微处理器的芯片采用 NMOS 工艺，集成度达到 5000～9000 管/片，微处理器的性能技术指标有明显改进，时钟频率为 2～4MHz，运算速度加快，平均指令执行时间为 1～2μs。

第二代微型处理器的特 8 点是具有多种寻址方式，指令系统较完善。在系统结构上已经具有典型计算机的体系结构，具有中断、直接存储器存取等控制功能，在系统设计上考虑了机器间的兼容性、接口的标准化和通用性，配套外围电路的功能和种类齐全。在软件方面，除可使用汇编语言外，还可使用高级语言。

3. 第三代(1978—1983 年)16 位微处理器

20 世纪 70 年代后期，超大规模集成电路研制成功和制造技术的成熟，进一步推动微处理器和微型计算机生产技术向更高层次发展，出现了 16 位微处理器。这一时期最典型的产品是 Intel 公司 1978 年推出的 16 位微处理器 Intel 8086 以及与 8086 内部结构相同，但外部总线只有 8 位的准 16 位微处理器 8088。除 8086/8088 外，还有 Zilog 公司的 Z-8000，Motorola 公司的 MC68000。第三代微处理器工艺上采用 HMOS 高密度集成工艺技术，集成度为 2～7 万管/片，时钟频率为 4～8MHz，数据总线宽度为 16 位，地址总线为 20 位，可寻址内存空间达 1MB，运算速度比 8 位机快 2～5 倍。1981 年，IBM 公司推出的以 8088 为微处理器的个人计算机 IBM PC/XT 投入并占领市场后，形成了使用 16 位个人计算机的高潮。1982 年，

Intel 公司又推出 80286 微处理器，它是 16 位微处理器中的高档产品，其集成度达到 10 万管/片，时钟频率为 10MHz，平均指令执行时间为 0.2μs，速度比 8086 快 5～6 倍。

第三代微型处理器的特点是具有丰富的指令系统和多种寻址方式，多种数据处理形式，采用多级中断，有完善的操作系统。微处理器(80286)含有多任务系统必需的任务转换功能、存储器管理功能和多种保护机构，支持虚拟存储体系结构。

4. 第四代(1983—1993 年)32 位高档微处理器

1983 年以后，以 Intel 公司为代表的一些半导体集成电路生产商先后开始推出 32 位微处理器，这一时期的典型产品有 1983 年 Zilog 公司推出的 Z-80000；1984 年 Motorola 公司推出的 MC68020；1985—1989 年 Intel 公司分别推出的 Intel 80386 和 Intel 80486；NEC 公司推出的 V70 等。32 位微处理器的出现，使微处理器开始进入一个崭新的时代，无论从结构、功能和应用范围等方面看，可以说是小型机的微型化。第四代微处理器采用先进的高速 CHMOS(HCMOS)工艺，集成度为 1～120 万管/片。具有 32 位数据总线和 32 位地址总线，直接寻址能力高达 4GB，同时具有存储保护和虚拟存储功能，虚拟空间可达 64TB，时钟频率达到 16～33MHz，平均指令执行时间约 0.1μs，运算速度为每秒(300～400)万条指令。

第四代微型处理器的特点是内部采用流水线控制，使取指令、指令译码、内存管理、执行指令和总线访问并行操作。Intel 80486 片内增加了协处理器和 8KB 的片内高速缓存(cache)，并支持配置外部高速缓存。内部数据总线宽度有 32 位、64 位和 128 位，分别用于不同单元间的数据交换。采用精简指令集(RISC)技术，使微处理器可以一个时钟周期执行一条指令；采用突发总线技术与外部随机访问存储器(RAM)进行高速数据交换，大大加快了数据处理速度。

5. 第五代(1993 年后) 准 64 位高档微处理器

第五代微处理器的推出，使微处理器技术发展到了一个崭新阶段，这一时期的典型产品有 1993 年 Intel 公司推出的经典 Pentium；1995 年 IBM、Motorola、Apple 联合推出的 Power PC；AMD 公司推出的 K5。第五代微处理器采用亚微米 CMOS 工艺制造，集成度高达 310 万管/片，采用 64 位外部数据总线，使经总线访内存数据的速度高达 528MB/s、是主频 66MHz 的 80486-DX2 最高速度(105MB/s)的 5 倍，36 位地址总线使可寻址空间达 64GB，主频最初有 60MHz 和 66MHz 两种，后来陆续推出的 Pentium 系列产品的主频有 75、90、100、120、133、166MHz 和 200MHz。

第五代微型处理器的特点是采用了全新的体系结构，内部采用超标量流水线设计，在微处理器内部有 UV 两条流水线并行工作，允许 Pentium 在单个时钟周期内执行两条整数指令，即实现指令并行；Pentium 芯片内采用双 cache 结构，即指令 cache 和数据 cache，每个 cache 为 8KB，数据宽度为 32 位，避免了预取指令和数据可能发生的冲突。数据 cache 还采用了回写技术，大大节省了处理器的处理时间；采用分支指令预测技术，实现动态地预测分支程序的指令流向，大大节省了处理器用于判别分支程序的时间。

6. 第六代(1995 年后) 64 位微处理器

1995 年 2 月，Intel 公司推出第六代微处理器，Pentium PRO (P6)，P6 采用 0.6μm 工艺，集成度为 550 万管/片，具有两个一级高速缓存(即 8KB 的指令 cache 和 8KB 的数据 cache)，256KB 的二级 cache，内部采用 12 级超标量流水线结构，一个时钟周期可以执行 3 条指令，同时它在复杂指令集(CISC)/RISC 的混合使用、乱序执行等方面都有新的特点。随后，Intel 公司对 P6 的性能作进一步的改进和提升，2000 年年末 Intel 公司又推出了微处理器 Pentium 4，Pentium 4 采用 0.18μm 工艺，集成度为 4200 万管/片，具有两个一级高速缓存(即 64KB 的指令 cache 和 64KB 的数据 cache)，512KB 的二级 cache，电源电压仅为 1.9V，主频为 1.3～3.6GHz。内部采用 20 级超标量流水线结构，增加很多新指令，更加有利于多媒体操作和网络操作。另外，Intel 公司还分别于 2003 年、2005 年和 2007 年推出了 Pentium M，双核心处理器 Pentium D 和 Pentium E2200 等系列产品，进一步提升了微处理器的工作性能。

第六代微处理器的特点是性能优异，适应当前对多媒体、网络、通信等多方面的要求。随着科学技术的发展，将会不断地对微处理器提出新的要求，新型、新概念的微处理器定会层出不穷。

1.1.2 微型计算机发展特点与分类

1. 微型计算机的发展特点

因为微型计算机是采用大规模和超大规模集成电路，所以在发展过程中除了具有一般计算机的运算速度快、计算精度高、记忆功能和逻辑判断力强、自动工作等常规特点外，还表现出自身的特点。

1) 体积小、重量轻、功耗低

由于采用了大规模和超大规模集成电路，因此使构成微型计算机所需的器件数目大为减少，体积大为缩小。一个与小型机 CPU 功能相当的 16 位微处理器 MC68000，由 13000 个标准门电路组成，其芯片面积仅为 42.25mm^2，功耗为 1.25W。32 位的超级微处理器 80486，有 120 万个晶体管电路，其芯片面积仅为 16mm×11mm，芯片的重量仅十几克。工作在 50MHz 时钟频率时的最大功耗仅为 3W。随着微处理器技术的发展，今后推出的高性能微处理器产品体积更小、功耗更低而功能更强，这些优点对于航空、航天、智能仪器仪表等领域具有特别重要的意义。

2) 可靠性高、使用环境要求低

微型计算机采用大规模集成电路以后，使系统内使用的芯片数大大减少、从而使印制电路板上的连线减少，接插件数目大幅度减少，加之 MOS 电路芯片本身功耗低、发热量小，使微型计算机的可靠性大大提高，因而也降低了对使用环境的要求，普通的办公室和家庭环境就能满足要求。

3) 结构简单灵活、系统设计方便、适应性强

微型计算机多采用模块化的硬件结构，特别是采用总线结构后，使微型计算机系统成为一个开放的体系结构，系统中各功能部件通过标准化的插槽和接口相连，用户选择不同的功能部件(板卡)和相应外设就可构成不同要求和规模的微型计算机系统。由于微型计算机的模块化结构和可编程功能，使得一个标准的微型计算机在不改变系统硬件设计或只部分地改变某些硬件时，在相应软件的支持下就能适应不同应用任务的要求，或升级为更高档次的微机系统。从而使微型计算机具有很强的适应性和宽广的应用范围。

4) 性价比高

随着大规模和超大规模集成电路技术的不断成熟，集成电路芯片的价格越来越低，微型机的成本不断下降，同时也使许多过去只在大中型计算机中采用的技术(如流水线技术、RISC 技术、虚拟存储技术等)也在微型机中采用，许多高性能的微型计算机的性能实际上

已经超过了中小型计算机(甚至是大型机)的水平，但其价格要比中小型机低几个数量级。

2. 微型计算机的分类

微型计算机种类繁多，型号各异，因此用户可以从不同角度对其进行分类。例如按微处理器的制造工艺、按微处理器的字长、按微型机的构成形式、按应用范围等进行分类。不过，最常见的分类方法是按微处理器的字长和按微型机的构成形式来进行分类。这是因为微处理器是微型计算机的核心部件，微处理器的性能(特别是字长)在很大程度上决定了微型机的性能。此外，从构成形式上，目前微型机有单片机、单板机和系统机(多板机)三种形式。

1) 按微处理器字长分类

按微处理器字长来分，微型计算机一般分为 4 位、8 位、16 位、32 位和 64 位等几种。

(1) 4 位微型计算机：用 4 位字长的微处理器作 CPU，其数据总线宽度为 4 位，一个字节数据要分两次来传送或处理。

(2) 8 位微型计算机：用 8 位字长的微处理器作 CPU，其数据总线宽度为 8 位。8 位机中字长和字节是同一个概念。

(3) 16 位微型计算机：用 16 位微处理器作 CPU，数据总线宽度为 16 位。以 Intel 8086 为 CPU 的 16 位微型机 IBM PC/XT，不仅是当时相当一段时间内的主流机型，而其用户拥有量也是世界第一，以至在设计更高档次的微机时，都要保持对它的兼容。16 位机除原有的应用领域外，还在计算机网络中扮演了重要角色。

(4) 32 位微型计算机：32 位微机使用 32 位的微处理器作 CPU，可满足文字、图形、表格处理及精密科学计算等多方面的需要。典型产品有 Intel 80386、Intel 80486、MC68020、MC68030 和 Z-80000 等。特别是 1993 年 Intel 公司推出 Pentium 微处理器之后，使 32 位微处理器技术进入一个崭新阶段。

(5) 64 位微型计算机：64 位微机使用 64 位的微处理器作 CPU，这是目前的各个计算机领军公司争相开发的最新产品。

2) 按微型计算机的构成形式分类

微型计算机是由多个功能部件构成的一个完整的硬件系统，除核心部件微处理器之外，还配置有相应的存储部件、输入输出接口等。因此，按照微型机多个部件的组装形式分类，又可分为单片机、单板机和多板微型计算机三类。

(1) 单片机：如果将构成微型计算机的各功能部件(CPU、RAM、ROM 及 I/O 接口电路)集成在同一块大规模集成电路芯片上，一个芯片就是一台微型机，则该微型机就称为单片微型计算机，简称单片机。单片机的特点是集成度高、体积小、功耗低、可靠性高、使用灵活方便、控制功能强、编程保密化、价格低廉、利用单片机可较方便地构成一个控制系统。因此，在工业控制、智能仪器仪表、数据采集和处理、通信和分布式控制系统、家用电器等领域的应用日益广泛。典型产品有 Intel 公司的 MCS8051、8096(16 位单片机)，Motorola 公司的 MC68HC05、MC68HC11 等。

(2) 单板机：如果将 CPU 芯片、存储器芯片、I/O 接口芯片及简单的输入/输出设备(如小键盘、数码显示器 LED)装配在同一块印制电路板上，这块印制电路板就是一台完整的微型机，称为单板微型计算机，简称单板机。单板机具有完全独立的操作功能，加上电源就可以独立工作。但由于它的输入/输出设备简单、存储容量有限，工作时只能用机器码(二进制)编程输入，故通常只能应用于一些简单控制系统和教学中。

(3) 多板微型计算机：也称系统机，把微处理器芯片、存储器芯片、各种 I/O 接口芯片和驱动电路、电源等装配在不同的印制电路板上，各印制电路板插在主机箱内标准的总线插槽上，通过系统总线相互连接起来，就构成了一个多插件板的微型计算机。目前广泛使用的微型计算机系统(如 IBM PC/XT、PC/AT、PC386、PC484、PC586 等)就是用这种方式构成的。多板微型计算机也称单机系统，所有的系统软件和应用程序都在系统内的硬盘上或内存中。它功能强、组装灵活。选择不同的功能部件适配卡(如主机板、内存条、显示卡、声卡、软硬盘驱动器、光驱、打印机、键盘、鼠标等)就可以构成不同功能和规模的微型计算机。

1.1.3 微型计算机的应用

随着微型计算机技术的不断发展，过去只限于少数专业人员使用的计算机已经普及到广大民众乃至中小学生，同时，超级并行计算机技术、高速网络技术、多媒体技术、人工智能技术等相互渗透，改变了人们使用计算机的方式，从而使计算机几乎渗透到人类生产和生活的各个领域，对工业和农业都有极其重要的影响。微型计算机的应用范围归纳起来主要有以下几个方面。

1. 科学计算

科学计算也称数值计算，是指用计算机来解决科学研究和工程技术中所出现的复杂的计算问题。在诸如数学、物理、化学、天文、地理等自然科学领域以及航天、汽车、造船、建筑等工程技术领域中，计算工作量是很大的，完成这些计算正是计算机的特长。

2. 信息处理

信息处理也称数据处理，是指人们利用计算机对各种信息进行收集、存储、整理、分类、统计、加工、利用以及传播的过程，目的是获取有用的信息作为决策的依据。信息处理是目前计算机应用最广泛的一个领域，有资料显示，世界上 80%以上的计算机主要用于信息处理。

3. 计算机控制

计算机控制是指通过计算机并借助某些辅助部件对某一过程或对象进行自动调节，在没有人工干预的情况下，能按照预定的目标和状态实现自动控制的目的。计算机控制系统目前已被广泛应用于操作复杂的冶金、电力、石油化工、机械加工、医药等工业领域。

计算机控制还在国防和航空航天领域中起决定性作用，例如，无人驾驶飞机、导弹、人造卫星和宇宙飞船等飞行器的控制，都是靠计算机实现的。可以说计算机是现代国防和航空航天领域的神经中枢。

4. 计算机辅助设计和辅助制造

(1) 计算机辅助设计(Computer Aided Design，CAD)是指借助计算机的帮助，用户可以自动或半自动地完成各类工程设计工作。目前 CAD 技术已应用于飞机设计、船舶设计、建筑设计、机械设计、大规模集成电路设计等。采用计算机辅助设计，可缩短设计时间，提高工作效率，节省人力、物力和财力，更重要的是提高了设计质量。

(2) 计算机辅助制造(Computer Aided Manufacturing, CAM)是指利用计算机通过各种数值控制生产设备，完成产品的加工、装配、检测、包装等生产过程的技术。将 CAM 进一步集成可形成计算机集成制造系统(Computer Integrated Manufacturing Systems, CIMS)，从而实现设计生产自动化。CAM 可提高产品质量，降低投入的成本和工作者的劳动强度。

计算机除了上述辅助技术外，还有其他的辅助功能，如计算机辅助教学、计算机辅助出版、计算机辅助管理、计算机辅助绘制和计算机辅助排版等。

5．人工智能

人工智能(Artificial Intelligence，AI)是用计算机模拟人类的智能活动，如判断、理解、学习、图像识别、问题求解等，它涉及计算机科学、信息论、仿生学、神经学和心理学等诸多学科。在人工智能中，最具代表性、应用最成功的两个领域是专家系统和机器人。

机器人是人工智能技术的另一个重要应用。目前，世界上有许多机器人工作在各种恶劣环境，如高温、高辐射、剧毒等，机器人的应用前景非常广阔。

6．计算机网络

计算机技术和通信技术相结合，可以将分布在不同地点的计算机连接在一起，从而形成计算机网络，人们在网络中可以实现软件、硬件和信息资源的共享。特别是 Internet 的出现，更是打破了地域的限制，缩短了人们传递信息的时间和距离，改变了人们的生活方式。计算机网络已成为人们建立信息社会的物质基础，它给人们的工作和生活带来极大的方便。例如，可以在 Internet 上进行浏览、检索信息、收发电子邮件、阅读书报、选购商品、参与众多问题的讨论、实现远程医疗服务等。

上面介绍了微型计算机的发展概况及其主要应用，对于工科电气类学生和工程技术人员来说，学习微型计算机就是为了把微型计算机应用到工业生产中去。

1.2　计算机中的数制和编码

日常生活中，人们使用各种进制来表示数据，如二进制、八进制、十进制、十六进制等。由于电子元器件可以方便地表示事物的两种状态，所以在计算机中采用了二进制数字系统，即计算机中要处理的所有数据、字母和符号，都用二进制数字来表示。但人们又习惯使用十进制数，因此，在学习和掌握计算机的原理之前，需要了解二进制、十进制、十六进制等表示方法及其相互关系和转换。

另外，人们经常使用的字母、符号、图形以及汉字，在计算机中也一律使用二进制编码来表示，这些编码也是本节要介绍的内容。

1.2.1　计算机中的数制

1．数制

数制是以表示数值所用的数字符号的个数来命名的，如十进制、十二进制、十六进制、六十进制等。将数字符号按序排列成数位，并遵照某种由低位到高位进位的方法进行计数，来表示数值的方式，称作进位计数制。进位计数制是一种计数方法，是人们在应用各种数字符号表示事物个数的长期过程中形成的。

2. 数的表示

1) 二进制数的表示

在计算机中，数是以二进制的形式表示的。二进制数每个数位只可能取 0 或 1 两个不同的数码，特点是"逢二进一，借一当二"。二进制在计算机中被广泛应用，是由于它的特点决定的。

第一，二进制只取两个数码 0 和 1，因此它的每一位数都可以用任何具有两个稳定状态的元件来表示，一般说来，制造具有两个稳定状态的元件，比制造多个稳定状态的元件容易得多，在现实生活中可以找到很多具有这种特性的元件，如开关，有断开和接通两个稳定状态，晶体管有截止和导通两个稳定状态。只要规定其中的一个状态表示 1，另一个状态表示 0，就可以用二进制表示了。由于采用二进制，在计算机中数的传递和存储，可以用简单而可靠的方式进行，如电位的高低，电流的有无等。

第二，二进制数运算简单。一般来讲，当进行简单的算术运算时，两个整数的和与乘积表，对于 d 进制数，就要记住 $d*(d+1)/2$ 个和与积，对十进制来说，要记住 55 个和与积，因此如果采用十进制，计算的运算器就很庞大，控制电路也很复杂。而用二进制，则 $d=2$，所以 $d*(d+1)/2=3$。因此采用二进制，运算器和控制电路比较简单。

第三，由于采取二进制，就可以使用逻辑代数(布尔代数)，这就为计算机的逻辑设计提供了有力的工具。

二进制数只有 0 和 1 两个数码，而"0"可以代表逻辑值"假"，"1"可以代表逻辑值"真"，因此二进制数可以进行逻辑运算。用 ∧(×)、∨(+)、⊕、¯ 表示"与"、"或"、"异或"、"非"运算符。

二进制数算术运算，位与位之间是相关联的，存在着进位与借位关系。而逻辑运算则是每位独立进行的，位与位之间无关系。

2) 十六进制数的表示

十六进制数的基数为 16，每位可能取 0、1、2、3、4、5、6、7、8、9、A、B、C、D、E、F 中的一个，特点是"逢十六进一，借一当十六"。因为 $2^4=16$，所以一位十六进制数相当于四位二进制数，这样十六进制数与二进制数的转换极为方便。从十六进制转二进制，只要把每位十六进制数转换成四位二进制数即可；从二进制转换成十六进制时，只要以小数点为起点，向左、向右将每四位二进制数转换成一位十六进制数。

3) 八进制数的表示

八进制数的基数为 8，每位可取 0、1、2、3、4、5、6、7 八个数码之中的一个，由于 $2^3=8$，所以三位二进制数相当于一位八进制数。与十六进制相似，八进制和二进制转换也很简单。十进制数与二、八、十六制对应关系见表 1.1。

表 1.1 十进制数与二、八、十六进制数的对应关系

十进制	二进制	八进制	十六进制	十进制	二进制	八进制	十六进制
0	0000	0	0	8	1000	10	8
1	0001	1	1	9	1001	11	9

续表

十进制	二进制	八进制	十六进制	十进制	二进制	八进制	十六进制
2	0010	2	2	10	1010	12	A
3	0011	3	3	11	1011	13	B
4	0100	4	4	12	1100	14	C
5	0101	5	5	13	1101	15	D
6	0110	6	6	14	1110	16	E
7	0111	7	7	15	1111	17	F

3. 各种数制之间的相互转换

1) 十进制数与二进制数之间的转换

(1) 十进制整数转换成二进制整数。具体做法是用 2 连续去除欲转换的十进制数，直至商等于零为止，逆序排列余数便是与该十进制数相对应的二进制数各位的数值，即除 2 取余法。

(2) 十进制小数转换成二进制小数。具体做法是连续用 2 去乘十进制小数部分，直至乘积的小数部分等于 0。顺序排列每次乘积的整数部分，便得到二进制小数各位的系数。若乘积的小数部分永不为 0，则根据精度要求截取一定的位数即可，即乘 2 取整法。

为了将一个既有整数部分又有小数部分的十进制数转换成二进制数，可以将其整数部分和小数部分分别进行转换，然后再组合起来。

(3) 二进制转换成十进制数。二进制数转换为十进制数比较简单。即取基数 $d=2$ 进行多项式展开，再对各项求和的方法便可得到相应的十进制数。

2) 十进制数与八进制数之间的转换

(1) 十进制整数转换成八进制整数。具体做法与十进制整数转换成二进制整数相类似，即用 8 连续去除欲转换的十进制数，直至商等于零为止，逆序排列余数便是与该十进制数相对应的八进制数各位的数值，即除 8 取余法。

(2) 十进制小数转换成八进制小数。具体做法与十进制小数转换成二进制小数相类似，即连续用 8 去乘十进制小数部分，直至乘积的小数部分等于 0。顺序排列每次乘积的整数部分，便得到八进制小数各位的系数。若乘积的小数部分永不为 0，则根据精度要求截取一定的位数即可，即乘 8 取整法。

(3) 八进制数转换成十进制数。方法同二进制数转换为十进制数。即取基数 $d=8$ 进行多项式展开，再对各项求和，便可得到相应的十进制数。

3) 十进制数与十六进制数之间的转换

(1) 十进制整数转换成十六进制整数。具体做法与十进制整数转换成二进制整数相类似，即用 16 连续去除欲转换的十进制数，直至商等于零为止。每次得到的余数(必定是小于 F 即十进制 15 的数)就是对应十六进制的各位数字，第一次得到的余数为十六进制的最低位，最后一次得到的余数为十六进制的最高位，即除 16 取余法。

(2) 十进制小数转换成十六进制小数。具体做法与十进制小数转换成二进制小数相类似，即用 16 连续去乘以十进制小数，得到一个整数和一个小数部分；继续这一过程，直到余下的小数部分为 0 或满足精度要求为止；最后将每次得到的整数部分(必定是小于 F 的数)按先后顺序从左到右排列，即得到所对应的十六进制小数，即乘 16 取整法。

(3) 十六进制数转换成十进制数。方法同上，即取基数 $d=16$ 进行多项式展开，再对各项求和，便可得到相对应的十进制数。

4) 二进制与八进制、十六进制数之间的转换

(1) 二进制转换成八进制数。因为 $8=2^3$，即三位二进制数对应一位八进制数，所以，二进制数转换成八进制的方法是：将二进制数以小数点为界，整数部分从低位向高位，小数部分从高位向低位，每三位分为一组。若小数点左侧的位数不是 3 的整数倍，在数的最左侧补零；若小数点右侧的位数不是 3 的整数倍，在数的最右侧补零。然后参照表 1.1，将每三位二进制数转换成对应的一位八进制数，即为二进制数对应的八进制数。

(2) 八进制数转换二进制数。八进制数转换成二进制的方法是参照表 1.1，将每一位八进制数分解成对应的三位二进制数，即得到八进制对应的二进制数。

(3) 二进制数转换成十六进制数。因为 $16=2^4$，即一位十六进制数对应四位二进制数，故二进制数转换成十六进制的方法是：将二进制数以小数点为界，整数部分从低位向高位，小数部分从高位向低位，每四位分为一组。若小数点左侧的位数不是 4 的整数倍,在数的最左侧补零；若小数点右侧的位数不是 4 的整数倍，在数的最右侧补零。然后参照表 1.1，将每四位二进制数转换成对应的一位十六进制数，即为二进制数对应的十六进制数。

(4) 十六进制数转换二进制数。十六进制数转换为二进制数的方法是参照表 1.1，将每一位十六进制数转换成对应的四位二进制数，即得到十六进制数。

在计算机里，通常用数字后面跟一个英文字母来表示该数的数制，十进制数用 D(Decimal)、二进制数用 B(Binary)、八进制数用 O(Octal)、十六进制数用 H(Hexadecimal) 来表示。由于英文字母 O 容易与数字 0 误会，所以八进制数可以用 Q 来表示。另外，在计算机操作中一般默认使用十进制数，所以，十进制数可以不用标下标。

八进制数和十六进制数主要用来简化二进制数的书写，便于记忆，所以必须十分熟悉二进制数与八进制数、十六进制数的对应关系。

1.2.2 计算机中的码制

为了尽可能简化对二进制数据实现算术运算所用到的规则，机器将二进制数值数据进行编码表示，常用的编码有原码、反码和补码。由于补码编码有许多优点，因此大多数计算机数字与字符采用补码进行编码。为讨论方便起见，先引入机器数和机器数的真值(简称真值)两个概念。

1. 机器数与真值

在计算机中，数的符号也数字化了。符号数在计算机中的一种简单表示方法就是正数符号用 0 表示，负数符号用 1 表示。例如，−1001 在机器中表示为 11001，+1001 在机器中表示为 01001。

为了区别原来的数与它在计算机中的表示形式，把带符号的二进制数在计算机内部的编码称为机器数，而把机器数所代表的实际值称为机器数的真值。

2. 二进制数的编码及运算

前面提到的符号数表示方法，是一种最简单的表示方法，为原码表示法。除原码以外，还有补码和反码等表示方法。

1) 二进制数原码编码方法

正数的符号位为 0，负数的符号位为 1，其他位表示数的绝对值。用这样的表示方法得

到的就是数的原码。

从原码的定义可以推导出下列简单性质。

(1) 当 $X > 0$ 时，X 的原码符号位为 0，其余位为 X 本身。

(2) 当 $X < 0$ 时，X 的原码符号位为 1，其余位为 X 本身。

(3) 当 $X = 0$ 时，有 +0 和 -0 两种情况，+0 的原码为 0…000，-0 的原码为 1…000。计算机都把它们作为 0 来处理。

原码的表示方法简单易懂，而且求取真值方便，但是在做加法运算时存在一定困难。当两个数相加时，如果是同号，则数值相加，符号不变；如果是异号，数值部分实际上是相减，而且必须比较两个数的绝对值大小，才能确定减数与被减数，这种情况在手工计算时比较容易实现，而在计算机中则比较麻烦。因此，为了便于计算机进行加减法运算，需要使用补码。

2) 二进制数补码编码方法

补码的概念与取模运算有关，所谓模是指一个系统的量程，或者说一个系统所能表示的最大的数(确切地说应为最大数加 1)。取模运算是指运算结果超过模时，模丢失。当模为整数时，取模运算也可以理解为除以模求余数的过程，常用符号 "mod" 表示。一个 n 位的机器数 X 的补码是符号位不变，数值部分为其真值作模 2^n 运算的结果。

$$[X]_{\text{补}} = \begin{cases} X & 0 \leqslant X < 2^{n-1} \\ 2^{n-1} + (X \bmod 2^n) & -2^{n-1} \leqslant X < 0 \end{cases}$$

从定义可看出，当 X 为正数时，$[X]_{\text{补}}$ 就是 X 本身，其不同点是符号位用 0 代替；当 X 为负数时，从 2^n 中减去 $|X|$ 便可得到 $[X]_{\text{补}}$；当 X 等于 0 时，$[X]_{\text{补}}$ 为 0；当 $X = -2^{n-1}$ 时，$[X]_{\text{补}}$ 等于 100…0。

3) 二进制数补码的运算

补码的运算规则是：$[X+Y]_{\text{补}} = [X]_{\text{补}} + [Y]_{\text{补}}$，$[X-Y]_{\text{补}} = [X]_{\text{补}} + [-Y]_{\text{补}}$。

已知 $[Y]_{\text{补}}$，求 $[-Y]_{\text{补}}$ 的方法是将 $[Y]_{\text{补}}$ 各位按位取反(包括符号位在内)末位加 1。

计算机引入补码编码后，带来了以下几个优点。

(1) 减法转化成加法，使运算器硬件电路的设计得到大大简化。加减法可用同一硬件电路进行处理。

(2) 运算时，符号位与数值位同等对待，都按二进制数参加运算，符号位产生的进位丢掉不管，其结果是正确的，大大简化了运算规则。

在使用补码运算规则公式时，要注意以下两点。

(1) 运算结果不能超出机器数所能表示的范围，否则会产生溢出而使结果错误。

例如，设机器字长为 8 位，则其补码的表示范围为 [-128，+127]，计算 (+35)+(+94)

```
      +35                    00100011
  +)  +94                 +) 01011110
   ─────────              ──────────────
    + 129                 10000001 ───────► -127
```

显然这个结果是错误的。其原因在于 (+35)+(+94)=129>+127，超出了字长为 8 位补码所能表示的最大值，产生了溢出，结果出错。

再如，计算 (-38)+(-93)

```
      -38                    11011010
```

$$+) \quad -93 \qquad\qquad +) \; 10100011$$

$$-131 \qquad\qquad\quad 101111101 \longrightarrow +125$$

自然丢失

显然结果也是错的，原因在于(−131)超出了字长为 8 位的机器数所能表示的最小数 (−128)，产生了溢出，而使结果出错。

(2) 采用补码运算，结果亦为补码，欲得到运算结果的真值，还需进行转换。

4) 二进制数反码编码方法

正数的反码与原码相同，负数的反码等于其原码除符号位外按位取反。n 位反码的数学定义为

$$[X]_{\text{反}} = \begin{cases} X & 0 \leqslant X < 2^{n-1} \\ 2^n - 1 + X & -2^{n-1} \leqslant X < 0 \end{cases}$$

反码也可以看作是以 2^{n-1} 为模的补码，因此也叫作对 1 的补码。

5) 二进制数编码的转换

反码通常是作为求补码过程的中间过程，即$[X]_{\text{补}}=[X]_{\text{反}}+1$，所以重点介绍原码和补码之间的转换。对于正数，原码、补码和反码的表示结果相同，不存在转换问题，故只讨论负数的情况。

(1) 已知$[X]_{\text{原}}$，求$[X]_{\text{补}}$。

这时只要符号位不变，将数值部分逐位取反，末位加 1 即可。

(2) 已知$[X]_{\text{补}}$，求$[X]_{\text{原}}$。

可通过对补码再求一次补来实现，即有$[[X]_{\text{补}}]_{\text{补}}=[X]_{\text{原}}$

(3) 求补，若已知$[X]_{\text{补}}$，求$[-X]_{\text{补}}$。

所谓求补，就是将$[X]_{\text{补}}$连同符号位一起逐位取反，然后在末位加 1，便得到 $[-X]_{\text{补}}$。这时要注意的是，不管$[X]_{\text{补}}$是正数，还是负数，都应按上述方法进行。

已知$[X]_{\text{补}}$，求$[-X]_{\text{补}}$，在进行补码减法运算时，特别有用。

3. 无符号数的编码

原码、补码、反码都是带符号数的表示方法。在计算机中还使用无符号数，无符号数与带符号数表示方法的区别仅在于符号位，由于无符号数没有符号位，机器字的全部有效位均用来表示数的大小。无符号数相当于数的绝对值的大小。

例如，对于计算机中表示的机器数为 11001010，如果是原码则表示−74；如果是无符号数，则表示 202。八位二进制无符号数、原码、补码和反码的对应关系见表 1.2。

表 1.2 八位二进制无符号数、原码、补码和反码对应关系

八位二进制数码	无符号数	原码	补码	反码	八位二进制数码	无符号数	原码	补码	反码
00000000	0	+0	+0	+0	00000010	2	+2	+2	+2
00000001	1	+1	+1	+1	…	…	…	…	…
01111101	125	+125	+125	+125	1000010	130	−2	−126	−125
01111101	125	+125	+125	+125	1000010	130	−2	−126	−125
01111110	126	+126	+126	+126	…	…	…	…	…

续表

八位二进制数码	无符号数	原码	补码	反码	八位二进制数码	无符号数	原码	补码	反码
01111111	127	+127	+127	+127	11111101	253	−125	−3	−2
1000000	128	−0	−128	−127	11111110	254	−126	−2	−1
1000001	129	−1	−127	−126	11111111	255	−127	−1	−0
1000000	128	−0	−128	−127					

由表 1.2 可知，八位二进制数码，用来表示无符号数，其范围为 0～255；原码为-127～+127；补码为-128～+127；反码为-127～+127。

4. 十进制数的二进制编码(BCD 码)及运算

日常生活中人们习惯使用十进制数，而在计算机内，采用二进制表示和处理数据更方便。因此，计算机在输入和输出数据时，要进行十进制和二进制之间的相互转换。以下介绍在计算机内部的十进制数的编码方法。

十进制数的每一个数位的基数为 10，但在计算机内部，必须用二进制编码方法对每个十进制数位进行编码，所需要的最少基码的位数为 4。4 位基 2 码有 16 种不同的组合，怎样从中选择出 10 个组合来表示十进制数位的 0~9，有非常多的方案，最常见的是 8421 码。8421 码是指 4 个基 2 码的位权从高到低分别为 8、4、2、1，分别用 0000，0001，0010，…，1001 来表示 0~9 这 10 个数位，即二进制编码十进制数(BCD 码)，具体内容见表 1.3。

表 1.3 BCD 码表

十进制数码	0	1	2	3	4	5	6	7	8	9
8421 码	0000	0001	0010	0011	0100	0101	0110	0111	1000	1001

BCD 码是十进制数，而运算器对数据做加减运算时，都是按二进制运算规则进行处理的。这样，当将 BCD 码传送给运算器进行运算时，其结果都要修正。修正的规则是当两个 BCD 码相加，如果相加之和在 10 到 15 之间，则需加 06H 进行修正；如果和小于或等于 9，不需要修正；如果相加时产生了进位，也需加 06H 进行修正。这样做的原因是 4 位二进制数相加时，是按"逢十六进一"的原则进行运算的，而实质上是 2 个十进制数相加的，应该按"逢十进一"的原则相加，16 与 10 相差 6，所以当和超过 9 或有进位时，都要加 6 进行修正。

对于 BCD 码的减法运算，其修正规则为：当 BCD 码相减，如果差小于或等于 9，不需要修正；如果相减时产生了借位，则应减 6H 加以修正。原因是如果有借位，机器将这个借位当十六，而实际上应该当十，因此，应该将差值再减 6H 才是 BCD 码的正确结果。

在计算机中 BCD 码有压缩和非压缩两种形式。

(1) 非压缩 BCD 码：1 个字节(8 位二进制)仅表示一位 BCD 数，例如，(00000110)BCD=6。

(2) 压缩 BCD 码：1 个字节表示两位 BCD 数，例如，(01100110)BCD=66。

另外，BCD 码除了采用上述方法调整以外，也可以先将 BCD 码转换为二进制数，然后交付计算机运算，运算以后再将二进制结果转换为 BCD 码。

1.2.3 计算机中的信息编码

计算机不仅能处理数字信息，还可以处理非数字信息。非数字信息，例如字符，在计算机中也是以代码的形式存在。微计算机中最常用的是"信息交换美国标准代码"（American Standard Code for Information Interchange，ASCII 码)和"信息交换用汉字编码"(汉字国标码)。

1. ASCII 码

ASCII 码是由美国国家标准学会(American National Standards Institute，ANSI)制定的单字节字符编码方案，最初是美国国家标准，供不同计算机在相互通信时用作共同遵守的西文字符编码标准，后来被国际标准化组织(International Standard Organized，ISO)定为国际标准，称为 ISO 646 标准，该编码方案适用于所有拉丁文字字母。

ASCII 码使用指定的 7 位或 8 位二进制数组合来表示 128 或 256 种可能的字符，基本ASCII 码共 128 个，其中 32 个控制符，数字 10 个，大写英文字母 26 个，小写英文字母 26个，以及专用符号 34 个，参见附录 A。

每一个 ASCII 码存放在一个字节中，其中最高位用于奇偶校验，或用于 ASCII 码的扩充。扩充后的 ASCII 有 256 个，后 128 个称为扩展 ASCII 码。许多基于 x86 的系统都支持使用扩展 ASCII 码。扩展 ASCII 码允许将每个字节的最高位用于确定附加的 128 个特殊符号字符、外来语字母和图形符号。

字符的 ASCII 码可以看作字符的码值，如字符"A"的 ASCII 代码值为 65H，"Z"的ASCII 代码值为 90H，利用码值的大小可以将字符排序。字符串大小比较，实际上是比较ASCII 码代码值的大小。

2. 汉字国标码

ASCII 码只有 256 个符号，所以一个字节完全可以表示一个 ASCII 码。而汉字的数量很大，需要两个以上字节表示一个汉字代码。我国 1980 年制定了《信息交换用汉字编码字符基本集》。这个标准中除汉字外还收录一般符号、序号、数字、拉丁字母、日文假名、希腊字母、俄文字母、汉语拼音符号、汉语注音字母符号等，共 7445 个图形字符。其中汉字6763 个，分两级，第一级为常用字 3755 个，第二级为次常用字 3008 个；图形符号为 628个。每个图形字符都采取两个字节表示，每个字节第 7 位为编码，最高位用于校验或汉字标识。如汉字"啊"的国标代码是(3021H)，"剥"的国标代码是(307EH)，"."的国标代码是(2122H)。

图形字符在代码表中的表示方法如下：代码表分成 94 区，每个区有 94 位。区的编码从 1～94，由第一字节标识，位的编号也从 1～94，由第二个字节标识。代码中的任何一个图形字符位置都用它所在的区号与位号标识，区号和位号用连字符相连。例如，汉字"啊"用 16-01 表示，也可将连字符取消，表示为 1601。这个数字与汉字的国标代码有简单的换算关系，将区号位号分别加上 32，就可以得到汉字的国标代码，对于汉字"啊"，(16+32)(01+32)→4833D或 3021H。称 1601 为汉字"啊"的国标区位码，3201H 为它的国标码。

1.3 计算机系统的组成与运行原理

计算机系统中从局部到全局存在三个层次：中央处理器→计算机→计算机系统，这是三个不同的概念，但它们之间又有着密切的联系。在学习计算机系统组成及工作原理之前，先来了解计算机系统中一些常用的术语。

1.3.1 计算机系统中常用的术语

1. 位(bit)

位是计算机所能表示的最小最基本的数据单位，它指的是取值只能为 0 或 1 的一个二进制数值位。位作为单位时记作 b。

2. 字节(Byte)

相邻的 8 位二进制数称为一个字节，1B-8b。字节通常用作计算存储容量的单位。字节作为单位时记作 B。

3. 字和字长

字是 CPU 内部进行数据处理的基本单位。字长是每一个字所包含的二进制位数，常与微处理器内部的寄存器、运算装置、总线宽度一致。

字长是微处理器一次可以直接处理的二进制数码的位数，不同类型的 CPU 有不同的字长。如 Intel 4004 是 4 位，8080 是 8 位，8088/8086/80286 是 16 位，80386/80486、Pentium 是 32 位。不同字长的 CPU 完成一次运算所需的时间不同。如两个 32 位数相加，4 位 CPU 需要 8 次运算，8 位 CPU 需要 4 次，16 位 CPU 需要 2 次，而 32 位 CPU 则只需要 1 次运算即可得到结果。

通常把一个字定为 16 位，即两个字节，分别称为高字节和低字节，把一个双字定为 32 位，即由两个字组成，分别称为高字和低字，举例如下。

字：<u>1100 0011</u> <u>0011 1100</u>
　　　高字节　　　低字节

双字：<u>1100 0011 0011 1100</u> <u>1100 0011 0011 1100</u>
　　　　　　　高字　　　　　　　　　　低字

4. 位编号

为便于描述，对字节、字和双字中的各位进行编号。从低位开始，从右到左依次为 0、1、2…等，如字节中的位编号为 7~0。

	7	6	5	4	3	2	1	0	← 编号
字节	1	0	1	0	0	0	1	0	
	D_7	D_6	D_5	D_4	D_3	D_2	D_1	D_0	数据编号

字中的位编号为 15～0。

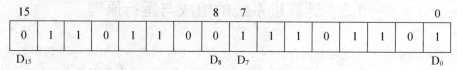

双字中的位编号依次类推，为 31～0。

5. 主频

主频也称时钟频率，是 CPU 运算时的工作频率，可用来表示微处理器的运行速度。主频越高表明微处理器运行越快。早期微处理器的主频与外部总线的频率相同，从 80486 DX2 开始，主频=外部总线频率×倍频系数。

外部总线频率通常简称为外频，外频越高说明微处理器与系统内存交换数据的速度越快，因而微型计算机的运行速度也越快。

倍频系数是微处理器的主频与外频之间的相对比例系数。通过提高外频或倍频系数，可以使微处理器工作在比标称主频更高的时钟频率上，这就是所谓的超频。

6. MIPS

MIPS 是 Millions of Instruction Per Second 的缩写，用来表示微处理器的性能，意思是每秒钟能执行多少百万条指令。由于执行不同类型的指令所需时间长度不同，所以 MIPS 通常是根据不同指令出现的频度乘上不同的系数求得的统计平均值。主频为 25MHz 的 80486 其性能大约是 20MIPS，主频为 400MHz 的 Pentium II 的性能为 832 MIPS。

7. iCOMP 指数

iCOMP 指数是 Intel 公司为评价 32 位微处理器的性能而编制的一种指标，它是根据微处理器的各种性能指标在微型计算机中的重要性来确定的，iCOMP 指数包含的指标有整数数学计算、浮点数学计算、图形处理以及视频处理等，这些指标的重要性与它们在应用软件中出现的频度有关，所以 iCOMP 指数说明了微处理器在微型计算机中应用的综合性能。

8. 指令、指令系统和程序

一个 CPU 能执行什么操作，是工程人员设计和制造好的，是固定的，用户不能改变。指令是 CPU 能执行的一个基本操作，例如，取数、加、减、乘、除、存数等。指令系统是 CPU 所能执行的全部操作。不同的 CPU，其指令系统不同。程序是用户在使用计算机时，为了解决问题，用一条条指令编写的指令序列。构成程序的指令在存储器中一般都是顺序存放，要破坏这种顺序性，必须使用转移指令。

9. 寄存器

寄存器是用来存放数据和指令的一种基本逻辑部件。根据存放信息的不同分为指令寄存器、数据寄存器和地址寄存器。

10. 译码器

译码器是将输入代码转换成相应输出信号的逻辑电路。CPU 的设计者对 CPU 的所有指令进行编码，当 CPU 从内存取来编码形式的指令时，需对指令进行译码，发出执行该指令功能所需的信号。根据译码内容的不同译码器可分为指令译码器和地址译码器，分别将指令代码和地址代码转换成所需的各种控制信号和地址选通信号。

1.3.2 计算机系统的组成

一个完整的计算机系统是由硬件和软件组成的。硬件是计算机的实体，又称为硬件设备，是所有固定装置的总称，主要包括主机和外部设备。软件指的是依赖于计算机硬件的程序及其相关数据，主要包括系统软件和应用软件。计算机系统组成如图 1.1 所示。

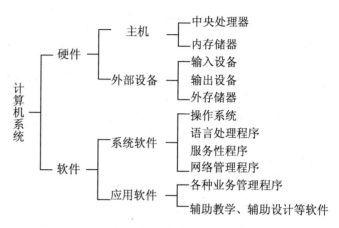

图 1.1 计算机系统的组成图

通常将中央处理器和内存储器合在一起称作系统的主机，这是因为在计算机中这二者最为重要，是系统的主体。中央处理器又包括运算器和控制器，这是因为运算器和控制器不论在逻辑关系上或是在结构工艺上都有十分紧密的联系，往往组装在一起。外部设备主要包括输入/输出设备。计算机系统的基本结构如图 1.2 所示，这种结构称为冯·诺依曼结构，其特点包括三个方面。

(1) 系统硬件由运算器、控制器、存储器、输入设备和输出设备五大部件组成，各部件通过三组总线连接在一起，这三组总线分别是地址总线(Address Bus, AB)、数据总线(Data Bus, DB)和控制总线(Control Bus, CB)。

(2) 数据和程序以二进制代码形式不加区别地存放在存储器中，存放位置由地址指定，地址码也为二进制形式。

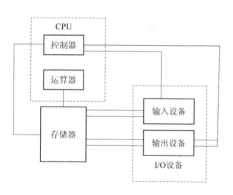

图 1.2 计算机的基本结构图

(3) 控制器是根据存放在存储器中的指令序列即程序来工作的，并由一个程序计数器(即指令地址计数器)控制指令的执行。控制器具有判断能力，能根据计算结果选择不同的动作流程。

下面对计算机硬件的各个部分进行简单的介绍。

1. 运算器

运算器是一个用于信息加工的部件，它用来对二进制的数据进行算术运算和逻辑运算，所以也叫做算术逻辑运算单元(Arithmetic Logic Unit, ALU)。它的核心部分是加法器。因为四则运算加、减、乘、除等算法都归结为加法与移位操作，所以加法器的设计是算术逻辑线路设计的关键。

2. 控制器

控制器产生各种控制信号，指挥整个计算机有条不紊地工作。它的主要功能是根据人们预先编制好的程序，控制与协调计算机各部件自动工作。控制器按一定的顺序从主存储器中取出每一条指令并执行，执行一条指令是通过控制器发出相应的控制命令串来实现的。因此，控制器的工作过程就是按预先编好的程序，不断地从主存储器取出指令、分析指令和执行指令的过程。

3. 存储器

存储器是用来存放指令和数据的部件。对存储器的要求是不仅能保存大量二进制信息，而且能快速读出信息，或者把信息快速写入存储器。一般对计算机存储系统划分为两级，一级为内存储器(主存储器)，如半导体存储器，它的存取速度快，但容量小；另一级为外存储器(辅助存储器)，如磁盘存储器，它的存储速度慢，但容量很大。在运算过程中，内存直接与 CPU 交换信息，而外存不能直接与 CPU 交换信息，必须将它的信息传送到内存后才能由 CPU 进行处理，其性质和输入/输出设备相同，所以一般把外存储器归属于外部设备。

4. 输入/输出设备

输入/输出设备是实现人与计算机之间相互联系的部件。其主要功能是实现人—机对话、输入与输出以及各种形式的数据变换等。如前所述，计算机要进行信息加工，就要通过输入设备把原始数据和程序存入计算机的存储器中。输入设备的种类很多，如键盘、鼠标、扫描仪等。输出设备是将计算机中的二进制信息转换为用户所需要的数据形式的设备。它将计算机中的信息以十进制、字符、图形或表格等形式显示或打印出来，也可记录在磁盘或光盘上。输出设备可以是打印机、CRT 显示器、绘图仪等。它们的工作原理与输入设备正好相反，它是将计算机中的二进制信息转换为相应的电信号，以十进制或其他形式记录在媒介物上。许多设备既可以作为输入设备，又可以作为输出设备。

5. 总线

总线是计算机各部件之间传送信息的公共通道，使用总线可以减少各部件之间的连线。各部件分时复用总线，以保证数据地址指令和控制信息在各部件之间的正确传送。

根据信息传送的方向，总线可以分为单向总线和双向总线，根据传送的信息类型，总线又可以分为数据总线、地址总线和控制总线，地址总线和控制总线的信息由总线控制器发出，分别表示指令所要访问的存储器或外部设备的地址和所要进行的操作(写入或读出)，而数据总线则传送写入存储器或外部设备的信息，或从存储器或外部设备读出的信息。

任何计算机系统要正常工作，只有硬件是不够的，还必须有相应的软件。只有软硬件相互配合、相辅相成，计算机才能完成期望的功能。计算机的软件部分主要包括系统软件和应用软件。

(1) 系统软件。

系统软件由一组控制计算机系统并管理其资源的程序组成，对构成计算机的各部分硬件进行管理和协调，使其有条不紊、高效率地工作。同时，系统软件还为其他应用软件的开发、调试、运行提供良好的环境。系统软件主要包括操作系统、语言处理程序、设备驱动程序、以及为提高系统效率而设计的各种程序。在系统软件中，最重要的当属操作系统，所有的应用程序、包括系统软件中的部分程序，都要在操作系统构筑的平台上运行。

(2) 应用软件。

应用软件是针对某项应用、实现用户需求的功能软件。应用软件可以分为面向数据库管理、面向计算机辅助设计、面向文字处理以及面向生产过程计算机监控的软件或软件包等。各种应用软件根据其功能需求，在不同的软硬件平台上进行开发。

1.3.3　计算机运行原理

指令是一组二进制数，它们不是用来计算的，而是用来控制计算机自动执行的，这些特殊的二进制编码经过指令译码器，产生各种各样的控制信号去控制计算机各部分协调工作。它的工作原理如图 1.3 所示。

首先将指令的地址放到地址总线上，把存储器相应地址中存放的指令从数据总线中取出，并经译码器对指令进行译码，地址总线为单向总线，从内存中读取地址的操作是通过数据总线来完成的。如果需要的话，将指令所需的操作数的地址和数据取出，这些地址和数据可以存在存储器中，也可以存在寄存器中。经控制器产生的控制信号控制计算机执行指令码所规定的操作，在执行下一条指令之前要检

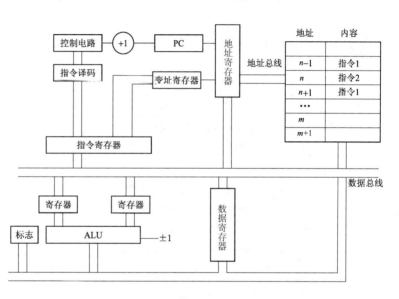

图 1.3　计算机的工作原理图

查有无其他控制信号，如中断请求信号等，并作出响应，且提供表示状态信息的标志信号、控制信号和定时信号(这些信号供给整个系统使用)。

早期的计算机在工作时总是先取出指令，然后对指令进行译码，也可称为分析指令，最后完成指令要求的操作。一条指令执行结束后再取下一条指令，重复上面的过程从而达到自动执行的目的，这种方式称为顺序控制方式。

 本章小结

本章主要介绍了微型计算机的发展、分类和应用、计算机中的数值与码制、计算机系统的基本组成与运行原理、微型计算机的基本结构等相关知识。其中计算机中的数制与码制、计算机系统的基本组成与运行原理是本章的重点。

微型计算机经历了从低档 4 位机到高档 64 位机的 6 代更替，其性能日趋提高，

并广泛应用于各个领域。在计算机中所有数据、字母和符号都是用二进制数字来表示的，了解二进制、十进制、十六进制等表示方法及其相互转换是学习和掌握计算机原理的基础。符号数字化的数据表示称为二进制数值数据的编码表示，常用编码有原码、反码和补码，由于补码编码有许多优点，因此大多数计算机数字与字符采用补码进行编码。

　　计算机系统由硬件和软件组成。硬件主要包括运算器、控制器、存储器、输入/输出设备，软件包括系统软件和应用软件。在硬件系统中，运算器用于信息加工，实现二进制数据的算术逻辑运算；控制器用来产生各种控制信号，指挥整个计算机有条不紊地工作；存储器用来存放指令和数据；输入/输出设备实现人与计算机之间的相互联系。计算机系统的这种组成结构称为冯·诺依曼体系结构。

思考题与习题

1-1　微型计算机的发展可划分为几个阶段？当前广泛使用的微型计算机主要采用哪一代的技术？

1-2　简述微型计算机的分类及特点。

1-3　把下列十进数转换成二进制数、八进制数、十六进制数。

(1) 50;　　(2) 0.83;　　(3) 24.31;　　(4) 79.75;　　(5) 199;　　(6) 99.735

1-4　将下列二进制数转换为十进制数。

(1) 111101.101B; (2) 100101.11B; (3) 10011001.001B; (4) 11011010.1101B

1-5　设机器字长为 8 位，写出下列用真值表示的二进制数的原码、补码和反码。

+0010101B　　+1111111B　　+1000000B　　-0010101B　　-1111111　　-1000000

1-6　设机器字长为 8 位，最高位为符号位，用二进制补码运算法则对下列各式进行运算。

(1) 17+7;　　　　(2) 8+18;　　　　(3) 9-6;　　　　(4) -26+7;

(5) 8-18;　　　　(6) 19-(-17);　　(7) -25-6;　　　(8) 87-15;

1-7　已知下列各数均为二进制补码。

a=00110010B;　　　b=01001010B;　　　c=11100001B;　　d=10111010B

试求：(1) a+b;　　(2) a+c;　　　　(3) c+b;　　(4) c+d;

(5) a-b;　　(6) c-a;　　　　(7) d-c;　　(8) a+d-c;

(9) b+c-d;　　　(10) d-c-a

1-8　设机器字长为 8 位，最高位为符号位，试判断下述各二进制运算是否产生溢出？

(1) 43+18;　　(2) -52+17;　　(3) 72-8;　　(4) 50+87;　,

(5) (-33)+(-47);　(6) (-91)+(-75);　(7) -127+64

1-9　将下列十进制数变为 8421 BCD 码。

(1) 8609;　　(2) 5256;　　(3) 2731;　　(4) 1999

1-10　将下列数值或字符串表示成相应的 ASCII 代码：

(1) 51;　　(2) 7FH;　　(3) ABH;　　(4) C6H;

(5) JOINS;　　(6) Hello;　　(7) how are you?

第 2 章　Intel 8086 系统结构

微处理器是组成微型计算机系统的核心部件。Intel 8086 微处理器的基本结构和工作原理是一般微处理器的典型代表，本章首先介绍 8086 微处理器的结构，包括 8086 的功能结构、存储器及 I/O 组织和寻址方式以及 8086 的寄存器结构；然后讨论 Intel 8086 微处理器的两种系统组态及各系统组态下的引脚功能；最后介绍 Interl 8086 的总线周期以及 8086 几个重要周期的典型时序。

2.1　8086 微处理器的结构

8086 微处理器是 Intel 系列微处理器中具有代表性的 16 位微处理器，后续推出的各种微处理器均保持与其兼容。

8086 CPU 采用 HMOS 工艺技术制造，外型封装为双列直插式，有 40 个引脚。主频有 5MHz、8MHz 和 10MHz 三种。内部采用 16 位数据总线和流水线结构，从而允许它在总线空闲时预取指令，使取指令与执行指令实现了并行操作。8086 有 20 位地址总线，可直接寻址空间达 1MB。格式灵活、功能完善的指令系统不仅为程序设计带来方便，而且可对多种数据类型进行处理。8086 支持多处理器系统，它可方便地与数值协处理器 8087 和输入/输出处理器 8089 相连，组成多处理器系统，大大提高了系统的数据处理能力。

2.1.1　8086 微处理器的功能结构

Intel 8086 CPU 属于第三代微处理器，具有 20 条地址线和 16 条数据总线，内部总线和算术逻辑单元均为 16 位，可进行 8 位和 16 位操作。

8086 CPU 采用不同于第二代微处理器(8080，Z80)的一种全新结构形式，由两个独立的单元或部件组成，一个称为总线接口单元(Bus Interface Unit, BIU)，另一个称为执行单元(Execution Unit, EU)，其功能框图如图 2.1 所示，图中虚线右半部分是 BIU，左半部分是 EU，两者并行操作，提高了 CPU 的运行效率。

1．指令执行单元(EU)

指令执行单元 EU 的功能是负责执行指令，即负责全部指令的译码和执行，同时管理 CPU 内部的有关寄存器。执行单元 EU 由一个 16 位的算术逻辑运算单元、16 位的标志寄存器、8 个 16 位的寄存器，以及数据暂存器和控制器等组成。

1) 算术逻辑运算单元

算术逻辑运算单元是一个 16 位的运算器，可用于 8 位或 16 位二进制算术运算或逻辑运算，运算结果可通过片内总线送到通用寄存器或经 BIU 写入存储器，16 位的暂存器用来暂存参加运算的操作数。

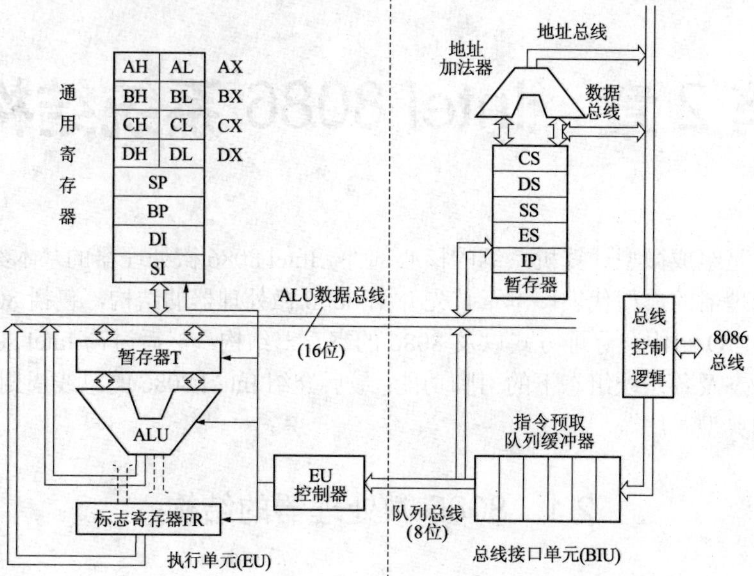

图 2.1　8086 CPU 的功能结构图

2) 标志寄存器(FLAG)

标志寄存器又称程序状态字(Program Status Word, PSW)寄存器，其作用是用来存放 ALU 运算后的结果特征或机器运行状态，标志寄存器长 16 位，实际使用了 9 位。

3) 通用寄存器组

通用寄存器组包含 8 个 16 位的寄存器，按功能分为两组，一组包括 AX(Accumulator)、BX(Base Register)、CX(Count Register)、DX(Data Register)四个寄存器，称为通用数据寄存器，用来存放操作数或地址。另一组包括 SP(Stack Pointer)、BP(Base Pointer)、SI(Source Index)、DI(Destination Index)四个寄存器，每个寄存器分别有各自的专门用途，称为专用寄存器。

4) EU 控制器

EU 控制器的作用是从 BIU 的指令队列中取指令，并对指令进行译码，根据指令要求向 EU 内部各部件发出相应的控制命令以完成每条指令所规定的功能。因此它相当于传统计算机 CPU 中的控制器。

指令执行单元 EU 的工作就是执行指令，并不直接与外部发生联系，它从总线接口单元 BIU 的指令队列中源源不断地获取指令并执行，省去了访问存储器取指令的时间，提高了 CPU 的利用率和整个系统的运行速度。如果在指令执行过程中需要访问存储器或需要从 I/O 接口取操作数时，则 EU 向 BIU 发出操作请求，并将访问的地址送给 BIU，由 BIU 从外部取回操作数送给 EU。当遇到转移指令、调用指令和返回指令时，EU 要等待 BIU 将指令队列中预取的指令清除，并按目标地址从存储器取出指令送入指令队列后，EU 才能继续执行指令。这时 EU 和 BIU 的并行操作显然要受到一定的影响，这是采用并行操作方式不可避免的。但只要转移指令、调用指令出现的概率不是很高，EU 和 BIU 间既相互配合又相互独立工作的工作方式仍将大大提高 CPU 的工作效率。

2. 总线接口单元 BIU

BIU 是 8086 CPU 与访问存储器和 I/O 设备的总线之间的接口部件，即 8086 对存储器和 I/O 设备的所有总线操作都由 BIU 完成。所有对外部总线的操作都必须有正确的地址和适当的控制信号，BIU 中的各部件主要是围绕这个目标设计的。它提供了 16 位双向数据总线、20 位地址总线和若干条控制总线，其具体任务是负责从内存单元中预取指令，并将它们送到指令队列缓冲器暂存。CPU 执行指令时，BIU 根据指令的寻址方式通过地址加法器形成指令在存储器中的物理地址，然后访问该物理地址所对应的存储单元，从中取出指令代码送到指令队列缓冲器中等待执行。指令队列一共 6 个字节，一旦指令队列中空出 2 个字节，BIU 将自动进入读指令操作以填满指令队列；遇到转移类指令时，BIU 将指令队列中的已有指令作废，重新从新的目标地址中取指令送到指令队列中；EU 读写数据时，BIU 将根据 EU 送来的操作数地址形成操作数的物理地址，从内存单元或外设接口中读取操作数或者将指令的执行结果传送到该物理地址所指定的内存单元或外设接口中。

总线接口单元 BIU 主要由 4 个段寄存器、1 个指令指针寄存器、1 个与 EU 通信的内部寄存器、先入先出的指令队列、总线控制逻辑和计算 20 位物理地址的地址加法器组成。4 个段寄存器分别称为代码段寄存器 CS(Code Segment)、数据段寄存器 DS(Data Segment)、堆栈段寄存器 SS(Stack Segment)和附加数据段寄存器 ES(Extra Segment)。

1) 地址加法器和段寄存器

8086 CPU 的 20 位物理地址可直接寻址 1MB 存储空间，但 CPU 内部寄存器均为 16 位的寄存器。20 位的物理地址是由专门的地址加法器将有关段寄存器内容(段的起始地址)左移 4 位后，与 16 位的偏移地址相加形成的。如在取指令时，由 16 位指令指针寄存器(Instruction Pointer, IP)提供一个偏移地址，在地址加法器中与代码段寄存器(CS)内容相加，形成 20 位物理地址，送到总线上实现取指令的寻址。

2) 16 位指令指针寄存器 IP

指令指针寄存器用来存放下一条要执行的指令的偏移地址，它只有和 CS 相结合，才能形成指向指令存放单元的物理地址。在程序执行过程中，IP 的内容由 BIU 自动修改，通常是进行加 1 修改，当 EU 执行转移指令、调用指令时，BIU 装入 IP 的则是目标地址。

3) 指令队列缓冲器

指令队列的作用是预存 BIU 从存储器中取出的指令代码。当 EU 正在执行指令，且不需要占用总线时，BIU 会自动地进行预取指令操作。8086 的指令队列为 6 字节，可按先后次序依次预存 6 个字节的指令代码。该队列寄存器按先进先出的方式工作，并按顺序取到 EU 执行，其操作遵循以下原则。

(1) 每当指令队列缓冲器中存满一条指令后，EU 就立即开始执行。

(2) 每当 BIU 发现队列中空了两个字节时，就会自动地寻找空闲的总线周期进行预取指令操作，直至填满为止。

(3) 每当 EU 执行一条转移、调用或返回指令后，BIU 清除指令队列缓冲器，并从新地址开始预取指令，实现程序段的转移。

BIU 和 EU 是各自独立工作的，在 EU 执行指令的同时，BIU 可预取下一条或几条指令。因此，在一般情况下，CPU 执行完一条指令后，就可立即执行存放在指令队列中的下一条指令，从而减少了 CPU 为取指令而等待的时间，提高了 CPU 的利用率，加快了整体的运行速度。另外也降低了对存储器存取速度的要求。

4) 总线控制逻辑电路

总线控制逻辑电路将 8086 CPU 的内部总线和外部总线相连，是 8086 CPU 与内存单元或 I/O 接口进行数据交换的必经之路。它包括 16 条数据总线、20 条地址总线和若干条控制总线，CPU 通过这些总线与外部取得联系，从而构成各种规模的微型计算机系统。

2.1.2 8086 的存储器分段组织

1. 存储器地址空间和数据存储格式

8086 的存储器是以字节为单位组织的，具有 20 条地址总线，可寻址的地址空间容量为 2^{20}B(约 1MB)。每个字节对应一个唯一的地址，地址范围为 $0\sim 2^{20}-1$，用十六进制表示为 00000H～FFFFFH，如图 2.2 所示。

十六进制地址	二 进 制 地 址					存储器
0 0 0 0 0	0000	0000	0000	0000	0000	
0 0 0 0 1	0000	0000	0000	0000	0001	
0 0 0 0 2	0000	0000	0000	0000	0010	
0 0 0 0 3	0000	0000	0000	0000	0011	
⋮						
F F F F E	1111	1111	1111	1111	1110	
F F F F F	1111	1111	1111	1111	1111	

图 2.2 存储器的地址

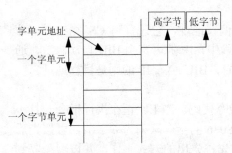

图 2.3 数据存储格式

存储器内两个连续的字节，定义为一个字。一个字中的每个字节，都有一个字节地址，每个字的低字节(低 8 位)存放在低地址中，高字节(高 8 位)存放在高地址中，字在存储器中的存放格式如图 2.3 所示。字的地址指低字节的地址。

8086 允许字从任何地址开始。字的地址为偶地址时，称字的存储是对准的，若字的地址为奇地址时，称字的存储是未对准的。

8086 CPU 数据总线 16 位，对于访问(读或写)字节的指令，需要一个总线周期，而对于访问一个奇地址的字的指令，则需要两个总线周期。

2. 存储器的分段

8086 CPU 地址总线 20 条，存储器地址空间为 1MB，但是，8086 CPU 内所有的寄存器都是 16 位的，最多只能寻址 64KB 空间。为了达到能对 1MB 的存储器寻址，8086 系统中引入了存储空间分段的概念，即将整个 1MB 的存储空间分成若干个存储段，每个段是存储器中可独立寻址的逻辑单位，称为逻辑段，每个段的长度为 64KB，段内地址是连续的，允许各个逻辑段在整个 1MB 存储空间内浮动，但每个逻辑段的起始地址(简称段基址或段首址)必须从能被 16 整除的地址开始，即段的起始地址的低 4 位二进制码必须是 0。一个段的起始地址的高 16 位被称为该段的段地址。显然，在 1MB 的存储器地址空间中，可以有 2^{16} 个段地址。任意相邻的两个段地址相距 16 个存储单元。段内一个存储单元的地址，可用相对于段起始地址的偏移量来表示，这个偏移量称为段内偏移地址，也称为有效地址(Effective Address, EA)。偏移地址也是 16 位的，所以，一个段最大可以包括一个 64KB 的存储器空间。各个逻辑段之间可以首尾相连，也可以完全分离或者重叠(部分重叠或完全重叠)，如图 2.4 所示。

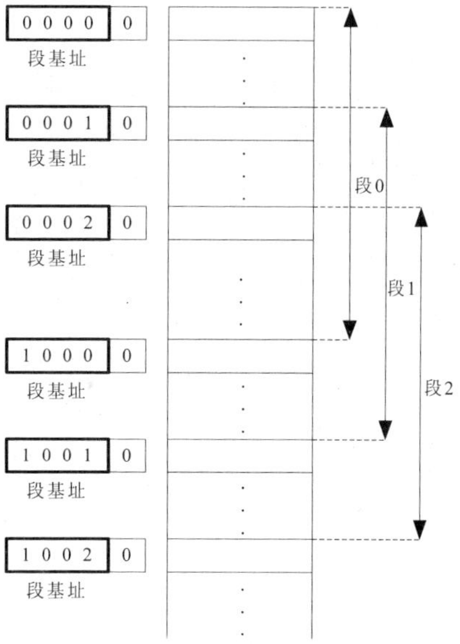

3. 物理地址的形成

由图 2.4 可知，存储器分段以后，任何一个存储单元，可以唯一地被包含在一个逻辑段中，也可以包含在两个或多个重叠的逻辑段中，只要能得到它所在段的段基址和段内偏移地址就可以对它进行访问。而对 1MB 存储器内的任何一个单元进行访问，必须使用 20 位的地址码，称为物理地址。现在的问题是如何从 16 位的段基址和 16 位的段内偏移地址变换为 20 位的实际地址。

由分段概念可知，在 8086 系统中，每个存储单元

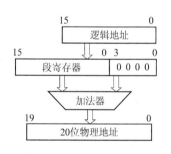

图 2.4   存储器分段和段的重叠

在存储器中的位置可以用逻辑地址和物理地址来表示。所谓逻辑地址，是程序设计中使用的地址，它由段基址和段内偏移地址两部分组成，段基址和段内偏移地址都是无符号的 16 位二进制数。物理地址也叫实际地址或绝对地址，是 CPU 访问存储器时实际使用的地址，地址总线上传送的就是这个地址。对 1MB 容量的存储器来说，物理地址为 20 位，其范围从以 00000H～FFFFFH。存储器中任何一个存储单元的物理地址是 00000H～FFFFFH 内的某一值。显然，物理地址可以由逻辑地址变换得到，两者的变换关系如图 2.5 所示，即将 16 位段基址左移 4 位(相当于在段基址的低 4 位补 4 个 0)，然后与 16 位段内偏移地址相加而

图 2.5   物理地址的形成过程

获得 20 位物理地址，这相当于完成以下地址计算。

物理地址＝段基址×10H＋段内偏移地址

当 CPU 访问存储器时，必须完成上述的地址计算，此地址计算过程是由 CPU 内总线接口部件 BIU 中的地址加法器完成的。

例如，某条指令在代码段中的逻辑地址为：CS＝1000H，IP＝4052H，则其物理地址为 14052H，如图 2.6 所示。

显然，当 CS＝1200H，IP＝2052H 时，物理地址也是 14052H。这就是说，在 8086 存储器中，同一个物理地址可以对应多个逻辑地址，即可由不同的段基址和偏移地址组合得到。

在访问存储器时，段地址总是由段寄存器提供的。8086

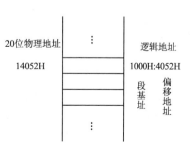

图 2.6   逻辑地址与物理地址

微处理器的 BIU 单元设有 4 个段寄存器，所以 CPU 可以通过这 4 个段寄存器来访问 4 个不同的段。用程序对段寄存器的内容进行修改，可实现对所有段的访问。

4. 信息的分段存储与段寄存器的关系

利用段寄存器不仅使存储器地址空间扩大到 1MB，而且为信息按特征分段存储带来了方便。存储器中的信息可分为程序、数据和计算机的状态信息。为了操作方便，存储器可相应地划分为程序区(存储程序的指令代码)、数据区(存储原始数据、中间结果和最终结果)和堆栈区(存储需要压入堆栈的数据或状态信息)。段寄存器的分工是：代码段寄存器 CS 划定并控制着程序区；数据段寄存器 DS 和附加段寄存器 ES 控制着数据区；而堆栈段寄存器 SS 对应堆栈存储区。表 2.1 列出了各种类型访问存储器时所要使用的段寄存器和段内偏移地址的来源，规定了为各种目的访问存储器时形成 20 位物理地址的原则。

表 2.1 段寄存器的使用规定

访问存储器的方法	默认	可超越	偏移地址
取指令	CS	无	IP
堆栈操作	SS	无	SP
一般数据访问	DS	CS ES SS	有效地址 EA
基址的寻址方式 BP	SS	CS ES DS	有效地址 EA
串操作的源操作数	DS	CS ES SS	SI
串操作的目的操作数	ES	无	DI

通过表 2.1 的内容，可以获得以下信息。

(1) 对存储器任何类型的访问，其段地址要么由默认段寄存器提供，要么由指定的段寄存器提供。所谓默认段寄存器是指在指令中不用专门的信息指定另外一个段寄存器的情况，此时的段地址就由默认的段寄存器提供。实际程序设计时，绝大多数属于这种情况，因此，要熟记各种类型内存访问时的段寄存器。但也有几种类型内存访问时允许指定另外的段寄存器，即段超越，这为访问不同的存储器段提供了灵活性。段超越可在指令代码中增加一个字节的前缀码来实现。对于代码段访问、堆栈段访问以及字符串操作的目的地址是不允许段超越的，而只能使用默认段寄存器。

(2) 段寄存器 DS、ES 和 SS 的内容是在程序中通过指令设置的，任何传送类指令不能直接向 CS 中传送数据，但转移、调用、返回类指令可以设置和影响 CS 的内容。更改段寄存器的内容，意味着存储区的移动。这也说明无论程序区、数据区还是堆栈区都可以不限于 64KB 的容量，都可以通过重置段寄存器内容的方法进行扩大，而且各个存储区都可以在存储器中浮动。

(3) 表 2.1 中"偏移地址"一栏指明，除了两种类型的存储器访问需要有效地址 EA 来提供偏移地址外，其他都指明了一个 16 位的指针寄存器或变址寄存器。如取指令访问存储器时，段内偏移地址只能由指令指针 IP 提供；堆栈的压入和弹出操作时，段内偏移地址只能由 SP 提供等。除此之外的存储器访问，段内偏移地址则由指令码规定的寻址方式确定。

每个段的最大容量为 64KB，但在实际程序设计时，一般情况下，不需要这么大的空间，因而段有部分重叠，图 2.7 给出了两种典型的分段方法。

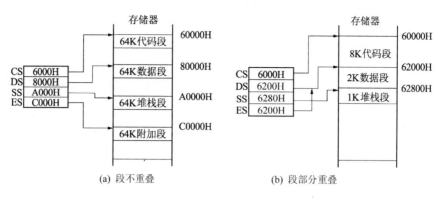

图 2.7 典型分段方法

需要指出的是,基于 8086 微处理器的 IBM PC 是一个通用微机系统,在存储空间的安排上,有一部分空间被系统占用,用户不能使用。例如,在主存储器的地址低端和高端有一部分存储单元的用处是固定的,如用作中断向量表、显示缓冲区和系统启动地址等,用户是不能占用的。

寄存器名称		通用名称
AX	AH　AL	AX(累加器)
BX	BH　BL	基址变址
CX	CH　CL	计数器
DX	DH　DL	数据寄存器
	BP	基址指针
	SP	堆栈指针
	SI	源变址
	DI	目的变址
	IP	指令指针
	FLAGS	标志寄存器
	CS	代码段寄存器
	DS	数据段寄存器
	ES	附加段寄存器
	SS	堆栈段寄存器

图 2.8 8086 的寄存器结构图

2.1.3 8086 的寄存器结构

由图 2.1 可知,8086 CPU 内部提供了 14 个 16 位的内部工作寄存器,用于提供指令执行、指令及操作数的寻址。寄存器结构如图 2.8 所示。14 个寄存器按功能不同可分为三组,分别为通用寄存器组、段寄存器组和控制寄存器组。

1. 通用寄存器组

8 个 16 位通用寄存器分为数据寄存器和地址指针和变址寄存器。

1) 数据寄存器

数据寄存器包括 AX、BX、CX、DX 四个寄存器,位于 CPU 的 EU 中。通用数据寄存器主要用来存放算术/逻辑运算的操作数,中间结果和地址。由于这些寄存器的存在,可以避免每次算术/逻辑运算都要访问存储器,节省访问存储器需要的时间,因而 CPU 内有较多的通用数据寄存器,不仅为编程提供方便,而且可以加快 CPU 的运行速度。

数据寄存器既可作为一个 16 位的寄存器使用,存放 16 位的数据或地址,也可以分别作为两个 8 位寄存器使用,低 8 位分别称为 AL、BL、CL、DL,高 8 位分别称为 AH、BH、CH、DH。作为 8 位寄存器使用时只能存放数据,不能存放地址。这些寄存器的双重性使得 8086 CPU 可以处理字也可以处理字节数据,较好地实现了与 8 位字长 CPU 的兼容。

2) 地址指针和变址寄存器

地址指针和变址寄存器包括 SP、BP、SI、DI 四个 16 位寄存器,它们一般是用来存放操作数的偏移地址。其中 SP 又称为堆栈指示器,SP 中存放的是当前堆栈段中栈顶的偏移地址，堆栈操作中入栈操作和出栈操作指令就是从 SP 中得到段内偏移地址的。BP 为堆栈操作的基址寄存器，BP 中存放的是堆栈中某一存储单元的偏移地址。当操作数在堆栈中时，用 BP 作变址寄存器，指出操作数在堆栈段中的偏移地址。SP 和 BP 通常和 SS 联用，为访问当前堆栈段提供方便。SI 和 DI 称为变址寄存器，通常与 DS 联用，为访问当前数据段提供段内偏移地址。SI 和 DI 除作一般变址寄存器外，在串操作指令中还作为地址指针使用，其中 SI 用来存放源操作数的偏移地址，称为源变址寄存器，DI 用来存放目的操作数的偏移地址，称为目的变址寄存器，二者不能混用。由于串操作指令规定源操作数(源串)必须位于当前数据段 DS 中，目的操作数(目的串)必须位于附加数据段 ES 中，所以 SI 和 DI 中的内容是当前数据段或当前附加数据段中某一存储单元的偏移地址。因此，在串操作中，SI、DI 必须与 DS、ES 联用，这是一种约定。当 SI、DI 和 BP 不作地址指针和变址寄存器使用时，也可将它们当作一般数据寄存器使用，用来存放操作数或运算结果，当然这时只能作 16 位寄存器用，不能作 8 位寄存器。而 SP 只能作堆栈指示器，不能作数据寄存器使用。

以上 8 个 16 位通用寄存器在一般情况下都具有通用性，从而提高了指令系统的灵活性。通用寄存器除具有通用特性外，还具有各自的特定用法，有些指令还隐含地使用这些寄存器。例如，串操作指令和移位指令中约定必须使用 CX 寄存器作为计数寄存器，存放串的长度和移位次数，这样，在指令中就不必给出 CX 寄存器名，缩短了指令长度，简化了指令的书写形式。通常称这种使用方式为隐含寻址，其实质就是给某些通用数据寄存器规定一些特殊用法，程序设计者编程时必须遵循这些规定。由于隐含寻址的原因，把 AX 又称为累加器，BX 又称为基址寄存器，DX 又称为数据寄存器。表 2.2 给出了 8086 中通用寄存器的特殊用途和隐含性质。

表 2.2　通用寄存器的特定用法和隐含性质

寄存器名称	特定用法	隐含性质
AX，AL	在乘法和除法指令中作累加器	隐含寻址
	在 I/O 指令中用作数据寄存器	显式寻址
AH	在 LAHF 中作目的寄存器	隐含寻址
AL	在 BCD 码及 ASCII 码运算指令中作累加器	隐含寻址
BX	在间接寻址中作地址寄存器	显式寻址
	在间接寻址中作基址寄存器	显式寻址
	在 XLAT 指令中作为基址寄存器	隐含寻址
CX	在循环指令和字符串指令中作循环次数的计数寄存器，每作一次循环，CX 的内容减 1	隐含寻址
CL	在移位及循环移位指令中作移位次数及循环移位次数的计数寄存器	隐含寻址
DX	在 I/O 指令间接寻址时作地址寄存器	显式寻址
	在乘法和除法指令中作为辅助累加器(当乘积或被除数为 32 位数时存放高 16 位)	隐含寻址
BP	在间接寻址中作为访问堆栈段的基址寄存器	显式寻址
SP	在堆栈操作中作为堆栈指针	显式寻址
SI	在字符串操作指令中作源变址寄存器	隐含寻址
	在间接寻址中作地址寄存器	显式寻址
	在间接寻址中作变址寄存器	显式寻址

续表

寄存器名称	特定用法	隐含性质
DI	在字符串操作指令中作目的变址寄存器	隐含寻址
	在间接寻址中作地址寄存器	显式寻址
	在间接寻址中作变址寄存器	显式寻址

2. 段寄存器组

访问存储器时的地址由段基址和段内偏移地址两部分组成,段寄存器用来存放段基址。总线接口单元 BIU 设置 4 个 16 位的段寄存器,即代码段寄存器 CS,数据段寄存器 DS,堆栈段寄存器 SS 和附加数据段寄存器 ES。CPU 可通过 4 个段寄存器访问存储器中 4 个不同的段,4 个段寄存器以及它们所指示的四个逻辑段介绍如下。

代码段寄存器 CS 存放着当前代码段的段基址值。CS 的内容左移 4 位再加上指令指针 IP 的内容就是下一条要执行的指令。例如,某指令在代码段内的偏移地址为 0100H,即 IP=0100H,当前代码段寄存器 CS=2000H,则该指令在主存储器中的物理地址 PA 为:

$$PA=(CS)左移 4 位+(IP)=20000H+0100H=20100H$$

数据段寄存器 DS 存放着当前数据段的段基址。通常数据段用来存放数据和变量。DS 的内容左移 4 位再加上按指令中存储器寻址方式计算出来的偏移地址,即为对数据段指定单元进行读写的地址。例如,当访问数据段中某一变量时,该变量的物理地址为:

$$PA=(DS)左移 4 位+该变量的偏移地址$$

堆栈段寄存器 SS 存放着当前堆栈段的段基址。堆栈段一旦定义好之后,系统则自动以 SP 为指针指示栈顶位置(即栈顶的偏移地址),这时栈顶的物理地址为:

$$PA=(SS)左移 4 位+(SP)$$

当其他指令要访问堆栈段中的某一存储单元时,必须通过基址寄存器 BP 进行,即将该存储单元的偏移地址置入 BP 中,这时该存储单元的物理地址为:

$$PA=(SS)左移 4 位+(BP)$$

附加数据段寄存器 ES 存放着当前附加数据段的段基址。在进行字符串操作时,附加数据段作为目的区使用,ES 存放着目的区的段基址,DI 存放着目的区的偏移地址。

一般来说,当程序较少,数据量又不大时,代码段、数据段、堆栈段和附加段可设置在同一段内,即包含在 64KB 之内。当程序和数据量较大,超过 64KB 时,可定义多个代码段、数据段、附加段和堆栈段。这时在 CS,DS,SS 和 ES 中存放的是当前正在使用的逻辑段段基址,使用中可以通过修改这些段寄存器的内容,以访问其他段扩大程序规模。必要时,可通过在指令中增加段超越前缀符来指向其他段。

3. 控制寄存器组

1) 指令指针寄存器 IP

指令指针寄存器 IP 和传统 CPU 中的程序计数器 PC 的作用相似,用来存放下一条要执行的指令在当前代码段中的偏移地址。在程序运行中,IP 的内容由 BIU 自动修改,使之总是指向下一条要执行的指令的地址,因此它是用来控制指令执行顺序的重要寄存器,程序不能直接访问其内容,但当执行转移指令、调用指令时,其内容可被自动修改,置入的是目标地址或子程序首地址,IP 的原内容被压入堆栈,返回时再被恢复。

2) 标志寄存器

8086 CPU 中有一个 16 位的标志寄存器,用来存放运算结果的特征和机器工作状态,实际仅用了 9 位,具体格式如图 2.9 所示。

15	14	13	12	11	10	9	8	7	6	5	4	3	2	1	0
				OF	DF	IF	TF	SF	ZF		AF		PF		CF

图 2.9 8086 标志寄存器格式

所用的 9 位标志,按功能可分为两类:一类叫状态标志,用来表示运算结果的特征,是指令执行后自动建立的,共 6 位,分别是 CF(Carry Flag)、PF(Parity Flag)、AF(Auxiliary Carry Flag)、ZF(Zero Flag)、SF(Sign Flag)和 OF(Overflow Flag),这些特征会像某种先决条件一样影响后面的操作;另一类叫控制标志,用来控制 CPU 的操作或工作状态,共 3 位,分别是 DF(Direction Flag),IF(Interrupt Enable Flag)和 TF(Trap Flag)。控制标志是人为设置的,指令系统中有专门用来设置或清除控制标志的指令,每一种控制标志,都对 CPU 的一个特定操作起控制作用。

(1) 状态标志位功能说明。

① CF:进位标志。当本次算术运算结果使最高位产生进位(加法运算)或借位(减法运算)时,则此标志位置"1",即 CF=1;否则 CF=0。此外,循环移位指令执行过程会影响这一标志。

② PF:奇偶标志。此标志反映运算结果中含 1 的个数是奇数还是偶数,当本次运算结果中含 1 的个数为偶数时 PF=1,为奇数时,PF=0。

③ AF:辅助进位标志。当进行 8 位数(字节)或 16 位数(字)的低 8 位运算时,低 4 位向高 4 位(即第 3 位向第 4 位)有进位或借位时,AF=1,否则 AF=0。AF 标志用于 BCD 码的十进制算术指令中,以判别是否要进行十进制调整。

④ ZF:零标志。若本次运算结果为 0,则 ZF=1,否则 ZF=0。

⑤ SF:符号标志。此标志用于反映带符号数运算结果的符号是正还是负。对于带符号数,当本次运算结果最高位为 1,表示结果为负数,则 SF=1,否则 SF=0。

⑥ OF:溢出标志。所谓溢出,就是当对带符号数进行字节运算,其结果超出-128~+127 的范围,或字运算的结果超出-32768~+32767 的范围时,称为溢出。因为这时运算结果已超出字节或字的补码表示范围,出现错误结果。因此当运算结果产生溢出时,OF=1,否则 OF=0。

例如,将十六进制带符号数 5349H 和 465AH 相加,并说明其标志位状态。

$$0101\ 0011\ 0100\ 1001$$
$$+\ 0100\ 0110\ 0101\ 1010$$
$$\overline{\ 1001\ 1001\ 1010\ 0011}$$

两正数相加(补码加),结果为负,显然运算产生了溢出,即超出了机器数的表示范围,故 OF=1,由于运算结果的最高位为 1,所以 SF=1,运算结果本身不为 0,故 ZF=0,又由于运算结果的低 8 位中含 1 个数为偶数,故 PF=1,运算结果的最高位没有向前产生进位,故 CF=0,运算过程中第 3 位向第 4 位(即低 4 位向高 4 位)产生了进位,故 AF=1。

(2) 控制标志位功能。

① IF:中断允许标志。IF=1 时,表示允许 CPU 响应外部可屏蔽中断请求;如果 IF=0,

则禁止 CPU 响应外部可屏蔽中断请求。用 STI 指令可使 IF 标志位置 1，CLI 指令可使 IF 标志位置 0。

② DF：方向标志。控制字符串操作指令地址指针的变化方向。若 DF＝0，字符串操作指令使地址指针自动增加，即串操作由低地址向高地址进行；如果 DF＝1，表示地址指针自动减小，即由高地址向低地址进行串操作。用 STD 指令可使 DF 标志置 1，用 CLD 指令可使 DF 标志位置 0。

③ TF：单步标志。TF＝1，表示使 CPU 进入单步工作方式，即 CPU 每执行完一条指令就自动产生一次内部中断，使 CPU 转去执行一个单步中断服务程序。用户可利用此功能来检查每条指令的执行情况。这在程序调试过程中是很有用的。如果 TF＝0，表示 CPU 正常执行程序。

2.2 8086 的引脚功能及系统组态

2.2.1 8086 的引脚功能

8086 微处理器采用 40 条引脚的双列直插式封装，为减少引脚，采用分时复用的地址/数据总线，因而部分引脚具有两种功能。另外，8086 微处理器具有两种工作模式：最小模式和最大模式，在两种工作模式下部分引脚的功能是不同的。

图 2.10 给出了 8086 引脚图，其中，括号中的引脚为最大模式时的引脚。下面先说明 8086 在两种工作模式下公用引脚的定义，然后按工作模式介绍其他引脚。

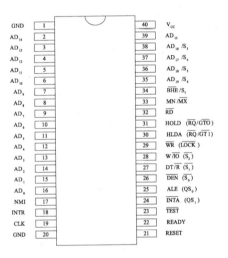

图 2.10 8086 引脚图

1. 两种工作方式公用引脚

8086 CPU 的引脚构成了微处理器级总线，引脚功能也就是微处理器级总线的功能。在 8086 CPU 的 40 条引脚中，引脚 1 和 20 为接地端(GND)，引脚 40 为电源输入端(V_{CC})，采用的电源电压为＋5V±10%，引脚 19 为时钟信号输入端(CLK)。时钟信号占空比为 33%时是最佳状态。其余 36 个引脚按其功能来分，属地址/数据总线的有 20 条引脚，属控制总线的有 16 条引脚。具体定义如下。

1) 地址/数据总线

8086 CPU 有 20 条地址总线，16 条数据总线。为减少引脚，采用分时复用方式，共占 20 条引脚。

(1) $AD_{15} \sim AD_0$(Address Data Bus，输入/输出，三态)。分时复用的地址数据总线。当执行对存储器读写或在 I/O 接口输入/输出操作的总线周期的 T_1 状态时，作为地址总线输出 $A_{15} \sim A_0$16 位地址，而在其他 T 状态时，作为双向数据总线输入或输出 $D_{15} \sim D_0$16 位数据。

(2) $A_{19}/S_6 \sim A_{15}/S_3$(Address Bus Status，输出，三态)。分时复用的地址/状态信号线。在存储器读写操作总线周期的 T_1 状态输出 4 位地址 $A_{19} \sim A_{16}$，对 I/O 接口输入/输出操作时，这四条线不用，全为低电平。在总线周期的其他 T 状态，这 4 条线用来输出状态信息，但

S_6 始终为低电平；S_5 是标志寄存器(PSW)的中断允许标志位 IF 的当前状态；S_4 和 S_3 用来指示当前正在使用的段寄存器，如表 2.3 所示。其中 $S_4S_3=10$ 表示对存储器访问时的段寄存器为 CS，或者表示对 I/O 接口进行访问以及在中断相应的总线周期中读取中断类型号(这两种情况不用段寄存器)。

表 2.3 S_4 和 S_3 的功能

S_4	S_3	段寄存器
0	0	ES
0	1	SS
1	0	CS(或 I/O，中断响应)
1	1	DS

从以上规定可知，这 20 条引脚在总线周期的 T_1 状态输出地址。为了使地址信息在总线周期的其他 T 状态仍然保持有效，总线控制逻辑必须通过锁存器，把 T_1 状态输出的 20 位地址进行锁存。

2) 控制总线

控制总线有 16 条引脚，其中 24～31 这 8 条引脚在两种工作方式下定义的功能有所不同，后面将结合工作方式予以讨论。两种工作方式下公用的 8 条控制引脚介绍如下。

(1) NMI(Non－Maskable Interrupt，输入)。非可屏蔽中断请求信号输入引脚，上升沿有效。当该引脚输入一个由低到高的信号时，CPU 在执行完现行指令后，立即进行中断处理。CPU 对该中断请求信号的响应不受标志寄存器中断允许标志位 IF 状态的影响。

(2) INTR(Interrupt Request，输入)。中断请求信号输入引脚，高电平有效。当 INTR 为高电平时，表示外部有中断请求。CPU 在每条指令的最后一个时钟周期对 INTR 进行测试，以便决定现行指令执行完后是否响应中断。CPU 对可屏蔽中断的响应受中断允许标志位 IF 状态的影响。

(3) $\overline{\text{RD}}$ (Read，输出，三态)。读控制输出信号引脚，低电平有效，用以指明要执行一个对内存单元或 I/O 接口的读操作，具体是读内存单元，还是读 I/O 接口，取决于控制信号。

(4) RESET(Reset，输入)。系统复位信号输入引脚，高电平有效。8088/8086CPU 要求复位信号至少维持 4 个时钟周期才能起到复位的效果，复位信号输入之后，CPU 结束当前操作，并对处理器的标志寄存器、IP、DS、SS、ES 寄存器及指令队列进行清零操作，而将 CS 设置为 0FFFFH。系统加电或操作员在键盘上进行"RESET"操作时产生 RESET 信号。

(5) READY (Ready，输入)。准备好状态信号输入引脚，高电平有效，READY 输入引脚接收来自于内存单元或 I/O 接口向 CPU 发来的"准备好"状态信号(高电平)，表明内存单元或 I/O 接口已经准备就绪，将在下一个时钟周期将数据置入数据总线上(输入时)或从数据总线上取走数据(输出时)，无论是读(输入)还是写(输出)，CPU 及其总线控制逻辑可以在下一个时钟周期完成总线周期。若 READY 信号为低电平，则表示存储器或 I/O 端口没有准备就绪，CPU 可自动插入一个或几个等待周期 T_w，在每个等待周期的开始，CPU 同样对 READY 信号进行检查，直到 READY 信号有效为止。可见，该信号是协调 CPU 与内存单元或 I/O 接口之间进行信息传送的联络信号。

(6) $\overline{\text{TEST}}$ (Test，输入)。测试信号输入引脚，低电平有效，$\overline{\text{TEST}}$ 信号与 WAIT 指令结合起来使用，CPU 执行 WAIT 指令后，处于等待状态，当 $\overline{\text{TEST}}$ 引脚输入低电平时，系统脱离等待状态，继续执行被暂停执行的指令。

(7) MN/$\overline{\text{MX}}$ (Minimun/Maximum Mode Control，输入)。最小/最大工作模式设置信号输入引脚，该输入引脚电平的高低决定了 CPU 工作在最小工作模式还是最大工作模式，当该引脚接＋5V 时，CPU 工作于最小工作模式下，当该引脚接地时，CPU 工作于最大工作模式下。

(8) $\overline{\text{BHE}}$ /S_7(Bus High Enable/ Status，输出，三态)。$\overline{\text{BHE}}$ /S_7 也是一个分时复用引脚。在总线周期的 T_1 状态输出 $\overline{\text{BHE}}$，在总线周期的其他 T 状态输出 S_7。S_7 指示状态，目前还没有定义。$\overline{\text{BHE}}$ 信号低电平有效，表示使用高 8 位数据线 $AD_{15} \sim AD_8$；否则只使用低 8 位数据线 $AD_7 \sim AD_0$。$\overline{\text{BHE}}$ 和地址总线中 A_0 的状态组合在一起表示的功能见表 2.4。同地址信号一样，$\overline{\text{BHE}}$ 信号也需要进行锁存。

表 2.4　$\overline{\text{BHE}}$ 和 A_0 的代码组合和对应的操作

操 作	BHE	A_0	使用的数据引脚
读或写偶地址的一个字	0	0	$AD_{15} \sim AD_0$
读或写偶地址的一个字节	1	0	$AD_7 \sim AD_0$
读或写奇地址的一个字节	0	1	$AD_{15} \sim AD_8$
读或写奇地址的一个字	0	1	$AD_{15} \sim AD_8$ (第 1 个总线周期放低位数据字节)
	1	0	$AD_7 \sim AD_0$ (第 2 个总线周期放高位数据字节)

2. 最小模式下引脚定义

当 MN/$\overline{\text{MX}}$ 引脚接＋5V 时，CPU 处于最小工作模式，引脚 24～31 这 8 条控制引脚的功能介绍如下。

1) $\overline{\text{INTA}}$ (Interrupt Acknowledge，输出)

中断响应信号输出引脚，低电平有效，该引脚是 CPU 响应中断请求后，向中断源发出的认可信号，用以通知中断源，以便提供中断类型码，该信号为两个连续的负脉冲。

2) ALE(Address Latch Enable，输出)

地址锁存允许输出信号引脚，高电平有效，CPU 通过该引脚向地址锁存器 8282/8283 发出地址锁存允许信号，把当前地址/数据复用总线上输出的地址信号和 $\overline{\text{BHE}}$，锁存到地址锁存器 8282/8283 中去。(注意：ALE 信号不能被浮空。)

3) $\overline{\text{DEN}}$ (Data Enable，输出，三态)

数据允许输出信号引脚，低电平有效，表示 CPU 当前准备发送或接收一项数据。如果系统中数据总线接有双向收发器 8286，该信号作为 8286 的选通信号。

4) DT/$\overline{\text{R}}$ (Data Transmit/Receive，输出，三态)

数据收发控制信号输出引脚，CPU 通过该引脚发出控制数据传送方向的控制信号，在使用 8286/8287 作为数据总线收发器时，信号用以控制数据传送的方向，当该信号为高电平时，表示数据由 CPU 经总线收发器 8286/8287 输出，否则，数据传送方向相反。

5) M/$\overline{\text{IO}}$ (Memory/Input &Output，输出，三态)

存储器/I/O接口选择信号输出引脚,这是CPU区分进行存储器访问还是I/O访问的输出控制信号。当该引脚输出高电平时，表明CPU要进行I/O接口的读写操作，低位地址总线上出现的是I/O接口的地址；当该引脚输出低电平时，表明CPU要进行存储器的读写操作，地址总线上出现的是访问存储器的地址。

6) $\overline{\text{WR}}$ (Write，输出，三态)

写控制信号输出引脚，低电平有效，与配合实现对存储单元、I/O接口所进行的写操作控制。

7) HOLD(Hold Request，输入)

总线保持请求信号输入引脚，高电平有效。这是系统中的其他总线部件向CPU发来的总线请求信号输入引脚。

8) HLDA(Hold Acknowledge，输出)

总线保持响应信号输出引脚，高电平有效，表示CPU认可其他总线部件提出的总线占用请求，准备让出总线控制权。

在最小模式下，M/$\overline{\text{IO}}$、$\overline{\text{RD}}$和$\overline{\text{WR}}$的组合根据表2.5决定传送类型。

表2.5　M/$\overline{\text{IO}}$、$\overline{\text{RD}}$和$\overline{\text{WR}}$的组合决定的传送类型

M/$\overline{\text{IO}}$	$\overline{\text{RD}}$	$\overline{\text{WR}}$	传送类型
0	0	1	读I/O接口
0	1	0	写I/O接口
1	0	1	读存储器
1	1	0	写存储器

3. 最大模式下引脚定义

当8086 CPU的引脚固定接地时，CPU处于最大模式下，引脚24～31的名称及功能介绍如下。

1) QS_1、QS_0(Instruction Queue Status，输出)

指令队列状态信号输出引脚，这两个信号的组合给出了前一个T状态中指令队列的状态，以便于外部8086 CPU内部指令队列的动作跟踪，见表2.6。

表2.6　指令队列状态位的编码

QS_1	QS_0	指令队列状态
0	0	无操作，队列中指令未被取出
0	1	从队列中取出当前指令的第一个字节
1	0	队列空
1	1	从队列中取出指令的后续字节

2) $\overline{S_2}$、$\overline{S_1}$、$\overline{S_0}$ (Bus Cycle Status，输出，三态)

总线周期状态信号输出引脚，低电平的信号输出端。这三组信号组合起来，可以指出当前总线周期中，所进行数据传输过程的类型，总线控制器8288利用这些信号来产生对存储单元、I/O接口的控制信号。$\overline{S_2}$、$\overline{S_1}$、$\overline{S_0}$与具体物理过程之间的对应关系，见表2.7。

表 2.7 $\overline{S_2}$ ，$\overline{S_1}$ ，$\overline{S_0}$ 状态译码内容

$\overline{S_2}$	$\overline{S_1}$	$\overline{S_0}$	操作状态	8288 产生的信号	$\overline{S_2}$	$\overline{S_1}$	$\overline{S_0}$	操作状态	8288 产生的信号
0	0	0	中断相应	$\overline{INTA}$	1	0	0	取指令	$\overline{MRDC}$
0	0	1	读 I/O 接口	$\overline{IORC}$	1	0	1	读存储器	$\overline{MRDC}$
0	1	0	写 I/O 接口	$\overline{IOWC}$ $\overline{AIOWC}$	1	1	0	写存储器	$\overline{MWTC}$ $\overline{AMWC}$
0	1	1	暂停	无	1	1	1	保留	无

需要指出的是，从表 2.7 中可以看出，每一种的组合都对应一个具体的总线操作，除 $\overline{S_2}\overline{S_1}\overline{S_0}$=111 外，其余都称为有源状态。也就是说，在有源状态(对应前一个总线周期的 T_4 和本总线周期的 T_1 和 T_2 状态)中，$\overline{S_2}\overline{S_1}\overline{S_0}$ 至少有一个信号为 0，当 $\overline{S_2}\overline{S_1}\overline{S_0}$=111 时(对应总线周期的 T_3 和 T_w 且 READY=1)，也就是一个总线操作即将结束，另一个总线周期还未开始时，称为无源状态，很显然，这时 $\overline{S_2}\overline{S_1}\overline{S_0}$ 中任一信号的改变，都意味着一个新的总线周期的开始。

3) $\overline{LOCK}$ (Lock，输出，三态)

总线封锁输出信号引脚，低电平有效，当该引脚输出低电平时，系统中其他总线部件就不能占用系统总线。此信号是由指令前缀 LOCK 产生的，在 LOCK 前缀后面的一条指令执行完毕之后，便撤销该信号。此外，在 8086 的 2 个中断响应脉冲之间，信号也自动变为有效的低电平，以防止其他总线部件在中断响应过程中占有总线而使一个完整的中断响应过程被中断。

4) $\overline{RQ}/\overline{GT_1}$ 、$\overline{RQ}/\overline{GT_0}$ (Request/Grant，输入/输出)

总线请求信号输入/总线允许信号输出引脚。这两个信号端可供 CPU 以外的两个处理器，用来发出使用总线的请求信号和接收 CPU 对总线请求信号的应答。这两个引脚都是双向的，请求与应答信号在同一引脚上分时传输，方向相反。其中 $\overline{RQ}/\overline{GT_1}$ 比 $\overline{RQ}/\overline{GT_0}$ 的优先级高。

在 8086 最大模式系统中，系统总线中的地址总线和数据总线与最小模式系统相同。控制总线有 $\overline{BHE}$ 、$\overline{IORC}$ 、$\overline{IOWC}$ 、$\overline{MRDC}$ 、$\overline{MWTC}$ 、$\overline{LOCK}$ 、$\overline{RQ}/\overline{GT_1}$ 、$\overline{RQ}/\overline{GT_0}$ 、$\overline{INTA}$ 、INTR、NMI、$\overline{TEST}$ 、READY 和 RESET 等。

2.2.2 8086 的两种系统组态

为了尽可能适应各种各样的使用场合，在设计 8086 CPU 芯片时，考虑了芯片能够在两种模式下工作，即最小工作模式和最大工作模式。

1. 最小工作模式

所谓最小工作模式，就是系统中只有一个 8086 微处理器，在这种情况下，所有的总线控制信号，都是直接由 8086 CPU 产生的，系统中的总线控制逻辑电路被减到最少，最小工作模式适用于由单微处理器组成的小系统。在这种系统中，8086 CPU 直接产生所有的总线控制信号，因而省去了总线控制逻辑。图 2.11 为 8086 的最小系统配置图。

当 MN/$\overline{MX}$ 引脚接＋5V 电源时，8086 CPU 工作于最小系统状态，用于构成小型的单

处理机系统。在图 2.11 所示的 8086 系统中，除 CPU、存储器和 I/O 接口电路外，还有三部分支持系统工作的器件：时钟发生器、地址锁存器和数据收发器。

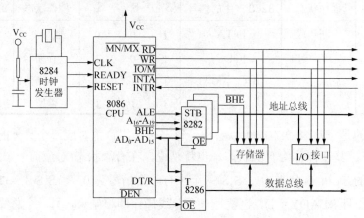

图 2.11　8086 最小系统配置图

1) 时钟发生器 8284A

8284A 是用于 8086 系统的时钟发生器/驱动芯片，它为 8086 以及其他外设芯片提供所需要的时钟信号。图 2.12 为 8284A 的引脚图及内部结构图，其中内部结构由三部分电路组成。

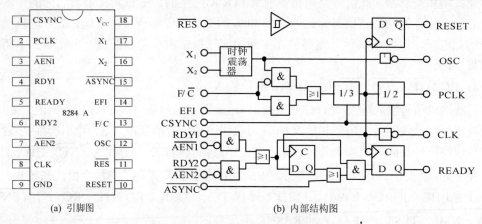

(a) 引脚图　　　　　　　　　(b) 内部结构图

图 2.12　8284A 的引脚与结构框图

(1) 时钟信号发生器电路。该电路提供系统所需要的时钟信号，时钟信号有两个来源：一个是在 X_1 与 X_2 引脚之间接上晶体，由晶体振荡器产生信号；另一个是由 EFI 引脚加入的外接振荡信号产生时钟信号。两者由 F/$\overline{C}$ (Frequency/Crystal Select)端信号控制，F/$\overline{C}$ =0 时，表示由外接振荡器产生。

如果晶体振荡器的工作频率为 14.31818MHz，则该时钟脉冲(Oscillator Output, OSC)经 3 分频后得到 4.77MHz 的时钟脉冲 CLK，即为处理器所需要的时钟信号，CLK 再经 2 分频后产生外设时钟 PCLK，其频率为 2.3805MHz。

(2) 复位生成电路。该电路由一个施密特触发器和一个同步触发器组成，输入信号 $\overline{RES}$ (Reset)在时钟脉冲下降沿加入同步触发器的 D 端，由 CLK 同步产生 RESET 信号，该信号为低电平有效。

(3) 就绪控制电路。该电路有两组输入信号，每一组都有允许信号 $\overline{AEN}$ (Address Enable) 和设备就绪信号 RDY(Bus Ready)。$\overline{AEN}$ 是低电平有效信号，用以控制其对应的 RDY 信号是否有效，RDY 为高电平时，表示已经能正确地完成数据传输。$\overline{ASYNC}$ (Ready Synchronous Select)输入端规定了就绪信号同步操作的两种方法，当 $\overline{ASYNC}$ 为低电平时，对有效的 RDY 信号提供两级同步，RDY 变为高电平后，首先在 CLK 的上升沿上同步到触发器 1，然后在 CLK 的下降沿上同步到触发器 2，使 READY 信号成为有效电平。RDY 变为低电平时，将直接在 CLK 下降沿上同步到触发器 2，使 READY 输出信号无效。如果 $\overline{ASYNC}$ 为高电平，则RDY 输入信号直接与触发器 2 同步在 CLK 下降沿上，这种工作方式用于能保证满足 RDY 建立时间要求的同步设备中。

2) 数据总线收发器 8286/8287

当一个系统中数据总线上挂接的 I/O 接口部件较多时，就必须在数据总线上接入总线收发器以增加总线的驱动能力。

在 8086 CPU 和系统数据总线之间接入了一个双向总线驱动器 8286/8287。8286/8287 是一种具有三态输出的 8 位总线收发器，具有很强的总线驱动能力。图 2.13 为 8286 的引脚和内部结构图。出图 2.13 可知，8286 具有 8 路双向缓冲电路，每一路双向缓冲电路都由两个三态缓冲器反向并联组成，以实现 8 位数据的双向传送。由于 8286 中使用的三态缓冲器是不反相的，所以 8286 的输入和输出信号是同相的。8287 的功能、内部结构和连接方式与 8286 基本相同，只是 8287 内使用的每个三态缓冲都有反相功能，所以 8287 的输入与输出信号是反相的。8286 的引脚功能说明如下。

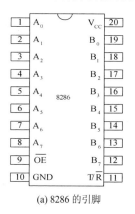
(a) 8286 的引脚

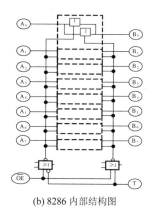
(b) 8286 内部结构图

图 2.13 8286 的引脚及内部结构图

表 2.8 $\overline{OE}$ 与 T 的组合功能

$\overline{OE}$	T	传送方向
0	1	A→B(正向)
0	0	B→A(反向)
1	×	高阻

$A_7 \sim A_0$：数据输入端。

$B_7 \sim B_0$：数据输出端。

$\overline{OE}$ (Output Enable)：输出允许信号，也叫缓冲器开启控制信号。该信号控制是否允许数据通过 8286/8287。当 $\overline{OE}$ =0 时，允许数据通过 8286/8287，当 $\overline{OE}$ =1 时，禁止数据通过 8 位缓冲器，8286/8287 输出呈高阻抗状态。在 8086 系统中，$\overline{OE}$ 端与 CPU 的数据允许信号 $\overline{DEN}$ 相连，当 CPU 与存储器或 I/O 接口进行数据交换时，用来控制是否允许数据通过 8286/8287，$\overline{DEN}$ 有效(低电平)时，使 $\overline{OE}$ 有效，允许数据通过，反之，当 $\overline{DEN}$ 无

效(高电平)时，使 $\overline{OE}$ 也无效，禁止数据通过。

T(Transmit)：数据传送方向控制信号，当 T＝1 时，8 位数据被正向传送，由 $A_7 \sim A_0$ 传送到 $B_7 \sim B_0$，当 T＝0 时，8 位数据被反向传送，由 $B_7 \sim B_0$ 传送到 $A_7 \sim A_0$。实际使用时，T 端与 CPU 的 DT/$\overline{R}$ 引脚相连，控制 8 位数据是从 CPU 向存储器或 I/O 接口写入(DT/$\overline{R}$ ＝1)，还是由存储器或 I/O 接口向 CPU 传送(DT/$\overline{R}$ ＝0)。$\overline{OE}$ 与 T 信号要配合使用，其组合功能见表 2.8。

在 8086 最小模式系统中，除 CPU 外，还允许接入其他总线控制器共享总线，当其他总线控制器向 CPU 发出使用总线的请求时，如果 CPU 允许，则会使 $\overline{DEN}$ 和 DT/$\overline{R}$ 引脚呈高阻抗状态，从而也使 8286/8287 被禁止，输出端变为高阻抗状态，让出总线控制权。

3) 地址锁存器 8282

由于 8086 CPU 的地址/数据和地址/状态总线是分时复用的，即 CPU 在读/写存储器或 I/O 接口时，总是在总线周期的 T_1 状态首先发出地址信号到 $AD_{15} \sim AD_0$ 和 $A_{19}/S_6 \sim A_{16}/S_3$ 上，T_2 状态以后又用这些引脚来传送数据和状态信号，而存储器或 I/O 接口电路通常要求在与 CPU 进行数据传送的整个总线周期内必须保持稳定的地址信息，因而必须加入地址锁存器，在总线周期的 T_1 状态先将地址锁存起来，以使在整个读/写总线周期内保持地址稳定。

8282 是 8 位三态数据锁存器，其引脚及内部结构如图 2.14 所示，引脚功能说明如下。

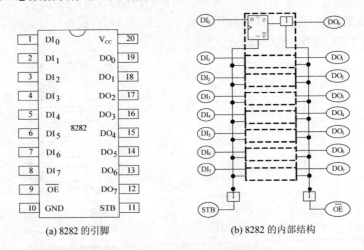

(a) 8282 的引脚　　　　　(b) 8282 的内部结构

图 2.14　8282 的引脚及内部结构图

$DI_7 \sim DI_0$(Data Input)：8 位数据输入端。

$DO_7 \sim DO_0$(Data Output)：8 位数据输出端。

STB(Strobe)：选通信号，与 CPU 的地址锁存信号 ALE 相连，当选通信号 STB 产生(由高电平变为低电平)时，8 位输入数据($DI_7 \sim DI_0$)被锁入 8 个 D 触发器中。当 STB 为高电平时，锁存器的输出端随即出现在输入端的数据而变化。

$\overline{OE}$：输出允许信号，是由外部输入的控制信号，当 $\overline{OE}$ 有效(为低电平)时，锁存器中的 8 位数据从 $DO_7 \sim DO_0$ 输出送到数据总线上。当 $\overline{OE}$ 为高电平(无效)时，输出端 $DO_7 \sim DO_0$ 呈高阻抗状态，在不带其他控制器的单处理器系统中，$\overline{OE}$ 信号接地，否则 $\overline{OE}$ 将同其他控制器的地址允许输出端 $\overline{AEN}$ 相连接。

在 8086 系列微机中 8282 用作地址锁存器，除了 20 位物理地址外，$\overline{BHE}$ 信号也需要锁存，所以共需使用 3 片 8282。

CPU 在读/写总线周期的 T_1 状态把 20 位地址和 $\overline{BHE}$ 信号送到系统总线上，在地址锁存允许信号 ALE 有效时，将 20 位地址和 $\overline{BHE}$ 信号锁入 8282 中，由于输出允许信号 $\overline{OE}$ 被固定接地，所以 CPU 输出的地址码和 $\overline{BHE}$ 信号一旦被锁存后，便立即稳定输出在地址总线和控制总线上。8086 系统中也可用 74LS373 作为地址锁存器，其用法与 8282 基本相同，只是选通信号不用 STB，而用 LE 或 G 表示。

2. 最大工作模式

最大模式是相对于最小模式而言的，将 8086 CPU 的引脚 MN/$\overline{MX}$ 接地，就使 CPU 工作于最大模式。最大模式用在中大规模的微机系统中，在最大模式下，系统中至少包含两个微处理器，其中一个为主处理器，即 8086 CPU，其他的微处理器称为协处理器，它们是协助主处理器工作的。

图 2.15 是 8086 最大模式下的基本系统配置，与图 2.11 的最小模式系统配置相比，增加了一个总线控制器 8288。总线控制器 8288 用来产生具有适当定时的总线命令信号和总线控制信号。也就是说，在最大模式下，CPU 不直接产生系统所需的总线控制信号，所有的总线控制信号均由总线控制器 8288 产生。

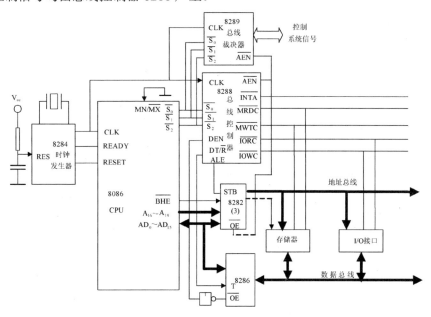

图 2.15　8086 最大模式下的基本系统配置

1) 多处理器系统基本配置的概念

8086 的最大模式是为实现多处理器系统而设计的。该方式支持三种基本配置，即协处理器配置、紧耦合配置和松耦合配置。所谓协处理器配置，就是在系统中除主 CPU 8086 外，还接有一个数值协处理器 8087 或 I/O 协处理器 8089。所谓紧耦合配置，就是在系统中除主 CPU 外还有一个支持处理器，支持处理器可以独立操作，它可以控制总线独立于主 CPU 工作。所谓松耦合配置，就是系统中可以配有多个总线主模块(主控处理器)，模块间通过系统总线相连，每个模块都可以成为系统总线的主控者。

2) 总线控制器 8288

在最大模式下，总线控制器 8288 为了支持上述几种系统配置，必须以多总线结构进行设计，图 2.16 是 8288 的引脚和内部结构，体现了其应完成的总线控制功能。

总线控制器 8288 对 CPU 送来的总线周期状态信号 $\overline{S_2}$，$\overline{S_1}$，$\overline{S_0}$，经其内部状态译码器、命令信号产生电路和控制信号产生电路的综合，并经输入控制信号 $\overline{AEN}$，CEN，IOB 的配合，输出系统所需的总线命令信号和总线控制信号，以实现对总线操作的控制。

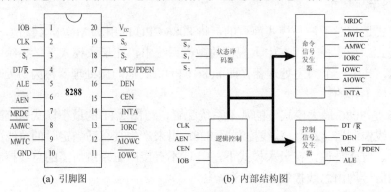

(a) 引脚图　　　　(b) 内部结构图

图 2.16　8288 的引脚和内部结构图

(1) 总线命令信号由 CPU 输入的总线状态信号 $\overline{S_2} \sim \overline{S_0}$ 经内部状态译码器译码后，经命令信号产生电路产生总线命令信号。状态信号 $\overline{S_2} \sim \overline{S_0}$ 与 8288 产生的总线命令信号间的对应关系见表 2.9。由表可知，$\overline{S_2}$ 实际上是用来区分是进行存储器传送还是 I/O 传送，而 $\overline{S_1}$ 用来区分执行的操作是输入还是输出。

表 2.9　$\overline{S_2}$, $\overline{S_1}$, $\overline{S_0}$ 状态译码内容

$\overline{S_2}$	$\overline{S_1}$	$\overline{S_0}$	操作状态	8288 产生的信号	$\overline{S_2}$	$\overline{S_1}$	$\overline{S_0}$	操作状态	8288 产生的信号
0	0	0	中断相应	$\overline{INTA}$	1	0	0	取指令	$\overline{MRDC}$
0	0	1	读 I/O 接口	$\overline{IORC}$	1	0	1	读存储器	$\overline{MRDC}$
0	1	0	写 I/O 接口	$\overline{IOWC}$　$\overline{AIOWC}$	1	1	0	写存储器	$\overline{MWTC}$　$\overline{AMWC}$
0	1	1	暂停	无	1	1	1	保留	无

$\overline{MRDC}$ (Memory Read Command)：读存储器命令，输出，低电平有效。此信号用来通知内存将所寻址的单元中的内容送数据总线。它相当于最小模式中由 CPU 直接发出的总线控制信号 $\overline{RD} = 0$，$M/\overline{IO} = 1$ 的组合功能。

$\overline{MWTC}$ (Memory Write Command)，$\overline{AMWC}$ (Advanced Memory Write Command)：写存储器命令，输出，低电平有效。此信号通知存储器接收数据总线上的数据，并将数据写入所寻址的单元中。该信号相当于最小模式下 CPU 直接发出的总线控制信号 $\overline{WR} = 0$ 和 $M/\overline{IO} = 1$ 的组合。其中 $\overline{AMWC}$ 是提前写存储器命令。它比 $\overline{MWTC}$ 提前一个时钟周期产生，以便一些慢速存储器芯片额外地多一个时钟周期去执行写入操作。

$\overline{IORC}$ (I/O Read Command)：读 I/O 接口命令，输出，低电平有效。此信号用来通知 I/O

接口，将所寻址的 I/O 接口中的数据送到数据总线。它相当于最小模式下由 CPU 直接发出的总线控制信号 $\overline{RD}=0$ 和 $M/\overline{IO}=0$ 的组合。

$\overline{IOWC}$ (I/O Write Command)、$\overline{AIOWC}$ (Advanced I/O Write Command)：写 I/O 接口命令，输出，低电平有效。此信号用来通知 I/O 接口去接收数据总线上的数据，并将数据写入所寻址的 I/O 接口中。它相当于最小模式下由 CPU 发出的总线控制信号 $\overline{WR}=0$ 和 $M/\overline{IO}=0$ 的组合。其中 $\overline{AIOWC}$ 是提前写 I/O 接口信号，它比 $\overline{IOWC}$ 提前一个时钟周期出现，以便一些慢速外设可得到一个额外的时钟周期执行写操作。

$\overline{INTA}$：中断响应信号，输出、低电平有效。与最小模式下的 $\overline{INTA}$ 信号含义相同，即通知申请中断的外设，中断申请已被响应，将中断类型码放在数据总线上。

由上可知，在最大模式下，对存储器的读/写和对 I/O 接口的读/写分别使用了独立读/写命令；而在最小模式下则是用 $M/\overline{IO}$ 与 $\overline{RD}$ 或 $\overline{WR}$ 信号的组合来控制读/写操作的。

(2) 总线控制信号包括 ALE、DT/$\overline{R}$、$\overline{DEN}$ 以及 MCE/$\overline{PDEN}$ (Master Cascade Enable/Peripheral Data Enable)。前 3 种信号的功能和最小模式下的相应信号相同，只是 DEN 信号的极性相反。所以这里对这三个信号就不再解释了，下面只对 MCE/$\overline{PDEN}$ 进行说明。

MCE/$\overline{PDEN}$：主控级联允许/外设数据允许信号，输出。这是一个具有双重功能的控制信号，其功能与 IOB(Input/Output Bus Mode)信号有关，当 IOB 接地，8288 工作于系统总线方式时，MCE 有效(高电平)，在含有多片中断控制器 8259A 的微机系统中，它在中断响应周期的 T_1 状态，可控制将主 8259A 向从 8259A 输出的地址 $CAS_2 \sim CAS_0$ 进行锁存。当 IOB 接高电平时，8288 工作在 I/O 总线方式，$\overline{PDEN}$ 有效，用来控制外设通过 I/O 总线传送数据。

(3) 控制输入信号 $\overline{AEN}$、CEN(Command Enable)和 IOB 都是使 8288 支持多处理器系统时使用的信号。因为在多主控系统情况下，系统中有多个处理器，它们都是总线主模块，每个处理器各自带有 8288 和 8289。这时，系统是一个多总线结构，既有系统总线又有局部 I/O 总线，局部 I/O 总线为 8086(8087 或 8099)所有，系统总线为多个主控 CPU 共享。在这种情况下，8288 既可工作在 I/O 总线方式，也可工作于系统总线方式对总线进行控制。所以这些输入控制信号就是使 8288 能产生适应多处理器情况下所需总线控制信号的。因此，对这几个信号的解释涉及多机系统的一些概念，这里只作简单说明。

IOB：I/O 总线方式控制信号，输入，高电平有效。8288 既可以控制系统总线，又可控制 I/O 总线，当 IOB 接高电平时，则 8288 工作于 I/O 总线方式，只用来控制 I/O 总线。在这种情况下，不论总线裁决器 8289 的 $\overline{AEN}$ 信号为何状态，所有的 I/O 命令处于允许状态，只要 CPU 有 I/O 访问命令，8288 会立即发出相应的 I/O 读写命令($\overline{IORC}$，$\overline{MWTC}$，$\overline{AIOWC}$ 或 $\overline{IOWC}$，$\overline{AIOWC}$)及 $\overline{PDEN}$，DT/$\overline{R}$ 控制信号，I/O 读写信号用于对挂接在 I/O 局部总线上的设备(器件)进行读/写控制，$\overline{PDEN}$ 和 DT/$\overline{R}$ 信号用于控制局部 I/O 总线的总线收发器 8286/8287 工作。这时没有任何读/写命令被送入系统总线。

当 IOB 接地时，8288 处于系统总线工作方式。这时 8288 输出的命令信号用于对系统总线上的存储器和 I/O 接口进行读/写控制。在有多个主 CPU 共享系统总线上的存储器和外设资源的情况下，系统中必须使用总线裁决器 8259，8288 的 $\overline{AEN}$ 引脚受总线裁决器 8289 的控制，只有当 $\overline{AEN}$ 为低时，才输出总线命令信号和总线控制信号。

当 IOB 接地时，MCE/$\overline{PDEN}$ 输出 MCE(主级连允许)信号，用于控制多片级连的中断控制器 8259A。

CEN：命令允许信号，由外部输入，高电平有效。在有多个总线控制器 8288 工作的系统中，必须利用 CEN 控制信号来选择执行当前总线周期应使用哪个 8288，所以这时 CEN 相当于 8288 的片选信号。CEN 有效时，允许 8288 输出全部的总线控制信号和命令信号，CEN 无效时，总线控制信号和命令信号端均呈高阻抗状态。由于在同一个时间内只允许有一个处理器为主模块，所以也只有一片 8288 的 CEN 信号有效。

$\overline{AEN}$：地址允许信号，由总线裁决器 8289 输入，低电平有效。当 $\overline{AEN}$ 为高电平时，所有总线命令信号引脚为高阻态；当 $\overline{AEN}$ 为低时，总线命令信号（$\overline{MRDC}$，$\overline{MWTC}$，$\overline{IORC}$，$\overline{IOWC}$）先变为高电平，经一段时间(115～200μs)后，其中之一变为有效。$\overline{AEN}$ 是一个支持多总线结构的控制信号，用作多总线间的同步控制。当 8288 处于 I/O 总线工作方式时，$\overline{AEN}$ 不影响 I/O 命令线。

2.3 8086 的总线周期

2.3.1 总线周期的基本概念

在微型机系统中，CPU 的操作都是在系统时钟 CLK 的控制下按节拍有序进行的。按照一般的概念，CPU 执行一条指令的时间(包括取指令和执行完该指令所需的全部时间)称为一个指令周期。在指令周期内，通常需要通过总线对存储器或 I/O 接口进行一次或多次读/写操作。把通过外部总线对存储器或 I/O 接口进行一次读/写操作的时间称为总线周期。因此，一个指令周期由若干个总线周期组成。而一个总线周期由若干时钟周期 T 组成。时钟周期也就是系统时钟频率的倒数，它是 CPU 的基本时间计量单位。例如，某 CPU 的主频为 5MHz，则其一个时钟周期就是 200ns。

8086 CPU 的一个基本总线周期由 4 个时钟周期(T_1、T_2、T_3、T_4)组成，时钟周期也称为时钟状态，即 T_1 状态、T_2 状态、T_3 状态和 T_4 状态。每一个时钟周期内完成一些基本操作。例如，在 T_1 状态，CPU 往数据/地址多路复用总线上发出访问存储器或 I/O 接口的地址信息。在 T_2 状态，CPU 从总线上撤销地址，若为读周期，使数据/地址多路复用总线的低 16 位处于高阻抗状态，以便 CPU 有足够的时间从输出地址方式转变为输入数据方式，接着在 T_3～T_4 期间，CPU 从总线上接收数据。总线的高 4 位(A_{19}～A_{16})用来输出本总线周期状态信息，这些状态信息包括中断允许状态和当前正在使用的段寄存器名等。若为写周期，由于输出数据和输出地址都是写总线过程，因而不需要缓冲时间，CPU 在 T_2～T_4 期间把数据放到总线上。在 T_3 状态，数据/地址多路复用总线的高 4 位继续传送周期状态信息，而多路复用线的低 16 位上出现由 CPU 输出的数据(为写周期)或为 CPU 从存储器或 I/O 接口读入的数据。在 T_3 时，数据在 CPU 和存储器或 I/O 接口间传送。在 T_4 状态，8086 CPU 完成数据传送，使控制信号变为无效，结束总线周期。

需要指出的是：①上面所说的一个总线周期由 4 个时钟周期组成。这是指最基本的总线周期，实际上有时在一个基本总线周期的 4 个时钟周期内并不能完成一次读/写操作，还需要增加数量不定的附加状态。例如，当存储器或 I/O 接口在数据传输过程中不能及时配合 CPU 的操作，则要在总线周期的 T_3 和 T_4 之间插入一个或若干个等待状态 T_w。这时一个总线周期就不止 4 个时钟周期。另外，在完成一个总线周期后，如果不立即执行下一个总线操作(如字指令队列是满的，EU 又无完成操作请求)，这时 BIU 便进入空闲状态(用 T_i 表示)，一个空闲状态占一个时钟周期的时间。②根据总线周期的定义，只有当 BIU 要访问存储器或 I/O 接口时，才需要执行总线周期，也就是说总线周期是根据要求才会出现的。图 2.17 给出了 8086 CPU 典型总线周期时序。

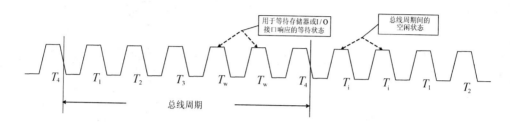

图 2.17 8086 CPU 典型总线周期时序图

2.3.2 8086 的存储器读写周期

8086 CPU 的操作是在指令译码器和时钟信号联合作用而产生的各个命令控制下进行的，分为内操作与外操作两种。内操作控制 ALU 进行算术逻辑运算、寄存器选择以及判断数据送往数据总线或地址总线、读或写操作等，所有这些操作都在 CPU 内部进行。CPU 的外操作是系统对 CPU 的控制或是 CPU 对系统的控制，用户必须了解这些控制信号以便正确使用。

8086 CPU 的外操作主要有以下几种：①存储器读/写；②I/O 端口的读/写；③中断响应；④总线保持(最小模式)；⑤总线请求/允许(最大模式)；⑥复位和启动。

本节主要介绍存储器的读/写周期。由于 8086 CPU 可以工作在两种不同的工作方式下，因此，对存储器的读/写也表现不同的时序，下面将讨论在不同工作方式下 8086 CPU 的存储器读写周期。

1. 最小模式下的存储器读写周期

1) 存储器读周期

当 8086 CPU 进行存储器读操作时，便进入存储器读周期。8086 的存储器读周期时序如图 2.18 和图 2.19 所示。由图 2.18 可知，基本的读周期由 4 个时钟周期组成：T_1、T_2、T_3 和 T_4。当选中的存储器的存取速度较慢时，则在 T_3 和 T_4 之间插入一个或多个等待周期 T_w。图 2.19 为具有等待周期的存储器读周期时序。

在 8086 读周期内，有关总线信号在各个 T 状态的变化介绍如下。

(1) T_1 状态：①M/$\overline{\text{IO}}$ 信号首先在 T_1 状态变为有效的高电平状态，用以指出 CPU 本次是进行存储器读操作，且 M/$\overline{\text{IO}}$ 信号在整个读总线周期内保持有效。②将访问存储器的 20 位物理地址通过多路复用总线输出，其中 20 位地址的高 4 位从 $A_{19}/S_6 \sim A_{16}/S_3$ 地址/状态复用线输出，低 16 位从 $AD_{15} \sim AD_0$ 地址/数据复用线输出。③地址 ALE 锁存信号有效，即 T_1 状态从 ALE 引脚输出一个正向脉冲，并用 ALE 的下降沿作为地址锁存器 8282 的选通信号对地址进行锁存。地址锁存以后，这些引脚才可在其他状态被分时复用为数据或状态信息的传送。④高 8 位数据有效信号 $\overline{BHE}/S_7$ 有效，以实现对存储器高字节(即奇地址)的寻址，偶地址的选体信号为 A_0。 $\overline{BHE}$ 信号在 T_1 状态由 ALE 的下降沿锁入 8282。⑤若系统中接有数据总线收发器 8286/8287 时，为了控制数据传送方向，在 T_1 状态，$DT/\overline{R}$ 信号变为低电平，以控制 8286/8287 处于接收数据状态。

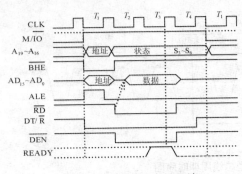

图 2.18　8086 的存储器读
周期时序图(最小模式)

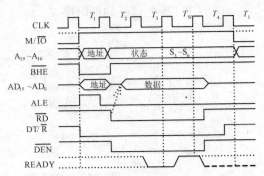

图 2.19　具有等待周期的存储器读
周期时序图(最小模式)

(2) T_2 状态：①CPU 开始撤销地址，$A_{19}/S_6 \sim A_{16}/S_3$；及 $\overline{BHE}/S_7$ 引脚开始输出状态信息 $S_7 \sim S_3$，且一直持续到 T_4。对 8086，S_7 并未赋予实际意义。②低位地址线 $AD_{15} \sim AD_0$ 开始进入高阻抗状态，为读入数据做准备。③若系统中有 8286/8287，则 $\overline{DEN}$ 信号在 T_2 状态开始有效(为低电平)，使 8286/8287 在数据总线上出现输入数据之前(即在 T_3 之前)就处于输出允许状态，以便数据通过 8286/8287 进入 CPU，DEN 的低电平一直维持到 T_4 状态的中期结束。④$\overline{RD}$ 信号开始有效(变为低电平)，使被寻址的存储单元或 I/O 接口将数据送入数据总线。

(3) T_3 状态： ① CPU 检测 READY 信号。经过 T_1、T_2 状态后，如果存储器能及时提供数据(READY 信号为高)，则在基本总线周期的 T_3 状态就将数据送到数据总线上，CPU 通过 $AD_{15} \sim AD_0$ 接收数据。若存储器不能及时提供数据(READY 信号为低)，则 CPU 将在 T_3 状态的结束时刻(下降沿)插入 T_W 等待状态。因此，在 T_3 状态的一开始(下降沿)，CPU 便检测 READY 信号(READY 信号是通过时钟发生器 8284 送入 CPU 的 READY 引脚的)，若 READY 为低，表示存储器未准备好数据，则 CPU 在 T_3 和 T_4 之间插入等待状态 T_W，以延长总线周期。在每个等待状态内，总线上的活动与 T_3 周期相同。若 READY 为高，则说明数据已准备好，不用插入等待状态，在 $\overline{DEN}=0$，$DT/\overline{R}=0$ 的配合控制下，内存单元的数据通过数据收发器 8286/8287 送到数据总线 $AD_{15} \sim AD_0$ 上。CPU 在 T_3 状态结束时读取数据。这时由状态信号 $\overline{S_4}$、$\overline{S_3}$ 可知当前读取的是指令还是数据，若 $\overline{S_4}\,\overline{S_3}=10$，表示访问 CS 段，读取的是指令，CPU 将它送入指令队列等待 EU 执行，否则读取的是数据，进入 ALU 去进行运算。② CPU 在每个 T_W 状态的前沿对 READY 信号进行采样，当 READY 为低电平时，则继续插入 T_W 状态。当采样到 READY 为高电平时，则在当前 T_W 状态执行完便进入 T_4 状态。在最后一个 T_W 状态数据已经稳定在数据总线上，CPU 在 T_W 状态结束时读取数据。在整个 T_W 状态期间，其他控制信号保持与 T_3 状态时相同。

(4) T_4 状态：CPU 在 T_3 与 T_4 状态的交界处采样数据总线 $AD_{15} \sim AD_0$，完成读取数据操作，在 T_4 的后半周期，数据从数据总线上撤销。各控制信号和状态信号线进入无效状态，

$\overline{\text{DEN}}$ 无效，总线收发器不工作，一个总线读周期结束。

2) 存储器写周期

当 8086 CPU 进行存储器写操作时，便进入存储器写周期。8086 的存储器写周期时序如图 2.20 所示。由图 2.20 可知，总线写操作的时序与前述的总线读操作有许多相同之处。

与读周期一样，存储器基本写周期也包含 4 个时钟周期。当存储器速度较慢时，在 T_3 和 T_4 之间插入等待状态 T_w。

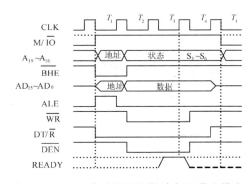

图 2.20　8086 存储器写周期时序图(最小模式)

在 T_1 状态，M / $\overline{\text{IO}}$ 信号为有效高电平，指示出 CPU 的数据是写入存储器内的；对于地址的传送过程与读周期完全相同；ALE 信号有效，地址将被锁存；选体信号 $\overline{\text{BHE}}$、A_0 有效，DT / $\overline{\text{R}}$ 变为高电平(因为是写操作，故应控制 8086/8087 为发送状态)。

在 T_2 状态，地址撤销，地址/状态线上输出状态信号 $S_6 \sim \overline{S_3}$；CPU 将数据送入数据总线 $\text{AD}_{15} \sim \text{AD}_0$，写信号 $\overline{\text{WR}}$ 为有效低电平，$\overline{\text{DEN}}$ 信号有效，它作为数据总线收发器 8286/8287 的选通信号。

在 T_3 状态，CPU 采样 READY 引脚，若 READY 信号为低电平，则在 T_3 结束时插入等待状态 T_w，直到 READY 变为高电平为止，存储器从数据总线上取走数据。

在 T_4 状态，从数据线上撤销数据。各控制信号和状态信号变成无效，$\overline{\text{DEN}}$ 为高电平，使总线收发器 8286/8287 不工作，结束写周期。

总线写周期也有几点与读周期不同。

(1) 在 T_1 状态，DT / $\overline{\text{R}}$ 为高电平，表示本周期是写操作，用 DT 去控制总线收发器 8286/8287 发送 CPU 输出的数据到数据总线，以便写入存储器。

(2) 送到存储器的控制信号是写信号 $\overline{\text{WR}}$，而不是读信号 $\overline{\text{RD}}$，但它们出现时序一样，也是从 T_2 开始，低电平持续到 T_4 的前半周。

(3) 在写周期下，由 CPU 从地址/数据线上输出的地址和输出的数据是同方向的，因此，在 T_2 状态，地址一旦输出被锁存后 CPU 便立即向地址/数据线 $\text{AD}_{15} \sim \text{AD}_0$ 上输出数据，而不再需要像读周期时那样要维持一个时钟周期的浮空状态作缓冲。数据信号要保持到 T_4 状态的中间。

2. 最大模式下的存储器读写周期

8086 CPU 在最大模式下的存储器操作也是包括存储器读和存储器写两种操作，但在最大模式时，由于增设了总线控制器 8288，总线控制信号不再由 CPU 直接输出，而是由总线控制器根据 CPU 给出的状态信号 $\overline{S_2} \sim \overline{S_0}$ 进行综合后产生的，因此在分析操作时序时要考虑 CPU 和总线控制器 8288 两者产生的控制信号。

1) 最大模式存储器读周期

最大模式下的存储器读周期时序如图 2.21 所示。图中带*号的信号是由总线控制器 8288 根据 CPU 的 $\overline{S_2} \overline{S_1} \overline{S_0}$ 组合产生的，其交流特性要比 CPU 直接产生的相同信号好得多，因此

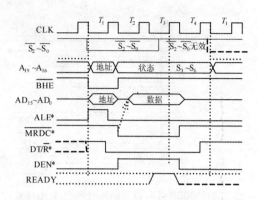

图 2.21 8086 存储器读周期时序图(最大模式)

在系统连接时，一般都采用 8288 输出的信号。

由图 2.21 可知，最大模式下的存储器读周期时序与前述的最小模式下的读周期时序相类似，所不同的只有以下几点。

(1) 在每个总线周期开始之前的一段时间，$\overline{S_2}$、$\overline{S_1}$、$\overline{S_0}$ 必定被置为高电平，即 $\overline{S_2}\,\overline{S_1}\,\overline{S_0}$ =111。当总线控制器 8288 一旦检测到 $\overline{S_2}$、$\overline{S_1}$、$\overline{S_0}$ 中任何一个或几个从高电平变为低电平，便立即开始一个新的总线周期。例如，当 $\overline{S_2}\,\overline{S_1}\,\overline{S_0}$ = 101，进入读存储器总线周期。

(2) 最小模式下由 CPU 直接产生的 ALE、$\overline{RD}$、DT / $\overline{R}$、DEN 等控制信号，在最大模式下由总线控制器 8288 产生，在图 2.21 中分别用 ALE*、$\overline{MRDC / IORC}$ *、DT / $\overline{R}$ *、DEN*表示。

(3) 在最大模式下，读存储器用 $\overline{MRDC / IORC}$ *信号表示，而不是像最小模式中用 M / $\overline{IO}$ 和 $\overline{RD}$ 信号的组合来表示。

(4) 在读周期的 T_3 状态，当 CPU 读取总线上的数据后，$\overline{S_2}$、$\overline{S_1}$、$\overline{S_0}$ 便全部变为高电平($\overline{S_2}\,\overline{S_1}\,\overline{S_0}$ =111)，即进入无源状态，并一直保持到 T_4 状态。一旦进入无源状态就意味着很快可以启动一个新的总线周期。

(5) 等待状态 T_w 的插入过程与最小模式时相同。

(6) 在 T_4 状态，数据从总线上消失，状态信号引脚 $S_7 \sim S_3$ 进入高阻抗状态，而 $\overline{S_2}$、$\overline{S_1}$、$\overline{S_0}$ 则按照下一个总线周期的操作类型产生变化(即 $\overline{S_2}\,\overline{S_1}\,\overline{S_0}$ =000~110)。

2) 最大模式存储器写周期

最大模式下的存储器写周期要完成的功能也是要将 CPU 输出的数据写入指定的存储器单元。写周期的时序如图 2.22 所示。图 2.22 中凡是带*号的信号都是由 8288 产生的。

由图 2.22 可知，最大模式下的写周期时序与前述的读周期时序有很多相同之处，具体介绍如下。

(1) 和读周期一样，在总线写周期开始之前，$\overline{S_2}$、$\overline{S_1}$、$\overline{S_0}$ 就已经按照操作类型设置好相应的电平。$\overline{S_2}$、$\overline{S_1}$、$\overline{S_0}$ 在各个 T 状态中的变化情况与最大模式下该周期中的变化是一样的。同样，也在

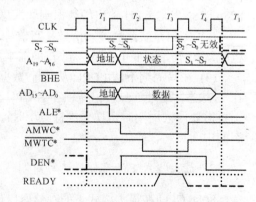

图 2.22 存储器写周期时序图(最大模式)

T_3 状态全部恢复为高电平，进入无源状态，从而为启动下一个新的总线周期作准备。

(2) ALE*和 DEN*的时序和作用与读周期相同；状态/地址信号 $A_{19}/S_6 \sim A_{16}/S_3$ 及 $\overline{BHE} / S_7$ 在各个 T 状态中的变化与读周期也相同。

(3) 同样，在最大模式下的写周期中，当存储器速度较慢时，也可以用 READY 信号联络，当在 T_3 开始时 READY 信号仍无效(即为低电平)，也可在 T_3 和 T_4 之间插入 1 个或几个

等待状态 T_w。

当然，写周期时序与读周期时序也有不同的地方。

(1) 在最大模式下的存储器写周期中，CPU 通过总线控制器 8288 为存储器提供两组写信号：一组是普通的写信号 $\overline{\mathrm{MWTC}}$*，该信号从 T_3 状态开始有效，保持到 T_4 状态；另一组是提前一个时钟周期的写信号 $\overline{\mathrm{AMWC}}$*，该信号从 T_2 状态开始有效，保持到 T_4 状态。提前的写信号 $\overline{\mathrm{AMWC}}$*比普通的写信号提前一个时钟周期有效，这样可使慢速的存储器有足够的时间进行写操作。

(2) DT$/\overline{\mathrm{R}}$*信号为高电平，表示本总线周期是写操作，数据总线收发器 8286/8287 应处于发送状态。

2.3.3 8086 的 I/O 读写周期

I/O 读写周期的时序如图 2.23～图 2.26 所示，与存储器读/写周期的时序基本相同，不同之处介绍如下。

(1) 一般 I/O 接口的工作速度较慢，因而需插入等待周期 T_w。

(2) T_1 期间只发出 16 位地址信号，即 $A_{15}\sim A_0$，$A_{19}\sim A_{16}$ 为 0。

(3) 在最小模式下，$\mathrm{M}/\overline{\mathrm{IO}}$ 的信号由低电平取代原来的高电平，以指示 CPU 是对 I/O 接口操作。

(4) 在最大模式下，8288 发出的读/写命令为 $\overline{\mathrm{IORC}}$、$\overline{\mathrm{AIOWC}}$ 和 $\overline{\mathrm{IOWC}}$，而非存储器读写时的 $\overline{\mathrm{MRDC}}$、$\overline{\mathrm{AWMC}}$ 和 $\overline{\mathrm{MWTC}}$。

关于 I/O 接口的读写周期，本节只给出两种工作方式下的时序图，其时序分析可参照存储器的读写周期，并与之进行对比分析。

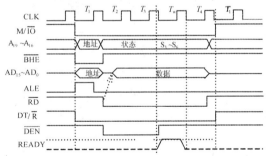

图 2.23 I/O 接口读周期时序图(最小模式)

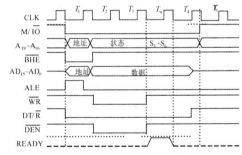

图 2.24 I/O 接口写周期时序图(最小方式)

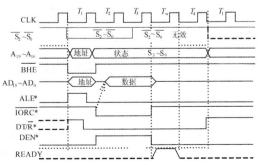

图 2.25 I/O 接口读周期时序图(最大方式)

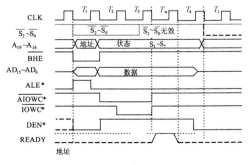

图 2.26 I/O 接口写周期时序图(最大方式)

2.3.4　8086 其他典型时序分析

8086 CPU 的外部操作除存储器和 I/O 接口的读写操作外，还有中断响应、最小模式下的总线保持、最大模式总线请求/允许、复位和启动等操作。这些操作都是 CPU 在系统主时钟信号 CLK 的控制下按时序一步步执行的，了解这些典型操作的时序也是理解和设计微机应用系统的基础。本节将对 8086 的一些典型操作时序进行讨论分析，以加强对 8086 系统的理解。

1. 中断响应操作

当 8086 CPU 的 INTR 引脚上有一有效电平(高电平)，且标志寄存器中 IF=1，则 8086 CPU 在执行完当前指令后，响应中断。在响应中断时 CPU 执行两个中断响应周期，如图 2.27 所示。

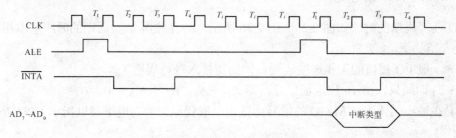

图 2.27　中断响应周期时序图

每个中断响应周期由四个 T 周期组成。在第一个中断响应周期中，从 $T_2 \sim T_4$ 周期，$\overline{\text{INTA}}$ 为有效低电平，作为对中断请求设备的中断响应；在第二个中断响应周期中，同样从 $T_2 \sim T_4$ 周期，$\overline{\text{INTA}}$ 为有效低电平，该输出信号通知中断请求设备，把中断类型号(决定中断服务程序的入口地址)送到数据总线的低 8 位 $AD_7 \sim AD_0$(在 $T_2 \sim T_4$ 期间)。在两个中断响应周期之间，有三个空闲周期 T_i。

2. 最小模式下的总线保持

在一个具有多个总线控制器的系统中，总线控制权一般总是由 CPU 占用的。当 CPU 以外的其他总线控制器需要使用总线时，需向 CPU 发出总线请求信号，CPU 收到此请求信号后，若同意让出总线控制权，就向发出总线请求的总线控制器发出响应信号。

8086 CPU 提供了一对用于最小模式下总线使用权转让的联络信号 HOLD 和 HLDA。当 CPU 以外的其他总线控制器要求获得总线使用权时，就向 CPU 发出总线保持请求信号 HOLD，CPU 在每个时钟周期的上升沿检测 HOLD 引脚，如果检测到 HOLD 引脚为高电平(有效状态)，并且允许让出总线，则在总线周期的 T_4 状态或空闲状态 T_i 之后的下一个时钟周期由 HLDA 引脚发出总线响应信号 HLDA(为高电平)，并且让出总线控制权，直到 HOLD 信号变为无效(低电平)，即其他总线控制器使用完总线后，CPU 才收回总线控制权。图 2.28 为最小模式下的总线请求和响应的时序图。

由图 2.28 可以得到以下四个方面的内容。

(1) 当 HOLD 信号变为高电平后，CPU 要在下一时钟周期的上升沿才检测到 HOLD 的高电平。若随后的时钟周期正好为 T_4 或 T_1 状态，则在其下降沿使 HLDA 变为高电平，即发出响应信号；若 CPU 检测到 HOLD 后，不是 T_4 或 T_1 状态，则可能会延迟几个时钟周期，

再等到 T_4 或 T_1 状态时才发出有效 HLDA 信号，表示让出总线。

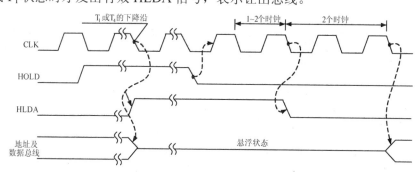

图 2.28　总线请求和响应时序图(最小模式)

(2) 当 8086 一旦让出总线控制权，便将所具有三态输出的地址线、数据线和控制线 ($AD_{15} \sim AD_0$，$A_{19}/S_6 \sim A_{16}/S_3$，$M/\overline{IO}$，$DT/\overline{R}$，$\overline{DEN}$，$\overline{RD}$，$\overline{WR}$ 和 $\overline{INTA}$)都置于浮空状态，但地址锁存信号 ALE 不浮空。

(3) 在总线请求/响应周期中，因总线浮空，这将直接影响 8086 CPU 中总线接口部件 BIU 的工作，但执行部件 EU 将继续执行指令队列中的指令，直到遇到需要访问总线的指令时，EU 才会停止工作。当然，当把指令队列中的指令全部执行完，EU 也会停止下来。由此可见，CPU 和获得总线控制权的其他总线控制器之间在操作上存在一段小小的重叠。

(4) 当 HOLD 变为无效(低电平)后，CPU 也接着在 CLK 的下降沿将 HLDA 信号变为低电平。但是，CPU 并不立即重新驱动已变为浮空的地址总线、数据总线和控制总线，而是使这些引脚继续浮空，直到 CPU 需要执行一个新的总线操作周期时，才结束这些引脚的浮空状态。这样，就可能会出现一种情况，即在总线控制权切换的某一小段时间中，没有任何一个总线控制器驱动总线，而使控制总线电平漂移到最小电平以下。为此，在控制线和电源之间应连接一个上拉电阻。

3. 最大模式下的总线请求/允许

8086 CPU 在最大模式下，也提供了总线控制器之间传递总线控制权的联络信号，但不是 HOLD 和 HLDA，而是两个具有双向传输信号功能(即总线请求和总线响应两信号都从同一引脚传送)的引脚 $\overline{RQ}/\overline{GT_0}$ 和 $\overline{RQ}/\overline{GT_1}$，称为总线请求/总线允许信号端。两个信号可以分别同时连接两个除 CPU 以外的其他总线控制器。其中 $\overline{RQ}/\overline{GT_0}$ 的优先级比 $\overline{RQ}/\overline{GT_1}$ 高，也就是说，当与 $\overline{RQ}/\overline{GT_0}$ 和 $\overline{RQ}/\overline{GT_1}$ 相连接的两个总线控制器同时发出总线请求时，CPU 会先在 $\overline{RQ}/\overline{GT_0}$ 引脚上发出允许信号，等到 CPU 再次得到总线控制权后，才会响应 $\overline{RQ}/\overline{GT_1}$ 引脚上的请求。当然，如果 CPU 已经把总线控制权交给了与 $\overline{RQ}/\overline{GT_1}$ 相连接的控制器，此时又在 $\overline{RQ}/\overline{GT_0}$ 引脚上收到另一个控制器的总线请求，则要等前一个控制器释放总线且 CPU 收回了总线控制权后，才会响应 $\overline{RQ}/\overline{GT_0}$ 引脚上的总线请求。由此可见，CPU 对总线请求的处理是不允许嵌套的，这与 CPU 对中断请求的处理不同。

8086 CPU 在最大模式下的总线请求/允许/释放操作的时序如图 2.29 所示。

对于最大模式下的总线请求/允许/释放时序，有几点需要说明。

(1) 当 CPU 以外的其他总线主模块请求使用总线时，从 RQ/GT(即 $\overline{RQ}/\overline{GT_0}$ 或 $\overline{RQ}/\overline{GT_1}$)

引脚上向 CPU 发一个负脉冲 RQ，脉冲宽度为一个时钟周期。

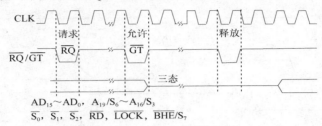

图 2.29 总线请求/允许时序图(最大模式)

(2) CPU 在每个时钟周期的上升沿检测 RQ/GT 引脚，看外部是否输入一个负脉冲 RQ 信号，若检测到外部输入的总线请求负脉冲，则在下一个 T_4 状态或 T_i 状态从同一引脚发出一个宽度为一个时钟周期的允许负脉冲 GT，随后各地址/数据引脚、地址/状态引脚以及控制信号线 RD，LOCK，$S_2 \sim S_0$，BHE/S_7 便处于高阻状态，于是 CPU 在逻辑上与总线断开。

(3) 其他总线控制器收到 CPU 发出的允许脉冲 GT 后，获得总线控制权，便可以占用总线一个或几个总线周期。当使用完毕，可从 RQ/GT 引脚上向 CPU 发一个释放脉冲，其宽度为一个时钟周期。CPU 检测到此释放负脉冲后，在下一个时钟周期收回总线控制权。

(4) 从时序图中可以看出，每次总线控制权的切换都是通过三个环节实现的：其他总线控制器发出总线请求，CPU 发送允许脉冲，其他总线控制器使用完总线后发送释放脉冲。而且这三个脉冲均为负脉冲，宽度均为一个时钟周期，但它们的传输方向不同。

(5) CPU 响应总线请求是有条件的，当 CPU 正访问存储器或 I/O 接口、CPU 正在使用低 8 位数据线传送数据、CPU 正在执行中断响应的第一个总线周期、CPU 正在执行总线封锁指令时，若有总线请求，CPU 均不予响应，即总线请求无效。由此可见，只有在总线空闲时收到总线请求，CPU 才会在下一个时钟周期发出总线允许信号。

(6) 和最小模式下的总线保持请求/总线保持响应一样，在总线响应期间 CPU 虽然暂时与总线脱离，但 CPU 内部 EU 仍可执行指令队列中的指令，直到需要使用一个总线周期为止。同样，当 CPU 收到其他总线控制器发出的释放负脉冲后，也不立即驱动总线，所以在 $\overline{RQ}/\overline{GT_0}$，$\overline{RQ}/\overline{GT_1}$ 与电源间应接上拉电阻。如果这两个引脚不用，则可悬空。

4. 系统的复位和启动

8086 CPU 的复位和启动是由时钟发生器 8284 向 CPU 的 RESET 引脚输入一个复位触发信号 RESET 来实现的。8086 要求复位信号 RESET 至少维持四个时钟周期的高电平。如果是初次加电复位(又称"冷启动")，则要求此高电平的持续时间不少于 50μs。

当 RESET 信号一旦变为高电平时，8086 CPU 就结束当前操作而进入复位状态，直到 RESET 信号变为低电平时为止。在复位状态，CPU 内部的各寄存器被置为初值，具体内容见表 2.10。

表 2.10 复位后内部寄存器的状态

寄存器	状态	寄存器	状态	寄存器	状态
FLAG(PSW)	0000H	IP	0000H	CS	0FFFFH
DS	0000H	SS	0000H	ES	0000H
指令队列	空	IF	0(禁止)		

在复位状态，代码段寄存器 CS 为 FFFFH，指令指针 IP 被清为 0000H，所以，RESET 恢复低电平后，8086 CPU 便从 FFFF0H 单元处开始启动。FFFF0H 称为系统的启动地址。

FFFF0H 是 ROM BIOS 区中的一个单元，一般在 FFFF0H 处存放了一条无条件转移指令，用以使 CPU 转移到系统导引程序的入口处，这样，系统一旦被启动便自动进入系统程序。

复位信号从高电平到低电平的跳变会触发 CPU 内部的一个复位逻辑电路，经过 7 个时钟周期后，CPU 就完成了启动操作。

复位时，由于标志寄存器被清零，从 INTR 引脚输入的可屏蔽中断申请信号就不能被响应(即被屏蔽了)。因此在系统程序的适当位置要用开中断指令 STI 来设置中断允许标志，使 IF＝1，以开放中断。

复位时的操作时序如图2.30所示。由图 2.30 可见，当 RESET 信号有效后，再经过一个状态，将执行以下操作。

(1) 把所有三态输出线(包括 $AD_{15} \sim AD_0$，$A_{19}/S_6 \sim A_{16}/S_3$，$\overline{BHE}/\overline{S_7}$，M/$\overline{IO}$，DT/$\overline{R}$，$\overline{DEN}$，$\overline{RD}$，$\overline{WR}$ 和 $\overline{INTA}$)都置成高阻抗状态，直到 RESET 信号为低电平结束复位操作为止。而且这些信号在进入高阻抗状态的前半个时钟周期先被置为不起作用的状态。

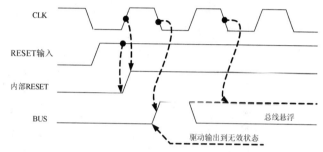

图 2.30　8086 复位时序图

(2) 把不具有三态功能的控制信号(ALE，HLDA，$\overline{RQ}/\overline{GT_0}$，$\overline{RQ}/\overline{GT_1}$，$QS_0$，$QS_1$)都置为无效状态。

本章小结

　　本章主要介绍了 8086 CPU 的功能结构、内部寄存器阵列及其功能，存储器地址空间和数据存储格式，存储器的分段和物理地址的形成，信息分段存储与段寄存器的关系，CPU 的引脚定义和功能以及最小最大模式下的总线结构与时序。

　　微处理器主要由运算器、控制器和寄存器阵列组成，各部分之间通过内部总线进行信息交换，从功能结构上微处理器又可分为总线接口单元与执行单元两部分。8086 CPU 内部提供了 14 个 16 位的寄存器，用于提供指令执行、指令及操作数的寻址，按功能不同又可分为通用寄存器组、段寄存器组和控制寄存器组。

　　8086 CPU 的 20 条地址总线对应存储器地址空间为 1MB，但其内部寄存器为 16 位，最多寻址 64KB 空间。为了寻址 1MB 的存储器空间，将 1MB 的存储空间分成若干个逻辑段，每个段长 64KB。每个存储单元在存储器中的位置可以用逻辑地址和物理地址来表示，逻辑地址由段基址和段内偏移地址两部分组成，物理地址通过将 16 位段基址左移 4 位，然后与 16 位段内偏移地址相加求得。

　　8086 CPU 设计了最小和最大两种工作模式以满足多种场合的应用，两种方式下，

8086 CPU 部分引脚表现出不同的定义和功能,以实现相应方式下系统的管理与控制。在最小工作模式下,所有的总线控制信号都直接由 8086 CPU 产生。在最大模式下,系统中至少包含两个微处理器,其中一个为主处理器,其他微处理器称之为协处理器。

在微型机系统中,CPU 的操作都是在系统主时钟 CLK 的驱动下按节拍有序进行的。而所有的操作都是通过总线实现的,把通过外部总线对存储器或 I/O 接口进行一次读/写操作的过程称为总线周期。8086 系统中总线周期主要包括存储器读/写周期、I/O 接口读/写周期、中断响应周期、总线保持周期和总线请求/允许等针对总线的访问操作,而各种周期的时序分析是理解系统工作原理的基础和难点。

思考题与习题

2-1 8086 CPU 由哪两部分组成?它们的主要功能各是什么?总线接口部件 BIU 由哪几部分组成?作用各是什么?

2-2 8086 CPU 为什么要采用地址/数据线分时复用?有什么好处?

2-3 8086 CPU 中的标志寄存器分为哪两类标志?二者有什么区别?

2-4 设段寄存器 CS=2400H,指令指示器 IP=6F30H,此时指令的物理地址是多少?指向这一物理地址的 CS 值和 IP 值是否是唯一的?

2-5 什么叫总线周期?8086 系统中的总线周期由几个时钟周期组成?如果 CPU 的主时钟频率为 25MHz,一个时钟周期是多少?一个基本总线周期是多少时间?

2-6 在总线周期的 T_1,T_2,T_3,T_4 状态 CPU 分别执行什么动作?什么情况下需插入等待状态 T_w?何时插入?怎样插入?

2-7 RESET 信号到来后,CPU 的状态有何特征?系统从何处开始启动?

2-8 8086 在最大模式和最小模式下各有什么特点和不同?

2-9 8086 在最大、最小工作模式时各是如何配置的?各有何特点和不同?最大模式时,为什么一定要用总线控制器 8288?8288 的输入信号是什么?输出信号是什么?

2-10 当系统中有多 4 个总线主模块时,在最大和最小模式下分别用什么方式来传送总线控制权的?

2-11 8086 的存储器空间各是多少?二者的存储器结构有何不同?寻址一个字节存储单元时有何不同?

2-12 简述 8086 最小模式下的总线读操作和写操作的过程及所涉及的主要控制信号。

2-13 设存储器内数据段中存放了两个字 2FE5H 和 3EA8H,已知 DS=3500H,数据存放的偏移地址为 4B25H 和 3E5AH,画图说明这两个字在存储器中的存放情况。若要读取这两个字,需要对存储进行几次读操作?

2-14 时钟发生器 8284 向系统共输出几个时钟信号?

2-15 8086 系统中的总线收发器有什么作用?为什么系统中要加入总线收发器?

2-16 简述 8086 系统最小模式时从储存器读数据时的时序过程。

第3章 高档微处理器

Intel 公司在推出 16 位微处理器 8086 之后，相继推出了 80286、80386、80486 以及 Pentium 系列微处理器，由于具有向上的兼容性，使得 80286 之后的微处理器尽管在结构和功能上与 8086 相比发生了很大的变化，但从基本概念、结构乃至指令系统仍然是 8086 的延续和扩展。本章是在前面已学习了 8086 微处理器的基础上，从发展的角度，介绍了 80286 及以后各系列微处理器的体系结构、寄存器、工作方式，并较为详细地叙述了在虚拟存储管理中，虚拟地址转换为物理地址的整个过程。

3.1 Intel 80286 微处理器

80286 是 Intel 公司继 8086 之后，于 1982 年 1 月推出的一种高性能微处理器芯片，并在 IBM PC/AT 中得以推广应用。该芯片上共集成了 13.5 万只晶体管，采用 68 个引脚的四列直插式封装、地址线和数据线不再分时复用，分开设置 16 条独立的数据线和 24 条独立的地址线。80286 具有 8086 的全部功能，8086 CPU 的汇编语言程序可不加修改的在 80286 上运行。

与 8086 相比，80286 微处理器主要有以下 4 个显著的改进。

(1) 由于地址线的增加，使它的内存容量提高。8086 有 20 条地址线，只能寻址 1MB 的内存空间，而 80286 增加到 24 条地址线，可寻址 16MB(2^{24} 字节)内存空间。

(2) 时钟频率提高，使得处理速度加快。80286 的时钟频率最高可达 20MHz。并将 8086 的 2 级流水线体系结构增加到 4 级。

(3) 可同时运行多个任务。多任务是通过多任务硬件机构使处理器在各种任务之间快速而方便地切换。

(4) 80286 增加了一种工作方式。8086 只有实方式，而 80286 有实方式和保护方式。在实方式下，80286 和 8086 一样在 1MB 内存空间执行程序，只是速度提高了，相当于一个快速的 8086。在保护方式下，80286 提供 24 位地址线访问物理地址空间，并首次应用了"虚拟存储器"和"虚拟内存"的概念。所谓"虚拟存储器"就是系统中有一个速度较快容量较小的内存，还有一个速度较慢但容量很大的外存，通过存储器管理机制，利用外存来模拟内存，这样从程序员角度看，系统中似乎有一个容量非常大的、速度也相当快的主存储器，但它并不是真正的物理内存，故称为虚拟存储器。80286 可模拟 1GB(2^{30} 字节)虚拟内存。

3.1.1 80286 的功能结构

80286 微处理器内部有 4 个独立的可并行操作的功能部件，包括总线接口部件 BIU、指令部件 IU(Instruction Unit)、地址部件 AU(Address Unit)和执行部件 EU，如图 3.1 所示。与 8086 相比多了两个主要部件，即将 8086 中的 BIU 分成 BU 和 IU，而将 AU 从 EU 中分离出来。实质上是增强了这些部件的并行操作能力，加快了微处理器的运行速度。

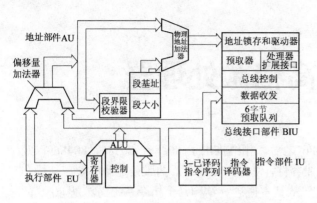

图 3.1　80286 微处理器内部结构框图

1. 总线接口部件(BIU)

BIU 负责处理 CPU 和系统总线之间的所有通信和数据传输,当发生数据存取请求与预取指令请求同时发生时,BIU 将优先处理数据存取操作。BIU 包括地址锁存和驱动器、预取器、协处理器接口、总线控制器、数据收发器和 6 字节的预取队列。

地址锁存和驱动器用来锁存和驱动 24 位的地址线;预取器负责从存储器中取指令代码并存放到 6 字节的指令队列中,只要预取队列中至少有两个字节为空时,便开始预取操作;协处理器接口负责 80286 与 80287 浮点运算协处理器的接口;总线控制器将有关的外部控制信号送到 8288 外部总线控制器以组合产生存储器或 I/O 的读写控制信号;数据收发器可以根据指令要求负责控制数据的传输方向;6 字节的预取队列用来存放由预取器送来的未译码的指令。

2. 指令部件(IU)

IU 包括指令译码器和已译码指令队列,负责从预取队列中取代码并送入译码器中,译码器将每个指令字节译码变成 69 位的内部码形式,然后存入已译码指令队列中,已译码指令队列可存放 3 条被译码指令的内部码,共占 69×3 位,可以立即执行。

3. 执行部件(EU)

EU 负责指令的执行,即从指令部件 IU 中取出已译码的指令并直接执行。它包括算术逻辑单元 ALU 及标志寄存器、通用寄存器阵列和控制电路等。

控制电路接收已译码指令的 69 位内部码,根据指令的要求产生执行指令所需的控制电位序列后送入其他部件,以便完成指令执行并以操作结果影响标志位;算术逻辑单元 ALU 及标志寄存器用来进行算术与逻辑运算,并保存控制和状态标志;通用寄存器阵列用来暂存操作数和运算结果。

4. 地址部件(AU)

AU 负责物理地址的生成。包括物理地址发生器、段寄存器、段描述符高速缓冲寄存器等。

当 80286 CPU 运行在实方式下,其物理地址的形成与 8086 一样。而当 80286 CPU 运行在保护方式下,段地址并不直接存放在 4 个段寄存器中,而存放在所谓的段描述符中,通过描述符提供 24 位的段基值,再与 16 位的偏移地址相加得到实际的物理地址。段描述符高速缓冲寄存器用来加速地址的转换,并在性能不受影响的情况下检查是否违反了保护条件,还可以实现任务的隔离和代码段与数据段重定位。

上述 4 个独立部件的并行工作过程如下:只要 6 字节指令队列中至少有两个空时,BU 便根据 AU 提供的要访问的地址开始预取操作,以填充指令队列;IU 从 BU 中取出预取的指令并译码后存入已译码的指令队列;EU 不断地从 IU 中取出已译码指令进行执行,若在执行指令的过程中要传送数据，EU 会发送寻址信息给 AU；AU 计算出物理地址送给 BU，由 BU 与存储器或 I/O 进行数据传送。这四个部件即相互配合又相互独立，构成一个 4 级流水线体系结构，大大提高了工作效率。

3.1.2　80286 的内部寄存器

80286 内部的通用寄存器(包括 4 个数据寄存器和 4 个基址变址寄存器)、4 个段寄存器和指令指针寄存器与 8086 的完全相同。不同之处在于标志寄存器新增了两个标志(占 3 位)以及增加了 1 个机器状态字 MSW(Machine Status Word)。下面分别介绍在 8086 基础上新增的标志位和 MSW。

1.　标志寄存器 FLAGS

标志寄存器 FLAGS 除了 8086 中的 9 个标志(低 12 位)以外，增加的两个标志主要用于保护方式下，如图 3.2 所示。

D_{15}	D_{14}	D_{13}	D_{12}	$D_{11} \cdot D_{10}$	D_9	D_8	D_7	D_6	D_5	D_4	D_3	D_2	D_1	D_0
	NT	IOPL		OF	DF	IF	TF	SF	ZF		AF		PF		CF

图 3.2　标志寄存器 FLAGS 格式

由图 3.2 可知，标志寄存器还包含 NT 和 IOPL 两位，其含义如下。

NT(Nested Task)：嵌套标志，此标志作为状态标志用于指出当前执行的任务是否嵌套于另一个任务中。若 NT＝1，表示当前执行的任务嵌套于另一个任务中，从而指示 CPU 执行完该任务后，要返回到原来的任务中去；NT＝0，表示没有任务嵌套。

IOPL (I/O Privilege Level)：I/O 特权标志，此标志作为控制标志用于指示指定的 I/O 操作处于特权级的哪一级。IOPL 占两位，可表示 0～3 四个特权级，其中 0 级最高，3 级最低。0 级一般为操作系统的核心程序使用。只有当现行任务的特权级高于或等于此时 IOPL 级别时，CPU 对此设备的 I/O 操作才可以执行。

2.　机器状态字 MSW

MSW 含有控制或指示整个系统(不是单个任务)的条件标志，具体内容如图 3.3 所示。

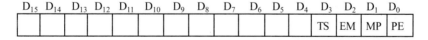

D_{15}	D_{14}	D_{13}	D_{12}	D_{11}	D_{10}	D_9	D_8	D_7	D_6	D_5	D_4	D_3	D_2	D_1	D_0
												TS	EM	MP	PE

图 3.3　机器状态字 MSW 格式

由图 3.3 可知，MSW 的含义解释如下。

PE(Protection Mode Enable)：保护允许。PE＝1 允许保护，除了 RESET 外，保护方式不能被撤销；PE＝0 禁止保护，只能通过硬件复位，但 80386 以后的微处理器可以通过指令来设置。

MP(Monitor Coprocessor Extension)：协处理器监控允许。当 MP＝1 时，可用 WAIT 指令来判断 80287 的存在性，此时若产生类型号为 7 的异常，则表示协处理器不存在；当 MP＝0 时，禁止监控。

EM(Emulate Processor Extension)：模拟协处理器允许。当 EM＝1 时，使用 ESC 指令，

将引起协处理器不存在异常，可用该中断处理程序进行仿真操作，模拟协处理器工作；当 EM＝0 时，禁止模拟，协处理器指令只能在实际协处理器 80287 中执行。

TS(Task Switched)：任务切换。在任务切换时，系统硬件总使 TS＝1，此时微处理器在执行一条协处理器指令时，会产生协处理器不存在异常中断。

虽然 80286 有上述的改进和特点，但只有在保护方式下才能运行。而在 DOS 环境下，它只能工作在实方式，而多任务的切换、虚拟存储器的管理和多种特权级的保护只有在保护方式下才能运行。这样，在大多数场合，80286 仅是一个快速的 8086 微处理器。另外由于 Intel 公司在 1985 年又推出了性价比更高的 32 位 80386 微处理器，从而很快便取代了 80286。但它在结构中采用的流水线技术、虚拟存储器概念及多任务切换的理念得到了进一步的发挥和完善。

3.2　Intel 80386 微处理器

1985 年 10 月，Intel 公司推出与 8086、80286 相兼容的高性能 32 位微处理器 80386。80386 针对多用户和多任务的应用而设计，是具有片内集成的存储管理部件和保护机构的全 32 位微处理器。该芯片上共集成了 27.5 万只晶体管，具有 132 个引脚，并以网格阵列方式封装，采用 32 位地址线和 32 位数据线，内部寄存器也扩充至 32 位。最初的时钟频率为 16MHz，不久 Intel 公司又推出 25MHz、33MHz 等。在 16MHz 主频下，CPU 的运算速度可达 3～4MIPS，其速度可与 10 年前的大型机相比。80386 是在 16 位微处理器基础上发展的，所以 Intel 8086、80286 系统上运行的目标程序可在 80386 系统上运行。

与 80286 相比，80386 微处理器主要有以下 5 个方面的改进。

(1) 由于地址线的增加，使它的寻址能力增强。80286 可寻址 16MB(2^{24} 字节)内存空间。80386 提高到 4GB(2^{32} 字节)。

(2) 时钟频率提高，使得处理速度加快。

(3) 增强了存储器管理部件的功能。80386 可模拟 64TB(2^{46} 字节)，另外 80386 可进行段式以及段页式存储管理，而 80286 只能采用段式存储管理。

(4) 80386 增加 V86(虚拟 8086)工作方式。在 80286 的基础上进一步改进了多任务处理技术，使得多个 DOS 程序可同时运行。即 80386 可模拟多个 8086 微处理器来执行多任务的功能。

(5) 将 80286 的 4 级流水线体系结构增加到 6 级，并首次引入指令流水线的设计思想。

3.2.1　80386 的功能结构

80386 微处理器的内部功能结构如图 3.4 所示。与 80286 的 4 个独立部件相比，80386 增加到 6 个，即总线接口部件 BIU、指令预取部件 IPU(Instruction Prefetch Unit)、指令译码部件 IDU(Instruction Decode Unit)、执行部件 EU、分段部件 SU(Segment Unit)和分页部件 PU(Paging Unit)。这 6 个部件可以并行地工作，构成一个 6 级流水线体系结构。

1. 总线接口部件(BIU)

总线接口部件 BIU 负责 CPU 与外部总线的数据交换。在 80286 的基础上将指令预取部件分离出去，并增加了总线请求判优器。当指令预取部件要从存储器中取指令、执行部件要存取操作数或输出偏移地址并由分页部件形成物理地址时，甚至这多个总线请求同时发生时，为使程序的执行不被延误，BIU 经总线请求判优器将优先数据传输请求。只有当不执行数据传输操作时，BIU 方可满足预取代码的请求。

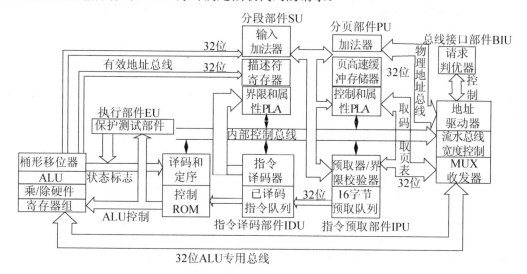

图 3.4　80386 微处理器内部结构框图

2．指令预取部件(IPU)

指令预取部件 IPU 使指令代码预取功能得以独立，它由一个 16 字节长的指令预取队列和预取器组成。预取器用来通过分页部件 PU 生成的物理地址向 BIU 发出指令预取请求，如此时 BIU 处于空闲状态，则会响应此请求，并从存储器中取指令填充预取指令队列。预取器保持预取队列总是满的。

3．指令译码部件(IDU)

指令译码部件 IDU 包括译码器和能容纳三条已译码的指令队列两部分。只要已译码指令队列有剩余空间，而且预取队列中有指令字节，指令译码部件便以一个时钟周期译码一个指令字节的速度进行译码。指令译码部件为指令的执行做好了准备。

4．执行部件(EU)

执行部件 EU 是负责从已译码指令队列中取出指令编码，执行各种数据处理和运算。它由控制逻辑部件、数据处理部件和保护测试部件组成。控制逻辑部件提供了两条指令重叠执行的控制回路，即可将一条访问存储器的指令和前一条指令的执行重叠起来，使两条指令并行执行，这就是所谓的"指令流水线技术"，这项技术在后续的 CPU 中得以更大的发展，更进一步加快了 CPU 的运行速度。保护测试部件用来监视存储器的访问操作是否超越了程序的分段规则。数据处理部件包括算术逻辑单元 ALU、8 个 32 位的通用寄存器和一个 64 位的桶形移位器和乘法器，主要用于在控制部件控制下执行数据操作和处理。

5．分段部件(SU)

分段部件 SU 管理面向程序员的逻辑地址空间，并且将 48 位的逻辑地址(16 位的段选择子和 32 位的偏移地址)转换为 32 位的线性地址，并对照所规定该段的界限和属性进行检验存取。由地址加法器、段描述符高速缓冲寄存器和可编程逻辑阵列 PLA 组成。转换好的线性地址与总线周期操作信息一起发送给分页部件，如不需要分页，则由分段部件计算出来的线性地址就是物理地址。

6. 分页部件(PU)

分页部件 PU 管理物理地址空间，将分段部件产生的 32 位的线性地址转换为 32 位的物理地址。也是由地址加法器、页描述符高速缓冲寄存器和可编程逻辑阵列 PLA 组成。从线性地址到物理地址的转换实际上是将线性地址表示的存储空间再进行分页，页是一个大小固定的存储区，每一页为 4KB。物理地址一旦由分页部分生成，便会立即送到 BIU 中进行存储器的访问操作。

分段部件、分页部件和保护测试部件共同构成了存储器管理部件 MMU(Memory Management Unit)。MMU 管理控制所有虚拟地址到物理地址的转换、分段及分页检验等。

3.2.2　80386 的内部寄存器

80386 内部共定义了 30 个面向用户的寄存器，还有几个寄存器是实际存在但用户不可访问的，可以分为 6 类。

1. 通用寄存器

80386 有 8 个 32 位的通用寄存器，都是 8086 中 16 位通用寄存器的扩展，故命名为 EAX、EBX、ECX、EDX、EBP、ESP、ESI 和 EDI，用于存放数据或地址。

为了保持和 8086 兼容，每个通用寄存器的低 16 位可以独立存取，此时它们的名称分别为 AX、BX、CX、DX、BP、SP、SI 和 DI。此外，AX、BX、CX 和 DX 和 8086 一样，高 8 位和低 8 位可以独立存取，分别称为 AH、AL、BH、BL、CH、CL、DH 和 DL。完成 8 位、16 位、32 位的操作数或 16 位、32 位的操作数地址的存放。

8 个 32 位通用寄存器既可用来存放操作数也可用来存放操作数地址，而且在形成地址的过程中还可进行加减运算，也就是说，这 8 个通用寄存器在作为数据寄存器之外，均可用作寄存器间接寻址和作为基址、变址(除 ESP)寄存器。而在 8086 方式下，AX、BX、CX 和 DX 这 4 个寄存器中只有 BX 可用来存放操作数地址作为基址寄存器。

2. 指令指针寄存器和标志寄存器

1) 指令指针寄存器 EIP
32 位的指令指针寄存器 EIP 是 8086 中 IP 的扩展，是用来存放下一条要执行的指令的地址偏移量，寻址范围为 4GB。为了和 8086 兼容，EIP 的低 16 位可作为独立指令指针，称为 IP，此时寻址范围为 64KB。

当 80386 工作在实方式或虚拟 8086 方式时，与 8086 兼容，用 IP 作为指令指针。当 80386 工作在保护方式下，用 EIP 作为指令指针。

2) 标志寄存器 EFLAGS
32 位的标志寄存器 EFLAGS，是由 80286 的标志位扩展而成，如图 3.5 所示。用于保存最近 CPU 执行指令的结果特性与状态，以控制 CPU 的工作及程序的走向。它的低 16 位包含了命名为 FLAGS 的 16 位标志寄存器，就是 80286 的标志寄存器 FLAGS，其中低 12 位包括了在 8086 中定义的 9 个标志,高 4 位包括在 80286 中增加的 2 个标志(占 3 位)。80386 在原有 80286 的基础上新增 2 个系统方式标志，而且全为控制标志。下面主要介绍这两个标志位的功能。

D$_{31}$ D$_{18}$		D$_{17}$	D$_{16}$		D$_{14}$	D$_{13}$	D$_{12}$	D$_{11}$	D$_{10}$	D$_9$	D$_8$	D$_7$	D$_6$	D$_5$	D$_4$	D$_3$	D$_2$	D$_1$	D$_0$
		VM	RF		NT	IOPL		OF	DF	IF	TF	SF	ZF		AF		PF		CF

图 3.5 标志寄存器 EFLAGS 格式

RF(Resume Flag)：恢复标志或重新启动标志。与调试寄存器一起用于断点和单步操作，当 RF=1 时，下一条指令的任何调试故障将被忽略，不产生异常中断。当 RF=0 时，调试故障被接受，并产生异常中断。用于调试失败后，强迫程序恢复执行，在成功执行每条指令后，RF 自动复位。

VM(Virtual Mode)：虚拟 8086 方式标志。当 80386 工作在保护方式时，若 VM=1，则 CPU 转换到 V86 方式，在此方式下，80386 的全部操作就像在一个快速的 8086 上运行一样。若返回保护方式，此位复位。

3. 段寄存器和段描述符寄存器

1) 段寄存器

80386 在原有 8086、80286 的基础上增加了两个段寄存器，为此 80386 内部有 6 个 16 位的段寄存器 CS、DS、ES、SS、GS 和 FS。在实方式下，80386 和 8086 类似，段寄存器中存放真实的段基值，段最大寻址 64KB，只是也可使用 GS、FS 作为附加数据段使用；在保护方式下，为了得到更大的存储空间，此时 16 位的段寄存器称为段选择子(Selector)，作为进入存储器中的一张表的变址寄存器，根据段选择子的内容可以从这张表中找到一项，即为描述符，这张表称为描述符表，每个描述符对应一个段，包含对应段的 32 位段基地址、20 位段界限及 12 位的一些属性标志，并分别经过分段部件和分页部件计算存储单元的线性地址和物理地址。

2) 段描述符寄存器

为了提高线性地址的转换计算速度，80386 内部为每个段寄存器设置了一个程序员不可访问的 64 位段描述符寄存器(段描述符高速缓冲寄存器)，如图 3.6 所示。当段选择子由指令确定后，80386 就自动从存储器中的描述符表里找到对应的描述符，并装入到该寄存器对应的段描述符寄存器中，并通过一个属性标志指示该段正被访问，则以后对该段的访问，就不用通过段选择子从存储器中的描述符表里取出相应的描述符，而是直接从 CPU 中的段描述符寄存器中取出描述符，然后计算线性地址和物理地址，这

	段寄存器	段描述符寄存器		
CS	16 位段选择子	32 位段基地址	20 位段界限	12 位属性
SS	16 位段选择子	32 位段基地址	20 位段界限	12 位属性
DS	16 位段选择子	32 位段基地址	20 位段界限	12 位属性
ES	16 位段选择子	32 位段基地址	20 位段界限	12 位属性
FS	16 位段选择子	32 位段基地址	20 位段界限	12 位属性
GS	16 位段选择子	32 位段基地址	20 位段界限	12 位属性

图 3.6 段寄存器及段描述符寄存器

样就能缩短访问存储器的时间。

4. 控制寄存器 CR(Control Register)

80386 内部有 3 个 32 位的控制寄存器 CR_0、CR_2、CR_3，它们与系统地址寄存器一起用来保存机器的各种全局性状态，这些状态影响系统所有任务的运行，主要供操作系统使用，因此操作系统设计人员需要熟悉这些寄存器。

1) 机器控制寄存器 CR_0

32 位的控制寄存器 CR_0，是由 80286 的机器状态字 MSW 扩展而成的，如图 3.7 所示，含有控制和指示整个系统的条件标志。它的低 16 位就是 80286 的机器状态字 MSW。80386 在原有 80286 的基础上新增 2 个标志，各位的含义介绍如下。

D_{31} D_{30}		D_{16} D_{15}		D_5	D_4	D_3	D_2	D_1	D_0
PG					ET	TS	EM	MP	PE

图 3.7 机器控制寄存器 CR_0 格式

PG(Paging Enable)：分页允许控制位。PG＝1，启动 80386 片内分页部件工作；PG＝0，禁止分页部件工作，则线性地址就是物理地址。

ET(Processor Extension Type)：处理器扩展类型控制位。如协处理器为 80387，则设置 ET＝1，如协处理器为 80287，则设置 ET＝0。在系统复位时默认协处理器为 80387。

2) 页面故障线性地址寄存器 CR_2

用于提供页故障 32 位线性地址，以便当产生页故障时，用来报告错误信息。但只有 CR_0 中的 PG＝1 时，CR_2 才有意义。

3) 页组目录表基址寄存器 CR_3

用于提供当前任务的页组目录表在内存的基地址。80386 的页组目录表总是按页对齐的(每页 4KB)，即高 20 位存放页组目录表的物理基地址，低 12 位未用。

由上述可知，CR_2、CR_3 实际上是 2 个专用于存储管理的地址寄存器。

5. 系统地址寄存器

80386 微处理器中有 4 个系统地址寄存器，分别是全局描述符表寄存器 GDTR(Global Descriptor Table Register)、中断描述符表寄存器 IDTR(Interrupt Descriptor Table Register)、局部描述符表寄存器 LDTR(Local Descriptor Table Register)、任务状态寄存器 TR(Task Register)。系统地址寄存器用于在保护方式下，管理 4 个系统表，由于只能在保护方式下使用，因此又称为保护方式寄存器。

1) 全局描述符表寄存器 GDTR

GDTR 是 48 位寄存器，其中高 32 位存放全局描述符表 GDT 的线性基地址，低 16 位是 GDT 的界限值。

2) 中断描述符表寄存器 IDTR

IDTR 也是 48 位寄存器，其中高 32 位存放中断描述符表 IDT 的线性基地址，低 16 位是 IDT 的界限值。

3) 局部描述符表寄存器 LDTR

LDTR 是由 16 位选择子和 64 位不可见的段描述符寄存器组成。

4) 任务状态寄存器 TR

TR 也是由 16 位用于存放任务状态段 TSS 的选择子和 64 位不可见的段描述符寄存器组成。

6. 调试寄存器和测试寄存器

1) 调试寄存器 DR(Debug Register)

80386 有 6 个 32 位的调试寄存器 $DR_0 \sim DR_3$、DR_6、DR_7。

$DR_0 \sim DR_3$ 用来存放 4 个 32 位的断点线性地址，可以使程序员在调试过程中一次设置 4 个断点。

DR_6 是断点状态寄存器，其中保存了几个调试标志，用来协助断点调试。

DR_7 是断点控制寄存器，可通过对应位的设置来选择允许和禁止断点调试。

2) 测试寄存器 TR(Test Register)

80386 有 2 个 32 位的测试寄存器 TR_6、TR_7。

TR_6 是测试命令寄存器，其中存放测试控制命令。

TR_7 是数据寄存器，存放存储器测试所得的数据。

3.3　Intel 80486 微处理器

1989 年，Intel 公司推出 80486 微处理器(80486 DX)，80486 是在 80386 的基础上设计的 32 位微处理器，是对 80386 的改进和发展。该芯片集成度更高，共集成了 120 万只晶体管，是 80386 的 4 倍以上，具有 168 个引脚，PGA 封装，采用 32 位地址线和 32 位数据线。最初的时钟频率为 25MHz，以后又推出 33MHz、50MHz、66MHz、80MHz 和 100MHz 等。1992 年 Intel 公司推出 80486 DX2，它采用倍频技术，使 CPU 能以两倍于芯片外部的处理器速度工作。同样 80486 也保持着与前辈 86 系列 CPU 在目标程序上的兼容性。

与 80386 相比，80486 微处理器主要有以下改进。

(1) 首次部分吸收精简指令集计算机 RISC(Reduced Instruction Set Computer)技术，以便尽可能缩短指令执行时间。

(2) 发展了 80386 的指令流水线技术，使最多有 5 条指令重叠执行，从而使 80486 可以在一个时钟周期执行完一条简单指令。

(3) 片内集成了 8KB 的高速缓冲存储器(80486 DX4 中集成了 16KB)和浮点运算部件 FPU，从内部结构上可以认为 80486＝80386＋80387＋8KBcache，并且支持二级高速缓存。

(4) 采用多种总线连接方式，其内部数据总线有 32 位、64 位和 128 位，分别用于不同单元之间的数据通路，大大加快了数据处理速度，防止总线"瓶颈"效应的产生。

3.3.1　80486 的功能结构

80486 微处理器的内部功能结构如图 3.8 所示。与 80386 的 6 个独立部件相比，80486 增加到 9 个，即总线接口部件 BIU、指令预取部件 IPU、指令译码部件 IDU、控制部件 CU、整数部件 IU、分段部件 SU、分页部件 PU、高速缓冲存储部件 cache 和浮点运算部件 FPU。这 9 个部件可以并行地工作，构成一个 9 级流水线体系结构。80486 与 80386 在内部结构上类似，区别在于将 80386 的执行部件 EU 分离成两个独立的部件，即控制部件 CU 和整数部件 IU，另外 80486 的后两个部件是在 80386 基础上为提高性能而增加的。这里只对这两类不同进行说明。

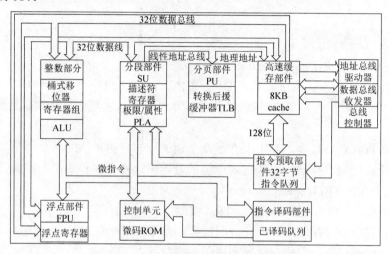

图 3.8　80486 微处理器内部结构框图

1. 控制部件 CU

控制部件 CU 负责接收已译码指令及相应的控制信号，并根据译码后的指令对整数部件 IU、浮点运算部件 FPU 和存储器管理部件 MMU 进行控制，使它们完成已译码指令的执行。

2. 整数部件 IU

整数部件 IU 由 8 个 32 位通用寄存器、1 个 64 位桶形移位器、1 个标志寄存器及算术逻辑运算部件 ALU 组成。负责执行控制部件 CU 指定的全部算术和逻辑运算，它能在一个时钟周期内完成整数的传送、加减运算、逻辑运算和移位等指令的执行。

3. 高速缓冲存储部件 cache

80486 内部含有 8KB 的数据和指令共用的高速缓冲存储器 cache，用于存储最新运行的程序所需要的指令代码和数据，作为外部主存的副本。当 CPU 中其他部件产生的所有总线访问请求在送到总线接口部件 BIU 之前，要先经过高速缓冲存储器。如果总线访问请求在 cache 中能够找到副本，则该总线访问请求将立即可以实现存取操作，且 BIU 不用产生总线周期，这种情况称为高速缓存"命中"。如果总线访问请求不能在 cache 中找到副本，则称为高速缓存"不命中"或"命中失败"，这时 BIU 将通过 128 位的总线以一次 16 字节的传送方式将被请求的存储单元所在那块存储内容从主存调进 cache 中。

4. 浮点运算部件 FPU

浮点运算部件 FPU 和 80386 完全兼容，负责进行单精度或多精度的浮点运算。由于 FPU 集成在芯片内，从而缩短了 CPU 和协处理器之间的通信时间，提高了对浮点数的处理能力。

另外 cache 与 FPU 采用两条 32 位总线连接,而且这两条 32 位总线也可作为一条 64 位总线直接进行数据交换。

3.3.2 80486 的内部寄存器

由于 80486 与 80386 在结构上基本一致,因此它们内部的寄存器大部分是相同的,只是增加了一些浮点寄存器以及对标志寄存器和控制寄存器进行了相应的扩充以适应 80486 性能的改进,下面只对这些增加和扩充的有关寄存器作相应介绍。

1. 标志寄存器 EFLAGS

80486 在原有 80386 的基础上新增 1 个保护方式下的控制标志 AC(Alignment Check),如图 3.9 所示。AC 为对准检查标志,用于控制数据的对准检查。当设置 AC=0 时,则不允许对准检查。AC 标志仅在特权级 3(用户程序)有效,且受到机器控制寄存器 CR_0 中对准屏蔽位 AM 的限制,即当 AM=1 并且 AC=1 时才允许在存储器访问进行对准检查。CPU 规定,字操作数应存放在内存偶地址开始的两个单元,双字操作数应存放在内存能被 4 整除的地址开始的 4 个单元,即对准字或对准双字,如不符合上述规定就是越界。当出现越界时,便产生对准校验异常中断。

D_31		D_18	D_17	D_16	D_15	D_14	D_13	D_12	D_11	D_10	D_9	D_8	D_7	D_6	D_5	D_4	D_3	D_2	D_1	D_0
	AC	VM	RF		NT	IOPL		OF	DF	IF	TF	SF	ZF		AF		PF		CF

图 3.9 标志寄存器 EFLAGS 格式

2. 控制寄存器

80486 与 80386 一样都有 3 个控制寄存器 CR_0、CR_2、CR_3,这里除了 CR_2 仍然作为页故障线性地址寄存器没有被修改外,CR_0、CR_3 都为适应 80486 性能做了一定的扩充。具体说明如下。

1) 机器控制寄存器 CR_0

图 3.10 是 80486 在 80386 的基础上扩充后的 CR_0 格式,可以看出它比 80386 的 CR_0 增加了 5 个标志,由于 80486 内含 FPU,所以 ET 恒为 1。各位的含义介绍如下。

CD(Cache Disable):片内高速缓存禁止,用于决定芯片内的 cache 是否有效。若置 CD=0,允许使用内部 cache,此时若命中失败,则可将所需信息从主存中读入片内 cache;若置 CD=1,则限制所有的 cache 操作。

D_31	D_30	D_28	D_18	D_16	D_5	D_4	D_3	D_2	D_1	D_0
PG	CD	NW	AM	WP	NE	1	TS	EM	MP	PE

图 3.10 机器控制寄存器 CR_0 格式

NW(Not Write-through):片内 cache 非写通位,用于限制片内 cache 写通操作。写通是指当访问 cache 命中时,若为写操作则在把新内容写入 cache 的同时也写入主存。若置 NW=0,所有命中 cache 的写操作将按写通方式写入 cache。若置 NW=1,数据仅写入 cache。

AM(Alignment Mask):对准屏蔽位,与标志寄存器 EFLAGS 中的对准检查标志 AC 配合使用,控制对数据的对准校验。AM=1 且 AC=1 时,允许在对存储器访问时进行对准检查，否则禁止检查。

WP(Write Proctect)：写保护位，用来保护管理级写访问用户级的只读页面。当 WP=1 时，管理级可以向用户级进行写操作。当 WP=0 时，用户级拒绝管理级的写操作。

NE(Numeric Error)：数据异常中断控制位，当 NE=1 时，则协处理器运算出错将导致浮点错误，它将使 80486 的一个浮点错误输出引脚输出有效电平，用来表明浮点协处理器发现一个错误状态。当 NE=0 时，用外部中断处理。

2) 页组目录表基址寄存器 CR$_3$

CR3 的高 20 位与 80386 的 CR$_3$ 相同，用于存放页组目录表的物理基地址，在低 12 位中 80486 新定义了 2 位标志位(D_3 和 D_4)，其余 10 位未用。

PWT(Page-level Writes Transparent)：写通控制位，它用来控制外部 cache 的写操作工作方式，但不能控制内部 cache 的写操作。在 80486 内部 cache 中使用的是写通方式，而外部二级 cache 有的使用写通方式，有的即可使用写通方式也可使用写回方式。PWT=1 时，使片外二级 cache 采用写通方式；PWT=0 时，采用写回方式。写回是指当访问 cache 命中时，若为写操作则只改写 cache 内容，只有当 cache 中被写过的块要被新进入 cache 的信息块取代时才一次写回主存里。

PCD(Page-level Cache Disable)：页高速缓存允许控制位，它用来控制 80486 片内 cache 以页面为单位是否有效。PCD=0 且 80486 高速缓存允许引脚 KEN=0 有效时，则内部高速缓存有效工作；PCD=1 时，则片内 cache 不能有效工作，而只对外部高速缓存或外存进行读写操作。

3.4　Intel Pentium 微处理器

随着人们对图形图像处理、实时视频处理、语音识别、CAD/CAM/CAI、大流量客户机/服务器等应用的需求日益迫切，80386 与 80486 CPU 已难胜任此类任务。因此，1993 年 Intel 推出了全新一代的 "586" 处理器。因为数字很难进行商标版权保护的缘故而特意取名 Pentium。Pentium 的内部含有 310 万个晶体管，时钟频率由最初推出的 60MHz 和 66MHz，提高到 200MHz。由于 Pentium 的制造工艺优良，所以整个 Pentium 系列的 CPU 的性能也是当时各种 CPU 中最强的，可超频性能最大，因此赢得了 586 级 CPU 的大部分市场。所有的 Pentium CPU 里面都已经内置了 16KB 的一级缓存，并运用了 "动态执行" 技术。Pentium 具有 36 位地址线，虽然仍属于 32 位结构，但其与主存连接的外部数据线却是 64 位的，这样大大提高了存取主存的速度。作为新一代微处理器，Pentium 为微处理器体系结构和个人计算机性能引入了全新的概念，为今后微处理器和个人计算机的发展开辟了一个新的技术方向。与 80486 相比，Pentium 微处理器主要有以下改进。

(1) Pentium 具有 36 位地址线，外部数据线 64 位，使在一个总线周期内，数据传输量增加了一倍。

(2) Pentium 微处理器技术的核心是采用超标量流水线设计，即它由 U 与 V 两条指令流水线构成。允许 Pentium 在单个时钟周期内执行两条整数指令，比相同频率的 486DX CPU 性能提高了一倍。

(3) Pentium 片内采用双重分离式高速缓存 cache，即独立的 8KB 指令 cache 和 8KB 数据 cache。指令和数据分别使用不同的 cache，提高了指令执行速度，使 Pentium 的性能大大超过 80486 微处理器。

(4) 浮点运算单元功能的增强。Pentium 的浮点单元在 80486 的基础上进行了改进，使每个时钟周期能完成一个浮点操作。在运行浮点密集型程序时，66MHz Pentium 的运算速度为 33MHz 的 80486DX 的 5～6 倍。

(5) 增加了分支指令预测功能。Pentium 提供了一个分支目标缓冲器 BTB(Branch Target Buffer)来动态地预测程序的分支操作，当一条指令导致程序分支时，BTB 记忆该条指令和分支目标的地址，并用这些信息预测这条指令再次产生分支时的路径，预先从此处预取，保证指令预取队列不会空置。

(6) 页尺寸的增加。Pentium 体系结构中，存储器中每一页的容量除了与 80486 兼容的 4KB 外，还可以使用更大的存储器页面，这使得程序在传送大块数据时，避免了频繁的换页操作。

3.4.1 Pentium 的功能结构

Intel 的奔腾处理器在设计中吸取了 80X86 体系结构的优点，采用了新的超标量指令流水线结构，如图 3.11 所示。下面主要从内部超标量流水线、内部高速缓存、分支指令预测逻辑及浮点运算单元 4 个方面来说明 Pentium 微处理器内部结构的改进。

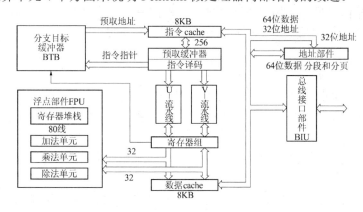

图 3.11 Pentium 微处理器内部结构框图

1. 超标量流水线

超标量是指处理器内部含有多个指令执行单元。Pentium 微处理器就是采用这种超标量流水线结构。它由 U 与 V 两条指令流水线构成，都可以执行整数指令，每条流水线都拥有自己的 ALU、地址生成电路和数据 cache 接口，即互不依赖的两条指令可以同时在流水线中执行。与 80486 指令流水线相类似，分为 5 个步骤：指令预取、指令译码、地址生成、指令执行和回写。当一条完成预取步骤，流水线就可以开始对另一条指令的操作。这种双流水线结构，使 Pentium 可以一次执行两条指令。

2. 16KB 分离型高速 cache

Pentium 采用双路 cache 结构，即有两个 8KB 高速 cache，一个作为指令 cache，一个作为数据 cache。数据高速 cache 采用双端接口，分别用于两条流水线，可以独立存取也可以同时存取高速缓存中的数据。Pentium 微处理器通过指令高速 cache 从外部总线读取指令,即由指令 cache 中的传输后备缓冲器(Translation Lookaside Buffer,TLB)将线性地址转换成指令 cache 中所用的物理地址。指令和数据分别使用不同的 cache,提高了指令执行速度,使 Pentium 的性能大大超过 80486 微处理器。

3. 分支指令预测逻辑

在 Pentium 的指令预取处理中增加了分支预取逻辑。Pentium 有两个 32 字节的指令预取缓冲器,通过一个预取缓冲器顺序地处理指令地址,直到它取到一条分支指令,此时存放有关分支历史信息的分支目标缓冲器 BTB 将动态地预测程序的分支操作。当 BTB 预测到将不发生分支时,指令预取将继续顺序地运行下去。当一条指令导致程序分支时,BTB 记忆该条指令和分支目标的地址,并用这些信息预测这条指令再次产生分支时的路径,第二个预取缓冲器根据这个预测开始预取指令,以保证指令预取队列不会空置。

4. 浮点运算流水线

Pentium 的浮点单元在 80486 的基础上进行了改进,其执行过程分为 8 级流水线,其中前 4 级与整数流水线相同,后 4 级的前两个为二级浮点操作,后两个为四舍五入、回写结果及出错报告操作。另外还使用快速硬件取代微码进行浮点数的加法、乘法和除法运算,使得 Pentium 微处理器的浮点运算性能非常高。每个时钟周期能完成一个浮点操作。

3.4.2 Pentium 的内部寄存器

Pentium 与 80486 微处理器相比,除了在标志寄存器 EFLAGS 和控制寄存器某些功能发生变化外,两者实质上是一样的。下面着重介绍 Pentium 与 80486 微处理器在这两方面的差异。

1. 控制寄存器

Pentium 微处理器在 80486 的基础上增加了一个新的 32 位控制寄存器 CR_4,如图 3.12 所示。

$$D_{31} \qquad\qquad D_7\ D_6\ D_5\ D_4\ D_3\ D_2\ D_1\ D_0$$

| | MCE | PAE | PSE | DE | TSD | PVI | VME |

图 3.12 机器控制寄存器 CR_4 格式

VME(Virtual 8086 Mode Extension):虚拟 8086 方式扩展。在虚拟 8086 方式下,若置 1 表明支持虚拟中断标志,若复位则禁止保护方式虚拟中断标志。

PVI(Protected Mode Virtual Interrupts):保护方式虚拟中断。在保护方式下,若置 1 表明支持虚拟中断标志,若复位则禁止虚拟中断标志。

TSD(Time Stamp Disable):时间/日期标记禁用。若置 1 且当前特权级不为 0,禁止读时间标记计数器指令(RDTSC)。当该位复位时,RDTSC 可以在任何特权级上执行。

DE(Debugging Extensions):调试扩展。若置 1 表示允许调试扩充即 I/O 断点有效,若复位则禁止调试扩充。

PSE(Page Size Extensions)：页面尺寸扩展。若置 1 表示 4MB 页面尺寸有效，若复位则禁止页面尺寸扩展，仍为 4KB。

PAE(Physical Address Extension)：物理地址扩展。若置 1，允许采用 32 位以上的物理地址(包括 32 位和 64 位地址)。若复位则只允许采用 32 位物理地址。

MCE(Machine Check Exception)：机器检查有效。若置 1 表示使机器检查异常功能有效，若复位则禁止机器检查异常。

2．标志寄存器 EFLAGS

如图 3.13 所示，Pentium 微处理器在 80486 的基础上定义了 3 个新的标志位。下面分别说明各标志位的功能。

D_{31}		D_{21}				D_{18}	D_{17}	D_{16}	D_{15}	D_{14}	D_{13}	D_{12}	D_{11}	D_{10}	D_9	D_8	D_7	D_6	D_5	D_4	D_3	D_2	D_1	D_0
		ID	VIP	VIF	AC	VM	RF		NT		IOPL		OF	DF	IF	TF	SF	ZF		AF		PF		CF

图 3.13　标志寄存器 EFLAGS 格式

VIF(Virtual Interrupt Flag)：虚拟中断标志。当允许虚拟 8086 方式扩展或允许保护方式虚拟中断时，虚拟中断标志是所有中断标志的虚拟映像。当禁止虚拟 8086 方式扩展或禁止保护方式虚拟中断时，虚拟中断标志被强制为 0。

VIP(Virtual Interrupt Pending)：虚拟中断挂起标志。当允许虚拟 8086 方式扩展或允许保护方式虚拟中断时，虚拟中断挂起标志指示中断是否挂起。当禁止虚拟 8086 方式扩展或禁止保护方式虚拟中断时，虚拟中断标志被强制为 0。

ID(Identification)：标识位。用于 CPUID 指令检测。如果程序可以设置和清除 ID 位，则表明该微处理器支持 CPUID 指令。

Pentium 微处理器定义了几种模型专用寄存器，用于控制可测试性、执行跟踪、性能监测和机器检查错误的功能。Pentium 可以使用新指令 RDMSR 和 WRMSR 读写这些寄存器。

3.4.3　Pentium 的微处理器的新发展

1995 年，Intel 推出了 Pentium Pro 处理器。Pentium Pro 的工作频率有 150MHz、166MHz、180MHz 和 200MHz 四种，都具有 16KB 的一级缓存和 256KB 的二级缓存。值得一提的是 Pentium Pro 采用了"PPGA"封装技术。即一个 256KB 的二级缓存芯片与 Pentium Pro 芯片封装在一起，两个芯片之间用高频宽的内部总线互连，处理器与高速缓存的连接线路也被安置在该封装中，这样就使高速缓存能更容易地运行在更高的频率上。例如 Pentium Pro 200MHz CPU 的 L2 cache 就是运行在 200MHz，也就是工作在与处理器相同的频率上，这在当时可以算得上是 CPU 技术的一个创新。Pentium Pro 的推出，为以后 Intel 推出 Pentium II 奠定了基础。

1996 年底，Intel 推出了 Pentium MMX(多能奔腾)处理器，Pentium MMX 系列的频率只有三种：166MHz、200MHz、233MHz，采用了 Socket 7 插槽。Pentium MMX 是 Intel 公司在 1996 年为增强 Pentium CPU 在音像、图形和通信应用方面而开发的新技术，它为 CPU 增加了 57 条 MMX 指令。除此之外，Pentium MMX 还将 CPU 芯片内的 L1 缓存由原来的 16KB 增加到 32KB。因此，Pentium MMX CPU 比普通 CPU 在运行含有 MMX 指令的程序时，处理多媒体的能力提高了 60%左右。一个典型的例子就是在 Pentium MMX 的 CPU 上能够进行软解压播放 VCD，而以前的 CPU 是根本不可能的。

1997 年 5 月，Intel 又推出了和 Pentium Pro 同一个级别的产品 Pentium Ⅱ。Pentium Ⅱ CPU 有众多的分支和系列产品，其中第一代的产品就是代号 Klamath 的芯片。它运行在 66MHz 总线上，主频分 233MHz、266MHz、300MHz、333MHz 四种。PentiumII 采用了与 Pentium Pro 相同的 32 位核心结构并加快了段寄存器写操作的速度，并增加了 MMX 指令集。Intel 全部采用 CMOS 工艺，将 750 万个晶体管集成到一个 203 平方毫米的硅片上。在总线方面，Pentium Ⅱ 处理器采用了双独立总线结构，即背侧总线技术。其中一条总线连接二级高速缓存，另一条连接到内存。为降低成本，Pentium Ⅱ 使用了一种脱离芯片的外部高速缓存，可以运行在相当于 CPU 自身时钟速度一半的速度下。在接口技术方面，为了获得更大的内部总线带宽，Pentium Ⅱ 首次采用了专利的 Slot1 接口标准，它不再用陶瓷封装，而是把 CPU 和二级缓存都做在一块印刷电路板上。封装起来就是所谓的 SEC(Single-edgecontactCartridge) 卡盒。

1999 年，Intel 发布了 Pentium III Xeon 处理器。作为 Pentium II Xeon 的后继者，除了在内核架构上采纳全新设计以外，也继承了 Pentium III 处理器新增的 70 条指令集，主要用于因特网流媒体扩展(提升网络演示多媒体流、图像的性能)、3D、流式音频、视频和语音识别功能的提升。除了面对企业级的市场以外，Pentium III Xeon 加强了电子商务应用与高阶商务计算的能力。Pentium III 可以使用户有机会在网络上享受到高质量的影片，并以 3D 的形式参观在线博物馆、商店等。在缓存速度与系统总线结构上，也有很多进步，很大程度提升了性能，并为更好的多处理器协同工作进行了设计。

在 2000 年 6 月，Intel 公司宣布了其开发的下一代 CPU 命名为 Pentium 4，也就是曾经命名为 Willamette 的 CPU。2000 年的 11 月，Intel 正式发布了 Pentium 4 处理器。Pentium 4 集成了 8KB 的 L1 cache，使用的是低于 1.42ns 的高速缓存，拥有极低的访问时间；能迅速地找到并且命中目标指令，大大提高了 CPU 的工作效率。Pentium 4 还拥有全速的 256KB 二级缓存，在处理器核心和 L2 cache 之间有着更大的数据传输通道，数据传输率可以达到前所未有的 44.8GB/s，几乎是 PentiumIII 1GHz(16GB/s)的 3 倍之多。Pentium 4 的总线频率高达 400MHz，是 Pentium III的三倍。如果配合双通道的 RAMBUS 内存，可以在处理器和内存控制器之间提供高达 3.2GB/s 的内存通道。用户使用基于 Pentium 4 处理器的个人电脑，可以创建专业品质的影片，透过因特网传递电视品质的影像，实时进行语音、影像通信，实时 3D 渲染，快速进行 MP3 编码解码运算，在连接因特网时运行多个多媒体软件。

2003 年 3 月 Intel 公司继续推出了新型移动 CPU，即 Pentium M，其主频有标准 1.6GHz、1.5GHz、1.4GHz、1.3GHz，低电压 1.1GHz，超低电压 900MHz。为了在低主频得到高效能，通过优化设计，使每个时钟周期执行更多的指令，并通过高级分支预测来降低预测的错误率。Pentium M 最突出的改进是将 L2 高速缓存增至 1MB，并进行了一系列与降低功耗有关的设计。2005 年 Intel 又发布了双核心处理器 Pentium D 和 Pentium Extreme Edition，同时推出 945/955/965/975 芯片组来支持双核心处理器。双核心处理器采用 90nm 工艺生产，这种架构更像是一个双 CPU 平台，每个核心拥有 1MB 的独立 L2 缓存及执行单元，两个核心加起来共有 2MB，这无疑大幅度地提升了系统的性能。在此基础上，Intel 公司又陆续推出了 Pentium EE、Pentium E2200 和 Pentium G620 等系列 CPU，更高速的处理能力和更低水平的平均功耗，使其使用范围更广泛地覆盖了众多用户。随着相关技术的不断发展，Intel 公司还将继续设计性能更加强大的 CPU。

3.5　高档微机存储器管理

从 80286 CPU 开始引进了保护虚地址方式，到 80386 CPU 又提供了一种新的虚拟 8086 方式，使得高档微处理器能工作在 3 种方式下，即实地址方式、保护虚地址方式及虚拟 8086 方式。不同的工作方式对存储器的管理是不同的，而且高档微处理器的多任务切换和多种特权级的保护机制也只有在保护方式下才能进行。下面以 80386 为例分别针对这 3 种工作方式来讨论高档微机的存储器管理。

3.5.1　实地址方式

系统启动或复位后，80386 自动进入实地址方式(简称实方式)，也可通过设置控制寄存器 CR0 中的 PE＝0 来进入实方式。实方式主要是为 80386 进行初始化用的，即为保护方式所需的数据结构做配置和准备。在实方式下，80386 类似于 8086 的体系结构，具有如下特点。

(1) 在实方式下，80386 只相当于一个快速的 8086，8086 的程序代码可以不加修改地在 80386 上运行，只是运算速度更快。以 80386 为 CPU 的 PC 上的 MS DOS 操作系统就是在实方式下运行的。

(2) 只有 1MB 的物理存储空间寻址能力，32 位地址线中只有低 20 位地址有效。其物理地址的形成同 8086，即段寄存器的 16 位值左移 4 位再加上段内偏移地址。

(3) 操作数默认长度为 16 位，但借助长度前缀能处理 32 位数据，并且可使用 FS 和 GS 作为附加数据段段基值进行寻址。

(4) 只支持单任务工作方式，不支持多任务方式也不实施保护机制。

(5) 80386 设置了 4 个特权级，在实方式下只能在特权级 0 下工作。

3.5.2　保护虚地址方式

80386 的保护虚地址方式(简称保护方式)与 80286 类似，只是在存储管理上 80286 采用段式管理机构可提供 16MB 的物理地址空间和 $1GB(2^{30})$ 的虚拟地址空间，而 80386 增加了段页式管理机构，并可提供 4GB 的物理地址空间和 $64TB(2^{46})$ 的虚拟地址空间。

1. 保护方式

当通过指令设置控制寄存器 CR_0 中的 PE＝1 时进入保护方式。保护是指在执行多任务操作时，对不同任务使用的虚拟存储空间进行完全隔离，保护每个任务顺利执行。高档微处理器只有工作在保护方式下，才能充分发挥其强大的存储管理功能以及硬件支撑的保护机制，因此也称为本性方式，其具有如下特点。

(1) 存储空间采用虚拟地址空间、线性地址空间(不包括 80286)和物理地址空间 3 种方式来描述。虚拟地址就是逻辑地址，线性地址是在虚拟存储空间内的可定位的地址。

(2) 在保护方式下，寻址是通过描述符表的数据结构来实现对内存单元的访问。

(3) 程序员可以使用的存储空间称为逻辑地址空间，在保护方式下，借助 MMU 存储器管理部件将外存有效的映射到内存，使这个空间大大超过实际物理地址空间，称为虚拟地址空间，其容量最大可达 64TB，几乎是无限大。

(4) 可以使用 4 级保护功能，实现程序与程序、用户与用户、用户与操作系统之间的隔离和保护，为多任务操作系统提供优化支持。

2. 保护方式存储器管理

虚拟存储器是建立在主存—辅存物理结构的基础上，由芯片内 MMU 附加硬件装置，与操作系统相配和来完成从各类存储器段中获得指令和数据，实现主存—辅存地址空间统一编址。80386 以上 CPU 采用片内两级存储管理，即段页式管理，由分段部件和分页部件完成。

1) 分段管理

现代计算机系统把物理空间分成相对独立的许多内存段，每个内存段放置一个程序段，使得内存段与程序段统一，统称为段。一个程序拥有多个段、不同程序占据不完全相同的几个段，而且管理整个系统所需要的信息放置属于系统所有的段中。由此形成内存分段管理的思想。

在 80286 以后的 CPU 中，段可以在内存也可以在外存，这通过描述符中的一个属性标志来表示。此标志不成立时，系统就知道该段目前不在内存，则立即将该段从外存中调入内存。此标志位使系统可以把外存的一部分作为内存的延伸，与内存统一管理。这一复合存储空间称为虚拟内存。程序段只要进入虚拟内存就可以被系统管理，自动调入内存管理。

(1) 描述符。描述符记录对段的管理信息，包括以下内容。

① 32 位段基地址：表示该段在内存空间的起始位置。

② 20 位段界限：表示该段的长度，即 $2^{20}=1M×$单位，当段长以字节为单位时为 1MB，当段长以页为单位时为 $1M×4KB=4GB$。段长由界限长度属性标志来设置。

③ 12 位属性：指示该段是否已装入主存、特权级、类型、该段是否在最近一段时间未被访问、界限长度属性以及段内偏移地址长度等。

(2) 描述符表和描述符表寄存器。描述符表有三种，即全局描述符表 GDT、中断描述符表 IDT 和局部描述符表 LDT。由描述符顺序排列组成，占一定的内存空间，由对应的系统地址寄存器(GDTR、IDTR、LDTR)指示其物理存储空间的位置和大小。GDT 和 IDT 是面向系统中所有任务的，是全局性的表；LDT 是面向某一个任务的，每个任务都可以有一个独立的 LDT；另外为支持多任务操作中任务之间的切换，在硬件上还为每个任务设置了一种称为任务状态段 TSS 的系统段,它保存了当前正在处理器上执行的任务的各种信息。

在一般情况下，要进入保护方式，应事先用指令定义系统地址寄存器(GDTR、IDTR)传送 32 位基地址和 16 位界限值，表示对应描述符表在内存中的起始地址和长度(最大 $2^{16}=64KB$)，然后再将所需要的描述符送入指定的描述符表中。但是对于 LDT 来说，由于其是面向任务的，在多任务系统中会有多个 LDT，每张 LDT 都作为存储器系统中的一个特殊的系统段由一个描述符来描述，而该描述符就存放在全局描述符表 GDT 中。因此首先要根据 LDTR 的选择子从 GDT 中查找一个描述符自动送入 LDTR 的段描述符寄存器中，以此描述符确定当前 LDT 所在内存的基地址、界限值(只占 16 位)和属性，因此在定义 LDT 时要先将描述符送入 GDT 中。GDT 和 LDT 最多可以存放 8192 个描述符而 IDT 最多可存放 256 个描述符(最多只有 256 种中断类型)。

(3) 从逻辑地址到线性地址的转换。在保护方式下，80386 是用二维逻辑地址访问整个虚拟存储器。此时将 6 个段寄存器改称为段选择子，存放的段选择符，通过段选择符中的索引在描述符表中查找 8 字节的描述符，从描述符中取出段基地址，再与逻辑地址中的 32 位偏移地址相加后就得到线性地址，具体的转换过程如图 3.14 所示。

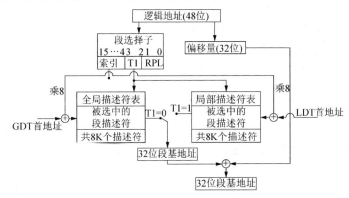

图 3.14　逻辑地址到线性地址的转换过程

① 由虚拟地址提供二维 48 位的地址指针，其中高 16 位是段选择符，RPL 表示特权级别；TI 是选择位，当 TI＝0 选择全局描述符表，当 TI＝1 选择局部描述符表；剩下 13 位为索引值，用于选择 2^{13} 个描述符。低 32 位提供偏移量。

② 由 TI 选择描述符表，并通过 GDTR 或 LDTR 提供相应描述符表在内存的起始地址。

③ 将索引值×8 再加上描述符表在内存的起始地址得到对应描述符在内存的地址，并从中取出描述符送入段描述符寄存器中。

④ 从段描述符寄存器中取出 32 位段基地址与 32 位偏移地址相加得到 32 位的线性地址。

⑤ 如果分页部件被禁止，则线性地址就是物理地址。否则将线性地址送入分页部件中以形成物理地址。

2) 分页管理

存储器的分段虽然带来了隔离、存储保护和数据共享等优点，但由于段的大小是任意的，容易产生磁盘碎片，以及存取数据的效率较低。为改善分段的局限性，引入了分页管理机制，它将存储空间按逻辑模块分成段，每段又分为固定大小的若干个页。这样在多任务系统中，就只需把每个活动任务当前所需的少量页面放在内存中，可以提高存取效率，并有效利用内存碎片。

80386 采用固定大小的页，以 4KB 作为一页。分页机制把整个线性地址空间和整个物理地址空间都看成是以页为单位组成的，线性地址中的任何一页都可以映射到物理地址空间中的任何一页。4GB(2^{32} 字节)的线性空间可以被分成 1M(2^{20})个页面，那些能被 4KB 整除的内存地址为页的起始地址，即每个页面都对齐在 4KB 的边界，线性地址的低 12 位称为页内偏移地址，高 20 位称为页号。

(1) 分页部件用页组目录项表和页表实现两级地址转换。较高一级的页组目录项表中，每一项为一个 4 字节的页目录描述符，对应于一个页表，包含下一级页表的信息。较低一级是页表，每一项为一个 4 字节的页描述符，对应物理存储空间的一页，一页为 4KB。页组目录项表和页表都占用 4KB 空间，即一页并且按边界对齐，两个表内每项都为 4 字节，这样每个表含 1024 项，由 10 位索引值进行查找。可见一个页组目录项表可以映射 $1024\times1024\times4KB=4GB$ 的内存空间。

这样安排两级页表结构，是因为 80386 中共有 2^{20} 个页表项，若只采用一级页表，则该页表将占用 $2^{20}\times4B=4MB$ 的内存空间。为避免页表占用如此巨大的内存空间，所以采用两级表的结构，两张表总共只需占用 $(1024+1024)\times4B=8KB$ 内存空间。

页目录描述符和页描述符的格式基本相同，其中高 20 位表示一个页在内存的起始基地址，也就是物理地址的高 20 位。低 12 位表示属性位，主要包括对应页是否在主存中、可读写性及可执行性以及跟踪页的使用情况等。

通常页目录表常驻内存，其在内存的起始基地址由控制寄存器 CR_3 提供，CR_3 的低 12 位一般为 0，以保证页组目录表按页边界对齐。页表和页可以在内存也可以在外存，这由页目录描述符和页描述符中的存在位属性决定，当不在内存时，操作系统把缺少的页从外存中读入，同时将读入页所处的物理起始基地址存入表项中。因此程序员看来其存储空间比实际的内存空间大得多。

(2) 从线性地址到物理地址的转换过程如图 3.15 所示，分页机制将 32 位线性地址分成 3 部分：其中高 10 位作为页组目录的索引值，指向 1024 个页目录描述符中的某一项；中间 10 位作为页表的索引值，指向 1024 个页描述符中的某一项；低 12 位作为页内偏移地址，具体操作步骤如下。

① 先查询 CR_3，将其作为页组目录表的物理起始地址。

② 取线性地址的高 10 位乘以 4 再与页组目录表的物理起始地址相加得到对应页目录描述符在内存的地址，并从中取出页目录描述符。

③ 从页目录描述符中取高 20 位作为对应页表的物理起始地址。

④ 取线性地址的中间 10 位乘以 4 再与页表的物理起始地址相加得到对应页描述符在内存的地址，并从中取出页描述符。

⑤ 从页描述符中取高20位与线性地址的低 12 位组合得到最终所要寻址的页的物理地址。

由以上分析可知，80386 的每个任务最多可拥有 $16K(2^{14})$ 个段，当段长以页为单位时，每段可长达 $4GB(2^{32}$ 字节)，所以一个任务的逻辑地址空间可达 $64TB(2^{14}\times2^{32}$ 字节)。

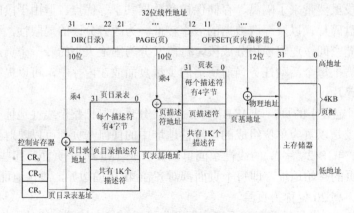

图 3.15　线性地址到物理地址的转换过程

3.5.3　虚拟 8086 方式

用 8086 编写的程序,虽然能在实方式下正常执行,但在实方式下 80386 不支持多任务,因而许多用 8086 编写的程序都不能在多任务环境下正常执行。为了解决这一问题,80386 增加了虚拟 8086 方式(简称 V86 方式)。

在保护方式下,通过设置标志寄存器 EFLAGS 中的 VM＝1,就可以进入 V86 方式。V86 方式是保护方式的一种子方式,即能有效地利用保护功能,又能执行 8086 代码的工作方式。在保护方式下,支持多任务并发运行,这时可能某几个任务是在 V86 方式,而另一些任务是保护方式下的任务。

与此相比较,实方式总是针对整个 80386 系统。

 本章小结

> 本章的主要内容包括 80286 到 Pentium 微处理器的系统结构、寄存器组,并以 80386 为例详述了高档微处理器的工作方式及存储器管理系统。同时还简单介绍了系列高档 Pentium 微处理器的特点。其中有很多技术与概念是当前流行 PC 中所使用的,与上一章中介绍的 8086 系统有较大差别,但 8086 微处理器中采用的存储器分段技术及流水线结构被后续 CPU 进一步发展和改进。

思考题与习题

3-1　何谓虚拟存储器?

3-2　80286、80386、80486 及 Pentium 各有哪几种工作方式?各工作方式的区别是什么?

3-3　若 80386 的控制寄存器 CR_0 中 PG、PE 全为 1,则 CPU 当前所处的工作方式如何?

3-4　80386 在实方式和保护方式下,分别可寻址的空间为多少?如何求得?

3-5　有一个段描述符,放在局部描述符表的第 12 项中,该描述符的请求特权级为 2,求该描述符的选择子内容。

3-6　某一个段描述符的选择子内容为 0531H,请解释该选择子的含义。

3-7　在段页式管理中,若允许分页,则页的大小为多少?如果一个页面首地址为 86B05000H,则上一页和下一页的页面首地址各为多少?

3-8　简述 80386 由虚拟地址转换到物理地址的全过程。

第 4 章　Intel 8086 的指令系统

计算机的指令是指使计算机硬件执行各种操作的命令，它是计算机的控制信息。一条指令对应着一种基本操作。计算机所能执行的全部指令的集合称为指令系统。指令系统的功能强弱集中反映了微处理器的硬件功能和属性。由于内部结构的不同，不同种类的微处理器对应有不同的指令系统。8086 CPU 的指令系统是 80X86 CPU 共同的基础，Intel 后续微处理器的指令系统都是在此基础上扩充和新增形成的。因此，本章将重点讨论 8086 CPU 的指令系统。

4.1　寻 址 方 式

8086 的指令往往由两部分组成，一部分是指令的操作码，规定了指令执行什么样的操作，如传送数据、数学运算或逻辑运算等；另一部分是指令的操作数，它提供了操作数本身或者是操作数的地址，告诉计算机从哪里获取操作数以及运算结果送往何处。操作数在计算机中的存放不外乎以下 4 种情况。

(1) 操作数位于指令区，即操作数包含在指令中，只要取出该指令进行操作，就会寻到紧随其后的操作数，这种操作数称为立即数。

(2) 操作数位于 CPU 的某一个内部寄存器中，指令中的操作数是寄存器名，只要知道寄存器的地址(编号)就可寻到操作数，这种操作数称为寄存器操作数。

(3) 操作数位于存储器数据区或堆栈区的某个单元中，指令中以不同的方式给出了存储单元的地址，只要知道了存储单元的地址就可以寻到操作数，这种操作数称为存储器操作数。

(4) 操作数位于 I/O 端口中，指令中以直接或间接的方式给出 I/O 端口的地址，只要知道 I/O 端口的地址就可以寻到 I/O 端口操作数。

指令中寻找操作数的方式就是寻址方式。根据操作数位于计算机中的不同地方，常用的寻址方式有立即寻址、寄存器寻址、存储器寻址和 I/O 端口寻址。其中存储器寻址又包括直接寻址、寄存器间接寻址、变址寻址和基址加变址寻址，如图 4.1 所示。

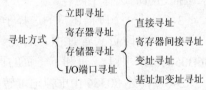

图 4.1　寻址方式分类

4.1.1　立即寻址

操作数直接出现在指令中的寻址方式称为立即寻址。采用立即寻址时，立即数作为指令的一部分，紧跟在指令的操作码之后，存放在存储器的代码段。立即数可以是 8 位或者 16 位的整数，如果是 16 位立即数，存放时低 8 位在前(低地址部分)，高 8 位在后(高地址部分)。例如：

```
MOV BL, 80H
MOV AX, 2008H
```

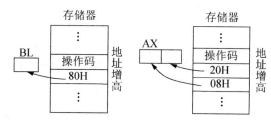

图 4.2　立即寻址方式

其中第一条指令的功能是将 8 位的立即数 80H 送至 BL 寄存器，第二条指令是将 16 位立即数 2008H 送至累加器 AX，即 08H 送至 AL，20H 送至 AH。两条指令在存储器当中的存放及执行情况如图 4.2 所示。

4.1.2　寄存器寻址

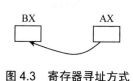

图 4.3　寄存器寻址方式

操作数位于 CPU 内部寄存器，寄存器名出现在指令中，寄存器可以是 8 位和 16 位的。8 位的寄存器只能是 AH、AL、BH、BL、CH、CL、DH 和 DL，16 位的寄存器可以是 8 个通用寄存器。一条指令中源操作数与目标操作数都可以使用寄存器寻址，但两者必须等长。例如：

```
MOV BX, AX
```

该指令将累加器 AX 中的内容传送到基址寄存器 BX，其执行情况如图 4.3 所示。由于寄存器操作数位于 CPU 内部，寻址过程不涉及总线操作，因此寄存器寻址方式速度较快。

4.1.3　存储器寻址

1．直接寻址

在 8086 系统中，任何存储单元的地址都是由两部分构成，即存储单元所在段的基地址和存储单元在段中相对段基址的偏移量(段内偏移量)。对于存储器操作数的寻址，指令中只提供其所在单元的段内偏移量，又称有效地址 EA。EA 的构成方式有多种，因而形成了多种存储器寻址方式。

操作数地址的 16 位段内偏移量包含在指令中，即有效地址 EA 直接由指令提供，这种寻址方式称为直接寻址。这时，操作数所在单元的物理地址就为数据段寄存器 DS 左移 4 位再加上指令中提供的 16 位段内偏移量，例如：

```
MOV AX, [3000H]
```

注意直接寻址指令与立即寻址指令的区别，从指令的汇编语言表示形式可以看出，在直接寻址指令中，表示有效地址的 16 位数必须加上方括号，另外指令完成的功能不是将 3000H 传送到累加器 AX，假设数据段寄存器 DS=2000H，则该存储器单元的物理地址为

$$2000H \times 10H + 3000H = 20000H + 3000H = 23000H$$

上述指令中操作数物理地址的形成以及指令执行情况如图 4.4 所示，指令执行后 AX 中的内容为 3412H。

如果没有特别指明，直接寻址指令的操作数是在存储器的数据段，即隐含的段寄存器为 DS，但 8086 允许段超越，即允许用 CS、SS 或 ES 作为段寄存器，此时必须在指令中明

确指明，其方法是在有关操作数前面写明段寄存器名，其后加上冒号。例如：

```
MOV BX, ES: [3000H]
```

该指令表明 ES 作为段寄存器，操作数要在附加数据段中寻址。

2. 寄存器间接寻址

在这种寻址方式中，操作数位于存储器中，而操作数所在存储单元的 16 位偏移量，即有效地址 EA 位于寄存器中，可以存放有效地址的寄存器有 4 个，即 SI、DI、BX 和 BP。当选择不同的间址寄存器时，隐含的段寄存器有所不同。

1) 选择 SI、DI 和 BX 作为间址寄存器

操作数通常位于数据段，即隐含段寄存器为 DS，此时操作数的物理地址为 DS 左移 4 位，再加上间址寄存器中的内容。例如：

MOV AX, [SI]

假设 DS=3100H，SI=0100H，则存储器单元的物理地址为

$$3100H \times 10H + 0100H = 31000H + 0100H = 31100H$$

上述指令中操作数物理地址的形成以及指令执行情况如图 4.5 所示，指令执行后 AX 中的内容为 2345H。

2) 选择 BP 作为间址寄存器

操作数通常位于堆栈段，即隐含段寄存器为 SS，此时操作数的物理地址为 SS 左移 4 位，再加上 BP。例如：

```
MOV [BP], AX
```

假设 AX=5678H，SS=2500H，BP=1000H，则存储器单元的物理地址为

$$2500H \times 10H + 1000H = 25000H + 1000H = 26000H$$

上述指令中操作数物理地址的形成以及指令执行情况如图 4.6 所示，指令执行后 26000H 单元中的内容为 78H，26001H 单元中的内容为 56H。

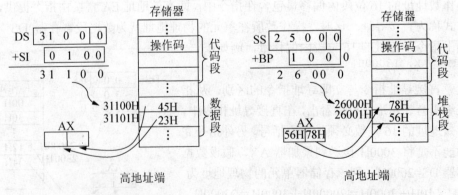

图 4.5 SI 寄存器间接寻址　　　　图 4.6 BP 寄存器间接寻址

注意在书写汇编语言指令时，用作间接寻址的寄存器必须加上方括号，这也是寄存器间接寻址与寄存器寻址的区别。另外，无论用 SI、DI、BX 或者 BP 作为间址寄存器，都允许段超越，例如：

```
MOV ES: [BX], AX
MOV BX, DS: [BP]
```

这两条指令分别改变了各自隐含的段寄存器。8086 中关于隐含段寄存器的约定以及允许段超越的说明见表 4.1。

表 4.1　访问存储器时段寄存器的约定

存储器操作的类型	隐含的段寄存器	允许超越的段寄存器	有效地址
取指令	CS	无	IP
堆栈操作	SS	无	SP
通用数据读取	DS	CS，ES，SS	有效地址 EA
源数据串	DS	CS，ES，SS	SI
目的数据串	ES	无	DI
用 BP 作为基址寄存器	SS	CS，DS，ES	有效地址 EA

3. 变址寻址

变址寻址又称作寄存器相对寻址，操作数所在存储单元的 16 位有效地址 EA 为指定寄存器的内容与指令中给定的 8 位或 16 位偏移量(disp)相加的和，偏移量的取值范围为 -32768～+32767。可以用作变址寻址的寄存器有 4 个，即 SI、DI、BX 和 BP。当选择不同的变址寄存器时，隐含的段寄存器有所不同。

1) 选择 SI、DI 和 BX 作为变址寄存器

操作数通常位于数据段，即隐含段寄存器为 DS。此时操作数的物理地址为 DS 左移 4 位，加上变址寄存器中的内容，再加上指令中给定的 8 位或 16 位的偏移量。例如：

```
MOV AX, [SI+1200H]
```

假设 DS=2000H，SI=1500H，则存储器单元的物理地址为

　　　　2000H×10H＋1500H＋1200H＝20000H＋1500H＋1200H＝22700H

上述指令中操作数物理地址的形成以及指令执行情况如图 4.7 所示，指令执行后 AX 中的内容为 8967H。

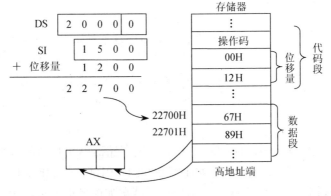

图 4.7　SI 寄存器变址寻址

2) 选择 BP 作为变址寄存器

操作数通常位于堆栈段，即隐含段寄存器为 SS。此时操作数的物理地址为 SS 左移 4 位，加上 BP 中的内容，再加上指令中给定的 8 位或 16 位的偏移量。例如：

```
MOV [BP+2100H], AX
```

假设 AX=9ACDH，SS=3000H，BP=2000H，则存储器单元的物理地址为

$$3000H \times 10H + 2000H + 2100H = 30000H + 2000H + 2100H = 34100H$$

上述指令中操作数物理地址的形成以及指令执行情况如图 4.8 所示，指令执行后 34100H 单元中的内容为 CDH，34101H 单元中的内容为 9AH。

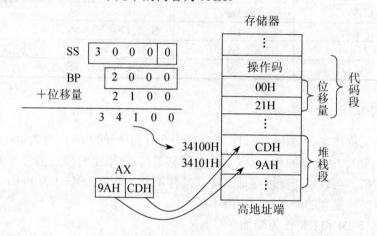

图 4.8 BP 寄存器变址寻址

注意在书写汇编语言指令时，变址寻址指令可以有几种不同的形式，例如以下 3 种写法实现相同的功能。

```
MOV AL, [BP+disp]
MOV AL, [BP]+disp
MOV AL, disp[BP]
```

另外，无论用 SI、DI、BX 或者 BP 作为变址寄存器，都允许段超越。

4. 基址加变址寻址

操作数所在存储单元的 16 位有效地址 EA 为指定基址寄存器(BX 或 BP)的内容与指定变址寄存器(SI 或 DI)的内容的和，再加上指令中给定的 8 位或 16 位偏移量，偏移量的取值范围为 −32768 ～ +32767。至于隐含的段寄存器，通常由所使用的基址寄存器决定，当使用 BX 存放基地址时，隐含段寄存器为 DS，当使用 BP 时，隐含段寄存器为 SS。例如：

```
MOV AX, 1100H[BX][DI]
```

假设 DS=2000H，BX=0100H，DI=1500H，则存储器单元的物理地址为

$$2000H \times 10H + 0100H + 1500H + 1100H = 20000H + 0100H + 1500H + 1100H = 22700H$$

上述指令中操作数物理地址的形成以及指令执行情况如图 4.9 所示，指令执行后 AX 中的内容为 1357H。

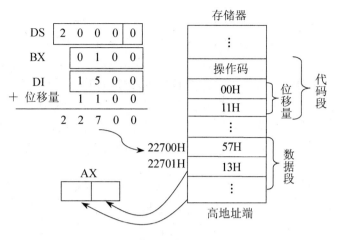

图 4.9 基址加变址寻址方式

注意在书写汇编语言指令时，基址加变址寻址指令可以有几种不同的形式，例如以下 6 种写法实现相同的功能。

```
MOV AL, disp [BP][SI]
MOV AL, [BP+disp][SI]
MOV AL, [BP+SI+disp]
MOV AL, [BP] disp [SI]
MOV AL, [BP+SI] disp
MOV AL, disp[SI][BP]
```

基址加变址寻址允许段超越。另外，不允许将两个基址寄存器或者两个变址寄存器组合在一起寻址。

4.1.4 I/O 端口寻址

以上讨论了操作数是立即数操作数、寄存器操作数和存储器操作数对应的寻址方式，当操作数位于 I/O 端口寄存器中，8086 CPU 可以通过直接和间接的方式来进行操作数的寻址。在直接寻址方式中，I/O 端口的地址以 8 位立即数的形式在指令中直接给出，能够寻址的端口号在 0～255 的范围内，即能够寻址 256 个端口。例如：

```
IN AL, 60H
```

该指令将地址为 60H 的端口中的内容送至累加器 AL。

在间接寻址方式中，16 位 I/O 端口地址必须存放在 DX 寄存器中，即通过 DX 间接寻址，这种方式能够寻址端口号的范围为 0～65535，共计 64K 个端口。例如：

```
MOV DX, 0360H
IN AL, DX
```

上述指令将地址为 0360H 的端口中的内容送至累加器 AL。

4.2 8086 指令系统

指令系统是计算机所能执行的全部指令的集合，它描绘了计算机内部的全部控制信息，是汇编语言程序设计的基础。8086 CPU 的 16 位基本指令集与近年来广泛应用的 32 位 80X86，包括 Pentium 系列完全兼容，因此，8086 指令系统是整个 Intel 80X86 系列指令系统的基础。

微处理器指令的分类很多，按其指令长短可以分为单字节指令、二字节指令和多字节指令；按寻址方式可以分为访问存储器指令、访问寄存器指令和访问输入/输出端口指令；按指令功能可以分为数据传送类指令、数据处理类指令、程序控制类指令、CPU 控制类指令以及为提高计算机求解专门问题的效率或简化程序而增设的其他指令，目前微型计算机的指令多采用后一种分类方法。

8086 的指令按功能可以分为 6 类：数据传送指令、算术运算指令、逻辑运算和移位指令、串操作指令、控制转移指令和处理器控制指令。

4.2.1 数据传送指令

在微型计算机的运行中，数据传送是一种最基本、最主要的操作，在实际应用中，数据传送指令在程序中占着极大的比例，数据传送是否灵活、快捷，对整个程序的编写和执行有着很大的作用。因此，数据传送指令是应用最频繁的、寻址方式最多的、也是数量最多的一类指令。8086 CPU 数据传送指令可分为通用数据传送指令、交换指令、堆栈操作指令、地址传送指令、累加器专用传送指令和标志寄存器传送指令等共 14 条。

1. 通用数据传送指令

1) 传送指令(Move)

指令格式：MOV DST，SRC

指令功能：将源操作数 SRC 传送给目标操作数 DST。指令执行后，源操作数和目标操作数内容相同，实质上是完成数据的复制。MOV 指令可以进行字节和字数据的传送，但是源操作数和目标操作数必须等长。源操作数可似是通用寄存器、段寄存器、存储器操作数或立即数；目标操作数可以是通用寄存器、段寄存器(CS 除外)或存储器操作数，立即数不能作为目标操作数，且两者不能同时为存储器操作数。数据传送方向如图 4.10 所示。

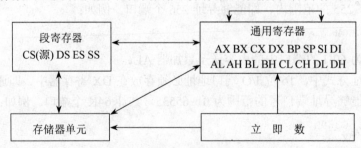

图 4.10 传送指令传送方向示意图

```
MOV CL, 05H          ;立即数向通用寄存器传送
MOV [BX], 2008H      ;立即数向存储器单元传送
MOV SI, BP           ;通用寄存器之间传送
MOV DS, AX           ;通用寄存器向段寄存器传送
MOV BX, ES           ;段寄存器向通用寄存器传送
MOV DS, [ SI＋BX]    ;存储单元向段寄存器传送
MOV [BP], ES         ;段寄存器向存储单元传送
```

```
MOV AX, [2008H]        ;存储单元向通用寄存器传送
MOV [1234H], BX        ;通用寄存器向存储单元传送
```

使用 MOV 指令应注意以下几点。

(1) 立即数只能作为源操作数，而不能作为目标操作数。

(2) CS 只能作为源操作数，不能作为目标操作数。

(3) CPU 中的寄存器除 IP 外都可通过 MOV 指令访问。

(4) 立即数不能直接传送到段寄存器，但可通过其他寄存器或堆栈传送。例如：

```
MOV AX, 3000H
MOV DS, AX
```

(5) 段寄存器之间不能直接传送。

(6) 两个存储单元之间不能直接传送。

【例 4.1】将存储单元 3000H 的内容送至 4000H 单元。

```
MOV AX, [3000H]
MOV [4000H], AX
```

【例 4.2】将累加器 AX 与寄存器 CX 中的内容对调。

```
MOV BX, AX
MOV AX, CX
MOV CX, BX
```

【例 4.3】判断指令正误。

```
MOV CS, AX    错          MOV AX, CS    对
MOV SS, SP    对          MOV AX, ES    对
MOV DS, CS    错          MOV AX, BL    错
```

2) 堆栈操作指令

在介绍堆栈操作指令之前，首先解释什么是堆栈以及为什么要用堆栈。一个实际的程序往往分成主程序和子程序两大部分，主程序要经常调用子程序，即暂停主程序的执行，转去执行子程序，如图 4.11 所示。这就要求把主程序的下一条指令的地址保留下来，确保子程序执行完以后能够正确返回主程序，同时还必须把主程序保留在寄存器中的中间结果和标志位的状态保留下来，这就需要有一个保留这些内容的空间。另外在子程序调用过程中还存在着子程序嵌套，如图 4.12 所示。这样不仅需要把多个信息保留下来，而且还要能保证逐次正确返回，为此要求后保留的信息先取出来，即数据要按照后进先出的原则保留，能实现这种要求的部件就是堆栈。在微型机中，堆栈实质上就是一个按照后进先出(Last-in, First-out)原则组织的一段内存区域。堆栈的构造如图 4.13 所示。

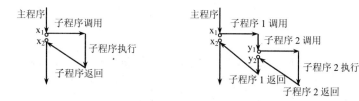

图 4.11 子程序调用示意图   图 4.12 子程序嵌套示意图

堆栈的一端固定，另一端浮动，固定端是堆栈的底部，称为栈底，浮动端可以推入或

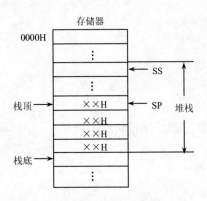

0000H

存储器

SS

栈顶 → ××H ← SP 堆栈

××H

××H

××H

栈底 →

图4.13 堆栈示意图

弹出数据。向堆栈推入数据时，新推入的数据堆放在以前推入数据的上面，即堆栈顶部，称为栈顶；从堆栈弹出数据时，堆栈顶部的数据最先弹出，而最先推入的数据则最后弹出。由于堆栈顶部是浮动的，为了指示当前堆栈中存放数据的位置，通常设置一个堆栈指针SP，它始终指向堆栈的顶部。当一个字节的数据被推入堆栈时，SP自动减1，向上浮动而指向新的栈顶；当一个字节的数据被弹出堆栈时，SP自动加1，向下浮动而指向新的栈顶。

在8086系统中，建立堆栈就是规定堆栈底部在存储器中的位置，用户可以通过数据传送指令将堆栈底部的地址设置在堆栈指针SP和堆栈段寄存器SS中，这时，栈中无数据，堆栈顶部与底部重叠，为一个空栈。例如：

```
MOV AX, 2000H
MOV SS, AX        ;初始化SS段寄存器
MOV SP, 56H       ;初始化SP指针
```

(1) 入栈指令(Push Word onto Stack)。

指令格式：PUSH SRC

指令功能：PUSH指令将16位的源操作数推入堆栈，先存入高字节，再存入低字节，目标地址为SP指向的栈顶单元，源操作数可以是寄存器、段寄存器或存储器操作数。例如：

```
PUSH AX
```

其执行过程如图4.14所示。

入栈操作分两步：第一步先将堆栈指针的内容减1，即栈顶向低地址方向移动一个单元，指向新的栈顶，然后把高字节推入堆栈指针所指向的栈顶单元，即：

SP←SP−1；SP←AH中的高字节数据

第二步，将堆栈指针的内容再减1，然后把低字节数据推入当前的栈顶单元，即：

SP←SP−1；SP←AL中的低字节数据

(2) 出栈指令(Pop Word off Stack)。

指令格式：POP DST

指令功能：POP指令将SP指示的栈顶两字节数据传送给目标操作数DST，目标操作数可以是寄存器、段寄存器或存储器操作数。例如：

```
POP AX
```

其执行过程如图4.15所示。

出栈的操作顺序与入栈相反，第一步操作是先将堆栈中低字节数据弹出堆栈，送给寄存器或存储器，堆栈指针的地址加1，即栈顶向高地址方向移动一个单元，即：

AL←SP；SP←SP+1

第二步是将堆栈中的高字节数据弹出堆栈，堆栈指针的内容再加1，指向新的栈顶，即：

AH←SP；SP←SP+1

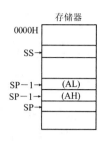

图 4.14 入栈示意图

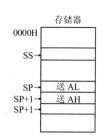

图 4.15 出栈示意图

使用堆栈操作指令应该注意以下几个方面。

① PUSH 和 POP 指令只能是字操作(16 位的操作数)，入栈或出栈一个字数据后，SP 的修改必须是减 2 或加 2。

② PUSH 和 POP 指令不能使用立即数方式。

③ POP 指令的操作数不允许是 CS 寄存器。

④ PUSII 和 POP 指令都不影响标志位。

⑤ PUSH 和 POP 指令互为逆操作,在编程中应使两条指令成对使用,以达到"栈平衡"。

【例 4.4】将 AX、BX 寄存器的内容分别传送给 CX、DX 寄存器。

```
PUSH AX              ;AX 入栈
PUSH BX              ;BX 入栈
POP DX               ;将后入栈的 BX 内容弹出到 DX 寄存器
POP CX               ;将先入栈的 AX 内容弹出到 CX 寄存器
```

【例 4.5】假设 DX=052CH，AX=6789H，SS=3000H，试分析顺序执行以下 3 条指令的结果。

```
MOV SP, 123DH
PUSH AX
PUSH DX
```

执行第一条指令后，SP=123DH；执行第二条指令后，(3123CH)=67H，(3123BH)=89H；执行第三条指令后，(3123AH)=05H，(31239H)=2CH。

3) 交换指令(Exchange)

指令格式：XCHG DST，SRC

指令功能：将两个操作数进行字节或字数据的相互交换，即 DST←→SRC。其中操作数可以是通用寄存器、存储器操作数，但不能同时为存储器操作数。交换指令的传送方向如图 4.16 所示。

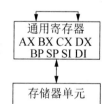

图 4.16 交换指令传送方向示意图

使用交换指令时应注意：①不允许使用段寄存器；②不影响标志位。

【例 4.6】
```
XCHG AX, BX          ;AX←→BX
XCHG AH, BL          ;AH←→BL
XCHG CX, [DI]        ;CX←→[DI]
```

【例 4.7】假设 AX=5566H，BX=0F23H，SI=0010H，DS=1000H，(10F33H)=2002H，写出下列指令执行的结果。

```
XCHG AH, AL                ;执行前 AH=55H, AL=66H
                           ;执行后 AH=66H, AL=55H
XCHG AX, [BX+SI]           ;执行前 AX=6655H, (10F33H)=2002H
                           ;执行后 AX=2002H, (10F33H)=6655H
```

2. 累加器专用传送指令

累加器(Accumulator，AC)专用传送指令包括 I/O 数据传送指令和字节转换指令，I/O 数据传送指令用于完成累加器 AL/AX 与 I/O 端口(Port)之间传送数据。在 8086 指令系统中，I/O 数据传送指令对 I/O 端口的寻址可以采用直接与间接两种方式；字节转换指令用于完成存储器中一个字节的编码转换。

1) 输入指令(Input Byte or Word from)

指令格式：IN AC，Port

　　　　　IN AC，DX

指令功能：将指定端口中的内容传送到累加器 AX/AL 中，可以是直接寻址，也可以是间接寻址，可以是字节操作，也可以是字操作。例如：

```
IN AL, 20H                 ;AL←端口 20H 的内容
IN AX, 80H                 ;AX←端口 80H 的内容
IN AL, DX                  ;AL←端口 (DX) 的内容
IN AX, DX                  ;AX←端口 (DX) 的内容
```

2) 输出指令(Output Byte or Word to)

指令格式：OUT Port, AC

　　　　　OUT DX, AC

指令功能：将累加器 AX/AL 中的内容传送到指定端口中，可以是直接寻址，也可以是间接寻址，可以是字节操作，也可以是字操作。例如：

```
OUT 30H, AL                ;端口 30H←AL
OUT 30H, AX                ;端口 30H←AX
OUT DX, AL                 ;端口 (DX) ←AL
OUT DX, AX                 ;端口 (DX) ←AX
```

使用输入/输出指令时应注意：①只限于在 AL/AX 与 I/O 端口之间传送信息；②I/O 端口间接寻址时只能使用 DX 寄存器；③不影响标志位。

3) 字节转换指令(Translate Byte to AL)

指令格式：XLAT

指令功能：这是一条隐含操作数的指令，隐含的操作数为 AL，指令将偏移量为 EA=BX+AL 所对应存储单元中的一个字节内容送入 AL，从而实现 AL 中一个字节的代码转换，即 AL←(BX+AL)。用 XLAT 实现代码转换的具体步骤如下。

(1) 建立代码转换表(其最大容量为 256 字节)，将该表定位在存储器中某个逻辑段的一片连续地址中，并将表的首地址的偏移量置入 BX。

(2) 将待转换的一个十进制数在表中的序号(索引值)送入 AL 中，该值实际上就是表中某一项与表首地址之间的偏移量。

(3) 执行 XLAT。

使用字节转换指令时应注意：①由于存放索引值是 AL 寄存器，因此所建字节表格长

度不能超过 256；②表中元素的序号(索引值)从零开始计数；③为
提高程序的可读性，字节转换指令还可写成 XLAT Table 的形式，
其中操作数 Table 为字节表格的首地址，由于字节表格的首地址
事先已经存入 BX 寄存器，所以在指令中可有可无；④指令不影
响标志位。

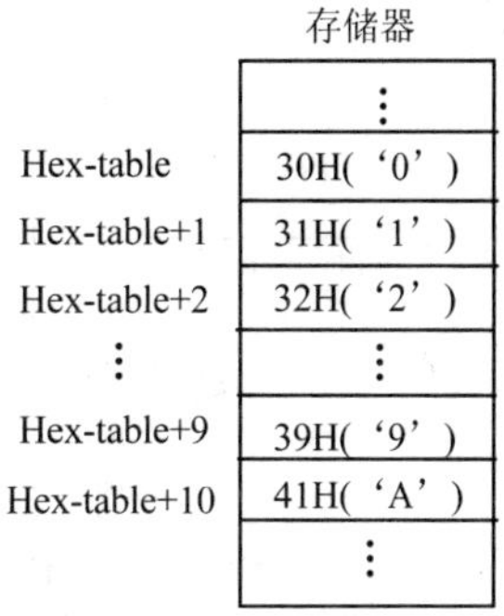

【例 4.8】 存储器数据段中有一张十六进制的 ASCII 码表，
如图 4.17 所示，其首地址为 Hex-table，现想查出第 10 个元素，
并将结果送入 AL 中。

根据题意可编写如下指令

```
MOV BX, OFFSET Hex-table    ;BX←表首地址
MOV AL, 0AH                 ;AL←待查元素序号
XLAT Hex-table              ;查表转换
```

存储器	
	⋮
Hex-table	30H（'0'）
Hex-table+1	31H（'1'）
Hex-table+2	32H（'2'）
⋮	⋮
Hex-table+9	39H（'9'）
Hex-table+10	41H（'A'）
	⋮

图 4.17　例 4.8 图

顺序执行完上述指令后，"A" 的 ASCII 码存放到 AL 中，即 AL=41H。

3. 地址传送指令

这是一类传送地址码的指令，可传送操作数的段地址或偏移地址到指定的寄存器，包
含 3 条指令。

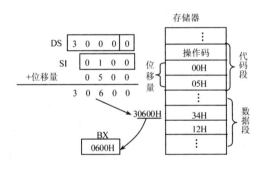

图 4.18　LEA 指令执行过程

1) 有效地址装入指令 (Load EA to Register)

指令格式：LEA DST，SRC

指令功能：把用于指定源操作数 SRC(必须
是存储器操作数)的 16 位偏移地址，传送到一
个指定的 16 位通用寄存器中。这条指令常用来
建立串操作指令所需要的寄存器指针。

【例 4.9】 LEA BX，[SI＋0500H]

假设 DS=3000H，SI=0100H，上述指令的
执行过程如图 4.18 所示。执行结果为 BX
=0600H。

注意 LEA 指令与 MOV 指令的区别，LEA 指令是将操作数所在存储单元的有效地址送
入指定的寄存器，而 MOV 指令传送的则是存储单元中的操作数。若上述指令改为

MOV BX，[SI＋0500H]

则指令的执行结果为 BX=1234H。当然也可以利用 MOV 指令得到存储单元的有效地
址，指令改为

MOV BX，OFFSET [SI＋0500H]

其中 OFFSET [SI＋0500H]表示存储单元的有效地址。

2) 地址指针装入 DS 指令(Load Pointer to DS)

指令格式：LDS DST，SRC

指令功能：这是一个传送 32 位地址指针的指令，其功能是从指令源操作数 SRC 所指
定的存储单元开始，在 4 个连续的存储单元中取出一个 32 位地址指针，其中包括一个偏移

地址(前两个字节)和一个段地址(后两个字节),前者送入指令中指定的寄存器,后者送入数据段寄存器 DS。

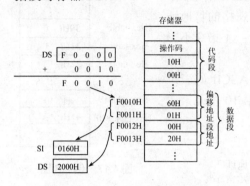

图 4.19　LDS 指令执行过程图

【例 4.10】LDS SI,[0010H]

假设原来 DS=F000H,而有关存储单元的内容为 (F0010H)=60H,(F0011H)=01H,(F0012H)=00H,(F0013H)=20H,指令执行过程如图 4.19 所示,指令执行后,(SI)=0160H,(DS)=2000H。

3) 地址指针装入 ES 指令(Load Pointer to ES)

指令格式:LES DST,SRC

指令功能:LES 指令与 LDS 指令类似,也是一个传送 32 位地址指针的指令,其功能是从指令源操作数 SRC 所指定的存储单元开始,在 4 个连续的存储单元中取出一个 32 位地址指针,前者送入指令中指定的寄存器,后者送入附加数据段寄存器 ES。

【例 4.11】LES DI,[BX]

假设原来 DS=A000H,BX=0456H,而有关存储单元的内容为(A0456H)=34H,(A0457H)=12H,(A0458H)=78H,(A0459H)=56H,指令执行过程类似图 4.19,指令执行后,DI=1234H,ES=5678H。

使用地址传送指令时应注意:①指令中的目标操作数不能是段寄存器;②指令中的源操作数必须使用存储器寻址方式;③指令不影响标志位;④地址传送指令常用于串操作时建立初始地址指针。

4. 标志寄存器传送指令

这组指令共有 4 条。用于完成和标志位有关的操作,指令中的操作数均以隐含的方式规定,且隐含操作数分别是 AH 和 FLAGS 寄存器。

1) 取标志指令(Load AH with Flags)

指令格式:LAHF

指令功能:该指令将标志寄存器 FLAGS 中的 5 个状态标志位 SF、ZF、AF、PF 以及 CF 分别取出,并传送到累加器 AH 的对应位,如图 4.20 所示。

LAHF 指令对标志位无影响。

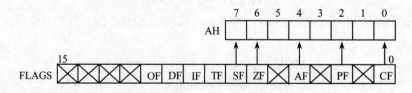

图 4.20　LAHF 指令操作示意图

2) 置标志指令(Stroe AH with Flags)

指令格式:SAHF

指令功能:SAHF 指令的传送方向与 LAHF 指令相反,将 AH 寄存器中的第 7、6、4、

2、0 位分别传送到 FLAGS 的对应位。

SAHF 指令将影响标志位，FLAGS 寄存器中的 SF、ZF、AF、PF 和 CF 将被修改成 AH 寄存器对应位的状态，但其余标志位，即 OF、DF、IF 和 TF 不受影响。

【例 4.12】若要求将 SF 取反，可用以下程序实现。

```
LAHF                    ;取标志位送至 AH
XOR AH, 80H             ;AH 最高位取反
SAHF                    ;置标志位，使 SF 取反
```

3) 标志入栈指令(Push Flags onto Stack)

指令格式：PUSHF

指令功能：该指令先将堆栈指针 SP 减 2，然后将标志寄存器 FLAGS 的内容(16 位)推入堆栈，即 SP←SP−2，(SP)←FLAGS$_L$，(SP+1)←FLAGS$_H$，指令的操作不影响标志位。

4) 标志弹出堆栈指令(Pop Flags off Stack)

指令格式：POPF

指令功能：POPF 指令与 PUSHF 指令操作相反，其功能是将堆栈的内容弹出到标志寄存器，然后堆栈指针 SP 加 2，即 FLAGS←(SP)，SP←SP+2，POPF 指令对标志位有影响，使各标志位恢复成入栈以前的状态。

PUSHF 和 POPF 指令常用于调用子程序时保护和恢复状态标志位。例如：

```
...
PUSH  AX               ;AX 入栈保护
PUSHF                  ;FLAGS 入栈保护
CALL  NAME             ;调用过程
POPF                   ;恢复 FLAGS
POP AX                 ;恢复 AX
...
```

在 8086 指令系统中，对于标志寄存器 FLAGS 高 8 位中的 OF、DF 和 IF 有相应的置位与复位指令，但对于 TF 则没有相应的操作指令，为此可以使用 PUSHF 和 POPF 指令来实现 TF 值的修改。

【例 4.13】若要将 TF 清零，可用下面程序来实现。

```
PUSHF                  ;将 FLAGS 寄存器的内容推入堆栈
POP AX                 ;出栈操作将 FLAGS 寄存器的内容送入累加器 AX
AND  AH, 0FEH          ;将 AH 的最低位(对应 TF 位)清零
PUSH  AX               ;将 AX 的内容推入堆栈
POPF                   ;标志弹出堆栈，实现 TF 值的修改
```

4.2.2 算术运算指令

8086 的算术运算指令可以处理 4 种类型的数，即无符号的二进制数、带符号的二进制数、无符号的压缩十进制数(压缩型 BCD 码)和无符号的非压缩十进制数(非压缩型 BCD 码)。二进制数可以是 8 位的，也可以是 16 位的，带符号数用补码表示。十进制数以字节形式存储，压缩十进制数是指每个字节存放两位数，即两位 BCD 码，而非压缩十进制数是指每个字节只存放一位数，且存放在字节的低 4 位，而高 4 位在进行乘除法运算时必须全为 0，加减法运算时可以为任意值。除了压缩十进制数只有加、减法操作外，其余三种都可以进行加、减、乘、除法运算。

1. 加法指令

加法指令包括二进制的加法指令、带进位加法指令、加 1 指令和十进制的加法调整指令。

1) 加法指令(ADD)

指令格式：ADD DST，SRC

指令功能：ADD 指令将目标操作数与源操作数相加，并将结果送回目标操作数，即 DST←DST＋SRC。目标操作数可以是寄存器操作数或存储器操作数，源操作数可以是立即数、寄存器或存储器操作数，但是目标操作数和源操作数不能同时为存储器操作数。另外，不能对段寄存器进行加法运算。加法指令的操作对象可以是 8 位，也可以是 16 位，但目标操作数与源操作数必须等长。例如：

```
ADD AL, 80H          ;寄存器操作数加立即数
ADD BX, SI           ;寄存器操作数加寄存器操作数
ADD AX, [1200H]      ;寄存器操作数加存储器操作数
ADD [DI], BL         ;存储器操作数加寄存器操作数
ADD [BX+disp], 08H   ;存储器操作数加立即数
```

加法指令将会影响标志寄存器 FLAGS 中的 CF、PF、AF、ZF、SF 和 OF。

使用加法指令时要注意，对于带符号数如果字节相加的和超出 $-128\sim+127$，或者字相加的和超过 $-32768\sim+32767$，则发生溢出，这时 OF 标志位置 1，异号数相加是不会发生溢出的，而同号数相加则可能发生溢出，此时，相加的运算结果将是错误的。而对于无符号数，若字节加法运算的结果超出 255，或字加法运算的结果超过 65535，则最高位要产生进位，即 CF 位置 1。

【例 4.14】计算带符号数 59H 与 6AH 相加的和。

```
MOV AL, 59H
MOV BL, 6AH
ADD AL, BL
```

指令执行完后，相加结果 AL=C3H，各标志位的状态为：SF=1，ZF=0，AF=1，PF=1，CF=0，OF=1。其中 OF=1 表示发生了溢出，显然相加结果 195D 超过了 127D，这样的结果是错误的，因为 59H、6AH 均为正数，而相加结果 C3H 却为负数。

若将上述运算改为字操作，则可以避免溢出的发生。

```
MOV AX, 0059H
MOV BX, 006AH
ADD AX, BX
```

指令执行完后，相加结果 AX=00C3H，各标志位的状态为：SF=0，ZF=0，PF=1，CF=0，OF=0。此时没有发生溢出，结果正确。

2) 带进位加法指令(Add with Carry)

指令格式：ADC DST，SRC

指令功能：ADC 指令将目标操作数与源操作数相加，再加上进位标志 CF 的值，并将结果送回目标操作数，即 DST←DST＋SRC＋CF。目标操作数与源操作数的规定与 ADD 指令相同。例如：

```
ADC AX, 1280H                    ;寄存器操作数与立即数带进位相加
```

```
ADC AL, BL              ;寄存器操作数与寄存器操作数带进位相加
ADC AX, disp[SI]        ;寄存器操作数与存储器操作数带进位相加
ADC disp[DI], BX        ;存储器操作数与寄存器操作数带进位相加
ADC [BP+disp], 0FH      ;存储器操作数与立即数带进位相加
```

ADC 指令对标志寄存器的影响同 ADD 指令。带进位加法指令主要用于多字节的加法运算，如果低字节相加时产生进位，则在下一次高字节相加时应将进位标志位加上。

【例 4.15】 计算 56AB7809H＋23905DF2H=? 。

算式中两个数均为 4 个字节，因为 8086 最多只能处理 16 位的加法运算，所以加法要分两次进行，先进行低两个字节相加，然后再进行高两个字节的相加，在做高两个字节相加时必须考虑前两个字节相加后的进位。假设被加数和加数分别存放在以 DADA1 和 DATA2 为首地址的存储区，存放时，低字节在低地址处，相加结果存放在以 DATA3 为首地址的存储区，如图 4.21 所示。可用以下程序段实现相加。

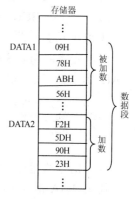

图 4.21　例题 4.15 被加数与加数的存放

```
MOV AX, DATA1       ;低 16 位的被加数送累加器 AX
ADD AX, DATA2       ;低 16 位的被加数与低 16 位的加数相加
MOV DATA3, AX       ;低 16 位相加的和送存
MOV AX, DATA1+2     ;高 16 位的被加数送累加器 AX
ADC AX, DATA2+2     ;高 16 位的被加数与高 16 位的加数相加
MOV DATA3+2, AX     ;高 16 位相加的和送存
```

上述程序段中用了 ADD 和 ADC 两条不同的加法指令，ADD 指令用于完成低 16 位的两个字节的相加，相加的结果可能产生进位，因此高 16 位的两个字节相加必须考虑进位标志位的状态，采用 ADC 指令，相加的结果为 7A3BD5FBH。

3) 加 1 指令(Increment by 1)

指令格式：INC DST

指令功能：该指令的功能是将目标操作数加 1，再送回目标操作数，即 DST←DST＋1。操作数 DST 可以是寄存器或存储器操作数，但不能是段寄存器，可以进行字节操作或字操作。例如：

```
INC AL               ;8 位寄存器操作数加 1
INC BX               ;16 位寄存器操作数加 1
INC BYTE PTR[DI]     ;存储器操作数加 1，字节操作
INC WORD PTR[SI]     ;存储器加操作数 1，字操作
```

指令中的 BYTE PTR 和 WORD PTR 分别指定随后的存储器操作数的类型是字节或字。

使用 INC 指令时要注意：①操作数不能为立即数；②指令操作对 SF、ZF、AF、PF 和 OF 有影响，但对于 CF 无影响；③INC 指令常常用于循环程序中修改地址。

4) 非压缩 BCD 码加法调整指令(ASCII Adjust for Addition)

指令格式：AAA

指令功能：AAA 指令隐含累加器操作数 AL 和 AH，该指令的功能是对在 AL 中的两个非压缩的十进制操作数相加后的结果进行调整，产生一个非压缩的和。两个非压缩的十进制数可以直接用 ADD 指令(多字节可以使用 ADC 指令)相加，但要得到正确的非压缩十进制结果，就必须在 ADD 后使用一条 AAA 指令进行调整。调整的操作为

若　　　　AL&0FH＞9，或 AF=1

则   AL←AL＋6

AH←AH＋1

AF←1

CF←AF

AL←AL&0FH

否则   AL←AL&0FH

调整后，非压缩 BCD 码结果的低位在 AL 中，高位在 AH 中。

【例 4.16】求两个十进制数的和 8＋9=？

可以先将被加数 8 和加数 9 以不压缩 BCD 码形式分别存放在寄存器 AL 和 BL 中，且令 AH=0，然后进行相加，再用 AAA 指令进行调整。相应的程序段如下：

```
MOV AX, 0008H      ;AL=08H, AH=00H
MOV BL, 09H        ;BL=09H
ADD AL, BL         ;AL=11H
AAA                ;AL=07H, AH=01H, CF=AF=1
```

以上指令的运行结果为 17，且以不压缩 BCD 码形式存放，个位在 AL，十位在 AH。

使用 AAA 指令时应注意，指令将影响标志位 AF 和 CF，而不影响标志位 SF、ZF、PF和 OF。

5) 压缩 BCD 码加法调整指令(Decimal Adjust for Addition)

指令格式：DAA

指令功能：DAA 指令隐含累加器操作数 AL，其功能是对在 AL 中的两个压缩的十进制操作数相加的结果进行调整，产生一个正确的压缩十进制和。对于两个压缩十进制数可以直接用 ADD 指令或 ADC 指令相加，然后使用一条 DAA 指令进行调整。调整的操作为

若   AL&0FH＞9，或 AF=1

则   AL←AL＋6

AF←1

若   AL＞9FH，或 CF=1

则   AL←AL＋60H

CF←1

【例 4.17】求两个十进制数的和 62＋57=？

先将加数 62 和 57 以压缩 BCD 码形式分别存放在寄存器 AL 和 BL 中，然后进行相加，再用 DAA 指令进行调整。相应的程序段如下：

```
MOV AL, 62H        ;AL=62H
MOV BL, 57H        ;BL=57H
ADD AL, BL         ;AL=B9H
DAA                ;AL=19H, CF=1
```

以上指令的运行结果为 19，且以压缩 BCD 码形式存放在 AL 中，进位标志位 CF 置位。

DAA 指令对标志位 SF、ZF、AF、PF、CF 和 OF 有影响。

2. 减法指令

减法指令包括二进制的减法指令、带借位减法指令、减 1 指令、求补指令、比较指令和十进制的减法调整指令。

1) 减法指令(Subtract)

指令格式：SUB DST，SRC

指令功能：该指令将目标操作数减源操作数，结果送回目标操作数，即 DST←DST－SRC。操作数的类型与加法指令相同，既可以是字节相减，也可以是字相减。例如：

```
SUB AL, 18H          ;寄存器操作数减立即数
SUB BX, SI           ;寄存器操作数减寄存器操作数
SUB AX, [0200H]      ;寄存器操作数减存储器操作数
SUB [SI], BL         ;存储器操作数减寄存器操作数
SUB [BP+disp], 0FH   ;存储器操作数减立即数
```

减法指令将会影响标志寄存器 FLAGS 中的 CF、PF、AF、ZF、SF 和 OF。

当无符号的小数减大数时，会产生借位，则进位标志位 CF=1，带符号的同号数相减，当被减数小与减数时，将得到一个负数，则符号标志位 SF=1，带符号的异号数相减，当结果超出表示范围，则溢出标志位 OF=1。

2) 带借位减法指令(Subtract with Borrow)

指令格式：SBB DST，SRC

指令功能：该指令将目标操作数减去源操作数，然后减去标志位 CF，再将结果送回目标操作数，即 DST←DST－SRC－CF。目标操作数与源操作数的规定与 SUB 指令相同，可以进行 8 位或 16 位的操作。例如：

```
SBB BL, 99H          ;寄存器操作数与立即数带借位相减
SBB AX, DI           ;寄存器操作数与寄存器操作数带借位相减
SBB AL, [0200H]      ;寄存器操作数与存储器操作数带借位相减
SBB [DI], AH         ;存储器操作数与寄存器操作数带借位相减
SBB [SI+disp], 0FH   ;存储器操作数与立即数带借位相减
```

带借位减法指令 SBB 对标志寄存器的影响与 SUB 指令相同，且主要用于多字节的减法。

3) 减 1 指令(Decrement by 1)

指令格式：DEC DST

指令功能：DEC 指令将目标操作数减 1，再送回目标操作数，即 DST←DST－1。操作数的类型与 INC 指令相同。例如：

```
DEC BH               ;8 位寄存器操作数减 1
DEC CX               ;16 位寄存器操作数减 1
DEC BYTE PTR [BP]    ;存储器操作数减 1，字节操作
DEC WORD PTR [BX]    ;存储器操作数减 1，字操作
```

使用 DEC 指令时要注意：①同 INC 指令，操作数不能为立即数；②DEC 指令对 SF、ZF、AF、PF 和 OF 有影响，但对于 CF 无影响；③DEC 指令常常用于循环程序中修改循环次数。

4) 求补指令(Negate)

指令格式：NEG DST

指令功能：该指令的操作是用"0"减去目标操作数，结果送回目标操作数，即 DST←0－DST。操作数的类型可以是寄存器或存储器操作数，可以对 8 位或 16 位数求补。例如：

```
NEG AH                      ;8 位寄存器操作数求补
NEG BX                      ;16 位寄存器操作数求补
NEG BYTE PTR [BX][DI]       ;8 位存储器操作数求补
NEG WORD PTR [SI+0200H]     ;16 位存储器操作数求补
```

求补指令对标志位 SF、ZF、AF、PF、CF 和 OF 有影响，且一般总使 CF=1。

使用求补指令应注意：①求补指令不同于补码的求法，若 DST 为正数，求补后可得绝对值相等的负数(补码)；若 DST 为负数(补码)，求补可得绝对值相等的正数；②求补指令可以得到负数的绝对值；③当操作数为－128 或－32768 时，执行 NEG 指令后，结果不变，但会产生溢出，OF=1。

【例 4.18】已知 BL=01H，执行 NEG BL 后，BL=?

BL=01H=00000001B=＋1，执行 NEG BL 后，BL=FFH

【例 4.19】已知 AL=FFH，执行 NEG AL 后，AL=?

AL=FFH=11111111B=－1，执行 NEG AL 后，AL=01H

【例 4.20】存储器数据段存放了 100 个带符号数，其首地址为 AREA，要求将各数据取绝对值后再送存原来的存储单元。

由于 100 个带符号数中既有正数，又有负数，若为正数则不需要处理；若为负数则需用 NEG 指令求补，再送存，因此程序中要先判断正负。程序流程图如图 4.20 所示。

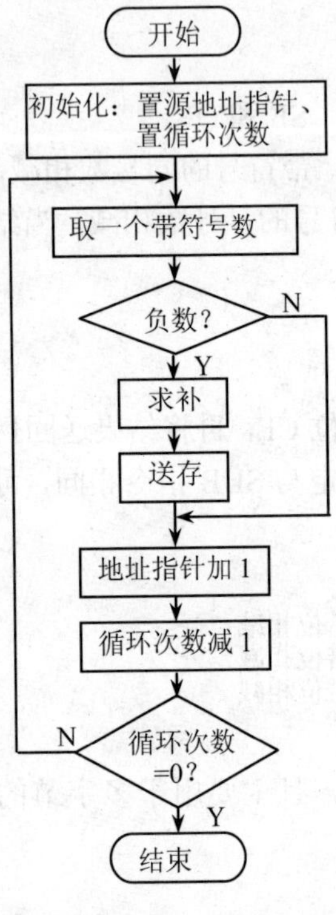

程序段如下：

```
        LEA SI, AREA        ;SI←源地址
        MOV CX, 100         ;CX←循环次数
CHECK:  MOV AL, [SI]        ;取一个带符号数送 AL
        OR AL, AL           ;AL 内容不变，但影响标志位
        JNS NEXT            ;若 SF=0，则转 NEXT
        NEG AL              ;否则求补
        MOV [SI], AL        ;负数求补后送回
NEXT:   INC SI              ;源地址加 1
        DEC CX              ;循环次数减 1
        JNZ CHECK           ;循环次数不为 0，转向 CHECK
        HLT                 ;停止
```

图 4.22 例 4.20 程序流程图

5) 比较指令(Compare)

指令格式：CMP DST，SRC

指令功能：该指令的操作是目标操作数减去源操作数，但结果不送回目标操作数，即 DST－SRC，执行比较指令后，两个操作数的内容均不变，而比较的结果仅仅反映在标志位上，这也是该指令与减法指令的区别。操作数的规定与减法指令相同，既可以进行字节比较，也可以进行字比较。例如：

```
CMP AL, 09H         ;寄存器操作数与立即数比较
CMP AX, SI          ;寄存器操作数与寄存器操作数比较
CMP BX, [1000H]     ;寄存器操作数与存储器操作数比较
CMP [SI+10], BL     ;存储器操作数与寄存器操作数比较
CMP [BP], 8FH       ;存储器操作数与立即数比较
```

比较指令对标志位 SF、ZF、AF、PF、CF 和 OF 有影响。

在比较指令之后，可以利用 ZF 位来判断两个数是否相等，若两个数相等，则 ZF=1，否则 ZF=0。

在两个数不等的情况下，可以进一步利用其他标志位来判断两者的大小，关于大小的判断条件还与数据的类型有关。

当两个数 A 和 B 均为无符号数时，可以用进位标志 CF 来判断数的大小，若 A−B 没有产生借位，即 CF=0，则 A>B；相反，若 A−B 产生借位，即 CF=1，则 A<B。

当两个数 A 和 B 均为带符号数时，其大小的判断不能仅仅只测试某一个标志位的状态，下面分情况讨论。

(1) A 和 B 同为正数或同为负数，即同号时，A−B 不会产生溢出，可以用符号标志位 SF 来判断数的大小。若 A−B 为正数，即 SF=0，则 A>B；相反，若 A−B 为负数，即 SF=1，则 A<B。

(2) A 和 B 不同为正数或不同为负数，即异号时，A−B 可能会产生溢出，因此不能只用标志位 SF 来判断数的大小，而必须同时考虑溢出标志 OF 的状态。当 A−B 无溢出，即 OF=0 时，若 SF=0，则 A>B，若 SF=1，则 A<B；当 A−B 产生溢出，即 OF=1 时，若 SF=0，则 A<B，若 SF=1，则 A>B。

综合上述两种情况，可以得出以下结论。

在没有溢出，即 OF=0 时，若 SF=0，则 A>B，若 SF=1，则 A<B。

在发生溢出，即 OF=1 时，若 SF=0，则 A<B，若 SF=1，则 A>B。

所以，当两个带符号数相比较时，要把标志位 SF 和 OF 结合起来，才能判断数的大小。当 OF=SF=0 或 OF=SF=1 时，A>B。A>B 的条件可以表达成 $SF \oplus OF=0$；当 OF=0，SF=1 或 OF=1，SF=0 时，A<B。A<B 的条件可以表达成 $SF \oplus OF=1$。

比较指令常常与条件转移指令结合起来使用，完成各种条件判断和相应的程序转移。

【例 4.21】存储器中以 BLOCK 为首地址连续存放着 20 个 16 位带符号数，要求找出其中的最小数，并存放在 MIN 单元中。

可以先将第一个数送至累加器 AX，然后从第二个数开始依次与 AX 中的内容进行比较，若 AX 中的数小，则不进行其他操作，接着进行下一次比较，若 AX 中的数大，则用存储单元中的数替换 AX 中的内容，即 AX 中始终保持着当前较小的数。这样，经过 19 次比较，AX 中的内容就是数组中的最小值，最后将 AX 中内容送存 MIN 单元。程序段如下：

```
        LEA SI, BLOCK       ;SI←数组的首地址
        MOV AX, [SI]        ;AX←数组的第一个数
        MOV CX, 19          ;CX←循环次数
        INC SI              ;SI←SI+1
        INC SI              ;SI←SI+1
LOP:    CMP AX, [SI]        ;两个数比较，即 AX−SI
        JL NEXT             ;若 AX<SI，则转向 NEXT
        MOV AX, [SI]        ;若 AX>SI，则 AX←SI
NEXT:   INC SI              ;SI←SI+1
        INC SI              ;SI←SI+1
        DEC CX              ;CX←CX−1，修改循环次数
        JNZ LOP             ;循环未完，则转向 LOP
        MOV MIN, AX         ;循环结束，MIN←AX
        HLT                 ;停止
```

6) 非压缩 BCD 码减法调整指令(ASCII Adjust for Subtraction)

指令格式：AAS

指令功能：AAS 指令隐含累加器操作数 AL 和 AH，该指令的功能是对在 AL 中的两个

非压缩十进制操作数相减后的结果进行调整，以得到正确的非压缩结果。两个非压缩的十进制数可以用 SUB 或 SBB 指令相减，然后使用一条 AAS 指令进行调整。调整的操作为

若　　　AL&0FH＞9，或 AF=1

则　　　AL←AL－6

　　　　AH←AH－1

　　　　AF←1

　　　　CF←AF

　　　　AL←AL&0FH

否则　　AL←AL&0FH

调整后，非压缩 BCD 码结果的低位在 AL 中，高位在 AH 中。

【例 4.22】求两个十进制数的差 15－6=？

可以先将被减数 15 和减数 6 以不压缩 BCD 码形式分别存放在寄存器 AX 和 BL 中，然后进行相减，再用 AAS 指令进行调整。相应的程序段如下：

```
MOV AX, 0105H    ;AL=05H, AH=01H
MOV BL, 06H      ;BL=06H
SUB AL, BL       ;AL=FFH
AAS              ;AL=09H, AH=00H
```

以上指令的运行结果为 9，且以不压缩 BCD 码形式存放，个位在 AL 中，十位在 AH 中。

使用 AAS 指令时应注意，与 AAA 指令类似，指令将影响标志位 AF 和 CF，而不影响标志位 SF、ZF、PF 和 OF。

7) 压缩 BCD 码减法调整指令(Decimal Adjust for Subtraction)

指令格式：DAS

指令功能：DAS 指令隐含累加器操作数 AL，其功能是对在 AL 中的两个压缩的十进制操作数相减的结果进行调整。同样，对于两个压缩的十进制数可以直接用 SUB 指令或 SBB 指令相减，然后使用 DAS 指令进行调整。调整的操作为

若　　　AL&0FH＞9，或 AF=1

则　　　AL←AL－6

　　　　AF←1

若　　　AL＞9FH，或 CF=1

则　　　AL←AL－60H

　　　　CF←1

【例 4.23】求两个十进制数的和 93－48=？

先将被减数 93 和减数 48 以压缩 BCD 码形式分别存放在寄存器 AL 和 BL 中，然后进行相减和调整。相应的程序段如下：

```
MOV AL, 93H      ;AL=93H
MOV BL, 48H      ;BL=48H
SUB AL, BL       ;AL=4BH
DAS              ;AL=45H
```

以上指令的运行结果为 45，且以压缩 BCD 码形式存放在 AL 中。

DAS 指令对标志位 SF、ZF、AF、PF、CF 和 OF 有影响。

3. 乘法指令

8086 中有 3 条乘法操作指令，其中二进制乘法指令两条，十进制乘法调整指令一条。二进制乘法指令可以实现无符号数的乘法和带符号数的乘法。

在执行乘法指令时，一个操作数总是放在累加器中，其中 8 位放在 AL 中，16 位放在 AX 中。8 位乘以 8 位得到 16 位的乘积存放在 AX 中，16 位乘以 16 位得到 32 位的乘积存放在 DX 和 AX 中，其中高 16 位存放在 DX 中，低 16 位存放在 AX 中。

1) 无符号数乘法指令(Multiply Unsigned)

指令格式：MUL SRC

指令功能：该指令可以完成 8 位或 16 位无符号数的乘法，其中一个操作数隐含累加器 AL 或 AX，另一操作数 SRC 必须在寄存器或存储单元中，两个操作数的取值范围为 0～255(字节)，0～65535(字)。例如：

```
MUL AL                      ;AL 乘以 AL，乘积送 AX
MUL BX                      ;AX 乘以 BX，乘积送 DX：AX
MUL BYTE PTR [SI+disp]      ;AL 乘以 8 位存储器操作数，乘积送 AX
MUL WORD PTR [BP][DI]       ;AX 乘以 16 位存储器操作数，乘积送 DX：AX
```

乘法指令对标志位的状态有影响，当运算结果的高半部分(AH 中的高 8 位或 DX 中的高 16 位)为零，则标志位 CF=OF=0，否则 CF=OF=1，因此标志位 CF=OF=1 仅表示 AH 或 DX 中包含着乘积的有效数字，而非发生进位或溢出。

【例 4.24】 计算 21H×08H=?

```
MOV AL, 21H                 ;AL=21H
MOV BL, 08H                 ;BL=08H
MUL BL                      ;AX=0108H, CF=OF=1
```

运算结果的高半部分 AH=01H，因此 CF=OF=1。

2) 带符号数乘法指令(Integer Multiply)

指令格式：IMUL SRC

指令功能：该指令实现两个带符号数的乘法，8 位和 16 位带符号数的取值范围分别是 −128～+127 和 −32768～+32767。同样，指令的一个操作数隐含累加器 AL 或 AX，另一操作数 SRC 必须在寄存器或存储单元中。例如：

```
IMUL BL                     ;AL 乘以 BL，乘积送 AX
IMUL CX                     ;AX 乘以 CX，乘积送 DX：AX
IMUL BYTE PTR [DI+disp]     ;AL 乘以 8 位存储器操作数，乘积送 AX
IMUL WORD PTR [BX][SI]      ;AX 乘以 16 位存储器操作数，乘积送 DX：AX
```

当运算结果的高半部分仅仅是低半部分符号位的扩展，则标志位 CF=OF=0，否则 CF=OF=1，因此标志位 CF=OF=1 同样表示 AH 或 DX 中包含着乘积的有效数字，而非发生进位或溢出。

所谓符号位的扩展是指当乘积为正时，符号位为 0，则乘积高半部分 AH=00H 或 DX=0000H，相反，当乘积为负时，符号位为 1，则 AH=FFH 或 DX=FFFFH。这种情况时乘积的有效数字仅包含在 AL 或 AX 中。

【例 4.25】计算带符号数 05H×08H=?

```
MOV AL, 05H        ;AL=05H
```

```
MOV BL, 08H        ;BL=08H
IMUL BL            ;AX=0028H, CF=OF=0
```

指令执行结果为 AX=0028H，即乘积的高半部分 AH=00H，未包含乘积的有效数字。

3) 十进制乘法调整指令(ASCII Adjust for Multiplication)

指令格式：AAM

指令功能：该指令可以对非压缩 BCD 码的乘积进行调整，以得到正确的非压缩 BCD 码结果。调整之前，两个非压缩 BCD 码用 MUL 指令进行相乘，结果存放在累加器 AL 中，然后用 AAM 指令进行调整，乘积的高位在 AH 中，低位在 AL 中。指令中隐含寄存器操作数 AL 和 AH。AAM 的调整操作为

```
AH←AL/0AH          ;AL 除以 10，商送 AH
AL←AL%0AH          ;AL 除以 10，余数送 AL
```

从 AAM 的调整操作可以看出，其实质是将 AL 寄存器中的二进制数转换成非压缩 BCD 码，十位存放在 AH，个位存放在 AL。

AAM 指令将根据 AL 中的结果改变标志位 SF、ZF 和 PF 的状态，但 AF、CF 和 OF 的值不确定。

【例 4.26】求两个十进制数的积 8×6=？

```
MOV AL, 08H        ;AL=08H
MOV BL, 06H        ;BL=06H
MUL BL             ;AX=0030H
AAM                ;AH=04H, AL=08H, SF=0, ZF=0, PF=1
```

以上指令执行后，十进制乘积以非压缩 BCD 码的形式存放在 AL 中，由于 AL=08H，所以 SF=0，ZF=0，PF=1。

4. 除法指令

8086 CPU 执行除法时规定除数只能是被除数的一半字长，即被除数为 16 位时，除数应为 8 位，被除数为 32 位时，除数应为 16 位；当被除数为 16 位时，应存放在 AX 中，8 位的除数可以存放在寄存器或存储器中，除法运算结果的 8 位商存放在 AL 中，而 8 位余数存放在 AH 中；当被除数为 32 位时，应存放在 DX 和 AX 组成的寄存器对中，高 16 位在 DX 中，低 16 位在 AX 中，16 位的除数可以存放在寄存器或存储器中，除法运算结果的 16 位商存放在 AX 中，而 16 位余数存放在 DX 中。

8086 的除法指令包括二进制无符号数除法指令、带符号数除法指令和十进制除法调整指令。

1) 无符号数除法指令(Divide Unsigned)

指令格式：DIV SRC

指令功能：指令中的一个操作数(被除数)隐含在累加器 AX 或 DX：AX 中，所以指令的操作是以 AX 或 DX：AX 中的内容除以 SRC，若以 AX 的内容除以 SRC，除数应为 8 位，除法所得 8 位的商在 AL 中，8 位的余数在 AH 中，即 AL←(AX)/SRC，AL←(AX)%SRC；若以 DX：AX 的内容除以 SRC，除数应为 16 位，除法所得 16 位的商在 AX 中，16 位的余数在 DX 中，即 AX←(DX：AX)/SRC，AL←(DX：AX)%SRC。指令中的除数 SRC 可以是寄存器或存储器操作数。例如：

```
DIV BL                         ;AX 除以 BL
DIV BX                         ;DX: AX 除以 BX
DIV BYTE PTR [BX]              ;AX 除以 8 位存储器操作数
DIV WORD PTR [BP][SI]          ;DX: AX 除以 16 位存储器操作数
```

DIV 指令使标志位如 SF、ZF、AF、PF、CF 和 OF 的值不确定。

【例 4.27】计算无符号数 0410H÷B8H=?

```
MOV AX, 0410H                  ;AX=0410H
MOV BL, B8H                    ;BL=B8H
DIV BL                         ;AL=05H, AH=78H
```

指令执行完后，商为 05H，余数为 78H。

使用 DIV 指令时应注意：①除数为 0，或字节除法时 AL 中的商大于 0FFH，或字除法时 AX 中的商大于 0FFFFH 时，CPU 会产生一个类型号为 0 的内部中断，即除法出错中断；②DIV 指令不允许两个字长相等的数相除。如果被除数与除数字长相等，可以在除法之前将被除数的高位扩展 8 个或 16 个 0。

2) 带符号数除法指令(Integer Divide)

指令格式：IDIV SRC

指令功能：该指令的操作与 DIV 指令类似，对于字节操作，即 AL←AX/SRC，AL←AX%SRC；而对于字操作，即 AX←(DX：AX)/SRC，AL←(DX：AX)%SRC。指令中操作数类型的规定与 DIV 指令相同。例如：

```
IDIV CL                        ;AX 除以 CL
IDIV BX                        ;DX: AX 除以 BX
IDIV BYTE PTR [DI]             ;AX 除以 8 位存储器操作数
IDIV WORD PTR [BX][SI]         ;(DX: AX)除以 16 位存储器操作数
```

IDIV 指令对标志位的影响也与 DIV 指令相同。

【例 4.28】计算带符号数 0410H÷B8H=?

```
MOV AX, 0410H                  ;AX=0410H
MOV BL, B8H                    ;BL=B8H
IDIV BL                        ;AL=F2H, AH=20H
```

带符号数 0410H 化成十进制即为 1040D，B8H 化成十进制即为－72D，指令执行完后，商为 F2H(－14D)，余数为 20H(32D)。注意该题与上题的区别。

同样，使用 IDIV 指令时应注意：①当除数为 0，或字节除法时 AL 中的商超出－128～＋127，或字除法时 AX 中的商超出－32768～＋32767 时，CPU 会产生一个类型号为 0 的内部中断；②如果被除数与除数字长相等，可以在除法之前对被除数进行符号位扩展，使之成为 16 位或 32 位数；③IDIV 指令对非整数商舍去尾数，而余数的符号总是与被除数的符号相同。

3) 十进制除法调整指令(ASCII Adjust for Division)

指令格式：AAD

指令功能：AAD 指令对非压缩 BCD 码进行调整，指令隐含寄存器操作数 AH 和 AL，其操作为

```
AL←AH×0AH＋AL
AH←0
```

即将 AH 的内容乘以 10 并加上 AL 的内容,结果送回 AL,同时将 0 送回 AH。这种操作的实质就是将 AX 中不压缩的 BCD 码转换成为二进制,并存放在 AL 中。

指令执行后,将根据 AL 中的结果影响标志位 SF、ZF 和 PF,其余标志位的值不确定。

使用 AAD 指令应注意,与其他调整指令不同,AAD 指令是在除法之前进行调整,然后用 DIV 指令进行除法,再用 AAM 指令对除法结果进行调整,最后才能得到正确的非压缩 BCD 码结果。

【例 4.29】计算十进制除法运算 85÷3=?

先将被除数和除数以非压缩的 BCD 码形式分别存放在 AX 和 BL 中,然后用 AAD 指令对 AX 中的被除数进行调整,再利用 DIV 指令进行除法运算,最后在对除法的商利用 AAM 指令进行调整。程序段如下:

```
MOV AX, 0805H        ;AH=08H, AL=05H
MOV BL, 03H          ;BL=03H
AAD                  ;AL=55H
DIV BL               ;AH=01H, AL=1CH
AAM                  ;AH=02H, AL=08H
```

程序运行结束后,在累加器 AX 中得到了正确的非压缩 BCD 码的商,但余数被丢失。当然也可以在 AAM 指令调整之前,将余数暂存到其他寄存器。

5. 符号扩展指令

在进行各种算术运算时,指令中两个操作数的字长必须满足相应的规定。具体来讲,加法、减法和乘法指令中,两个操作数的字长必须相等,除法指令中,被除数必须是除数的两倍字长。因此,有的情况下需要将 8 位数扩展成 16 位数,或者将 16 位数扩展成 32 位数。其中对于无符号数,扩展字长时只需在高位部分添加足够的零即可,而对于带符号数,扩展字长时应在高位部分添加相应的符号位,即正数的高位部分添零,负数的高位部分添1。符号扩展指令包括字节扩展指令和字扩展指令。

1) 字节扩展指令(Convert Byte to Word)

指令格式:CBW

指令功能:CBW 指令将 AL 中的符号位扩展到 AH 中,把一个字节扩展成一个字,若 AL<80H,则 AH=00H;若 AL≥80H,则 AH=0FFH。指令隐含寄存器操作数 AL 和 AH,其操作对标志位无影响。

【例 4.30】求带符号数 87H 与 0654H 的和。

```
MOV AL, 87H          ;AL=87H
CBW                  ;AX=FF87H
ADD AX, 0654H        ;AX=05DBH
```

求和结果为 05DBH

2)字扩展指令(Convert Word to Doubleword)

指令格式:CWD

指令功能:CWD 指令将 AX 中的符号位扩展到 DX 中,把一个字节扩展成双字,若 AX<8000H,则 DX=0000H;若 AX≥8000H,则 DX=0FFFFH。指令隐含寄存器操作数 AX 和 DX,其操作对标志位同样无影响。

【例 4.31】计算带符号数 A202H÷30B8H=？

```
MOV AX, A202H               ;AX=A202H
CWD                         ;DX=FFFFH, AX=A202H
MOV BX, 30B8H               ;BX=30B8H
IDIV BX                     ;AX=FFFFH, DX=D2BAH
```

带符号数 FFFFA202H 化成十进制即为-24062D，30B8H 化成十进制即为 12472D，指令执行完后，商为 FFFFH(-1D)，余数为 D2BAH(-11590D)。

4.2.3 逻辑运算和移位指令

逻辑运算和移位指令可以对 8 位或 16 位的寄存器或存储单元中的内容按位进行逻辑运算或移位操作，这一组指令包括逻辑运算指令、移位指令和循环移位指令 3 类。

1. 逻辑运算指令

由于逻辑运算是对操作数按位进行操作的，因此位与位之间无进位或借位，无数的正负与大小之分，这种运算的操作数称为逻辑数或逻辑值。

逻辑运算指令包括逻辑"非"、逻辑"与"、逻辑"或"、逻辑"异或"和测试等 5 条指令，其中逻辑"非"为单操作数指令，其余的都为两个操作数指令。

1) 逻辑"非"指令(Logical Not)

指令格式：NOT DST

指令功能：该指令将 8 位或 16 位操作数按位取反，结果送回目标操作数，即 DST←FFH-DST 或 DST←FFFFH-DST，操作数可以是寄存器操作数或存储器操作数。例如：

```
NOT AL                      ;8 位寄存器操作数取反
NOT CX                      ;16 位寄存器操作数取反
NOT BYTE PTR [BX]           ;8 位存储器操作数取反
NOT WORD PTR [SI+disp]      ;16 位存储器操作数取反
```

NOT 对标志位没有影响。

使用 NOT 指令时应注意，指令中的操作数不能为立即数。

【例 4.32】假设 BL=7BH，则执行指令

```
NOT BL
```

执行的结果 BL=FFH-7BH=84H。

2) 逻辑"与"指令(Logical And)

指令格式：AND DST，SRC

指令功能：该指令将目标操作数和源操作数按位进行逻辑"与"运算，并将结果送回目标操作数，即 DST←DST∧SRC。目标操作数可以是寄存器或存储器，源操作数可以是立即数、寄存器操作数或存储器操作数，但两者不可以同时为存储器操作数。指令可以进行字节操作，也可以进行字操作。例如：

```
AND AL, 11110000B           ;寄存器操作数与立即数相"与"
AND AX, BX                  ;寄存器操作数与寄存器操作数相"与"
AND CX, [BX]                ;寄存器操作数与存储器操作数相"与"
AND [DI+disp], SI           ;存储器操作数与寄存器操作数相"与"
AND [BP][SI], 0FFFH         ;存储器操作数与立即数相"与"
```

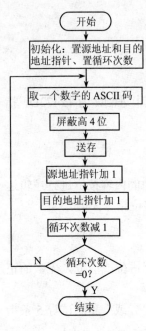

图 4.23　例 4.34 程序流程图

AND 指令将影响标志位的状态，使 OF=CF=0，SF、ZF 和 PF 根据运算结果置位或复位，以反映运算结果的特征，AF 状态不确定。

AND 指令一般用来屏蔽、保留一些位，其中要屏蔽的位可以和"0"进行逻辑"与"，而要保留的位可以和"1"进行逻辑"与"。

【例 4.33】将 AH 中的最高位保留，其余位清零，可用下面的指令。

```
AND AH, 80H
```

【例 4.34】数字 0～9 的 ASCII 码连续存放在存储器中，其首地址为 DATA$_1$，编写程序将其转换成相应的不压缩 BCD 码，并存放在以 DATA$_2$ 为首地址的存储区域。

0～9 的 ASCII 码为 30H～39H，因此只要屏蔽掉 ASCII 码的高 4 位即可实现转换。程序流程图如图 4.23 所示。

程序段如下：

```
        LEA SI, DATA1       ;SI←源地址
        LEA DI, DATA2       ;DI←目的地址
        MOV CX, 10          ;CX←循环次数
NEXT:   MOV AL,[SI]         ;取一个数字的 ASCII 码送 AL
        AND AL, 0FH         ;屏蔽 AL 的高 4 位
        MOV [DI], AL        ;非压缩 BCD 码送存
        INC SI              ;源地址加 1
        INC DI              ;目标地址加 1
        DEC CX              ;循环次数减 1
        JNZ NEXT            ;循环次数不为 0，转向 NEXT
        HLT                 ;停止
```

3) 逻辑"或"指令(Logical Or)

指令格式：OR DST，SRC

指令功能：OR 指令将目标操作数和源操作数按位进行逻辑"或"运算，并将结果送回目标操作数，即 DST←DST∨SRC。操作数类型规定同 AND 指令。指令可以进行 8 位或 16 位操作。例如：

```
OR AL, 8FH              ;寄存器操作数与立即数相"或"
OR AX, DX               ;寄存器操作数与寄存器操作数相"或"
OR CL, [BX]             ;寄存器操作数与存储器操作数相"或"
OR [SI+disp], AH        ;存储器操作数与寄存器操作数相"或"
OR [BX][SI], 0FH        ;存储器操作数与立即数相"或"
```

OR 指令对标志位状态的影响同 AND 指令。

OR 指令常常被用来将寄存器或存储单元中的某些位置位，同时使其余位保持不变，其中需要置位的位可以和"1"进行逻辑"或"，而保持不变的位可以和"0"进行逻辑"或"。

【例 4.35】将 BX 中的低 4 位置位，而其余位不变，可以使用下面的指令

```
OR BX, 000FH
```

【例 4.36】将数字 0～9 转换成相应的 ASCII 码。

假设数字所在存储单元的地址为 TABLE，可以将数字与 30H 进行逻辑"或"，从而实现转换。

```
        LEA     SI, TABLE
        MOV     CX, 10
NEXT:   OR      [SI], 30H
        INC     SI
        DEC     CX
        JNZ     NEXT
        HLT
```

AND 指令和 OR 指令有一个共同的特性：如果一个寄存器操作数自身与自身进行逻辑"与"或者逻辑"或"操作，则其内容不变，但逻辑运算本身会改变标志位的状态，具体来说将影响 SF、ZF 和 PF，且使 OF 和 CF 清零。利用这一特性可以在数据传送指令之后，通过逻辑操作判断数据的正负、是否为零以及奇偶特性等。例如：

```
        MOV AL, DATA
        AND     AL, AL          ;影响标志位
        JNZ     NEXT            ;如果不为零则转移到 NEXT
        ...
NEXT:   ...
```

在以上程序中，如果没有逻辑运算操作，则不能在 MOV 指令后面进行条件判断和程序转移，因为 MOV 指令不影响标志位状态，当然也可以使用其他指令来代替逻辑运算指令，例如 CMP AL，0 或者 SUB AL，0 等，但相对来讲，逻辑运算指令字节数较少，且执行速度较快。

4) 逻辑"异或"指令(Logical Exclusive Or)

指令格式：XOR DST，SRC

指令功能：该指令将目标操作数和源操作数按位进行逻辑"异或"运算，即 DST←DST⊕SRC 并将结果送回目标操作数。XOR 指令中操作数类型的规定与 AND、OR 指令相同。例如：

```
        XOR AH, 0FH             ;寄存器操作数与立即数相"异或"
        XOR BX, DX              ;寄存器操作数与寄存器操作数相"异或"
        XOR AL, [BP]            ;寄存器操作数与存储器操作数相"异或"
        XOR [DI+disp], AH       ;存储器操作数与寄存器操作数相"异或"
        XOR [BP][SI], 99H       ;存储器操作数与立即数相"异或"
```

XOR 指令对于标志位的影响与 AND、OR 指令相同。

XOR 指令常常被用来实现寄存器或存储器中某些特定位的"求反"，而且其余位保持不变，其中要"求反"的位和"1"进行逻辑"异或"，要保持不变的位和"0"进行逻辑"异或"。

【例 4.37】假设 BH=10110010B，指令 XOR BH，01011011B 执行后 BH 中的内容？

指令执行后，BH=11101001B。

XOR 指令的一个重要特性是一个寄存器操作数自身与自身进行逻辑"异或"操作，将使寄存器的内容清零，例如：

```
        XOR AX, AX              ;AX 清零
        XOR BL, BL              ;BL 清零
```

当然使用其他指令也能实现寄存器内容的清零，例如 MOV AX，0，但要注意由于 MOV 指令的字节数较多，执行速度较慢，而且不影响标志位的状态，还可使用 SUB AX，AX 指令，SUB 指令的字节数和执行时间与 XOR 指令相同，也可以使 CF 清零。

5) 测试指令(Test or Non-destructive Logical And)

指令格式：TEST DST，SRC

指令功能：TEST 指令的操作和 AND 指令类似，即将目标操作数和源操作数按位进行逻辑"与"，二者的区别在于 TEST 指令不将逻辑运算的结果送回目标操作数，即 DST∧SRC，逻辑运算的结果仅仅反映在状态标志位上，分别由 SF、ZF 和 PF 来表征，同 AND 指令，CF=OF=0，而 AF 状态不确定。指令中操作数类型的规定同 AND 指令。

TEST 指令常常用于位测试，并与条件转移指令一起共同完成对特定位的判断，并实现相应的程序转移。这与比较指令 CMP 类似，只不过 TEST 指令只比较某些特定的位，而 CMP 指令比较整个操作数。例如：

若要检测 AL 中的最低位是否为 1，若为 1 则转移，可用以下指令：

```
TEST AL, 01H
JNZ  NEXT
  ⋮
```

NEXT：

若要检测 AX 中的最高位是否为 1，若为 1 则转移，可用以下指令：

```
TEST AX, 8000H
JNZ  NEXT
  ⋮
```

NEXT：

若要检测 BX 中的内容是否为 0，若为 0 则转移，可用以下指令：

```
TEST BX, 0FFFFH
JZ   NEXT
  ⋮
```

NEXT：

2. 移位指令

8086 CPU 的移位指令分为逻辑移位和算术移位，逻辑移位是对无符号数移位，总是用"0"填补空出的位；算术移位是对带符号数进行移位，在移位中必须保持符号位不变。具体包括逻辑左移、算术左移、逻辑右移和算术右移等指令，其中逻辑和算术左移指令的操作完全相同。移位指令的操作对象可以是一个 8 位或 16 位的寄存器或存储器，移位操作可以是向左或向右移一位，也可以移多位。当要求移多位时，指令规定移动位数必须放在 CL 寄存器中，即指令中规定的移位次数不允许是 1 以外的常数或 CL 以外的其他寄存器。移位指令都将影响标志位，具体情况与各条指令有关。

1) 逻辑/算术左移(Shift Logical Left / Shift Arithmetic Left)

指令格式：SHL DST，1　　　SAL DST，1

SHL DST，CL　　　　　　SAL DST，CL

指令功能：这两条指令的操作是将目标操作数顺序向左移 1 位或 CL 寄存器中指定的位数。左移 1 位时，操作数的最高位移入进位标志 CF，最低位补 0，其操作如图 4.24 所示。

例如：

```
SHL AL, 1                    ;寄存器左移 1 位
SAL SI, CL                   ;寄存器左移 CL 指定位
SAL BYTE PTR [BP], 1         ;存储器左移 1 位
SHL WORD PTR [DI+DISP], CL   ;存储器左移 CL 指定位
```

SHL/SAL 指令将影响 CF 和 OF 两个标志位。如果移位次数等于 1，且移位以后目标操作数新的最高位与 CF 不相等，则溢出标志 OF＝1，否则 OF＝0。因此 OF 的值表示移位操作是否改变了符号位。如果移位次数不等于 1，则 OF 的值不确定。指令对其他标志位的状态没有影响。

图 4.24　SHL/SAL 指令示意图

一个无符号的二进制数左移 1 位，相当于该数乘以 2，因而可以利用左移指令完成乘法运算，而且移位指令比乘法指令的执行速度快得多。

【例 4.38】假设 AL=1，下列指令执行后，AL 寄存器的内容是什么？

```
SAL    AL, 1        ;AL=2
MOV    BL, AL       ;BL=2
SAL    AL, 1        ;AL=4
SAL    AL, 1        ;AL=8
ADD    AL, BL       ;AL=10
```

上述指令执行完后 AL=10。

2) 逻辑右移(Shift Logical Right)

指令格式：SHR DST，1

或　　　　　SHR DST，CL

图 4.25　SHR 指令示意图

指令功能：该指令的操作是将目标操作数顺序向右移 1 位或 CL 寄存器中指定的位数。逻辑右移 1 位时，操作数的最低位移入进位标志 CF，最高位补 0，其操作如图 4.25 所示。例如：

```
SHR AH, 1                    ;寄存器右移 1 位
SHR BX, CL                   ;寄存器右移 CL 指定位
SHR BYTE PTR [DI+BP], 1      ;存储器右移 1 位
SHR WORD PTR [BX+DISP], CL   ;存储器右移 CL 指定位
```

SHR 指令也将影响 CF 和 OF 两个标志位。如果移位次数等于 1，且移位以后目标操作数新的最高位与次高位不相等，则溢出标志 OF＝1，否则 OF＝0。因此 OF 的值仍然表示符号位在移位前后是否改变。如果移位次数不等于 1，则 OF 的值不确定。指令对其他标志位的状态没有影响。

一个无符号的二进制数逻辑右移 1 位，相当于该数除以 2，因而可以利用右移指令完成除法运算，而且移位指令比除法指令执行速度要快得多。

【例 4.39】将一个 16 位无符号数除以 512，假设该数存放在以 DATA 为首地址的两个连续的存储单元中。

因为 2^9=512，所以只要将 16 位的数逻辑右移 9 位即可实现上述除法运算。

```
MOV    AX, DATA        ;AX←被除数
MOV    CL, 9           ;CL←移位次数
SHR    AX, CL          ;AX 逻辑右移 9 位
```

```
    HLT
```

3) 算术右移(Shift Arithmetic Right)

指令格式：SAR DST，1

SAR DST，CL

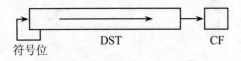

图 4.26　SAR 指令示意图

指令功能：SAR 指令的操作与逻辑右移指令 SHR 类似，即将目标操作数向右移 1 位或由 CL 寄存器指定的位数，操作数的最低位移到进位标志 CF，而最高位保持不变，这也是该指令与 SHR 指令的主要区别。SAR 指令的操作如图 4.26 所示。例如：

```
    SAR    AL, 1                       ;寄存器算术右移 1 位
    SAR    DI, CL                      ;寄存器算术右移 CL 指定位
    SAR    BYTE PTR disp[SI], 1        ;存储器算术右移 1 位
    SAR    WORD PTR [BP][DI], CL       ;存储器算术右移 CL 指定位
```

算术右移指令对标志位 CF、OF、PF、SF 和 ZF 有影响，但使 AF 的值不确定。

【例 4.40】假设 AX=0032H，CL=04H，则执行指令 SAR AX，CL 之后，写出 AX 中的内容及相关标志位的状态。

$$AX=0003H，CF=0，SF=0，ZF=0，PF=1。$$

算术右移 1 位，相当于带符号数除以 2，但要注意 SAR 指令完成的除法运算对负数为向下舍入，而带符号数除法指令 IDIV 对负数总是向上舍入。例如：

```
    MOV    AL, 81H          ;AL←-127
    SAR    AX, 1            ;AX=-64
```

而用 IDIV 指令做除法

```
    MOV    AX, FF81H
    MOV    BL, 2
    IDIV   BL               ;AL=-63(商)，AH=-1(余数)
```

3. 循环移位指令

所谓循环移位，是指将移位对象首尾相连，数据位在闭环当中循环移动而不会丢失。循环移位分为不带进位标志位和带进位标志位循环移位，8086 CPU 有四条循环移位指令，即不带进位标志位的左循环移位指令和右循环移位指令，以及带进位标志位的左循环移位指令和右循环移位指令。

循环移位指令的操作数类型的规定与移位指令相同，可以是 8 位或 16 位的寄存器或存储器。指令中指定的左移或右移的位数也可以是 1 或由 CL 寄存器指定，决不能是 1 以外的常数或 CL 以外的其他寄存器。

1) 左循环移位指令(Rotate Left)

指令格式：ROL　DST，1

ROL　DST，CL

指令功能：ROL 指令将目标操作数向左循环移动 1 位或 CL 寄存器指定的位数。最高位移到进位标志位 CF，同时最高位移到最低位形成循环，进位标志位 CF 不在循

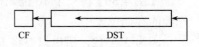

图 4.27　ROL 指令示意图

环回路之内。其操作如图 4.27 所示。例如：

```
ROL BH, 1              ;寄存器循环左移 1 位
ROL AX, CL             ;寄存器循环左移 CL 指定位
ROL BYTE PTR [DI], 1   ;存储器循环左移 1 位
ROL WORD PTR [BX], CL  ;存储器循环左移 CL 指定位
```

ROL 指令只影响 CF 和 OF 两个标志位的状态。在循环移位次数等于 1 的情况下，移位以后目标操作数新的最高位与 CF 不相等，则 OF=1，否则 OF=0。因此 OF 的值表示循环移位前后符号位是否改变。如果移位次数不等于 1，则 OF 的值不确定。

【例 4.41】AL=10110101B，则执行下列指令后 AL 中的内容和 CF、OF 的状态分别是什么？

```
ROL AL, 1
ROL AL, 1
```

第一条指令执行后，AL=01101011B=6BH，CF=1，OF=1。执行完第二条指令后，AL=11010110B=D6H，CF=0，OF=1。

2) 右循环移位指令(Rotate Right)

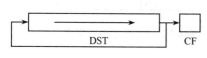

图 4.28　ROR 指令示意图

指令格式：ROR　DST，1

　　　　　ROR　DST，CL

指令功能：ROR 指令将目标操作数向右循环移动 1 位或 CL 寄存器指定的位数。最低位移到进位标志位 CF，同时最低位移到最高位，同样，进位标志位 CF 不在循环回路之内。其操作如图 4.28 所示。例如：

```
ROR BL, 1               ;寄存器循环右移 1 位
ROR BX, CL              ;寄存器循环右移 CL 指定位
ROR BYTE PTR [SI], 1    ;存储器循环右移 1 位
ROR WORD PTR [BP][DI], CL ;存储器循环右移 CL 指定位
```

ROR 指令也只影响 CF 和 OF 两个标志位的状态。当循环移位次数等于 1 的时，移位以后新的最高位与次高位不相等，则 OF=1，否则 OF=0。因此 OF 的值同样表示循环移位前后符号位是否改变。如果移位次数不等于 1，则 OF 的值不确定。

【例 4.42】BL=01011101B，则执行下列指令后 BL 中的内容和 CF、OF 的状态分别是什么？

```
MOV CL, 2
ROR BL, CL
```

指令执行后，BL=01010111B=57H，CF=0，OF 状态不确定。

3) 带进位标志位左循环移位指令(Rotate Left through Carry)

指令格式：RCL dest，1

　　　　　RCL dest，CL

指令功能：RCL 指令将目标操作数连同进位标志 CF 一起，向左循环移动 1 位，或由 CL 寄存器指定的位数。最高位移入进位标志位 CF，而 CF 移入最低位。指令的操作如图 4.29 所示。例如：

```
RCL AX, 1                    ;寄存器带进位标志循环左移1位
RCL DL, CL                   ;寄存器带进位标志循环左移CL指定位
RCL BYTE PTR disp[SI], 1     ;存储器带进位标志循环左移1位
RCL WORD PTR [SI+BP], CL     ;存储器带进位循环左移CL指定位
```

RCL 指令对状态标志位的影响与 ROL 指令相同。

4) 带进位标志位右循环移位指令(Rotate Right through Carry)

指令格式：RCR DST，1

　　　　　RCR DST，CL

指令功能：RCR 指令将目标操作数与进位标志 CF 向右循环移动 1 位，或由 CL 寄存器指定的位数。最低位移入进位标志 CF，CF 则移入最高位。指令的操作如图 4.30 所示。

例如：

```
RCR DI, 1                        ;寄存器带进位循环右移1位
RCR SI, CL                       ;寄存器带进位循环右移CL指定位
RCR BYTE PTR [BX+SI+disp], 1     ;存储器带进位循环右移1位
RCR WORD PTR [BP], CL            ;存储器带进位循环右移CL指定位
```

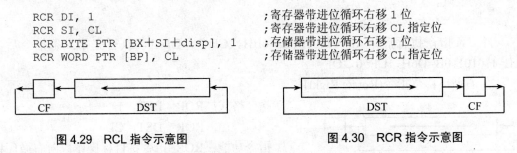

图 4.29　RCL 指令示意图　　　　　　　图 4.30　RCR 指令示意图

RCR 指令对标志位的影响与 ROR 指令相同。

注意循环移位指令与移位指令的不同之处，主要在于循环移位之后，操作数中原来各数据位的信息不会丢失，而只是移到了操作数中的其他位或进位标志位 CF 上，必要时可以恢复。

利用循环移位指令可以对寄存器或存储器中的任意一位进行位测试。

【例 4.43】统计一个 16 位存储器操作数中"1"的个数。

假设存储器操作数的地址为 DATA，统计结果存放的单元地址为 COUNT，可以利用不带进位标志位左循环移位指令 ROL 和条件转移指令 JNC 来实现统计，相应程序段如下：

```
        MOV     AX, DATA        ;16位操作数送入AX
        MOV     CX, 16          ;置循环次数
        XOR     BL, BL          ;BL寄存器清零
AGAIN:  ROLAX, 1                ;左循环移位1次，最高位进CF
        JNC     NEXT            ;检查CF状态，若CF=0则跳转
        INC     BL              ;若CF=1，则计数器BL加1
NEXT:   DEC     CX              ;循环次数减1
        JNC     AGAIN           ;循环次数不为零，继续循环
        MOV     COUNT, BL       ;统计结果送存
        HLT
```

利用带进位标志位循环移位指令可以将两个以上的寄存器或存储单元组合起来进行移位。

【例 4.44】要求将 AX 和 DX 组合的 32 位操作数一起向左移一位。

可以先将 AX 中的低 16 位左移一位，再把 DX 中的高 16 位左移一位，但在移位过程中必须将低 16 位中的最高位移至高 16 位中的最低位，可以采用下列指令：

```
SAL    AX, 1                      ;AX 左移 1 位，AX 的最高位移入 CF
RCL    DX, 1                      ;DX 带进位标志位循环左移 1 位，CF 移入 DX 的最低位
```

4.2.4 串操作指令

计算机经常要对由字节或字组成的一组信息或数据进行处理，8086 把位于存储器中，且地址连续的一组字节或字数据称为字符串。8086 CPU 有着一组十分有用的串操作指令，这些指令在每次基本操作后，能够自动修改地址，为下一次操作做准备。串操作指令还可以加上重复前缀，此时指令规定的操作将一直重复进行下去，直到完成预定的循环次数。

串操作指令共有以下五条，即串传送指令、串比较指令、串扫描指令、串装入指令和串送存指令。这些指令的基本操作各不相同，但具有以下共同特点。

(1) 为缩短指令长度，均采用隐含寻址方式，原数据串通常在数据段，隐含段寄存器 DS，但允许段超越，目标操作数总是在现行的附加数据段，隐含段存器 ES，不允许段超越。且总是用 SI 寄存器寻址源操作数，用 DI 寄存器寻址目标操作数。

(2) 每一次操作以后修改地址指针，地址指针的修改与两个因素有关，一是方向标志 DF 的状态，二是被操作的字符串的类型。当 DF=0 时，地址指针(SI 和 DI)以递增方式修改，即字节操作时地址指针加 1，字操作时地址指针加 2。当 DF=1 时，地址指针以递减方式修改，即字节操作时地址指针减 1，字操作时地址指针减 2。

(3) 为了加快串操作的执行，有的串操作指令可加重复前缀 REP，则指令规定的操作重复进行，重复循环的次数由 CX 寄存器决定，此时 CPU 按以下步骤执行。

① 首先检查 CX 寄存器，若 CX=0，则退出串操作指令；
② 执行一次字符串基本操作；
③ 修改地址指针；
④ CX 减 1(但不改变标志位状态)；
⑤ 转至下一次循环，重复以上步骤。

(4) 如果字符串的基本操作影响零标志位 ZF，则可加上重复前缀 REPE(REPZ)或 REPNE(REPNZ)，此时操作重复进行的条件不仅要求 CX≠0，而且要求 ZF 的值满足重复前缀中的规定，即 REPE 要求 CX≠0 且 ZF=1，REPNE 要求 CX≠0 且 ZF=0。

1. 串传送指令(Move String)

指令格式：[REP] MOVS [ES：]DST_string, [sreg：]SRC_string
　　　　　 [REP] MOVSB
　　　　　 [REP] MOVSW

指令功能：串传送指令将一个字节或字从存储器中 SI 寻址的源串传送到 DI 寻址的目的串，然后根据方向标志 DF 自动修改地址指针，以指向下一单元，即

① (ES：DI)←(DS：SI)
② SI←SI±1，DI←DI±1(字节操作)
或 SI←SI±2，DI←DI±2(字操作)

串传送指令不影响标志位，指令的三种格式说明如下。

第一种格式中，方括号内的内容表示任选项，即这些项可有可无。这种格式给出了源

操作数和目标操作数，此时指令执行字节操作还是字操作，决定于这两个操作数定义时的类型。列出源操作数和目标操作数的作用有两个，一是用以说明操作对象的类型(字节或字)；二是明确指出涉及的段寄存器。这种格式的一个重要优点是可以对源字符串进行段重设(目标字符串的段地址只能在 ES，不可进行段重设)。

在第二种和第三种格式中，串操作指令助记符的后面加上一个字母"B"或"W"，指明操作对象是字节串或字串。但要注意，在这两种情况下，指令后面不允许出现操作数。例如以下指令都是合法的。

```
REP MOVS DATA2, DATA1           ;操作数类型应预先定义
MOVS BUFFER2, ES: BUFFER1       ;源操作数进行段重设
REP MOVS BYTE PTR [DI], [S1]    ;用变址寄存器表示操作数
REP MOVSB                       ;字节串传送
MOVSW                           ;字串传送
```

串操作指令与重复前缀联合使用时，可以大大简化程序，并提高其运行速度，但字符串长度必须预先存放在 CX 寄存器中。

【例 4.45】将数据段中首地址为 SOURCE 的 200 个字节传送到附加段首地址为 DEST 的存储区中。

使用传送指令 MOV 的循环程序如下：

```
        LEA     SI, SOURCE      ;SI←源串首址指针
        LEA     DI, DEST        ;DI←目标串首址指针
        MOV     CX, 200         ;CX←字符串长度
NEXT:   MOV     AL, [SI]        ;源串中的 1 个字节送入累加器 AL
        MOV     [DI],AL         ;累加器 AL 中的 1 个字节送至目的串
        INC     SI              ;修改源地址指针寄存器
        INC     DI              ;修改目的地址指针寄存器
        DEC     CX              ;循环次数减 1
        JNZ     NEXT            ;未传送完毕，则返回
        HLT                     ;停止
```

使用不带重复前缀字节串传送指令的程序如下：

```
        LEA SI, SOURCE
        LEA DI, DEST
        MOV CX, 200
        CLD                     ;清方向标志 DF
NEXT:   MOVSB                   ;传送 1 个字节
        DEC CX
        JNZ NEXT
        HLT
```

使用带重复前缀字节串传送指令的程序如下：

```
        LEA     SI, SOURCE
        LEA     DI, DEST
        MOV     CX, 200
        CLD
        REP MOVSB               ;传送 200 个字节
        HLT
```

可以看出，在使用 MOV 指令时，由于不允许直接由存储单元到存储单元进行传送，因此必须利用寄存器作为中间桥梁，而 MOVS 指令允许存储器到存储器的直接传送，另外 MOVS 指令隐含了对地址指针的修改，特别是带有重复前缀的串传送指令，可以省去程序

中的循环操作，因此程序结构得到很大的简化。

2．串比较指令(Compare String)

指令格式：[REPE/REPNE] CMPS [sreg：]SRC_string，[ES：]DET_string

　　　　　[REPE/REPNE] CMPSB

　　　　　[REPE/REPNE] CMPSW

指令功能：该指令将两个字符串中相应的元素逐个进行比较(即相减)，但不将比较结果送回目标操作数，而反映在标志位上，其基本操作为

① (DS：SI)－(ES：DI)

② SI←SI±1，DI←DI±1(字节操作)

或 SI←SI±2，DI←DI±2(字操作)

CMPS 指令对大多数标志位有影响，如 SF、ZF、AF、PF、CF 和 OF。

指令格式的说明与 MOVS 指令类似，其中不同之处在于指令中的源操作数在前，而目标操作数在后，这也是 CMPS 指令与其他指令的区别。另外，由于 CMPS 指令将影响零标志位 ZF，即两个被比较的字节或字相等时，ZF＝1，否则 ZF–0，所以指令前可以加重复前缀 REPE(REPZ)或 REPNE(REPNZ)。REPE(REPZ)表示当 CX≠0，且 ZF=1 时继续进行比较，而 REPNE(REPNZ)表示当 CX≠0，且 ZF=0 时继续进行比较。

如果想在两个字符串中寻找第一个不相等的字符，则应使用重复前缀 REPE 或 REPZ，当遇到第一个不相等的字符时，ZF=0，不再满足重复操作的条件，停止进行比较。同理，如果想要寻找两个字符串中第一个相等的字符，则应使用重复前 EPNE 或 REPNZ，但要注意当找到第一个不相等或相等的字符时，地址已被基本操作修改，即源串和目的串的地址指针已经指向下一个字节或字地址，因此应修正地址指针，使其指向所要寻找相等或不相等字符。另外还有一种情况需要注意，那就是在将整个字符串比较完毕时仍未出现规定的条件(字符相等或不相等)，此时寄存器 CX=0，可以利用条件转移指令 JCXZ 进行处理。

【例 4.46】比较两个长度为 100，首地址分别为 STRING1 和 STRING2 的字符串。若两字符串相同，则 AX 寄存器内容为零；若两字符串不同，则 AX 寄存器内容为源串中第一个不相等字符的地址，且该字符送存 BL 寄存器。

程序段如下：

```
        LEA SI, STRING1        ;SI←源串首地址
        LEA DI, STRING2        ;DI←目的串首地址
        MOV CX, 100            ;CX←字符串长度
        CLD                    ;清方向标志 DF
        REPE CMPSB             ;如相等，重复进行比较
        JNZ NOTEQU            ;如不相等，跳至 NOTEQU
        MOV AX, 0             ;两串相同，AX←0
        HLT                    ;停止
NOTEQU: DEC SI                 ;否则 SI←SI−1
        MOV AX, SI             ;AX←源串中第一个不相等字符的偏移地址
        MOV BL, [SI]           ;BL←第一个不相等字符的内容
        HLT                    ;停止
```

3．串扫描指令(Scan String)

指令格式：[REPE/REPNE] SCAS [ES：]DST_string

　　　　　[REPE/REPNE] SCASB

　　　　　[REPE/REPNE] SCASW

指令功能：SCAS 指令将累加器的内容与字符串中的元素逐个进行比较，比较结果反映在标志位上，从而实现在目的串中搜索一个特定的关键字。字符串只能放在附加数据段中，且不允许段超越，待搜索的关键字必须放在累加器 AL 或 AX 中。SCAS 指令的基本操作为

① AL－(ES：DI)(字节操作)

　　AX－(ES：DI)(字操作)

② DI←DI±1(字节操作)

　　DI←DI±2(字操作)

SCAS 指令将影响大多数标志位，如 SF、ZF、AF、PF、CF 和 OF。如果累加器的内容与字符串中的元素相等，则 ZF=1，因此指令可以加上重复前缀 REPE(REPZ)或 REPNE(REPNZ)。

【例4.47】在首地址为 DST，长度为 200 的字符串中查找字符"#"，若有此关键字，则将搜索次数和关键字存放地址记录在 SI 和 BX 中，若无此关键字，则将 SI、BX 清零。

程序段如下：

```
        LEA DI, DST         ;DI←字符串首址
        MOV AL, 23H         ;AL←"#"的 ASCII 值
        MOV CX, 200         ;CX←字符串长度
        CLD                 ;清标志位 DF
        REPNE SCASB         ;如未找到，重复扫描
        JZ FOUND            ;如找到转至 FOUND
        MOV SI, 0           ;没找到，则 SI←0
        MOV BX, 0           ;BX←0
        JMP DONE            ;转至 DONE
 FOUND: DEC DI              ;DI←DI－1
        MOV BX, DI          ;BX←关键字存放地址
        LEA SI, DST         ;SI←字符串首址
        SUB SI, DI          ;SI←搜索次数
 DONE:  HLT                 ;停止
```

4. 串装入指令(Load String)

指令格式：LODS [sreg：] SRC_string

　　　　　 LODSB

　　　　　 LODSW

指令功能：该指令将一个用 SI 寻址的源串中的字节或字逐个装入累加器 AL 或 AX 中，指令的基本操作为

① AL←(DS：SI)(字节操作)

　　AX←(DS：SI)(字操作)

② SI←SI±1(字节操作)

　　SI←SI±2(字操作)

LODS 指令不影响标志位，而且一般不带重复前缀。因为将字符串的各个值重复地装入累加器中没有什么意义。

【例4.48】数据段中以 AREA 为首地址存放着 100 个带符号字节数，要求统计其中正数的个数，并将结果送至 BX 寄存器中。

```
        LEA SI, AREA         ;SI←字符串首地址
        MOV CX, 100          ;CX←字符串长度
        CLD                  ;清方向标志
        XOR BX, BX           ;BX 清零
 AGAIN: LODSB                ;AL←取一个字节数
        TEST AL, 80H         ;测试最高位
        JNZ GOON             ;如果为负数，则转至 GOON
        INC BX               ;否则为正数，BX←BX+1
 GOON:  DEC CX               ;循环次数减 1
        JNZ AGAIN            ;循环次数不为 0，则继续
        HLT                  ;停止
```

5. 串送存指令(Store String)

指令格式：[REP] STOS [ES：] DST_string

             [REP] STOSB

             [REP] STOSW

指令功能：STOS 指令将累加器 AL 或 AX 中的内容送存到目的串中的某个位置。指令的基本操作为

① (ES：DI)←AL(字节操作)

   (ES：DI)←AX(字操作)

② DI←DI±1(字节操作)

   DI←DI±2(字操作)

STOS 指令对标志位没有影响。指令若加上重复前缀 REP，则操作将一直重复进行下去，直到 CX＝0。

【例 4.49】将字符"@"装入以 DEST 为首地址的 100 个字节中。

```
LEA DI, DEST         ;DI←字符串首地址
MOV AL, '@'          ;AL←'@'
MOV CX, 100          ;CX←重复操作次数
CLD                  ;清方向标志
REP STOSB            ;'@'送存
HLT                  ;停止
```

关于串操作指令的重复前缀、操作数以及地址指针所用的寄存器等情况总结见表 4.2。

表 4.2　串操作指令的重复前缀、操作数和地址指针

指令	重复前缀	操作数	地址指针
MOVS	REP	目标，源	ES:DI, DS:SI
CMPS	REPE/REPNE	源，目标	DS:SI, ES:DI
SCAS	REPE/REPNE	目标	ES:DI
LODS	无	源	DS:SI
STOS	REP	目标	ES:DI

4.2.5　控制转移指令

控制转移指令用于控制程序的流程。一般情况下，程序中的指令是按顺序依次执行的，但在实际运行中，经常会根据微处理器的状态和一些制约条件，程序不再按顺序执行，从

而实现分支与循环。在 8086 中，指令的执行顺序是由代码段寄存器 CS 和指令指针寄存器 IP 的内容决定的，控制转移指令通过改变 CS 和 IP 的内容来实现程序执行顺序的变化。

控制转移指令包括转移指令、循环控制指令、过程调用与返回指令和中断控制指令 4 类。其中除了中断指令，其余指令均不影响标志位状态。

1. 转移指令

转移是一种将程序运行从一处改换到另一处最直接的方法，其实质是将目标地址传送给代码段寄存器 CS 和指令指针寄存器 IP，而且转移后不需要返回。

1) 无条件转移指令(Unconditional Jump)

无条件转移指令是无条件地将控制转移到指令中规定的目标地址，其中目标地址可以直接或间接地给出。

(1) 段内直接转移。

指令格式：JMP NEAR_LABLE

指令功能：指令中的操作数是一个近标号，该标号位于当前段内，指令通过汇编后，计算出下一条指令到目标地址之间的相对偏移量 disp，相对偏移量为 16 位带符号数的补码。指令的操作将指令指针寄存器 IP 的内容加上相对偏移量 disp，即 IP←IP＋disp，代码段寄存器 CS 的内容不变，从而使控制转移到目标地址。由于相对偏移量 disp 需要 2 个字节表示，操作码占 1 个字节，所以段内直接转移指令共有 3 个字节。例如：

```
        JMP ADDR
        MOV AX, 0
        …
ADDR: MOV BX, 0
```

其中 ADDR 是当前段内的一个标号，执行 JMP 指令时，将汇编程序计算出的偏移量加到 IP 上，于是 CPU 接着执行 MOV BX, 0，实现了程序的转移。

(2) 段内直接短转移。

指令格式：JMP SHORT_LABLE

指令功能：指令中的操作数是一个短标号，此时相对偏移量是 8 位带符号数的补码，用 1 个字节表示，整个指令汇编后占 2 个字节。指令的操作与段内直接转移类似，即 IP←IP＋disp，代码段寄存器 CS 的内容不变，从而使控制转移到目标地址。

若已知转移的相对偏移量在−128～＋127 的范围内，则可在标号前写上短转移运算符 SHORT，实现段内直接短转移。

(3) 段内间接转移。

指令格式：JMP REG

JMP MEM

指令功能：指令的操作是用指定的寄存器或存储器中的内容作为目标偏移地址代替原来的 IP 的内容，以实现程序的转移，CS 的内容不变，即 IP←REG 或 IP←MEM。指令中的操作数是一个 16 位的寄存器操作数或存储器操作数。例如：

```
JMP AX                    ;IP←AX
JMP [BX]                  ;IP←寄存器间接寻址一个字操作数
JMP WORD PTR [BP][SI]     ;IP←基址加变址寻址一个字操作数
```

【例4.50】已知 CS=3000H，DS=2000H，IP=1500H，BX=1000H，SI=1200H，(21000H)=08H，(21001H)=20H，(22200H)=34H，(22201H)=12H

JMP BX 的执行结果为 IP=BX=1000H

JMP [BX] 的执行结果为 IP=(DS×10H+BX)=(20000H+1000H)=(21000H)=2008H

JMP WORD PTR [BP][SI] 的执行结果为 IP=(DS×10H+BX+SI)=(20000H+1000H+1200H)=(22200H)=1234H

(4) 段间直接转移。

指令格式：JMP FAR_LABEL

指令功能：指令的操作是将标号的偏移地址取代指令指针寄存器 IP 的内容，同时将标号的段地址取代段寄存器 CS 的内容，实现程序的执行转移到另一代码段内的指定标号处，即 IP←OFFSET FAR_LABEL，CS←SEG FAR_LABEL，由于转移的范围超过了±32KB，所以段间转移又称为远转移。指令中的操作数是一个远标号，该标号在另一代码段。

(5) 段间间接转移。

指令格式：JMP MEM

指令功能：指令的操作是将存储器低地址的两个字节送到 IP 寄存器，而高地址的两个字节送到 CS 寄存器，从而使程序转移到另一代码段执行。指令中的操作数为任意寻址方式的 32 位存储器操作数。例如：

```
JMP DBWORD                   ;DBWORD 为 32 位的存储器变量
JMP DWORD PTR [BX][DI]       ;运算符 PTR 定义操作数类型为双字(32 位)
```

2) 条件转移指令(Conditional Jump)

指令格式：JCC SHORT_LABEL

指令功能：8086 有着丰富的条件转移指令，其中绝大多数(JCXZ 指令除外)是以某些标志位，或标志位的逻辑运算结果作为测试的条件，这种指令的执行包括两步。首先测试规定的条件，然后在满足规定条件的情况下，控制程序转移到指定目标，否则，程序将顺序执行，由此实现分支程序。指令助记符中的 "CC" 表示测试条件。指令中的操作数用以指明转移的目标地址，但与 JMP 指令不同，转移目标必须是一个短标号，即条件转移指令的下一条指令到目标地址之间的相对偏移量必须在−128～+127 的范围内，与段内直接短转移类似，即 IP←IP+disp，disp 为 8 位的相对偏移量。

8086 CPU 的所有条件转移指令见表 4.3。

表 4.3 8086 条件转移指令

指令名称	助记符	转移条件	备注
相等/等于零转移	JE/JZ	ZF=1	ZF=1 是指操作结果等于零
不等/不等于零转移	JNE/JNZ	ZF=0	
为负转移	JS	SF=1	
为正转移	JNS	SF=0	
偶转移	JP/JPE	PF=1	
奇转移	JNP/JPO	PF=0	
溢出转移	JO	OF=1	
未溢出转移	JNO	OF=0	

续表

指令名称	助记符	转移条件	备注
进位转移	JC	CF=1	
无进位转移	JNC	CF=0	
低于/不高于或等于转移	JB/JNAE	CF=1	适用于两个无符号数的比较，A<B满足此条件
高于或等于/不低于转移	JAE/JNB	CF=0	适用于两个无符号数的比较，A>B满足此条件
高于/不低于或等于转移	JA/JNBE	CF=0 且 ZF=0	适用于两个无符号数的比较，A>B满足此条件
低于或等于/不高于转移	JBE/JNA	CF=1 或 ZF=1	适用于两个无符号数的比较，A≤B满足此条件
大于/不小于或等于转移	JG/JNLE	SF⊕OF=0 且 ZF=0	适用于两个带符号数的比较，A>B满足此条件
大于或等于/不小于转移	JGE/JNL	SF⊕OF=0 或 ZF=1	适用于两个带符号数的比较，A≥B满足此条件
小于/不大于或等于转移	JL/JNGE	SF⊕OF=1 且 ZF=0	适用于两个带符号数的比较，A<B满足此条件
小于或等于/不大于转移	JLE/JNG	SF⊕OF=1 或 ZF=1	适用于两个带符号数的比较，A≤B满足此条件
CX 等于零转移	JCXZ	CX=0	

使用条件转移指令应注意，首先执行影响有关标志位状态的指令，然后才能用条件转移指令测试标值位，以确定程序是否转移。CMP 和 TEST 指令常常与条件转移指令配合使用，因为这两条指令无须改变目标操作数的内容，就可以影响标志位状态，另外，其他算术、逻辑运算等指令也可以影响标志位状态。

【例 4.51】地址为 DATA 的存储单元中存放着一个带符号的 16 位数，若该数为正，则 CX=1；若该数为负，则 CX=0FFFFH；若该数为 0，则 CX=0。

先判断该数是否为零，若是，则令 CX=0；否则，再判断是否小于零，若是，则令 CX=0FFFFH；否则，直接令 CX=1。相应程序段如下：

```
        MOV AX, DATA      ;AX← (DATA)
        AND AX, AX        ;AX←AX∨AX；影响标志位状态
        JE ZERO           ;如果为零，则转向 ZERO
        JNS PLUS          ;如果为正，则转向 PLUS
        MOV CX, 0FFFFH    ;否则为负，FFFFH
        JMP DONE          ;无条件转向 DONE
ZERO:   MOV CX, 0         ;CX←0
        JMP DONE          ;无条件转向 DONE
PLUS:   MOV CX, 1         ;CX←1
DONE:   HLT               ;停止
```

2. 循环控制指令

实际编程中经常需要使一些程序段反复执行，从而形成循环程序，循环程序可以利用循环控制指令来实现。循环控制指令实际上是一组增强型的条件转移指令，也是根据测试标志位状态是否满足条件来控制程序转移。8086 中有 3 条循环控制指令，它们都隐含使用

CX 作为循环次数计数器，从而控制循环重复过程。

1) 循环转移指令(Loop)

指令格式：LOOP SHORT_LABEL

指令功能：该指令先将 CX 寄存器的内容减 1，若结果不为 0，则转移到指定的短标号处继续循环，否则结束循环执行后续指令，即 CX←CX−1；若 CX≠0，则 IP←IP＋disp。由于指令中的操作数只能是短标号，所以相对偏移量 disp 的取值必须在−128～＋127 的范围内。一个 LOOP 指令其实相当于两条指令的组合，即：

```
DEC CX
JNZ SHORT_LABEL
```

LOOP 指令对标志位没有影响。

在使用 LOOP 指令时应注意，在循环程序开始之前应先将循环次数送至 CX 寄存器。

【例 4.52】计算 1＋2＋3＋…＋50=?

```
        XOR AX, AX          ;累加器清零
        MOV BX, 0001H       ;BX←1
        MOV CX, 50          ;CX←循环次数 50
AGAIN:  ADD AX, BX          ;AX←AX+BX
        INC BX              ;BX←BX+1
        LOOP AGAIN          ;未循环结束,则继续
        HLT                 ;停止
```

2) 相等/等于零循环转移指令(Loop While Equal/Zero)

指令格式：LOOPE SHORT_LABEL

LOOPZ SHORT_LABEL

指令功能：该指令同样先将 CX 寄存器的内容减 1，若结果不为 0，且标志位 ZF=1，则转移到指定的短标号处继续循环，否则结束循环执行后续指令，即 CX←CX−1；若 CX≠0 且 ZF=1，则 IP←IP＋disp。LOOPE/LOOPZ 指令对标志位状态也没有影响。

LOOPE/LOOPZ 指令其实是有条件地形成循环，即当规定的循环次数尚未完成，且必须满足"相等"或"等于零"的条件，才能继续循环。

【例 4.53】数据段中分别以 FIRST 和 SECOND 为首地址存放着 100 个字符，找出其中第一个不相同的字符分别送至 AL 和 BL 寄存器，若两串完全相同，则令 AL=BL=0。

```
        LEA SI, FIRST       ;SI←字符串 1 首地址
        LEA DI, SECOND      ;DI←字符串 2 首地址
        MOV CX, 100         ;CX←循环次数
CYCLE:  MOV AL, [SI]        ;AL←串 1 中的字符
        MOV BL, [DI]        ;BL←串 2 中的字符
        INC SI              ;SI←SI+1
        INC DI              ;DI←DI+1
        CMP AL, BL          ;AL−BL
        LOOPE CYCLE         ;若 CX≠0,且 ZF=1,则转向 CYCLE
        JNZ DONE            ;若相应两个单元的内容不等,则转向 DONE
        MOV AL, 0           ;若两串完全相同,则 AL←0
        MOV BL, 0           ;若两串完全相同,则 BL←0
DONE:   HLT                 ;停止
```

3)不等/不等于零循环转移指令(Loop While Not Equal/Not Zero)

指令格式：LOOPNE SHORT_LABEL

LOOPNZ SHORT_LABEL

指令功能：该指令同样先将 CX 寄存器的内容减 1，若结果不为 0，且标志位 ZF=0，则转移到指定的短标号处继续循环，否则结束循环执行后续指令，即 CX←CX−1；若 CX≠0 且 ZF=0，则 IP←IP＋disp。LOOPNE/LOOPNZ 指令不影响标志位状态。

LOOPNE/LOOPNZ 指令也是有条件地形成循环，即当规定的循环次数尚未完成，且必须满足"不相等"或"不等于零"的条件，才能继续循环。

3. 过程调用与返回指令

在程序设计中，往往将一些需要在不同的地方多次反复出现的程序段定义成子程序，即过程，这样主程序在每次需要时就可以进行调用，当过程执行结束后，再返回原来调用的地方，继续执行后续程序。这种程序设计方法不仅可以大大缩短源程序的长度，而且便于实现模块化设计，可读性好，调试方便。

当被调用的过程位于当前代码段内，称为近过程，而当被调用的过程位于其他代码段，则称为远过程。当被调用的过程地址以直接的方式给出，称为直接调用，而若以间接的方式给出，则称为间接调用。

1) 过程调用指令(Call a Procedure)

过程调用指令与 JMP 指令类似，也是通过改变代码段寄存器 CS 和指令指针寄存器 IP 的内容，使程序的执行顺序发生转移。与 JMP 指令的不同之处在于，过程调用指令执行时，须将断点地址，即当前的 IP 或 IP 与 CS 的内容推入堆栈保护，以便过程结束时通过相应的出栈操作，能够正确返回程序断点处，继续执行主程序，而 JMP 指令只是使程序转移，而不需要返回，因此不保存断点地址。

过程调用指令对标志位没有影响。

(1) 段内直接调用。

指令格式：CALL NEAR_PROC

指令功能：指令的操作数是一个近过程，指令通过汇编，可以得到其下一条指令与被调用过程的入口地址之间的相对偏移量 disp，相对偏移量为 16 位的带符号数。指令的操作是先将 IP 推入堆栈，然后将 IP 加上相对偏移量 disp，使控制转移到被调用的过程。指令的操作为

SP←SP−2，(SP＋1：SP)←IP

IP←IP＋disp

(2) 段内间接调用。

指令格式：CALL REG

CALL MEM

指令功能：指令将 IP 寄存器的内容推入堆栈，然后将寄存器或存储器的内容传送给 IP，指令中的操作数为 16 位的寄存器操作数或存储器操作数，其内容是一个近过程的入口地址。指令的操作为

SP←SP−2，(SP＋1：SP)←IP

IP←REG/MEM

(3) 段间直接调用。

指令格式：CALL FAR_PROC

指令功能：段间直接调用指令先将 CS 中的内容(段地址)推入堆栈，并将远过程所在段的基地址送入 CS 寄存器；再将 IP 中的内容(偏移地址)推入堆栈，然后将远过程的偏移地址送入 IP，从而使控制转移到被调用的远过程。指令中的操作数是一个远过程。指令的操作为

SP←SP−2，(SP+1：SP)←CS

CS←FAR_PROC 的段基址

SP←SP−2，(SP+1：SP) ←IP

IP←FAR_PROC 的偏移基址

(4) 段间间接调用。

指令格式：CALL MEM

指令功能：指令先将 CS 中的内容推入堆栈，并将 4 字节存储器操作数的高 16 位送入 CS 寄存器；再将 IP 中的内容推入堆栈，然后将 4 字节存储器操作数的低 16 位送入 IP，实现控制向位于其他代码段的远过程转移。指令中的操作数是一个存储单元地址，对应寻址 32 位的操作数。指令的操作为

SP←SP−2，(SP+1：SP) ←CS

CS←MEM 的高 16 位

SP←SP−2，(SP+1：SP) ←IP

IP←MEM 的低 16 位

2) 过程返回指令(Return From Procedure)

过程的最后一条可执行指令必须是返回指令，用以返回到调用过程的断点处，即从堆栈中弹出由 CALL 指令推入的断点地址，送入 IP 和 CS 寄存器中，从而在断点处继续执行程序。

执行返回指令对标志位的状态无影响。

(1) 从近过程返回。

指令格式：RET

RET POP_VALUE

指令功能：当从近过程返回时，指令将堆栈顶部两个单元的内容弹出到 IP 寄存器，即 IP←(SP+1：SP)，SP←SP+2。RET 指令允许带有一个弹出值 POP_VALUE，弹出值为 0～65535 的立即数，在执行指令时，除了从堆栈弹出断点地址外，还要舍弃由 POP_VALUE 指定的若干字节的内容，即用 POP_VALUE 修改堆栈指针 SP 的值，即 IP←(SP+1：SP)，SP←SP+2；SP←SP+POP_VALUE。带弹出值返回指令主要用于调用程序通过堆栈向过程传递参数的情况，指令执行时，可以将调用前推入堆栈的一些参数删除掉。由于堆栈操作是字操作，因此弹出值总是偶数。

(2) 从远过程返回。

指令格式：RET

RET POP_VALUE

指令功能：当从远过程返回时，指令先将堆栈顶部两个单元的内容弹出到 IP 寄存器，然后接着弹出两个单元的内容到 CS 寄存器，即

IP←(SP+1：SP)，SP←SP+2

CS←(SP+1：SP)，SP←SP+2

同样，从远过程返回时，RET 指令也允许带有一个弹出值 POP_VALUE，指令的操作为

IP←(SP+1：SP)，SP←SP+2

CS←(SP+1：SP)，SP←SP+2

SP←SP+POP_VALUE。

使用 RET 指令应注意，RET 指令的类型是隐含的，自动与过程定义时的类型相匹配。

4．中断控制指令

在 8086 中，程序的执行控制可以由功能上类似于外部中断和过程调用的操作来实现，这类操作称为内部中断。

中断操作先将标志寄存器 FLAGS 推入堆栈，然后通过中断向量表实现段间间接调用，中断向量表存放在存储器中，其地址范围为 0～3FFH，一个中断类型对应一个 4 字节的向量，因此中断向量表可以提供 256 个中断向量。在 4 字节的中断向量中，低地址的两个字节存放中断服务程序入口地址的段内偏移量，高地址的两个字节存放中断服务程序入口地址的段基址。

1）中断指令(Interrupt)

指令格式：INT N

指令功能：该指令启动中断类型号 N 规定的中断过程。首先将标志寄存器 FLAGS 推入堆栈，其次清除标志位 TF 和 IF，以禁止追踪方式和屏蔽外部中断，然后将代码段寄存器 CS 的内容推入堆栈，再用中断类型号 N×4 计算中断向量的地址，中断向量的第二个字(高地址的两个字节)送入 CS 寄存器，最后将指令指针寄存器 IP 的内容推入堆栈，并将中断向量的第一个字(低地址的两个字节)送入 IP 寄存器，于是控制就转移到中断服务程序。其操作可表示为

SP←SP−2，(SP+1：SP)←FLAGS

TF←0，IF←0

SP←SP−2，(SP+1：SP)←CS

CS←[N×4+2]

SP←SP−2，(SP+1：SP)←IP

IP←[N×4]

指令中的操作数为中断类型号，其取值范围为 0～255。INT N 指令除了将 TF 和 IF 清零外，对其他标志位没有影响。

从中断指令的功能可以看出，除了把标志寄存器与断点地址信息一起推入堆栈和从固定的中断向量表寻址中断服务程序的入口地址外，整个操作与段间间接调用指令是相同的。

【例 4.54】假设存储单元(0005C)=12H，(0005D)=34H，(0005E)=56H，(0005F)=78H，指令 INT 17H 执行后，中断服务程序入口地址如何确定？

17H×4D=5CH，则 CS=((0005F)：(0005E))=7856H，IP=((0005D)：(0005C))=3412H

中断服务程序入口地址为：(CS)×10H+(IP)=7856H×10H+3412H=7B972H

2）溢出中断指令(Interrupt on Overflow)

指令格式：INTO

指令功能：指令检测溢出标志位 OF，若 OF=1，则启动一个中断过程，否则，不进行任何操作，接着执行后续指令。当发生中断时，INTO 指令的操作类似于 INT 指令，不同的是 INTO 规定的中断类型号是 4，即中断向量的地址为 4D×4D=10H，指令的操作先把标志寄存器推入堆栈，清除标志位 TF 和 IF，再把 CS 推入堆栈，CS←[12H]，最后将 IP 推入堆栈，IP←[10H]。

3) 中断返回指令(Interrupt Return)

指令格式：IRET

指令功能：指令将推入堆栈的断点地址弹出，使控制返回到中断调用处，继续执行下面的指令，同时恢复标志寄存器的内容。指令的操作为

IP←(SP+1：SP)，SP←SP+2

CS←(SP+1：SP)，SP←SP+2

FLAGS←(SP+1：SP)，SP←SP+2

指令将影响所有的标志位状态。

中断服务程序的最后一条可执行指令一定是 IRET。

4.2.6　处理器控制指令

8086 CPU 控制指令可完成对 CPU 的简单控制，包括标志位操作、同步控制和其他控制等 3 类控制功能。在这一组指令中，除了标志位操作指令之外，其余指令对标志位不产生任何影响。

1．标志位操作

8086 提供了 7 条控制标志位的指令，可以直接对标志寄存器 FLAGS 中的 CF、DF 和 IF 位进行操作，用以改变标志位的状态。

1) 清除进位标志(Clear Carry Flag)

指令格式：CLC

指令功能：该指令使进位标志位 CF=0。

2) 置进位标志(Set Carry Flag)

指令格式：STC

指令功能：该指令使进位标志位 CF=1。

3) 进位标志取反(Complement Carry Flag)

指令格式：CMC

指令功能：该指令使进位标志位 CF 取反，即若执行指令前 CF=1，则执行指令后 CF←0，相反 CF←1。

4) 清除方向标志(Clear Direction Flag)

指令格式：CLD

指令功能：该指令使方向标志位 DF=0。

5) 置方向标志(Set Direction Flag)

指令格式：STD

指令功能：该指令使方向标志位 DF=1。

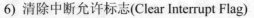
6) 清除中断允许标志(Clear Interrupt Flag)

指令格式：CLI

指令功能：该指令使方向标志位 IF=0，此时 CPU 不响应 INTR 引线上的外部可屏蔽中断请求，即中断屏蔽，中断屏蔽对 NMI 引线上的非屏蔽中断请求和软件中断没有影响。

7) 置中断允许标志(Set Interrupt Flag)

指令格式：STI

指令功能：该指令使方向标志位 IF=1，此时 CPU 可以响应 INTR 引线上的外部可屏蔽中断请求，即中断开放。

2. 同步控制

8086 CPU 构成最大方式系统时，可与别的处理器一起构成多处理器系统，当 8086 CPU 需要其他处理器(协处理器)帮助完成某个任务时，可用同步指令向协处理器发出请求，并等待其响应后，8086 CPU 才能继续执行程序。为此，设置了 3 条同步控制指令。

1) 处理器脱离(Processor Escape)

指令格式：ESC EXT_OP，SRC

指令功能：ESC 又叫交权指令，它可以使协处理器使用 8086 的寻址方式，并从 8086 CPU 的指令队列中取得指令。指令中的 EXT_OP 是协处理器的一个操作码(外操作码)，SRC 是一个存储器操作数。执行 ESC 指令时，8086 CPU 访问一个存储器操作数，并将其放在数据总线上，供协处理器使用。ESC 指令的编码格式如图 4.31 所示。

15	11 10	8 7	6 5	3 2	0
11011	XXX	MOD	YYY	R/M	

图 4.31 ESC 指令编码格式

其中高字节中的 XXX 字段用来选择协处理器号，最多可接 8 个协处理器，低字节中的 YYY 字段用来指定协处理器要完成的任务，最多可完成 8 种任务，XXX 与 YYY 字段合在一起作为指令中的外操作码，可以实现 0~63 共 64 种组合。MOD 和 R/M 字段用来指定存储器中的操作数。

协处理器平时处于查询状态，一旦查询到 CPU 执行 ESC 指令，被选中的协处理器便可开始工作，根据 ESC 指令的要求完成某种操作，待协处理器工作结束，通过 $\overline{TEST}$ 引线向 8086 CPU 回送一个有效电平信号，当 CPU 测到 $\overline{TEST}$ 有效时才能继续执行后续指令。

2) 处理器等待(Processor Wait)

指令格式：WAIT

指令功能：WAIT 指令使 CPU 处于等待状态，不进行任何操作，一个被允许的外部中断或 TEST 信号有效，可以使 CPU 退出等待状态。

在允许中断的情况下，一个外部中断请求使 CPU 脱离等待状态，转向中断服务程序的执行，由于入栈保护的断点地址是 WAIT 指令的地址，因此中断返回后继续执行 WAIT 指令，即 CPU 继续处于等待状态。

如果 $\overline{TEST}$ 引线上为低电平有效信号，则 CPU 结束等待状态，开始执行后续指令。

WAIT 指令的用途是使 CPU 本身与外部硬件同步。

3) 总线锁定(Lock Bus During Next Instruction)

指令格式：LOCK

指令功能：LOCK 指令是一个特殊的可以放在任何指令前面的单字节前缀。该指令可以使 8086 CPU 的总线锁定信号 LOCK 维持低电平(有效)，直到执行完下一条指令。在总线锁定期间，禁止其他处理器对总线的访问。这在多处理器系统中是管理共享资源的一种有效手段。

3. 其他控制指令

1) 处理器暂停(Processor Halt)

指令格式：HLT

指令功能：该指令使 8086 CPU 暂停执行程序，而进入暂停状态。当 CPU 处于暂停状态，外部中断(当 IF=1 时的可屏蔽中断请求 INTR 或非屏蔽中断 NMI)，或复位信号 RESET 可使 CPU 退出暂停状态。

2) 空操作(No Operation)

指令格式：NOP

指令功能：NOP 指令使 CPU 不执行任何操作，但占用 3 个时钟周期，并使指令指针寄存器 IP 加 1。执行完 NOP 指令后，接着执行后续指令。空操作指令 NOP 常常用来实现软件延时，或者取代其他指令以便程序调试。

  本章小结

本章介绍了 8086 CPU 的寻址方式和指令系统。指令中寻找操作数的方式称为寻址方式，操作数可能存放在机器中的 4 个地方，即指令中、CPU 内部寄存器中、存储器中和 I/O 端口中，相应的寻址方式有立即寻址、寄存器寻址、存储器寻址和 I/O 端口寻址，其中存储器寻址根据操作数有效地址形成的方式不同又可分为直接寻址、寄存器间接寻址、变址寻址和基址加变址寻址等 4 种。存储器寻址时应注意默认段寄存器的选择，以及段超越的问题。

指令系统是计算机所能执行的全部指令的集合，指令的基本格式包括助记符、目标操作数和源操作数。

8086 的指令按功能可以分为 6 类：数据传送指令、算术运算指令、逻辑运算和移位指令、串操作指令、控制转移指令和处理器控制指令。数据传送指令是应用最频繁、寻址方式最多的一类指令，其中应特别注意堆栈操作指令的使用。算术运算指令可以处理 4 种类型的数，即无符号二进制数、带符号二进制数、无符号的压缩十进制数和无符号的非压缩十进制数。除了压缩十进制数只有加、减法操作外，其余三种都可以进行加、减、乘、除法运算。使用中应注意指令中操作数的字长必须满足相应的规定，以及指令操作对于标志位的影响。逻辑运算和移位指令可以对 8 位或 16 位的寄存器或存储单元中的内容按位进行逻辑运算或移位操作，应注意掌握逻辑运算和移位指令的常规用途。串操作指令在每次基本操作后，能够自动修改地址，为下一次操作做准备，还可以加上重复前缀，使指令规定的操作重复进行，直到完成预定的循环次数，因此串操作指令可以省去程序中的循环操作，大大简化程序结构。使用中应注意串操作时地址指针的修改和重复前缀的含义。控制转移指令用于控制程序的流程，当程序要实现分支与循环，控制转移指令通过改变 CS 和 IP 的内容来改变程序执行顺序，注意掌握过程调用和中断调用及其之间的区别。处理器控制指令可完成对 CPU 的简单控制，除了标志位操作指令之外，其余指令对标志位不产生任何影响。

思考题与习题

4-1　8086 CPU 的寻址方式有哪几类？用哪一种寻址方式的指令执行速度最快？

4-2　分别指出下列指令中的源操作数和目标操作数的寻址方式。

(1) MOV SI，200

(2) MOV AX，DATA [DI]

(3) ADD AX，[BX][SI]

(4) AND BX，CX

(5) MOV [BP]，AX

4-3　设有关寄存器及存储单元的内容如下：

DS=2000H，BX=0100H，SI=0010H，(21200H)=78H，(21201H)=56H，(20100H)=68H，(21110H)=ABH，(20110H)=F4H，(20111H)=CDH，(21120H)=67H

试问下列各指令执行完后，AL 或 AX 寄存器的内容各是什么？

(1) MOV AX，1200H

(2) MOV AL，BL

(3) MOV AX，[1200H]

(4) MOV AL，[BX]

(5) MOV AL，1010H[BX]

(6) MOV AX，[BX][SI]

(7) MOV AL，1010H[BX][SI]

4-4　判断下列指令的正误，若是错误的，请说明原因。

(1) MOV AX，BH

(2) MOV CH，CL

(3) MOV [BP]，[DI]

(4) XCHG CS，AX

(5) IN BX，DX

(6) POP CS

4-5　什么是堆栈？为什么要使用堆栈？

4-6　设堆栈指针 SP=1200H，AX=5566H，BX=7788H，下列指令执行后 AX、BX 及 SP 的内容各是什么？

```
PUSH AX
PUSH BX
```

```
        POP   AX
        POP   BX
```

4-7 设当前 SS=2010H，SP=FE00H，BX=3457H，计算当前栈顶地址为多少？执行 PUSH BX 后，栈顶地址和栈顶两个字节的内容分别是什么？

4-8 试用三种指令序列实现字变量 A、B 的内容交换。

4-9 编写一段程序，实现下述要求：

(1) 使 AX 寄存器的低 4 位清零，其余位不变；

(2) 使 BX 寄存器的低 4 位置 1，其余位不变；

(3) 测试 BX 中的位 0 和位 4，当这两位同时为零时，将 AL 置 1，否则 AL 置 0。

4-10 编写一段程序，实现标志寄存器中 TF 位置位，其余位不变。

4-11 假设初值 AX=4321H，DX=8765H，则下列程序执行完后，AX 和 DX 中的内容分别是什么？

```
        MOV   CL, 04H
        SHL   DX, CL
        MOV   BL, AH
        SHL   AX, CL
        SHR   BL, CL
        OR    DL, BL
```

4-12 下面程序段在什么情况下执行结果是 AH=0？

```
BEGIN:  IN    AL, 60H
        TEST  AL, 80H
        JZ    BRCH1
        XOR   AX, AX
        JMP   STOP
BRCH1:  MOV   AH, 0FFH
STOP:   HLT
```

4-13 简述串操作指令的特点。

4-14 试用串操作指令设计实现如下功能的程序段：先将 200 个字节操作数从 STR1 处送到 STR2 处，再从中搜索关键字 "#"，并将相应单元替换成回车符。

4-15 假设在下列指令序列的括弧中分别填入指令：

(1) LOOP   REPEAT

(2) LOOPNZ   REPEAT

(3) LOOPZ   REPEAT

试给出在这三种情况下，当程序执行完后，寄存器 AX、BX、CX 和 DX 的内容分别是什么？

```
        MOV   AX, 00H
        MOV   BX, 01H
        MOV   DX, 02H
        MOV   CX, 03H
REPEAT: INC   AX
        ADD   BX, AX
        SAR   DX, 1
        (         )
        HLT
```

第5章　汇编语言程序设计

汇编语言(Assembly language)是一种面向 CPU 指令系统的程序设计语言，它采用指令系统的助记符来表示操作码和操作数，用符号地址表示操作数地址，因而易记、易读、易修改，给编程带来很大方便。

采用汇编语言编写的程序能够利用系统硬件的特性，直接对位、字节、字寄存器、存储单元、I/O 接口等进行处理，同时也能直接使用 CPU 指令系统和指令系统提供的各种寻址方式编制出高质量的程序，这种程序占用内存空间少，执行速度快。所以计算机高级技术人员大量使用汇编语言来编写计算机系统程序，实时通信程序和实时控制程序等。本章在介绍汇编语言程序结构和伪指令的基础上，通过举例详细说明如何利用汇编语言设计汇编语言程序。

5.1　汇编语言程序的结构

汇编程序是最早也是最成熟的一种系统软件，它除了能够将汇编语言程序"翻译"成机器语言程序外，还能够根据用户的要求分配存储区域等功能。8086 系统中常用的汇编程序有标准汇编程序(ASM)和宏汇编程序(MASM)。汇编语言程序，或汇编语言源程序是利用汇编语言编写的程序。利用汇编语言编写程序需要按照汇编程序规定的格式，这样才能正确将所设计的汇编语言程序汇编为相应的目标文件，并最终生成可执行程序。本节着重介绍汇编语言程序的结构以及结构中各部分的意义。

5.1.1　分段结构

考虑到 8086 系列微处理器都是采用存储器分段管理，其汇编语言都是以逻辑段为基础，按段的概念来组织代码和数据，因此作为利用汇编语言编写的源程序具有以下特点。

(1) 由若干个段组成，完整的汇编语言源程序由数据段、代码段、附加段、堆栈段组成，其中代码段必不可少，在代码段中用 ASSUME 伪指令将段地址与段寄存器的对应关系告诉汇编程序，每个段以 SEGMENT 语句开始，以 ENDS 语句结束。整个源程序以 END 语句结束。

(2) 每个段由若干语句组成，一条语句一般写在一行上。

(3) 汇编语言程序中至少要有一个启动标号，作为程序开始执行目标代码的入口地址，常用 START、BEGIN 等命令。

(4) 为保证在执行过程中数据段地址的正确性，在源程序中需要对数据段 DS 寄存器初始化。

(5) 为增加程序可读性，一般在汇编语言程序中通过注释说明一段程序或者一条指令的功能。

(6) 为了在程序结束时返回 DOS，一般通过调用 DOS 中断的 4CH 子功能来实现。

下面通过一个例子来说明汇编语言源程序的主要特点。

【例 5.1】实现 Z=X+Y，其中 Z、X、Y 定义为字节。

实现该例题的完整汇编语言源程序如下：

```
DATA   SEGMENT              ;定义一个数据段，段名是：DATA
X      DB   10H             ;定义变量 X，赋值为 10H
Y      DB   32H             ;定义变量 Y，赋值为 32H
Z      DB   ?               ;定义变量 Z
DATA   ENDS                 ;DATA 段定义结束
CODE   SEGMENT              ;定义一个代码段，段名是：CODE
ASSUME CS：CODE，DS：DATA    ;规定 CODE、DATA 分别为代码段和数据段的段名
START: MOV  AX，    DATA；    ;用 START 指明程序执行的起点
       MOV  DS，AX           ;给数据段寄存器 DS 赋值
       MOV  AL，X            ;将变量 X 送入寄存器 AL
       ADD  AL，Y            ;将 AL 与 Y 相加，和送入 AL 存储
       MOV  Z，AL            ;将 AL 内容送给变量 Z
       MOV  AH，4CH
       INT  21H             ;调用 DOS 中断，退出程序并返回 DOS
CODE   ENDS；                ;CODE 段定义结束
       END  START                ;程序结束
```

从例 5.1 的源程序可以看出，该程序代码段和数据段两个段组成，每个段以 SEGMENT 语句开始，以 ENDS 语句结束；每个段中包含若干条语句；整个源程序以 END 语句结束。

5.1.2 汇编语言源程序语句的类型及组成

语句是汇编语言源程序的基本组成单位，一个汇编语言源程序由 3 种基本语句组成，即指令语句、伪指令语句和宏指令语句。指令语句能产生目标代码，CPU 可以执行的能完成特定功能的语句。伪指令语句是一种不产生目标代码的语句，它仅仅在汇编过程中告诉汇编程序应如何汇编。例如，告诉汇编程序已写出的汇编语言源程序有几个段，段的名字是什么；定义变量，定义过程，分配变量存储单元，表达式命名等。本节只介绍指令语句和伪指令语句的格式。

1. 指令性语句

采用助记符构成的汇编语言语句，每条语句都有与之对应的指令码。它是汇编语句的主体，也是进行汇编语言程序设计的基本语句。语句格式为：

[标号：] 指令助记符 [操作数] [；注释]

其中带方括号的部分表示可选项。标号是该行指令的起始地址，常用容易记住的一些符号来表示，它是转移(条件转移或无条件转移)指令或调用指令的目标操作数；是存储单元的符号地址，在其对应的存储单元中存放指令。标号具有三种属性：①段值，②偏移量，③类型，即 NEAR 或 FAR，NEAR 是指转移到此标号所指的语句，或调用此程序或过程，只需要改变指令指针寄存器 IP 的值，而不改变代码段段 CS 的值；FAR 不仅需要改变 IP，还要改变 CS 的值，存在段的交叉转移或调用。

指令助记符是该语句指令名称的符号，表示指令的操作类型，汇编程序将其翻译成机器命令。指令助记符是语句中的关键字，不可省略。

操作数是指令执行的对象。根据指令要求可以有一个或多个操作数，有的指令不需要操作数，多个操作数之间用逗号隔开，操作数与指令助记符之间用空格隔开。操作数可以

是常数、变量、标号、寄存器名或表达式。

注释用来说明一条指令或一段程序的功能，可以省略。需要注意的是注释前必须加上分号。

2. 伪指令语句

伪指令又称为指示性语句，汇编程序并不把它们翻译成机器代码，只是用来指示、引导汇编程序在汇编时做一些操作，例如定义符号，分配存储单元，初始化存储器等，其本身不占用存储单元。格式如下：

　　　　[名字]　伪指令定义符　操作数　[；注释]

名字是给伪指令赋予的名称，名字后允许带冒号，名字可以省略。伪指令中的名字通常是变量名、段名、过程名、符号名等，它们均为符号地址。

伪指令定义符是汇编程序 MASM 汇编规定的符号，常用的有变量定义语句、符号定义语句、段定义语句、段分配语句、结构定义语句、过程定义语句等类型。

操作数是由伪指令具体要求的，有的伪指令不允许带操作数，有的伪指令要求带多个操作数，多个操作数之间必须用逗号分开。操作数类型可以是常数、变量、字符串、表达式等。

伪指令语句的注释项为可选项，需要时以分号开始。

3. 语句的组成

指令语句与伪指令语句的格式是类似的。一般情况下，汇编语言的语句可以由 4 部分构成：

　　　　[名字]　助记符　[操作数]　[；注释]

四项(名字、助记符、操作数、注释)之间必须用分隔符分割，其中带方括号项表示可选项。宏汇编程序关于分隔符号的使用规定如下：①冒号是标号与指令之间的分隔符号；②空格是名字与伪指令之间的分隔符号；③逗号是多个操作数之间的分割符号；④分号是注释开始的分隔符号；⑤回车是一条汇编语句的结束符号。

5.1.3 名字和标号

名字和标号分别是给指令单元和伪指令起的符号名称，统称为标识符。

源程序中常用字母 A～Z，数字 0～9，专用字符"？"、"·"、"—"、"＄"来表示。除数字外，所有字符都可以放在语句的第一个位置。名字中如果用到"·"，则必须是第一个字符。可以用很多字符来表示名字，但汇编程序所能识别的字符长度为 31 位。

一般来说，名字项可以是标号或变量。它们都用来表示本语句的符号地址，可有可无，只有当需要用符号地址来访问该语句时它才需要出现。

1. 标号

标号在代码段中定义，后面跟冒号，它也可以用 LABEL 或 EQU(Equal)伪操作来定义。此外，它还可以作为过程名定义。标号经常在转移指令或 CALL 指令的操作数字段出现，用以表示转向地址。

标号具有 3 种属性：段、偏移及类型。

段属性：定义标号的段起始地址，此值必须在一个段寄存器中，而标号的段则总是在 CS 寄存器中。

偏移属性：标号的偏移地址是从段起始地址到定义标号的位置之间的字节数。对于 16 位段是 16 位无符号数；对于 32 位段则是 32 位无符号数。

类型属性：用来指出该标号在本段内引用还是在其他段中引用。如是在段内引用的，则称为 NEAR。对于 16 位段，指针长度为 2 字节；对于 32 位段，指针长度为 4 字节。如果段间引用，则称为 FAR。对于 16 位段，指针长度为 4 字节(段地址 2 字节，偏移地址 2 字节)；对于 32 位段，指针长度为 6 字节(段地址 2 字节，偏移地址 4 字节)。

2. 变量

变量在数据段或附加数据段中定义，后面不跟冒号。它也可以用 LABEL 或 EQU 伪操作来定义。变量经常在操作数字段出现。它也有段、偏移及类型 3 种属性。

段属性：定义变量的段的基地址，而且必须存放在一个段寄存器中。

偏移属性：变量的偏移地址是从段的起始地址到定义变量的位置之间的字节数。对于 16 位段，是 16 位无符号数；对于 32 位段，则是 32 位无符号数。在当前段内给出变量的偏移值等于当前地址计数器的值，当前地址计数器的值可以用"$"来表示。

类型属性：变量的类型属性定义该变量所保留的字节数。

在同一个程序中，同样的标号或变量的定义只允许出现一次，否则汇编程序会提示出错。

5.1.4 助记符和定义符

助记符和定义符分别用于规定指令语句的操作性质和伪指令语句的伪操作功能，所以统称为操作符。

对于指令、汇编程序将其翻译成机器语言指令。对于伪操作，汇编程序将根据其所要求的功能进行处理。对于宏指令，则将根据其定义展开。

5.1.5 操作数

在指令语句中可能有单操作数或双操作数，也可能无操作数；在伪指令中可能有更多个操作数。当操作数不止一个时，相互之间应该用逗号隔开。

操作数通常为常数、寄存器、标号、变量和表达式等。

1. 常数

常数就是指令中出现的那些固定值，可以分为数值常数和字符串常数两类。例如，立即寻址时所有的立即数、直接寻址时所有的地址、ASCII 字符串等都是常数，常数是除了自身的值以外，没有其他属性的数值。在源程序中，数值常数按数制的不同，可为二进制数、八进制数、十进制数、十六进制数等几种不同表示形式。

汇编语言中的数值常数的第一位必须是数字，否则汇编时将被看作标识符，如常数 B7H

应写成 0B7H，FFH 应写成 0FFH。字符串常数是由单引号括起来的一串字符。例如'ABCDEFG'和'179'。单引号内的字符在汇编时都以 ASCII 的代码形式存放在存储单元中。如上述两字符串的 ASCII 代码为 41H、42H、43H、44H、…、48H 和 31H、37H、39H。字符串最长允许有 255 个字符。

2. 寄存器

8086 CPU 的寄存器可以作为指令的操作数。

3. 标号

由于标号代表一条指令的符号地址，因此可以作为转移(无条件转移或条件转移)、过程调用 CALL 以及循环控制 LOOP 指令的操作数。

4. 变量

变量作为存储器中某个数据区的名字，可以看作存储器操作数。

5. 表达式

汇编语言语句中的表达式，按其性质可分为两种：数值表达式和地址表达式。数值表达式产生一个数值结果，只有大小，没有属性。地址表达式的结果不是一个单纯的数值，而是一个表示存储器地址的变量或标号，它有 3 种属性：段值、偏移量和类型。

表达式由运算对象和运算符组成，在汇编时由汇编程序对它进行运算，运算结果作为一个语句中的操作数。运算对象可以是常数、变量或标号，得到的运算结果可以是一个常数，也可以是一个寄存器的地址，在此地址中存放的是数据(称为变量)或指令(称为标号)。

宏汇编程序 MASM 中支持的 6 类运算符见表 5.1。

表 5.1　MASM 汇编程序支持的运算符

类型	符号	名称	运算结果
算术运算符	+	加法	和
	−	减法	差
	*	乘法	乘积
	/	除法	商
	MOD	模除	余数
	SHL	左移	左移后二进制数
	SHR	右移	右移后二进制数
逻辑运算符	AND	与运算	逻辑与结果
	OR	或运算	逻辑或结果
	XOR	异或运算	逻辑异或结果
	NOT	非运算	逻辑非结果
关系运算符	EQ	相等	
	NE	不等	
	LT	小于	

续表

类型	符号	名称	运算结果
关系运算符	LE	小于等于	结果为真输出全是"1"
	GT	大于	结果为假输出全是"0"
	GE	大于等于	
数值返回	OFFSET	返回偏移地址	偏移地址
	SEG	返回段基址	段基址
	TYPE	返回元素字节数	字节数
	LENGTH	返回变量单元数	单元数
	SIZE	返回变量总字节数	总字节数
修改属性	段寄存器名	段前缀	修改段
	PTR	修改类型属性	修改后类型
	THIS	制定类型/距离属性	制定后类型
	HIGH	分离高字节	高字节
	LOW	分离低字节	低字节
	SHORT	短转移说明	−128～127 字节间转移
其他运算符	( )	圆括号	改变运算符优先级
	[ ]	方括号	下标或间接寻址
	.	点运算符	连接结构与变量
	< >	尖括号	修改变量
	MASK	记录图为	位图形
	WIDTH	记录宽度	记录/字段位数

1) 算术运算符

常用的算术运算符有：＋(加)、−(减)、*(乘)、/(除)和 MOD(模除，即两个整数相除后取余数)等。可用于数值表达式，运算结果是一个数值。在地址表达式中通常只使用其中的＋和−(加和减)两种运算符。

【例 5.2】源程序指令格式如下：

```
DA EQU 300
MOV AX, DA-80
MOV BX, DA MOD 100
MOV CX, DA/100
MOV CX, DA/100
MOV DH, 01100100B SHR 2
```

汇编时，计算表达式形成指令为

```
DA EQU 300
MOV AX, 220
MOV BX, 0
MOV CX, 3
MOV DH, 19H
```

2) 逻辑运算符

逻辑运算符有：AND(逻辑"与")、OR(逻辑"或")、XOR(逻辑"异或")和 NOT(逻辑"非")。只用于数值表达式中对数值进行按位逻辑运算，并得到一个数值结果。对地址进行逻辑运算没有意义。

【例5.3】
```
MOV AL, NOT 0FFH
    MOV BL, 8CH AND 73H
    MOV AH, 8CH OR 73H
    MOV CH, 8CH XOR 73H
```

汇编时，计算机表达式形成指令

```
MOV AL, 0
MOV BL, 0
MOV AH, 0FFH
MOV CH, 0FFH
```

3) 关系运算符

关系运算符有：EQ(等于)、NE(不等)、LT(小于)、GT(大于)、LE(小于或等于)、GE(大于或等于)等。参与关系运算的必须是两个数值或同一段中的两个存储单元地址，但运算结果只可能是两个特定的数值之一：当关系不成立(假)时，结果为0(全0)；当关系成立(真)时，结果为0FFFFH(全1)。

【例5.4】
```
MOV AX, 4 EQ 3        ;关系不成立，故(AX)←0
    MOV AX, 4 NE 3        ;关系成立，故(AX)←0FFFFH
```

4) 数值返回运算符

数值返回运算符常用于分析一个存储器操作数的属性，如段值，偏移量和类型等，获取它所定义的存储空间的大小。分析运算符有 SEG、OFFSET、TYPE、SIZE 和 LENGTH 等。

(1) SEG 运算符：利用运算符 SEG 可以得到一个标号或变量所在段的段地址。

【例5.5】下面两条指令将变量 ARRAY 的段地址送 DS 寄存器。

```
MOV AX, SEG ARRAY
MOV DS, AX
```

(2) OFFSET 运算符：利用运算符 OFFSET 可以得到一个标号或变量的偏移地址。

【例5.6】MOV   DI，OFFSET DATA1

(3) TYPE 运算符：运算符 TYPE 的运算结果是一个数值，这个数值与存储器操作数类型属性的对应关系见表5.2。

表5.2 TYPE 返回值与类型的关系

TYPE 返回值	存储器操作数的类型	TYPE 返回值	存储器操作数的类型
1	BYTE	8	QWORD
2	WORD	10	TBYTE
4	DWORD	-1	NEAR
6	FWORD	-2	FAR

【例5.7】

```
VAR        DW                  ;变量 VAR 的类型为字
ARRAY      DD  10 DUP(?)       ;变量 ARRAY 的类型为双字
STR        DB  'THIS IS TEST'  ;变量 STR 的类型为字节
           ...
MOV        AX, TYPE VAR        ;(AX)←2
MOV        BX, TYPE ARRAY      ;(BX)←4
MOV        CX, TYPE STR        ;(CX)←1
           ...
```

其中的 DW、DD、DB 等为伪指令定义符，将在第二节中介绍。

(4) LENGTH 运算符：如果一个变量使用重复操作符 DUP 说明其变量的个数，那么利用 LENGTH 运算符可获取这个变量的个数。如果未使用 DUP 进行说明，得到的结果将总是 1。

例如上面的例子中已经用"10 DUP(?)"说明变量 ARRAY 的个数，则 LENGTH ARRAY 的结果为 10。

(5) SIZE 运算符：如果一个变量是已用重复操作符 DUP 说明，则利用 SIZE 运算符可获取分配给该变量的字节总数。如果未用 DUP 说明，则得到的结果是 TYPE 运算的结果。

例如上面例子中变量 ARRAY 的个数为 10，类型为 DWORD(双字)，因此，SIZE ARRAY 的结果为 $10×4＝40$。由此可知，SIZE 的运算结果等于 LENGTH 的运算结果乘以 TYPE 的运算结果。

5) 属性运算符

属性运算符可以用来建立或临时改变变量或标号的类型或存储器操作数的存储单元类型。合成运算符有 PTR、THIS、SHORT 等。

(1) PTR 运算符：PTR 运算符可以指定或修改存储器操作数的类型。

【例 5.8】INC BYTE ?   PTR   [BX][SI]

指令中利用 PTR 运算符规定了存储器操作数的类型是 BYTE。

同样，利用 PTR 运算符还可以建立一个新的存储器操作数，它与原来的同名操作数具有相同的段和偏移量，但可以有不同的类型。而且这个新类型只在当前语句中有效。

【例 5.9】STUFF   DD?   ;定义 STUFF 为双字类型变量
               ...
          MOV   BX, WORD PTR STUFF   ;从 STUFF 中取一个字到 BX
               ...

(2) SHORT 运算符：运算符 SHORT 用来指定一个标号的类型为 SHORT(短标号)，即标号到引用该标号指令之间的距离在$-128～+127$ 个字节的范围内。短标号可以被用于无条件转移指令中。使用短标号的指令比使用默认的近标号的指令汇编后少一个字节。

(3) 段操作符：用来表示一个标量、变量或地址表达式的段属性。

【例 5.10】用段前缀指定某段的地址操作数

   MOV AX, ES: [BX+SI]

可以有如下 3 种形式来表示其段属性。

段寄存器：地址表达式；   段名：地址表达式；   组名：地址表达式。

(4) THIS 运算符：格式   THIS   ATTIBUTE 或 TYPE

THIS 运算符可以像 PTR 一样建立一个指定类型(BYTE、WORD、DWORD、QWORD 或 TBYTE)或指定距离(NEAR 或 FAR)的地址操作数。该操作数的段地址和偏移地址与下一个存储单元地址相同。使用 THIS 运算符可以使标号或变量更具灵活性。

【例 5.11】要求对同一个数据区，既可以字节为单位，又可以字为单位进行存取，则可用以下语句：

   FIRST_TYPE EQU THIS BYTE
   WORD_TABLE 100 DUP(?)

此时 FIRST_TYPE 的偏移地址和 WORD_TABLE 完全相同，但它是字节类型的；而

WORD_TABLE 则是字类型的。

(5) 字节分离操作符 LOW 和 HIGH：它接收一个数或地址表达式，HIGH 取高位字节，LOW 取低位字节。

【例5.12】CONST　EQU　0ABCDH

则 MOV AH，HIGH CONST 将汇编成　MOV AH，0ABH

宏汇编程序 MASM 中支持的 6 类运算符的优先级见表 5.3。

表5.3　运算优先级次序

优先级	运 算 符
1	(), [], <>,·, LENGTH,　WIDTH, SIZE, MASK
2	PTR, OFFSET, SEG, TYPE, THIS, CS:, DS:, ES:, SS:
3	HIGH,　LOW
4	*, /, MOD, SHL, SHR
5	+, -
6	EQ, NE, LT, LE, GT, GE
7	NOT
8	AND
9	OR, XOR
10	SHORT

5.1.6 注释

注释项用来说明一段程序、一条或几条指令的功能，它可有可无，但是对于汇编语言程序来说，注释项以分号开始，以增强程序的可读性。

注释应该写出本条(或本段)指令在程序中的功能和作用。而不应该只写指令的动作。

汇编程序对注释通常不作任何处理，只有在为源代码列清单时才会显示。

5.2 伪 指 令

8086 微处理器中的各种伪指令主要用来指示、引导汇编程序在汇编时进行一些操作，如定义符号、分配存储单元、初始化存储器等等，所以伪指令本身不占用存储单元。

IBM 宏汇编中常用伪指令有数据定义伪指令、符号定义伪指令、段定义伪指令、段组定义伪指令、假定伪指令、地址对准伪指令、定义符号名伪指令、过程定义伪指令、源程序结束伪指令、高级数据结构定义伪指令和处理器选择伪指令。

5.2.1 数据定义伪指令

数据定义伪指令用来为数据分配内存空间，并设置相应内存单元的初始值，其形式为：

[变量名]　变量定义符　操作数[，…，操作数]　[;注释]

变量名是一个符号地址，表示其后操作数的首地址，多个操作数构成一个数组。变量名是程序员给出的标识符，为可选项。

变量定义符包括以下几种情况，主要说明所定义的数据类型。

(1) DB(Define Byte)：每个操作数占 1 个字节。

(2) DW(Define Word)：每个操作数占1个字，即2个字节。

(3) DD(Define Doubleword)：每个操作数的长度为双字，即4个字节。

(4) DQ(Define Quadword)：每个操作数的长度为四字，即8个字节。

(5) DT(Define Tenbytes)：每个操作数的长度为 10 个字节。

这些伪操作可以把其后的数据存入指定的存储单元，形成初始化数据；或者分配存储空间而不存入确定的数值。

操作数包括以下五个方面。

1. 常数或数值表达式

【例 5.13】
```
DATA_BYTE  DB  10, 5, 10H      ;定义变量 DATA_BYTE 数据类型为字节
DATA_DW    DD  3*25, 0FFFDH    ;定义变量 DATA_DW 数据类型为双字
```

2. ASCII 码字符串

【例 5.14】
```
MESSAGE  DB  'HELLO'           ;定义 MESSAGE 数据类型为字节
```

3. 地址表达式

DW 伪指令用于预置该地址表达式的偏移地址，DD 伪指令用于预置该地址表达式的偏移地址和段基址。

【例 5.15】若 M1 位变量名，LOOP1 为标号，则语句

```
ADRESS1  DW  M1+4     ;表示将 M1+4 单元的偏移地址存入 ADRESS1 这个变量中
ADRESS2  DD  LOOP1    ;表示将标号 LOOP1 的段基址和偏移地址存入 ADRESS2 这个双字节
变量中，其中低字单元为偏移地址，高字单元存放段基址
```

4. ?（只保留若干个存储单元，以便存放指令执行的中间结果）

【例 5.16】利用？保留若干个存储单元

```
ABC  DB  0, ?, ?, 0
DFF  DW  ?, 33, ?
```

【例 5.17】无初始化数据定义：用问号"？"代替操作数

```
BUFFER   DB  2, ?, ?, ?      ;定义 4 个字节其中后 3 个字节不初始化
```

5. DUP 子句

格式为：重复次数 DUP(表达式)，DUP 可以嵌套。该语句可以实现将表达式的值重复地存储到变量对应的内存区中，其中，重复次数可以直接给出，也可以通过伪指令给出。

【例 5.18】
```
ARRAY  DB 3 DUP(1,2)     ;等价于：ARRAY DB 1, 2, 1, 2, 1, 2
BUF_W  DW 100 DUP(?)     ;重复定义 100 个字，但不初始化。
```

【例 5.19】ARRAY2 DB 2 DUP(1, 3 DUP(0))
上述指令等价于：ARRAY2 DB 1, 0, 0, 0, 1, 0, 0, 0

5.2.2 符号定义伪操作

符号定义伪指令用于对程序中多次出现的同一个变量或表达式定义为一个标识符，以便在源程序中用标识符来代替对应的常量或表达式。符号定义伪指令有三种情况。

1. 等价伪指令 EQU

格式：符号名　　EQU　　表达式

功能：为常量或表达式及其他各种符号定义一个等价的符号名，但它不申请分配存储单元。

(1) 表达式可以是常量或数值表达式；地址表达式；变量、标号或指令助记符。

(2) 符号名不占存储单元，没有段、偏移和类型 3 种属性。

(3) 在同一源程序中，使用 EQU 定义的符号不能与本程序中的其他符号名同名；同一符号不能用 EQU 伪指令重新定义。

EQU 伪指令主要有三个方面的应用。

(1) 定义符号常量。用符号命名表示常量、数值表达式。

(2) EQU 与属性运算符 PTR 或 THIS 连用，可以给变量或标号定义新的类型属性并重新命名。但其段的属性和偏移属性不变。

(3) 利用 EQU 可以用一个符号名代替一个复杂的地址表达式和其他一些符号，如指令助记符、变量名、标号、段名、寄存器名、宏定义名等。

【例 5.20】

```
M1  EQU  20          ;符号 M1 等价 20
M2  EQU  M1+3        ;符号 M2 等价表达式 M1+3
C   EQU  CX          ;符号 C 等价为寄存器名 CX
M   EQU  MOV         ;符号 M 等价为助记符 MOV
B   EQU  DS：[BP+20] ;地址表达式 DS：[BP+20]用符号 B 代替
```

那么以下语句有效：

```
M  C, M1      ;等价为 MOV CX, 20
M  AX, C      ;等价为 MOV AX, CX
```

2. 等号伪指令 "="

格式：符号名=表达式

功能：该语句的功能与 EQU 语句类似，不同的是等号伪指令能对所定义的符号名多次重新定义，且以最后一次定义的值为准。

【例 5.21】

```
CN=100
CN=200
```

那么第二个 CN 的定义是有效的，即以第二次定义为准，CN 与 200 等价。

3. 定义伪指令 LABEL

格式：变量名和标号名　　LABEL　　类型

功能：LABEL 伪指令用来在某一变量或标号的基础上定义一个新的类型不同的变量或标号。其中变量的类型可用 BYTE、WORD 和 DWORD；标号的类型有 NEAR 和 FAR。

【例 5.22】

```
VAR1  LABEL  WORD
VAR2 DB  20 DUP(1)
```

则变量 VAR1 与 VAR2 具有相同的段基址和偏移量，但 VAR2 是字节型。

【例 5.23】

```
L1 LABEL  FAR
L2: MOV AX, 2000H
```

标号 L1 以及 L2 均为指令 MOV AX，2000H 的符号地址，但 L1 具有 FAR 类型，L2是 NEAR 类型。

5.2.3　段定义伪指令

段是编制 80X86 汇编语言源程序的基础，8086 用段来组织程序和利用存储器，这就需要有段定义语句。段结构伪指令主要有两条语句，即段定义伪指令和假定伪指令。

1．段定义伪指令 SEGMENT/ENDS

格式：段名　　SEGMENT　[定位类型][组合类型]['类别']
　　　　　　∶　段体段名 ENDS

其中，段名是编程人员给该段取的名字。定位类型、组合类型、类别是赋予该段的属性。

(1) 定位类型规定了对该段的起始边界地址的要求，可以有以下四种选择。

① PAGE：段起始地址为一页的开始，规定 256 个字节为一页，页起始地址低八位为零，格式为 XXXX XXXX XXXX 0000 0000。

② PARA：段起始地址为一节的开始，规定 16 个字节为一节，低四位为零。

③ WORD：段起始地址为一规则字的开始，即偶地址开始，最低位为零。

④ BYTE：段起始地址为任意值，即从任意字节开始。

(2) 组合类型用来告诉连接程序，本段与其他段的关系，包括 NONE、PUBLIC、COMMON、STACK、MEMORY 和 AT。

① NONE：表示本段与其他段逻辑上没有关系，每段都有自己的基地址。组合类型省略时属于该类型。

② PUBLIC：连接程序首先把本段与其他模块中同名、同类别的但相邻的连接在一起，然后为所有这些段指定一个共同的段基址，将它们连接成一个物理段。至于各段的连接顺序，有连接命令指定。

③ COMMON：该段可能与其他同名同类别的段发生覆盖，共同又有一个段地址，段的长度取决于最长的 COMMON 段。

④ STACK：规定被连接的程序中必须有至少一个 STACK 属性的段，即堆栈段。如果多于一个，则在初始化时会将第一个 STACK 段的地址送入 SS 寄存器。而段与段之间的连接按 PUBLIC 方式处理。

⑤ MEMORY：链接程序把本段定位为几个互连段中地址最高的段。若有多个 MEMORY 段，链接程序认为所遇到的第一个为 MEMORY，其余短则具有 COMMON 属性。

⑥ AT 表达式：链接程序将表达式计算出来的 16 位地址作为段地址，但它不能用来指定代码段，这个类型使得在某一固定的存储区内的某一固定偏移地址处定义标号或变量，以便程序以标号或变量形式访问这些存储单元。

(3) 类别可以是任何合法的名称，用单引号括起来，如 'DATA'，'CODE'。在定位的时候，连接程序把同类别的段集中在一起。

(4) 段定义伪指令只适用于 386 机器后继机型，它用来说明使用 16 位寻址方式还是 32 位寻址方式。它们可以是：①USE16　使用 16 位寻址方式；②USER32　使用 32 位寻址方式。

当使用 16 位寻址方式时，段长不超过 64KB，地址的形式是 16 位段地址和 16 位偏移地址；当使用 32 位寻址方式时，段长可达 4GB，地址的形式是 16 位段地址和 32 位偏移地址。

默认的使用类型是 USE16。

2. 段假设语句

ASSUME 伪指令在汇编时能提供正确的段码，使汇编程序知道程序的段结构，在各种指令执行时该访问那一段。其格式如下：

```
ASSUME  段寄存器：段名[，…]
```

段寄存器可以是 CS、DS、SS 或 ES，而段名则是用 SEGMENT 定义过的标识符。

功能：该语句一般出现在代码段中，用来设定段寄存器与段之间的对应关系，以便汇编程序知道段的结构和在执行各种指令时知道应该访问哪个段。也可以取消段寄存器与段之间的对应关系(使用 NOTHING 时)。

5.2.4　过程定义伪指令

用过程的定义来实现子程序功能，是汇编程序的一部分，它们可被程序调用，每次可调用一个过程。当过程中指令执行完后，控制返回调用点。段间的调用指令把过程返回的段地址和偏移地址同时送入堆栈，而段内的调用指令只将偏移地址入栈。

过程定义语句的格式如下：

```
过程名  PROC  NEAR/FAR
        …
        RET
过程名  ENDP
```

其中，"过程名"为标识符，又是子程序入口地址；NEAR 或 FAR 是类型属性，前者是指该过程是一个段内的调用，而后者是段间调用，当属性省略时自动默认为 NEAR。伪指令 PROC 和 ENDP 必须成对出现。为了保证过程正确返回，CALL 指令的类型必须与过程的类型相匹配。

过程定义语句可把程序分段，以便理解、调试和修改。若整个程序由主程序和若干子程序组成，则主程序和这些子程序都应包含在代码中。

一般过程的最后一条 RET 语句，它表示从栈顶弹出返回地址，以便返回调用点。ENDP

则告诉汇编程序该过程的结束地址。

一个过程中可以包括多个过程定义，即过程的嵌套。堆栈的大小决定嵌套的深度，但过程不允许交叉。

5.2.5 宏处理伪指令

1. 宏指令的定义

宏指令是源程序中具有独立功能的一段程序代码。在汇编语言中，如果在源程序中需要多次使用同一个程序段，可以将这个程序段定义(宏定义)为一个宏指令，每次需要时，可简单地用宏指令名来代替(称伪宏调用)，避免重复书写，使源程序更加简洁、易读。

宏定义由 MASM 宏汇编程序提供的伪指令实现，其格式为：

```
[宏指令名]    MACRO    [<形式参数>, <形式参数>, <形式参数>…]
…
代码段            ；宏体
…
ENDM
```

2. 宏指令的调用

经过定义的宏指令，可以在程序中向其他指令一样直接使用，只要在源程序中写上已定义过的宏指令名就实现了该宏指令调用。具有宏调用的源程序被汇编时，每个宏调用将被 MASM 进行宏展开。宏展开实际上是用宏定义时设计的宏体去代替相应的宏指令，并用实际参数取代形参。

宏调用格式：

```
[ 宏指令名 ] [实参]
```

实参项将对应替换宏指令中形参。如果形参为标号，在宏调用中实参也应为标号，且要求实参唯一。如果宏定义中有自己的标号，则在宏调用时，汇编程序自动地把标号变成唯一的标号。

宏指令中的参数可以是常数、寄存器名、存储单元名、地址表达式以及指令的助记符或助记符的一部分。

3. 宏指令应用举例

【例 5.24】

```
MOV_  MACRO  F1, F2
MOV  W, F1, ACCE      ;把 F1 地址里的数据放到 W 寄存器，F1 的数据不变
MOV  F2, W, ACCE      ;把 W 寄存器里的数据放到 F2 地址
ENDM                  ;这个指令相当于把 F1 里的数据赋给 F2，且 F1 的数据不变
```

使用了"形式参数"，它们引用宏指令时被给出的一些名字或数值(实参)所替换。使用形参给宏指令带来了很大的灵活性。

【例 5.25】用宏指令定义两个带符号的字节型变量操作数相乘，乘法结果为字型。

```
MULTY   MACRO  OPR1, OPR2, RESULT
        PUSH AX
        MOV AL, OPR1
        IMUL OPR2
```

```
              MOV RESULT, AX
              POP AX
ENDM                                    ;宏定义
DATA SEGMENT
              XX  DB 4EH
              YY  DB 8AH
              ZZ  DW ?
DATA ENDS
CODE SEGMENT
              ASSUME CS: CODE, DS: DATA
START: MOV AX, DATA
              MOV  DS, AX
              MULTY  XX, YY, ZZ         ;宏调用, 用实参代替形参
              MOV AX, 4C00H
              INT 21H
CODE ENDS
              END START
```

4. 取消宏指令伪指令 PURGE

宏指令一经定义，将在整个程序中有效。若宏指令名与指令或伪指令助记符相同，则宏指令优先级更高，使同名指令或伪指令失效。在一般情况下，均不使用指令及伪指令助记符作伪宏指令名，若出现了这种情况，也应在一定时候取消宏指令，使失效的指令或伪指令助记符恢复功能。

取消宏指令伪指令 PURGE 格式如下：

```
PURGE  <宏指令名>, <宏指令名2>,
```

其中，宏指令名 1、宏指令名 2 等是需要被取消的宏指令名。执行此伪指令后，这些宏指令马上失效而不能被调用了。

5. 定义局部标号伪指令 LOCAL

在定义宏指令时，宏体中有可能出现标号。当宏指令在程序中多次被调用时，这些标号便会在多处出现，汇编程序将指出"标号重复定义"的错误。为避免这种现象发生，可以用 LOCAL 伪指令将宏体中的标号定义为局部标号，当多次调用宏指令时，汇编程序在展开时将用"??0000～??FF"为编号来代替这些局部标号。

```
LOCAL 伪指令的格式为
LOCAL  标号1, 标号2, …
```

【例5.26】ABSOL 宏定义及其调用
```
ABSOL  MACRO OPER
LOCAL NEXT
CMP OPER, 0
JGE NEXT
NEG OPER
NEXT: ENDM
```

宏调用：
```
…
…
ABSOL VAR
…
…
ABSOL BX
```

宏展开:
```
      ...
1     CMP  VAR, 0
1     JGE  ??0000
1     NEG VAR
1??0000:
      ...
1     CMP BX, 0
1     JGE  ??0001
1     NEG  BX
1??0001:
      ...
```

5.2.6　其他伪操作

程序计数器 $ 和 ORG 伪指令

1. 程序计数器 $

当字符 $ 独立出现在表达式中时，将为程序下一个存储单元分配偏移地址。

【例5.27】
```
DATA  SEGMENT
M1    DB    12H, 13H, 14H     ;定义 3 个字节
M2    EQU       $-M1          ;符号 M2 与表达式 $-M1 等价
DATA  ENDS
```
其中表达式 $-M1 的值为程序下一个所等分配的偏移地址 03H 减去 A1 的偏移地址 00H，所以，$-M1=03H-00H=03H。

2. ORG 伪指令

ORG 伪指令用来指定某条语句或变量的偏移地址。

格式为：

ORG　数值表达式

ORG后的数值表达式的值将作为下一条指令语句或变量的偏移地址，

【例5.28】
```
DATA  SEGMENT
ORG   3
VAR1  DB   2, 3, 4
ORG   $+3
VAR2  DW   0A34H
DATA  ENDS
```

5.3　DOS 和 BIOS 调用

DOS(Disc Operating System)是美国 Microsoft 公司为 IBM PC 研制的磁盘操作系统称为 IBM-DOS 或 MS-DOS。DOS 不仅为用户提供了许多使用命令，而且还有用户可以直接调用的上百个常用子程序。对这些子程序的调用即系统功能调用。这些子程序的功能主要是进行磁盘的读/写、控制管理、内存管理、基本输入/输出管理等。在使用时，用户不需要了解各种 I/O 接口硬件的详细情况就能直接完成对 I/O 接口的控制和管理。对汇编语言程序而言，它们一部分被固化在系统的 ROM 中，可作为 ROM BIOS(Basic Input/Output System)模块。另一部分存放在系统磁盘上，在系统启动时被装入内存，用户的应用程序及 MS-DOS

的大部分命令都将通过软件中断来调用它们。

下面对 DOS 中常用的软件中断进行简单说明，然后介绍 INT 21H 的系统功能调用。最后说明有关 BIOS 的中断调用。

5.3.1　DOS 软中断及系统功能调用

磁盘操作系统是 PC 上最重要的操作系统，它所提供的两个 DOS 模块 IBMBIO.COM 和 IBMDOS.COM 使用起来更方便。DOS 模块提供了很多更必要的测试，使 DOS 操作比使用相应功能的 BIOS 操作更简易，而且 DOS 对硬件的依赖性更少，一般来说 MS-DOS 中常用的软中断指令有 8 条，系统规定了它们的中断类型码为 20H～27H，它们各自的功能及入口/出口参数见表 5.4。

表 5.4　DOS 常用的软中断命令

软中断指令	功能	入口参数	出口参数
INT 20H	系统正常退出	无	无
INT 21H	系统功能调用	AH=功能号，相应入口号	
INT 22H	结束退出		
INT 23H	Ctrl-Break 处理		
INT 24H	出错处理		
INT 25H	读磁盘	AL=驱动器号 CX=读入扇区数 DX=起始逻辑扇区号 DS：BX=内存缓冲区地址	CF=0 成功 CF=1 出错
INT 26H	写磁盘	AL=驱动器号 CX=写入扇区数 DX=起始逻辑扇区号 DS：BX=内存缓冲区地址	CF=0 成功 CF=1 出错
INT 27H	驻留退出	DS：DX=程序长度	

在所有的这些 DOS 软件中断指令中，功能最强大的是 INT 21H，它提供了一系列的 DOS 功能调用。DOS 版本越高，所给出的 DOS 功能调用越多，DOS 6.2 包含了 100 多个功能调用，这些子程序分别实现外部设备管理、文件读/写、文件管理、目录管理和内存分配等功能。每个子程序对应一个功能号，给定入口/出口参数后，用 INT 21H 来调用。

1. 常用的软件中断

1) 读/写磁盘扇区的软件中断指令

INT 25H 和 INT 26H 软件中断指令，分别用来实现对磁盘制定扇区进行读/写，这两条指令执行时，会分别转去执行 BIOS 中的读/写磁盘扇区子程序。使用这两条指令前，必须按照表 5.5 中入口参数的要求，对指定的寄存器分别设置读/写驱动器号，读/写扇区数，起始逻辑扇区号和读/写内存的缓冲区首址，然后才能执行相应的中断命令。

【例 5.29】读出当前磁盘(双面盘，9 扇区/道)上的目录。

```
MOV AL, 0      ;A盘为当前盘
MOV CX, 7      ;读 7 个扇区中的目录
```

```
MOV  DX, 5          ;目录从 0 面 0 道 6 扇区开始，对应区号为 5
MOV  BX, 1000H      ;读到内存 DS：1000H 区域中
INT  25H            ;读磁盘
JMP  0              ;返回控制台命令接受状态
```

2) 退出程序的软件中断指令

用户程序中可以安排指令退出程序，返回控制台命令接收状态。

INT 20H 退出程序时，不需要任何入口参数，INT 20H 终止当前进程并关闭所有打开的文件，清理磁盘缓冲区。用 JMP 0 指令和用 INT 20H 指令具有同样的功能。

用 INT 27H 退出程序时，MS-DOS 会把此用户程序看成是系统的一个组成部分而驻留内存中，因此在其他程序装配运行时，这部分程序不会被覆盖。通常，用户对自己编写的中断处理程序进行装配以后，常用这种方式返回控制台命令接收状态，其他用户程序可以用软件中断方式调用这部分程序。但必须注意 DX 中所设置驻留程序的长度，否则返回后程序不能驻留。

INT 22H、INT 23H 和 INT 24H 不是真正的中断，它们是在特定条件下通过 DOS 发送。INT 22H 是当程序结束时，将控制传送到程序段前缀 PSP(Program Segment Prefix)的偏移量为 0AH 地址上，在程序段建立时，该地址从中断 22H 的向量地址中被复制到程序段前缀 PSP 中。

INT 24H 是在磁盘 I/O 功能调用过程中，当出现一个致命的磁盘错误时，则控制送到中断向量表的 INT 24H 向量，即出错退出；在程序段建立时，INT 24H 向量的地址被复制到程序段前缀。DOS2.0 以上高版本用 4CH 及 31H 比使用 20H 及 27H 更好。

2. DOS 系统功能调用

DOS 系统功能调用分别实现设备管理、文件管理和目录管理等功能。每个子程序对应一个功能号，所有系统功能调用的格式一致，调用步骤如下。

(1) 系统功能号送到 AH 寄存器中。

(2) 入口参数送到指定寄存器中。入口参数是子程序运行所需要的数据，DOS 系统功能调用的入口参数通常是放在指定的内部寄存器中，少数功能调用也可以没有入口参数。

(3) 用 INT 21H 指令执行功能调用。

(4) 根据出口参数分析功能调用执行情况。

1) DOS 字符功能调用

键盘提供了字符键数字(0~9、字母 a~z、A~Z、%、$、#)，功能键(Home、End、Del、Ins、Pgup、Pgdown 等)和控制键(Ctrl，Alt，Shift)。每个键都有对应的键值及标准 ASCII 码值，通过 DOS 功能调用可读入键值到 AL 寄存器或存储器中。表 5.5 列出了 DOS 键盘功能调用的功能号以及相应的入口和出口参数。

表 5.5 DOS 键盘功能调用

AH	功能	入口参数	出口参数
01	从标准输入设备(如：键盘)读入一个字符。该中断在处理过程中将一直处于等待状态直到有字符可读为止。该输入还可被	AH=01 过滤掉控制字符，并回显	AL = 输 入 字 符 的 ASCII 码
07H		AH＝07H，不过滤掉控制字符，不回显	

续表

AH	功能	入口参数	出口参数
08H	重定向，如果这样做，则无法判断文件是否已到文件尾	=08H，过滤掉控制字符，不回显	
02	向标准输出设备(如：屏幕)输出一个字符。该输出还可被重定向，如果这样做，则将无法判断磁盘是否满	DL=待输出字符的 ASCII 码	—
03	从辅助设备读入一个字符，该辅助设备的缺省值为 COM1	AH=03H	AL = 读入字符的 ASCII 码
04	向辅助设备输出一个字符，该辅助设备的缺省值为 COM1	DL=待输出字符的 ASCII 码	—
05	向标准的输出设备输出一个字符。该缺省的输出设备为 LPT1 端口的打印机，除非用 MODE 命令来改变	AH=05H DL=待输出字符的 ASCII 码	—
06	控制台(如：键盘、屏幕)输入/输出。如果输入/输出操作被重定向，那么，将无法判断文件是否已到文件尾，或磁盘已满	AH=06H，DL=输入/输出功能选择	若 DL=00H-FEH，则此功能为输出，DL 为待输出字符的 ASCII 码； 若 DL=0FFH，则此功能为输入，此时： 若 ZF=1，则无字符可读，否则，AL=读入字符的 ASCII 码
09	输出一个字符串到标准输出设备上。如果输出操作被重定向，那么，将无法判断磁盘已满	AH=09H DS：DX=待输出字符的地址(待显示的字符串以 '$' 作为其结束标志)	—
0AH	从标准输入设备上读入一个字节字符串，遇到"回车键"结束输入(输入的字符在标准的输出设备上有回显)。如果该输入操作被重定向，那么，将无法判断文件是否已到文件尾	AH=0AH DS：DX=存放输入字符的起始地址 (1) 第一个字节为缓冲区的最大容量，可认为是入口参数； (2) 第二个字节为实际输入的字符数(不包括回车键)，可看作出口参数；	—
0AH	从标准输入设备上读入一个字节字符串，遇到"回车键"结束输入(输入的字符在标准的输出设备上有回显)。如果该输入操作被重定向，那么，将无法判断文件是否已到文件尾	(3) 从第三个字节开始存放实际输入的字符串； (4) 字符串以回车键结束，回车符是接受的最后一个字符； (5) 若输入的字符数超过缓冲区的最大容量，则多出的部分被丢弃，系统并发出响铃，直到输入"回车"键才结束输入	—

续表

AH	功能	入口参数	出口参数
0AH	从标准输入设备上读入一个字节字符串,遇到"回车键"结束输入(输入的字符在标准的输出设备上有回显)。如果该输入操作被重定向,那么,将无法判断文件是否已到文件尾	(3) 从第三个字节开始存放实际输入的字符串; (4) 字符串以回车键结束,回车符是接受的最后一个字符; (5) 若输入的字符数超过缓冲区的最大容量,则多出的部分被丢弃,系统并发出响铃,直到输入"回车"键才结束输入	—
0BH	检查标准输入设备上是否有字符可读	AH=0BH	AL=00H:无字符可读; AL=FFH:有字符可读

2) DOS 显示功能调用

DOS 显示功能调用能够显示单字符或字符串,这些功能都能自动向前移动光标。表 5.6 列出了 DOS 显示功能调用的功能号以及相应的参数。

表 5.6 DOS' 显示功能调用

AH	功能	入口参数	出口参数
2	显示一个字符,检验 Ctrl-Break 键	DL=字符	光标跟随字符移动
6	显示一个字符,不检验 Ctrl-Break 键	DL=字符	光标跟随字符移动
9	显示字符串	DS:DX=串地址	串以'$'结束,光标随串移动

【例 5.30】利用 INT 21H 的功能调用,从键盘输入一个字符。如果输入字符是数字,向屏幕输出"NUM';如果输入字符是字母,向屏幕输出 ALPHABET";如果是其他字符,向屏幕输出"OTHERS"。

```
STACK 128
DATA
S_D DB 0DH, 0AH, 'NUM', 0DH, 0AH, '$'
S_L DB 0DH, 0AH, 'ALPHABET', 0DH, 0AH, '$'
S_O DB 0DH, 0AH, 'OTHERS', 0DH, 0AH, '$'
CODE
STARTUP
MOV AH,1              ;输入字符
INT 21H
CMP AL, '0'           ;与 0 比较
JB P06               ;小于 0 输出 others
CMP AL,'9'           ;≤'9'
JBE P04              ;大于 0 小于 9 输出 NUM
CMP AL,'A'           ;<'A'
JB P06
CMP AL, 'Z'          ;≤'Z'?
JBE P05
CMP AL,'a'           ;<'a'
JB P06
CMP AL, 'z'          ;≤'z'?
JA P06
P04:LEA DX,S_L       ;输出 NUM
JMP P07
```

```
P05:LEA DX,S_D              ;输出 ALPHABET
JMP P07
P06:LEA DX,S_O              ;输出 OTHERS
P07:MOV AH,9
INT 21H
EXIT
END
```

3) 日期与时间设置

表 5.7 列出了日期和时间设置功能调用的功能号以及相应的参数。

表 5.7　日期和时间设置功能调用

AH	功能	入口参数	出口参数
2A	取日期		CX=年 DH：DL=月：日(二进制)
2B	设置日期	CX：DH：DL=年：月：日	AL=00 成功 AL=FF 无效
2C	取时间		CH：CL=时：分 DH：DL=秒：1/100 秒
2D	设置时间	CH：CL=时：分 DH：DL=秒：1/100 秒	AL=00 成功 AL=FF 无效

【例 5.31】设置时间为 10 点 30 分 16.09 秒，其使用格式为：

```
MOV  CH, 10
MOV  CL, 30
MOV  DH, 16
MOV  DL, 05
MOV  AH, 2DH
MOV  21H
```

4) 异步通信

表 5.8 列出了 DOS 异步通信功能调用功能的功能号以及相应的参数。

表 5-8　DOS 异步通信功能调用

AH	功能	入口参数	出口参数
3	异步通信输入	DL=输入的 8 位数据	AL=输入的 8 位数据
4	异步通信输出		

5) 返回操作系统

4CH 功能调用能够结束当前正在执行的程序，返回操作系统，屏幕显示操作提示符。

```
MOV AH, 4CH
INT 21H
无入口参数。
```

5.3.2 BIOS 调用

在存储器系统中，内存高地址空间 8KB 的 ROM 中存放有基本输入/输出系统(BIOS)例行程序。BIOS 提供了最低最直接的硬件控制，是硬件与软件之间的接口。BIOS 主要有以下一些功能。

(1) 系统自检及初始化。包括系统启动过程中硬件的检测；外部设备的初始化；中断向量的设置；操作系统的引导等。

(2) 系统服务。伪操作系统和应用程序提供系统服务，这些服务主要与 I/O 设备有关，如读取鼠标或者键盘的输入。

(3) 硬件中断处理。提供硬件中断服务程序。

使用 BIOS 功能调用，编程人员不必了解硬件的具体细节，可直接使用指令设置参数调用 BIOS 例行程序，程序简洁，可读性好，易于移植。给用户编程带来极大的方便。表 5.9 列出了 IBM PC 主要的 BIOS 中断类型。

表 5.9 BIOS 中断类型

	中断类型号	中断功能	中断类型号	中断功能
CPU 中断类型	0	除法错	4	溢出
	1	单步	5	打印屏幕
	2	非屏蔽	6	保留
	3	断点	7	保留
8259 中断类型	8	8254 系统定时器	0CH	保留
	9	键盘	0DH	保留(ALT 打印机)
	0AH	保留	0EH	软盘
	0BH	保留	0FH	打印机
BIOS 中断类型	10H	显示器	16H	键盘
	11H	设备检验	17H	打印机
	12H	内存大小	18H	驻留 BASIC
	13H	磁盘	19H	引导
	14H	通信	1AH	时钟
	15H	I/O 系统扩充	40H	软盘
用户应用程序	1BH	键盘 break	4AH	报警
	1CH	定时器		
数据表指针	1DH	显示器参量	41H	1# 硬盘参量
	1EH	软盘参量	46H	2#硬盘参量
	1FH	图形字符扩充		

1. 键盘中断调用

INT 16H 中断调用提供了基本键盘操作，见表 5.10。

表 5.10 BIOS 键盘中断(INT 16H)

AH	功能	返回参数
0	从磁盘读一个字符	AL=字符，AH=扫描码
1	读键盘缓冲区字符	ZF=0，AL=字符 ZF=1 时，缓冲区空
2	取特殊功能键状态	AL=特殊功能键状态

利用 INT 16H 功能调用时，在 AH 中存放功能号，然后使用 INT 16H 指令，将键盘的 ASCII 码送入 AL。

在 INT 16H 功能当中，功能号(AH)=2 时，AL 将返回表示特殊功能键的状态变换情况。其中位 7 是插入键(Ins)，位 6 是大小字母键(Caps Lock)，位 5 是(Num Lock)，位 4 是滚动键(Scroll Lock)，位 3 是交替键，位 2 是控制键(Ctrl)，位 1 是左移键(Left)，位 0 是右移键(Right)。

2. 显示中断调用

INT 10H 功能调用可以进行屏幕设置。在使用 INT 10H 调用时，和其他中断调用一样，AH 存放功能号，并在指定寄存器中存放入口参数，具体内容见表 5.11。

表 5.11 显示中断调用(INT 10H)

AH	功能	入口参数	出口参数
00H	置显示方式	AL=显示方式代码(00H～13H)	—
01H	置光标类型	CH=光标起始行；CL=光标结束行	—
02H	置光标位置	DH/DL=行/列；BH=显示页	—
03H	取光标位置	BH=显示页	CH=光标起始行 CL=光标结束行 DH/DL=光标起始行/列
04H	读光笔位置	—	AX=0 光笔未触发 AX=1 光笔未触发 CH/BX=像素行/列 DH/DL=字符行/列
05H	置当前显示页	AL=页号	—
06H	当前显示 页上卷	AL=上卷行数，0 为清屏 BH=填充字符属性 CH/CL=上卷窗口左上角坐标 DH/DL=上卷窗口右下角坐标	
07H	当前显示 页下卷	AL=下卷行数，0 为清屏 BH=填充字符属性 CH/CL=下卷窗口左上角坐标 DH/DL=下卷窗口右下角坐标	
08H	取光标位置 字符和属性	BH=页号	AH/AL=字符/属性
09H	在当前光标位置显示字符，不改变光标位置	AL=字符 BH/BL=页号/属性 CX=重复次数	—
0EH	显示字符	AL=字符；BH=页；号 BL=前景色	
0FH	取当前显示方式	—	AH=每行字符 AL=显示方式代码 BH=当前显示页号

续表

AH	功能	入口参数	出口参数
13H	从指定位置其显示字符串	BH/BL=显示页/属性 CX=字符串长度；DH/DL=行/列 ES：BP=字符串起始逻辑地址 AL=0, 用 BL 属性, (1) 用 BL 属性, 光标移动 (2) [字符, 属性], 光标不动 (3) [字符, 属性], 光标移动	—

【例 5.32】置光标开始行为 5，结束行为 7，并把它设置到第 5 行第 7 列。

```
MOV CH, 5        ;光标开始行为 5
MOV CL, 7        ;光标结束行为 7
MOV AH, 1        ;定义光标
INT 10H          ;BIOS 调用
MOV DH, 4        ;第 5 行
MOV DL, 5        ;第 6 列
MOV BH, 0        ;第 0 页
MOV AH, 2        ;放置光标
INT 10H          ;调用 BIOS
```

3. 打印中断调用

INT 17H 为打印中断调用，具有 3 个功能，AH 中存放功能号，DX 中存放打印机号(最多允许连接 3 台打印机，机号分别为 0、1 和 2)。表 5.12 是有关打印机的 BIOS 中断调用。

表 5.12　打印机中断调用(INT17H)

AH	功能	入口参数	出口参数
00H	打印字符 回送状态字节	AL=字符 DX=打印机号	AH=打印机状态信息
01H	初始化打印机 回送状态字节	AL=初始化命令 DX=打印机号	AH=打印机状态信息
02H	取打印机状态	DX=打印机号	AH=打印机状态信息

【例 5.33】应用 BIOS 和 DOS 功能调用，编写一个简单的打字程序。要求把从键盘上接收的字符显示在屏幕上，并有打印机输出，在键盘上按下 ESC 键，即退出程序。

```
DATA  SEGMENT                            ;定义必要的数据和提示信息
INTR_MSG      DB  'YOU ARE USING A TYPER SIMULATOR.'
DB  'TO QUIT THIS PROGRAM , PRESS ESC', 13, 10, '$'
PROMPT_MSG DB    93H, 10H, '$'           ;定义输出的提示信息
    KEY_ESC EQU 1BH
    KEY_CR  EQU 0DH
    KEY_IF  EQU 0AH
DATA ENDS
CODE SEGMENT
PRINT MACRO STR_ADDR                     ;定义键盘输入宏，获取从键盘输入的字符
    PUSH   DX
    PUSH   AX
    MOV    DX, STR_ADDR
    MOV    AH, 09
```

```
            INT     21H
            POP     AX
            POP     DX
        ENDM                        ;宏结束

        INCLUDE  CLS.INC            ;包含清屏程序
        MAIN  PROC  FAR
            STI
            CLD                     ;清除方向标志位
            MOV  AH, 0
            MOV  DX, 0
            INT  17H
            CALL  CLEAR_SCREEN      ;调用清屏程序
            MOV  AX, @DATA
            MOV  DS, AX
            MOV  DX, 0
            MOV  AH, 2
            INT  10H
            PRINT  INTR_MSG         ;屏幕上显示提出信息
            PRINT PROMPT_MSG
        GET_CHAR:                   ;获取屏幕输入字符并判断显示
            MOV  AH, 1
            INT   21H
            CMP  AL, 0
            JZ    GET_CHAR
            CMP  AL, KEY_ESC
            JZ    EXIT
            MOV  DL, AL
            MOV  AH, 5
            INT   21H
            CMP  AL, KEY_CR
            JNZ   GET_CHAR
            MOV  DL, KEY_IF
            MOV  AH, 2
            INT   21H
            MOV  AH, 5
            INT   21H
            PRINT PROMPT_MSG
            JMP   GER_CHAR
        EXIT:
            MOV AX, 4C00H           ;退出程序
            INT 21H
        MAIN   ENDP
        CODE ENDS
            END   MAIN
```

4. 时间设置和读取

INT 1AH 可以实现对时间的设置和读取，调用此功能时，AH 中存放功能号，具体内容见表 5.13。

表 5.13 时间的设置和读取(INT 1AH)

AH	功能	入口参数	出口参数
00H	读当前时钟时间	—	(CX，DX)=计数器值
01H	置当前时钟值	(CX，DX)=计数器值	

续表

AH	功能	入口参数	出口参数
02H	读实时时钟时间	—	CH=小时数 CL=分钟数 DH=秒数
03H	置实时时钟时间	CH=小时数 CL=分钟数 DH=秒数	—
04H	读实时时钟日期	—	CH/CL=世纪/年 DH/DL=月/日
05H	置实时时钟日期	CH/CL=世纪/年 DH/DL=月/日	—
06H	置闹钟，到指定时间后执行 4AH 中断	CH=小时数 CL=分钟数 DH=秒数	—
07H	清除闹钟	—	—

5. 串行通信功能调用

INT 14H 调用了 ROM 串行通信口程序，具体内容见表 5.14。

表 5.14　串行通信口 BIOS 功能调用(INT 14H)

AH	功能	入口参数	出口参数
00H	初始化串行通信口	AL=初始化参数 DX=通信口号 COM1=0，COM2=1	AH=通信口状态 AL=调制解调器状态
01H	向串行通信口写字符	AL=所写字符 DX=通信口号 COM1=0，COM2=1	写字符成功 AH7=0，AL 不变 写字符失败：AH7=-1 AH0～6=通信口状态
02H	从串行通信口读字符	DX=通信口号 COM1=0，COM2=1	读成功： AH7=0，AL 不变 读失败：AH7=0 AH0～6=通信口状态
03H	DX=通信口号	DX=通信口号 COM1=0，COM2=1	AH=通信口状态 AL=调制解调器状态

【例 5.34】从通信口 0 读入字符并显示出来，如果字符没有准备好则等待，如果传递有误则显示出错信息"？"

```
CHECK:
        MOV AH,3
        MOV DX,0         ;定义串行通信口 COM=0
        INT 14H          ;BIOS INT 14H 功能调用
        AND AH,1         ;测试有无字符
        JZ CHECK         ;若无等待
```

```
        MOV AH,2          ;若有，从串行通信口 COM1 读字符
        MOV DX,0          ;
        INT 14H
        TEST AH,80H       ;测试读是否成功，
        JNZ ERR           ;如果有误，跳转 ERR 显示出错信息'?'
        AND AL,0EH        ;
        MOV BX,0
        MOV AH,0EH
        INT 10H
        JMP CHECK
ERR:
        MOV AL,'?'
        MOV BX,0
        MOV AH,0EH
        INT 10H
```

5.4 程序设计举例

一个好的程序，不仅要满足设计要求，实现预定功能，还应满足结构简化、简明、易读、易调试、易维护、执行速度快、占用存储空间小等特点。

执行速度和占用存储空间两者本身就是矛盾，这两个指标往往不能同时满足，在许多情况下需要权衡，看哪一个指标对于程序设计更为重要。对于较大的程序，如何使用程序结构化、模块化，便于阅读、调试，以及与其他程序的方便连接，则显得更加重要。

本节将介绍程序设计的一般过程，以及一些典型程序设计、形成的编写方法。汇编语言程序设计步骤如下。

(1) 分析问题。把要解决的问题所需条件、原始数据、输入和输出信息、运行速度要求、精度要求和结果形式分析清楚。

(2) 建立数学模型。在了解要解决的问题之后，建立数学模型，这是把问题向计算机处理方式转化的第一步。程序设计者可以先研究要解决问题的技术规范，找出规律，归纳出数学模型。

(3) 确定算法。一旦有了描述问题的数学算法，就可把实际问题分解为计算机求解的步骤和方法，即确定算法。算法可由计算机语言、日常生活语言、表格、自定义流程图等按计算机识别的方式进行描述。

(4) 绘制流程图。程序流程图是用图形方式对算法的一种直观而形象的描述。它是用箭头线段、框图及菱形图等绘制的形象化的图形。

(5) 分配存储空间及工作单元，根据流程图编写程序。

(6) 静态检查。设计者仔细阅读所设计的程序，尽量找出诸如语法、逻辑错误。

(7) 在计算机上调试。

5.4.1 直线运行程序设计

直线运行程序设计又称为顺序程序设计，没有分支、循环等转移指令的程序，会按照指令书写的前后顺利依次执行，这就是顺序程序，顺序结构是最基本的程序结构，它的流程图如图 5.1 所示。

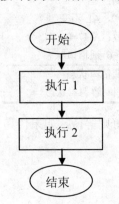

图 5.1 顺序结构流程图

【例 5.35】将内存 10050H 单元内容拆成两段，每段 4 位，并将它们分别存入内存 10051H 和 10052H 单元，即 10050H 单元的低四位放入 10051H 的低 4 位，10050H 单元中的高 4 位放入 10052H 的低 4 位，而 10051H 和 10052H 的高 4 位均为零。

程序如下：

```
MOV   AX, 1000H
MOV   DS, AX          ;DS=1000H
MOV   SI, 50H         ;需拆字节的指针 SI=50H
MOV   AL, [SI]        ;取一个字节到 AL 中
AND   AL, 0FH         ;把 AL 的高四位清零
MOV   [SI+1], AL      ;把得到的后四位放到 10051H 单元
MOV   AL, [SI]        ;再取出所需拆字节放到 AL 中
MOV   CL, 4
SHR   AL, CL          ;逻辑右移 4 次，高 4 位补 0
MOV   [SI+2], AL      ;放入 10052H 单元
```

5.4.2 分支程序设计

分支程序就是根据不同的情况或条件执行不同功能的程序，它具有判断和转移功能，在程序中利用条件转移指令对运算结果的状态标志进行判断，以实现转移功能。

汇编语言中实现分支的要素有两个：①使用能影响状态标志的指令，如算术逻辑指令、移位指令和位测试指令等，将状态标志设置为能正确反映条件成立与否的状态；②使用条件转移指令，对状态位进行测试判断，确定程序如何转移，形成分支。分支程序可以为简单分支程序和多分支结构两种形式，其流程图如图 5.2 所示。

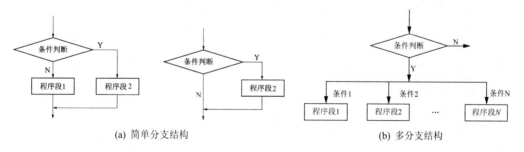

(a) 简单分支结构   (b) 多分支结构

图 5.2 分支程序结构图

1. 简单分支程序设计

简单分支程序根据条件是否满足，将程序分为两个分支，按不同条件做出相应处理。这种程序常采用比较和测试的方法，在标志寄存器中设置相应的标志位，然后再选用适当的条件转移指令，以实现不同情况的分支转移。

【例 5.36】已知在内存中，有一个字节单元 NUM 中存放这一个带符号数据，计算出它们的绝对之后并放入 RESULT 单元中。

分析：对于正数的绝对值等于数据本身，负数的绝对值对于它的相反数。程序流程图如图 5.3 所示，源程序如下。

```
DATA   SEGMENT
   X       DB    -13
   RESULT DB    ?
```

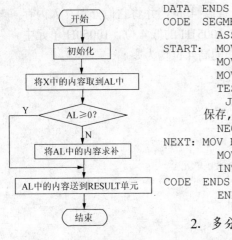

```
                        DATA  ENDS
                        CODE  SEGMENT
                            ASSUME CS: CODE, DS: DATA
                        START:  MOV AX, DATA
                                MOV DS, AX
                                MOV AL, X          ;将数据取出放在 AL 中
                                TEST AL, 80H
                                 JZ  NEXT             ;判断数据是否大于 0，如果大于 0，直接
                            保存，否则求绝对值
                                NEG AL
                        NEXT:  MOV RESULT, AL    ;保存结果
                                MOV AH, 4CH       ;退出程序
                                INT 21H
                        CODE  ENDS
                            END START
```

图 5.3 求绝对值流程图

2. 多分支程序设计

在程序设计中，有时要求对多个条件同时进行判断，这样就可能对多个分支进行处理。连续使用两个条件转移指令就可以实现 3 路分支，以此类推，就完成多路分支。

【例 5.37】编程计算下列函数的值：其中 X 的取值范围为(-128～127)

$$Y= \begin{cases} 1 & (x>0) \\ 0 & (x=0) \\ -1 & (x<0) \end{cases}$$

程序流程图如图 5.4 所示。

源程序如下所：

```
DATA  SEGMENT
X       DB   -5
Y       DB
DATA ENDS
CODE SEGMENT
    ASSUME CS: CODE, DS: DATA
FIVE  PROC NEAR
START: PUSH DS
      XOR AX, AX
      PUSH AX
      MOV AX, DATA
      MOV DS, AX
      MOV AL, X
      CMP AL, 0       ;取出数据并与 0 相比较
      JGE BIGER       ;如果大于等于 0，则将跳到 BIGER 进行下一步判断
      MOV AL, 0FFH;   ;如果小于 0，则保存-1 并返回
      MOV Y, AL
      JMP NEXT
BIGER: JE  EQUL       ;判断是否等于 0，如果等于 0，则保存 0 并返回
      MOV AL, 1       ;否则保存 1 返回
      MOV Y, AL
      JMP NEXT
EQUL: MOV Y, AL
NEXT: RET
FIVE  ENDP
CODE  ENDS
      END START
```

5.4.3 循环程序设计

在汇编程序中，某一段程序经常会重复执行多次，这时候就可以利用循环程序结构。在这里，把按某一规律多次重复执行的一串语句称作循环程序。

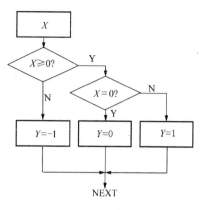

图 5.4 多分支程序的流程图

1. 循环程序的组成

一个循环结构由以下几部分组成。

(1) 循环初始化部分：为了保证循环程序能正常进行循环操作而必须做的准备工作。循环初值分两类：一类是循环工作部分的初值，一类是控制循环结束条件的初值。

(2) 循环工作部分：即需要重复执行的程序段，这是循环的中心，即循环体。

(3) 循环参数修改部分：按一定规律修改操作数地址及控制变量，以便每次执行循环体时得到新的数据。

(4) 循环控制部分：用来保证循环程序规定的次数或特定条件正常循环。

(5) 循环结束部分：主要用来分析和存储程序运行结果。

需要说明的是，循环程序的初始化和结束处理部分都将只执行一次。所以在循环程序设计中必须确保循环工作部分和控制部分中没有转向初始化部分的语句，否则会造成死循环或者达不到预期效果。

2. 循环程序的结构

在程序设计中，常见的循环结构有两种：一种是先执行循环体，然后判断循环条件是否满足以及循环是否继续进行；另一种是先判断是否满足循环条件，符合循环条件则执行循环体，否则退出。两种循环结构如图 5.5 所示。

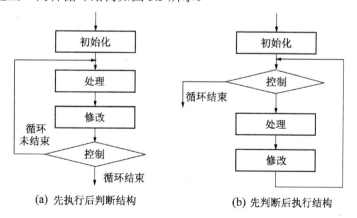

(a) 先执行后判断结构　　　　(b) 先判断后执行结构

图 5.5 循环程序结构图

3. 循环控制的方法

如何控制循环是循环程序设计中最重要的一个环节，常用的循环控制有以下几种方法。

1）计数控制

当循环次数已知时，通常采用计数控制，汇编语言程序设计过程中，通常采用计数寄存器 CX 作为循环计数器。假设循环次数初值为 N，常用以下几种方法实现计数控制和条件控制。

（1）先将循环次数 N 送入循环体计数器中，然后每循环一次，计数器自减 1，直至循环计数器中的内容为 0 时结束循环。其结构一般如下：

```
        MOV    CX, N          ;循环计数器赋初值
               …
LOOP1:         …              ;循环体
               …
        DEC    CX             ;控制
        JNZ    LOOP1          ;条件判断
```

（2）先将循环次数(负值)送入循环计数器中，每循环一次，计数器加 1，直至计数器内容为 0 时结束循环。其结构一般如下：

```
        MOV    CX, -N         ;循环计数器赋初值
               …
LOOP1:         …              ;循环体
               …
        INC  CX               ;自加 1
        JNZ  LOOP1            ;条件判断
```

（3）先将 0 送入循环计数器中，每循环一次，计数器自加 1，知道循环计数器的内容与循环次数 N 相等时自动退出循环。其结构一般如下：

```
        MOV    CX, 0          ;循环计数器赋初值
               …
LOOP1:         …              ;循环体
               …
        INC    CX
        CMP    CX, N          ;计数值比较
        JNE    LOOP1          ;判断
```

2）条件控制

在某些情况下，循环次数处于不确定状态，其循环次数与某些特定的条件相关。这些条件可以通过测试标志寄存器中相应的标志位来判断。如果测试结果满足循环条件，则继续循环，否则自动退出。

【例 5.38】设 AX 寄存器中有一个 10 位二进制数，编写程序，统计 AX 中"1"的个数，统计结果送入 CX。

```
        MOV    BX, 0
        MOV    CX, 10
    NEXT:
        SHR    AX, 1          ;AX 右移一位，末位进入 CF
        JNB    NNNN           ;CF 为 0 转移
        INC    BX             ;CF 为 1 则加 1
    NNNN:
        LOOP NEXT             ;CX 减一，非零转移
        MOV    CX, BX         ;把统计个数，送到题目指定的寄存器
        HLT; 停止
```

4. 循环程序设计

1) 单重循环程序设计

单重循环是指循环体内不再包含循环结构。对于循环次数已知的情况，通常采用计数控制来实现循环；对于循环次数未知的情况，常采用条件来控制循环。

【例 5.39】设有数组 X 和 Y。X 数组中有 X_1, X_2, $\cdots$, X_{10}; Y 数组中有 Y_1, Y_2, $\cdots$, Y_{10}。编写程序计算：

$$Z_1=X_1+Y_1 \quad Z_2=X_2+Y_2 \quad Z_3=X_3-Y_3 \quad Z_4=X_4-Y_4$$
$$Z_5=X_5-Y_5 \quad Z_6=X_6+Y_6 \quad Z_7=X_7-Y_7 \quad Z_8=X_8-Y_8$$
$$Z_9=X_9+Y_9 \quad Z_{10}=X_{10}+Y_{10}$$

结果存入数组 Z 中。

对于这个问题，可以用循环程序结构来实现。已知循环计数为 10，而且每次循环的操作数是可以按顺序依次取出，但所做的操作却有所不同，有加法和减法两种操作。为了区别每次应该做哪一种操作，可以设立标志位，如标志位为 0 做加法；标志位为 1 做减法。这样进入循环后只要判别标志位就可以取对应的操作数。显然，这里要做 10 次操作就应该设立 10 个标志位，这里把它们存放在一个存储单元 **LOGI_RULE** 中，这种存储单元一般称为逻辑尺，在本例中逻辑尺为：0000000011011100

从低位开始所设的标志位反映了每次要做的操作顺序，最高的 6 位没有任何意义，把它们设为零。可以画出程序框图如图 5.6 所示。

源程序实现如下：

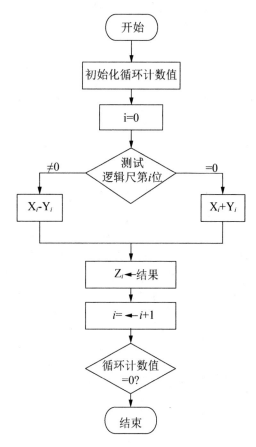

图 5.6　程序流程图

```
DATA    SEGMENT
    X   DW  X1, X2, X3, X4, X5, X6, X7, X8, X9, X10
    Y   DW  Y1, Y2, Y3, Y4, Y5, Y6, Y7, Y8, Y9, Y10
    Z   DW  Z1, Z2, Z3, Z4, Z5, Z6, Z7, Z8, Z9, Z10
    LOGIC_RULE  DW  00DCH
DATA ENDS
PROGRAM SEGMENT
MAIN PROC FAR
    ASSUME CS: PROGRAM, DS: DATA
START:
    PUSH    DS
    SUB     AX, AX
    PUSH    AX
    MOV     AX, DATA
    MOV     DS, AX

    MOV     BX, 0
```

```
        MOV    CX, 10
        MOV    DX, LOGIC_RULE    ;初始化
NEXT:
        MOV    AX, X[BX]
        SHR    DX, 1
        JC     SUBTRACT          ;测试标志位，判断是加法运算还是减法运算
        ADD    AX, Y[BX]
        JMP    SHORT RESULT   跳转 RESULT
SUBTRACT:
        SUB    AX, Y[BX]
RESULT:
        MOV    Z[BX], AX          ;存放结果
        ADD    BX, 2
        LOOP   NEXT              ;判断循环是否结束，若结束停止运行，否则跳转到 NEXT
        RET
MAIN ENDP
    PROGRAM ENDS
        END START
```

2) 多重循环程序设计

循环可以有多重结构。多重循环程序设计的基本方法和单重循环程序设计一致，应分别考虑各种循环的控制条件及其程序实现，相互之间不能混淆。另外，应该注意在每次通过外层循环再次进入内循环时，初始条件必须重新设置。

【例 5.40】利用指令实现软件延时功能。假设处理器执行每条指令需要 100ns，编写程序实现 1s 的延时。

分析：如果直接使用单重循环结构，那么初始值需要设置为 1s/100ns=10000000，数据较大，因此这里使用多重循环结构来实现，内循环实现 10ms 的延时(需要设置初值为 100)，外循环实现 100 次循环。

相应的源程序如下：

```
DELAY1    PROC
          MOV  AL, 100          ;外循环的次数初值
DELAY0:   MOV  CX, 100          ;内循环的次数初值
WAIT:     LOOP WAIT             ;内循环 10ms 的延时
          DEC  AL               ;
          JNA  DELAY0           ;外循环，延时 1s
          RET
DELAY1    ENDP
```

说明：①上述例题中内循环也可以实现 100ms(需要设置初值为 1000)的延时，外循环实现 10 次循环，具体数据可以根据需要设置；②一般来说不同的处理器执行每条指令的时间并不一样，因此这里只是给出一个利用多重循环软件实现延时的思路，具体情况需要根据具体的处理器以及延迟时间来确定。

5.4.4 字符串处理程序设计

计算机经常要处理字符，常用的字符编码是 ASCII 编码。在使用 ASCII 码字符时，要注意以下几点。

(1) ASCII 码的数字和字符形成一个有序序列。例如数字 0~9 的 ASCII 为 30H~39H，大写字母 A~Z 的 ASCII 为 41H~5AH。

(2) 计算机并不区分可打印的和不可打印的字符，只有 I/O 装置(显示器、打印机)才加

以区分。

(3) 一个 I/O 装置只能按 ASCII 处理数据。例如要打印数码 7，必须向它送 7 的 ASCII 码 37H，而不是 07H。若按数字键 9，键盘送至主机的是 9 的 ASCII 码 39H。

(4) 许多 ASCII 装置(例如键盘、显示器、打印机等)并不用整个 ASCII 字符集。有的忽略了许多控制字符和小写字母。

(5) 不同的设备对 ASCII 控制字符的解释往往不同，在使用中需要注意。

(6) 一些广泛使用的控制字符主要包括以下 4 个。

```
0AH        换行(LF)
0DH        回车(CR)
08H        退格
7BH        删除字符(DEL)
```

(7) 基本 ASCII 字符集的编码为 7 位，在微机中就用一个字节(最高位为零)来表示。

【例 5.41】从一个给定的字符串中，从头开始比较，找到第一个非空格字符，其流程图如图 5.7 所示。

分析：要从给定的字符串中找到第一个非空格字符，那么需要从字符串中的第一个字符开始取并与空格相比较，如果是空格，那么继续取下一个字符并接着比较，直到找到第一个非空格字符或者找完字符串中的所有字符。

源程序为：

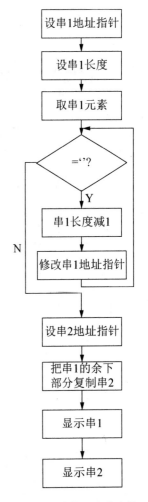

图 5.7 找第一个非空格字符的程序流程图

```
DATA    SEGMENT
        STRING    DB      '000ABCDEFGHIJ',
                          '$';定义字符串
        COUNT     EQU     $-STRING
        STRIN2    DB      COUNT DUP(?)
        STRING3   DB      0DH, 0AH, '$'
DATA    ENDS
STACK SEGMENT PARA STACK 'STACK'
        DB  100 DUP(?)
STACK ENDS
CODE SEGMENT
ASSUME CS: CODE, DS: DATA, ES: DATA, SS: STACK
START PROC FAR
BEGIN: PUSH DS
        MOV   AX, 0
        PUSH  AX
        MOV   AX, DATA
        MOV   DS, AX
        MOV   ES, AX
        LEA   DI, STRING
        MOV   CX, COUNT
        MOV   AL, ' '           ;在 AL 中送入空格字符
        REPE  SCASB             ;搜索空格直至非空格字符
        INC   CX
        MOV   BX, COUNT
        SUB   BX, CX            ;空格个数
        LEA   DI, STRIN2
```

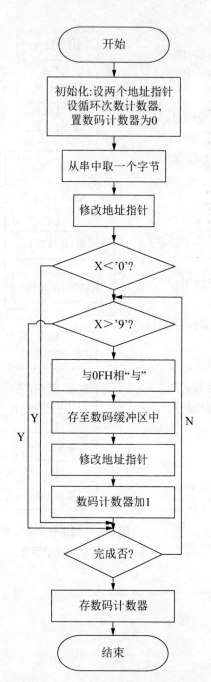

图5.8 把ASCII码转换为BCD的程序流程图

```
        MOV  AL, 20H
        PUSH CX
        MOV  CX, BX
        REP  STOSB
        POP  CX
        LEA  SI, STRING
        ADD  SI, BX
        REP  MOVSB              ;把串
1中的空格字符送至串2

        LEA  DX, STRING
        MOV  AH, 9
        INT  21H          ;显示串1

        LEA  STRING3
        MOV  AH, 9
        INT  21H          ;显示回车、换行

        LEA  DX, STRIN2
        MOV  AH, 9
        INT  21H          ;显示串2
        RET
START   ENDP
CODE    ENDS
        END BEGIN
```

5.4.5 码制转换程序设计

输入/输出设备以 ASCII 码表示字符，输入通常用十进制表示，而机器内部以二进制表示。所以，在 CPU 与 I/O 设备之间必然要进行码的转换，有几种实现码转换的方法。

(1) 有些转换利用 CPU 的算术和逻辑运算指令很容易实现，故可用软件实现转换。

(2) 对于某些转换，用硬件也是容易实现的，如 BCD 到 7 段显示之间转化的译码器等。

(3) 某些更为复杂的转换，可以用查表来实现，但要求占用较大的内存空间。

【例 5.42】如有一输入的 ASCII 码串(长度在串中的第一个字节)，要把其中的数码取出来，转换为组合的 BCD 码，放至另一缓冲区中，并统计数码串的长度，放入此缓冲区的第一个字节，流程图如图 5.8 所示。

源程序：

```
NAME ASCII_TO_BCD
DATA SEGMENT
    11 DB 10
    STRING DB '123ASDFGK1'
    BUFFER DB ?
    DB 10 DUP(?)
DATA ENDS
```

```
STACK SEGMENT PARA STACK 'STACK'
        DB 100 DUP(?)
STACK ENDS
CODE SEGMENT
ASSUME CS: CODE, DS: DATA, ES: DATA, SS: STACK
START PROC FAR
BEGIN: PUSH DS
        MOV AX, 0
        PUSH AX
        MOV AX, DATA
        MOV DS, AX
        MOV ES, AX
        MOV C1, 11
        MOV CH, 0
        LEA SI, STRING
        LEA DI, BUFFER
        INC DI
        MOV D1, 0
AGAIN: LODSB
        CMP AL, '0'
        J1 NEXT
        CMP AL, '9'
        JG NEXT
        AND AL, 0FH
        STOSB
        INC D1
NEXT: LOOP AGAIN
        MOV BUFFER, D1
RET
START ENDP
CODE ENDS
END BEGIN
```

 本章小结

　　本章详细讲述了汇编语言程序设计的基本步骤，通过实例分析说明了程序的基本结构，按照程序设计的基本步骤设计各种结构程序。要求掌握以下内容：了解汇编语言的基本知识和特点；熟悉汇编语言的程序结构、段定义以及语句的格式；掌握汇编语言常用伪指令的使用方法；熟练掌握汇编语言程序设计的基本方法：顺序结构、分支结构、循环结构和其他结构；掌握程序设计中的宏指令和常用的系统功能的调用方法。

　　通过本章的学习，应达到以下要求：对于较为简单的实际问题，能独立使用汇编语言进行程序设计；对于汇编语言程序的上机运行过程应熟练掌握。

思考题与习题

5-1　有变量定义的伪指令如下：

```
NUMS DW  18  DUP(4 DUP(5), 23)
VAR  DB 'HOW ARE YOU !', 0DH, 0AH
```

试问：NUMS、VAR 变量各分配了多少存储字节？

5-2 在指令系统中，段内、段间返回均为 RET 指令。试回答：

(1) 执行段内返回 RET 指令时，执行的操作是什么？

(2) 执行段间返回 RET 指令时，执行的操作是什么？

5-3 上述 MOV 指令序列执行后的结果是什么？

```
ARY DW 10 DUP(? )
    ⋮
MOV AL, TYPE ARY    ;
MOV BL, LENGTH ARY  ;
MOV CL, SIZE ARY    ;
```

5-4 下面的程序是将表中元素按值的大小升序排序。要求填空(1)和(2)使程序按预定目标运行；(3)程序运行后，显示结果为什么？

```
CODE   SEGMENT
       ASSUME CS: CODE
STAR:  JMP    SSTT
ASCII DB  'GFBACXYD6291', '$'
       COUNT = $-ASCII-2
SSTT:
       MOV    AX, CS
       MOV    DS, AX
       MOV    DL, COUNT
       MOV    DH, 1            ;设交换标志=1
       XOR    BX, BX
L0:    OR     DH, DH
       JZ     L3
       MOV    DH, 0
       MOV    CX, COUNT
       SUB    CX, BX
       MOV    SI, OFFSET ASCII
L1:    MOV    AL, [SI]
       INC    SI
       CMP    AL, [SI]
       JBE    L2               ;小于等于转
       XCHG   AL, [SI]
       (1) MOV [DI-1], AL
       MOV    DH, 1
L2:    LOOP   (2) L1
       INC    BX
       DEC    DL
       JNZ    L0
L3:    MOV    DX, OFFSET ASCII
       MOV    AH, 9
       INT    21H
       MOV    AH, 4CH
       INT    21H              ;返回 DOS
CODE   ENDP
       END    STAR
```

5-5 从地址 2300H 单元开始，连续存放 8 个字节的无符号数，现在用 BX 作地址指针，编写汇编程序求和，并将结果存在 210AH 单元中。

5-6 将连续存放在 2000H 单元开始的两个16位无符号数相乘，结果存放在两个数之后。

5-7 检查 AX 中的第 2 位(bit2)，为零时，把 DH 置 0；为 1 时，把 DH 置 1。

5-8 从 2000H 单元开始的区域，存放 100 个字节的字符串，其中有几个#符号(#的 ASCII

码为 23H)，将第一个#符号替换成 0，并将地址送 DX，试写出程序段。

5-9   DAT 为首地址的两个存储单元存放了两个无符号字节数，将它们的差的绝对值存入 ABS 单元中，把 ABS 单元的值以十进制形式显示出来，然后返回 DOS 系统。要求显示程序用中断类型号为 60H 的中断服务子程序来完成。

5-10   在存储单元中，以 DAT 为首地址存放了 10 个无符号数(范围为 0～255)，对这 10 个数进行以下处理：去掉一个最大值和一个最小值后，求余下 8 个数的平均值并存入 AVG 单元中。请编写一个完整的汇编语言源程序实现。

5-11   自 BUFFER 开始的缓冲区有 6 个字节型的无符号数：10、0、20、15、38、236，试编制 8086 汇编语言程序，要求找出它们的最大值、最小值及平均值，分别送到 MAX、MIN 和 AVI 三个字节型的内存单元。要求按完整的汇编语言格式编写源程序。

5-12   编写一个在某项比赛中计算每一位选手最终得分的程序。计分方法如下：

(1) 10 名评委，在 0～10 的整数范围内给选手打分。

(2) 10 个得分中，除去一个最高分(如有同样两个以上最高分也只除一个)，除去一个最低分(如有同样两个以上最低分也只除一个)，剩下的 8 个得分取平均值为该选手的最终得分。

5-13   设有一个数组存放学生的成绩(0～100)，编程统计 0～59、60～69、70～79、80～89、90～100 分的人数，并分别存放到 SCOREE、SCORED、SCOREC、SCOREB、SCOREA 单元中。

5-14   编写完整的汇编语言源程序，求两个多字节 BCD 码数据之和。两个数据分别存放在 BUF1 和 BUF2 开始的存储区中，和要求存放在 SUM 开始的存储区中。例如：11223344＋44332211＝55555555

5-15   设计一个完整的汇编语言源程序。已知两个整数变量 A 和 B，试编写程序完成下述操作：

(1) 若两个数中有一个奇数，则将奇数存入 A 中，偶数存入 B 中。

(2) 若两个数均奇数，则两个数分别加 1，并存回原变量。

(3) 若两个数均偶数，则两个变量不变。

5-16   在 BUF1 和 BUF2 两个数据区中，各定义有 10 个带符号字数据，试编写一完整的源程序，求它们对应项的绝对值之和，并将和数存入以 SUM 为首址的数据区中。

第6章 半导体存储器

存储器是计算机系统存储信息的设备，计算机所执行的所有程序、数据、语音、图像信息等都需要保存在存储器中，因此，存储器是计算机系统中必不可少的组成部分。为了能够匹配性能不断发展的微处理器，存储器的性能也在不断发展，如存储容量越来越大、存取速度越来越快、存储器体积越来越小等。因此本章将在介绍半导体存储器分类的基础上，主要介绍了不同类型存储器的结构、特点以及存储系统的设计，最后又简单介绍了当前存储器发展的新技术。

6.1 半导体存储器分类

半导体存储器的分类方法有多种。根据组成存储器的器件不同可以分为：双极型半导体存储器和 MOS 型半导体存储器；根据从存储器中存取数据的方式不同可以分为：随机存取存储器(Random Access Memory，RAM)和只读存储器(Read Only Memory，ROM)；根据存储器与外部设备的连接方式不同存储器可以分为：并行存储器(即同时存取 8 位或者 16 位或者 32 位的数据)和串行存储器(即一位一位进行存取)。

1. 按组成存储器的器件不同分类

根据组成存储器的器件不同，存储器可以分为：双极型半导体存储器和 MOS 型半导体存储器。

1) 双极型半导体存储器

双极型半导体存储器是用 TTL 型晶体管逻辑电路组成基本存储单元的存储器。与 MOS 型半导体存储器相比，这类存储器的特点是存取速度快，但集成度低、功耗大、成本高。主要用于小容量的高速存储器。在半导体存储器中，用双极型晶体管构成的随机存储器是最先研制成功的，同时双极型随机存储器也是发展速度最快的，在计算机高速缓冲存储器、控制存储器、超高速大型计算机主存储器等方面仍获得广泛应用。

2) MOS 型半导体存储器

MOS 型半导体存储器是用 MOS 管构成的双稳态触发器或用由 MOS 管和电容的组合结构作为基本存储单元的存储器，其中前者是利用 MOS 管构成的双稳态触发器可以保存两个稳定状态的原理实现信息存储的存储器，只要不断电，所保存的信息是不会丢失的；后者是利用 MOS 管和电容的组合结构作为基本存储单元的存储器，实际上是利用电容可以存储电荷的原理来保存信息，使用时需不断给电容充电才能使信息保持。MOS 型半导体存储器具有集成度高、功耗低、制造工艺简单、成本低等特点，主要用于大容量存储系统中。MOS 型半导体存储器有多种制造工艺,包括NMOS(N沟道MOS)、CMOS(互补型MOS)、HMOS(高密度MOS)、CHMOS(高速MOS)等。

2. 按存取方式的不同分类

半导体存储器按存取方式的不同可分为随机存取存储器 RAM 和只读存储器 ROM。半导体存储器的分类如图 6.1 所示。

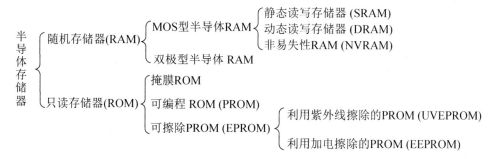

图 6.1　半导体存储器分类

1) 随机存取存储器

RAM 是指在程序执行过程中，能够通过指令随机地对其中每个存储单元进行读/写操作的存储器。一般来说，RAM 中存储的信息在断电后会丢失，是一种易失性存储器；但目前有些 RAM 芯片，由于内部带有电池，断电后信息不会丢失，称为非易失性 RAM。RAM 主要用来临时存放程序运行过程中的原始数据、中间结果或程序，也常在 CPU 与外部设备交换信息中使用。

(1) 静态 RAM。静态 RAM(Static RAM，SRAM)是以双稳态触发器作为存储器的基本存储单元来保存信息的，其基本原理是利用双稳态触发器保存相对稳定的两个状态，每个双稳态触发器可以存放一位二进制信息。在不断电的情况下，信息不会丢失，即只要存储器不断电，其存储的信息就始终稳定的存在，故称为静态 RAM。该类存储器的优点是存取时间短、外部电路简单；缺点是与动态 RAM 相比集成度低、功耗和价格高。主要用于存储容量不大的微机系统中，如微机中的高速缓存 cache 采用的就是 SRAM。

(2) 动态 RAM。动态 RAM(Dynamic RAM，DRAM)的基本存储单元是由 MOS 管和电容组成的动态存储电路，利用电容是否保存有电荷来表示信息，如：电容有电荷表示信息"1"，电容无电荷为信息"0"，或者反之。由于 DRAM 是靠电容的充放电原理来存储电荷，如果不及时进行刷新补充电荷，电容中的电荷会因漏电而逐渐丢失，一般信息保持的时间为 2ms 左右，因此 DRAM 必须配备专门的刷新电路，而且保证至少在 2ms 内对基本存储单元刷新一次。由于这类型 RAM 需要刷新，因此把这种 RAM 称为动态 RAM。与 SRAM 相比，DRAM 集成度高、价格低，多用在存储量较大的系统中，如微机中的内存储器就是采用 DRAM。

(3) 非易失性 RAM。非易失性 RAM(Non Volatile RAM，NVRAM)是由 SRAM 和 EEPROM(加电擦除 PROM)共同构成的存储器。正常运行时与 SRAM 功能相同，用 SRAM 保存信息；在系统断电或电源故障发生瞬间，SRAM 中的信息被写到 EEPROM 中，以保证信息不丢失，可以实现无须后备电池的非易失性存储。这种类型存储器的芯片接口、时序等与标准 SRAM 完全兼容，但其缺点是速度和写入次数有限。另外，对这种存储器而言，数据一般存储在 SRAM 中，不是实时写入 EEPROM 中，而是当到一定的时间或检测到断电后，再把数据写入 EEPROM 中，这样仍存在一定的风险，如当存储器突然断电时，如果数据没来得及保存到 EEPROM 中，就存在丢失重要数据的风险。

2) 只读存储器

ROM 是指在程序运行过程中，只能通过指令随机的对其进行读操作而不能随机进行写操作的存储器。ROM 的特点是断电不会丢失数据，当再次加电时内部数据信息依然存在。因此 ROM 一般用来保存不经常修改甚至固定的程序和信息库，如计算机中的 BIOS 程序、汉字字型库、字符及图形符号库等。随着半导体技术的发展，只读存储器也出现了不同的种类，如掩膜型只读存储器、可编程的只读存储器和可擦除可编程的只读存储器等，另外 EPROM 的擦除方式也有通过紫外线擦除和通过加电擦除等方式。近年来发展起来的快擦型存储器(Flash Memory)具有电可擦除、无须后备电源来保护数据、可在线编程、存储密度高、低功耗等特点。ROM 的集成程度高于 RAM，且价格较低。

(1) 掩膜 ROM。掩膜 ROM(Masked ROM，MROM)也称为掩膜型 ROM，是利用掩膜工艺制造的一种只读型存储器。掩膜 ROM 是芯片制造厂根据需要而设计固定的半导体掩膜板进行生产，信息一旦保存在 ROM 中后，就不能改变。这种 ROM 常用于批量生产，微型计算机中一些固定不变的程序或者数据就常采用这种 ROM 存储。这种存储器大量生产时，成本很低。

(2) 可编程 ROM。可编程 ROM(Programmable ROM，PROM)是一种可以通过编程修改存储器内部信息的只读存储器。PROM 在出厂时，存储内容全为 1(或者全为 0)，没有存放程序或数据，允许用户进行一次性编程。用户可以根据自己的需要通过专用设备将程序或数据写入这种 ROM，一旦写入就不能再改变。与掩膜 ROM 相比，PROM 的特点是不用由厂家写入而可以由用户来写入。

(3) 可擦除 PROM。可擦除 PROM(Erasable PROM，EPROM)是一种可以通过擦除方式对存储器内部信息进行多次擦除操作的只读存储器。一般擦除方式有通过紫外线擦除、通过加电方式擦除等。利用紫外线擦除的可编程只读存储器 UVEPROM(Ultra Violet EPROM)的擦除方法是利用紫外线照射(根据存储器不同，通常为几分钟到几十分钟)存储器外部的窗口，实现一次性擦除存储器所保存的内部信息。擦除后可以重新对该存储器写入新内容，且长期保存，不会因断电而丢失。这种 EPROM 多用于系统实验阶段或需要改写程序和数据的场合。UVEPROM 的特点是擦除方法快、价格较低，但是由于在擦除时需要将芯片从插件版上取出，因此使用起来不太方便。利用加电方式实现擦除操作的 EEPROM 或称 E^{2}PROM (Electrically-Erasable Programmable ROM)的擦除需要较高的电压，因此这种存储芯片一般都有一个编程电压输入引脚，在对该芯片进行编程时需要在该引脚输入一个相应的编程电压，如+12V、+25V 等。目前有些 EEPROM 芯片内部开始提供升压电路，使用时只需给芯片提供单电源，便可进行读、擦除/写操作，为数字系统的设计和在线调试提供了极大的方便。这种存储器既具有 ROM 的非易失性，又具备类似 RAM 的功能。

6.2 半导体存储器的结构及技术指标

6.2.1 半导体存储器的结构

半导体存储器的一般结构如图 6.2 所示，它由地址寄存器、地址译码器、存储体、读写电路、数据寄存器以及控制逻辑电路等部分组成。随着大规模集成电路技术的发展，已

将地址译码器、读写电路和存储
体集成在一个芯片内部，称为存
储芯片。图 6.2 中 AB、DB 分别
为地址总线和数据总线，$\overline{OE}$ 为
输出允许信号，低电平有效，该
信号有效时允许数据信息从存
储体中输出，即允许 CPU 对存储
器进行读操作，有时也用 $\overline{RD}$ 表
示；$\overline{WE}$(Write Enable)表示写允
许，低电平有效，该信号有效时
允许 CPU 对存储体写入数据信

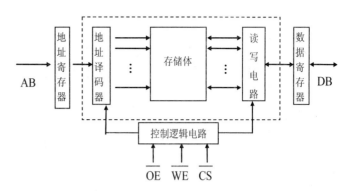

图 6.2　半导体存储器的一般结构图

息，有时也用 $\overline{WR}$ 表示；$\overline{CS}$ (Chip Selection)表示存储器的芯片选择信号(也称片选信号)，
低电平有效，只有当该信号有效时，才能对存储器进行读/写操作。

1. 存储体

存储体是存储器(或称为存储芯片)的基础和核心，它由多个存储单元组成，每个存储
单元又由一个或者多个基本存储单元组成。每个基本存储单元具有两种稳定状态，用这两
种稳定状态表示一位二进制信息 0 或 1。一个或者多个基本存储单元构成一个存储单元，
例如通常所说的一个字节就是一个存储单元，由 8 个基本存储单元组成，8 个基本存储单
元所保存的 8 位二进制信息就是这个存储单元的内容。因此从逻辑结构上看，存储体是存
储单元的集合体，也可以理解为存储体是由存储单元构成的存储矩阵，每一个存储单元就
是这个矩阵中的一个元素。为了方便区分不同的存储单元，每个存储单元都有一个唯一的
地址供 CPU 或者外部设备访问，这个元素唯一的地址可以认为是由矩阵的行号和列号组成
的一个地址编号。因此如果把地址总线上传输的信号认为是矩阵中每一个元素的地址编号
的话，那么数据总线上传输的数据就是这个元素的值，即存储单元的内容。

2. 地址寄存器

地址寄存器用来存放需要访问的存储单元的地址，该地址经地址译码器译码后将会选
中芯片内的某个存储单元。地址总线的位数 n 与存储体内存储单元数 N 之间的关系为
$n = \log_2 N$。通常微型计算机中，访问存储单元的地址由地址锁存器提供，如 8086 系统
中会由地址锁存器 8282 来提供；存储单元地址由地址锁存器输出后，经地址总线送到存储
器内经过译码访问各个存储单元。

3. 地址译码器

由于存储器内部的存储体是由许多存储单元构成的，每个存储单元一般存放 8 位二进
制信息，即一个字节信息。为了区分这些存储单元，必须首先为它们编号，即给每个存储
单元分配不同的地址。地址译码器的作用就是把地址寄存器送来的地址信号进行译码，并
选中对应的存储单元，以便对该单元进行读/写操作。常用的地址译码有两种方式，即单译
码(线性排列)方式和双译码(矩阵形式排列)方式。译码器的功能是实现多选 1，即对于某一
个输入的地址码，在译码器输出的多条输出线上会有唯一的一个高电平(或低电平)与之对

应。图 6.3 给出了半导体存储器芯片内部地址译码方式的示意图，图中以有 64 个存储单元的存储体为例说明这两种译码方式。

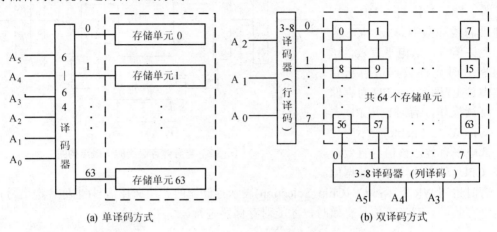

(a) 单译码方式　　　　　　　　　　(b) 双译码方式

图 6.3　半导体存储器芯片内部地址译码方式示意图

图 6.3(a)是单译码方式示意图，从图中可以看出如果采用单译码方式，64(0~63)个存储单元需要译码器产生 64 种不同的信号，即需要一个 6-64 译码器，译码器输出的 64 种不同的信号通过 64 根内部译码线(图中编号为 0~63)中的一根译码线选择 64 个存储单元(0~63)中的一个。例如，当地址信号($A_5A_4A_3A_2A_1A_0$)为 000000 时，经过 6-64 译码器译码后，输出信号为 0，通过 0 号内部译码线选中第一个存储单元(即图 6.3(a)中存储单元 0)；如果地址信号($A_5A_4A_3A_2A_1A_0$)为 111111，经过 6-64 译码器译码后，输出信号为 63，通过 63 号内部译码线选中最后一个存储单元。如果地址信号选中某个存储单元，且在片选信号 $\overline{CS}$ 和 $\overline{OE}$ 或 $\overline{WE}$ 有效的前提下，则该存储单元的数据会被读出或将数据写入该存储单元。由于单译码方式的输入地址信号线数量 p 和输出译码信号线数量 N(即存储单元的数量)之间的关系为：$2^p = N$。因此当存储器容量较大时，需要的内部译码线更多，会导致内部译码器更复杂，因此这种译码方式主要用于小容量的存储器中，对于大容量的存储器，一般采用双译码方式。

图 6.3(b)是双译码方式示意图，从图中可以看出 64(0~63)个存储单元采用双译码方式使用了 2 个 3-8 译码器，其中一个 3-8 译码器负责产生行信号，也称为行译码，另外一个 3-8 译码器负责产生列信号，称为列译码，2 个译码器共产生 16 个内部信号，对应 16 根内部译码线。例如，当地址信号($A_5A_4A_3A_2A_1A_0$)为 000000 时，高位地址($A_5A_4A_3$)信号经过列译码器译码后，输出信号为 0，选中 0 号列译码线，即选中存储阵列中的第 1 列，而低位地址($A_2A_1A_0$)信号经过行译码器译码后，输出信号为 0，选中 0 号行译码线，即选中存储阵列中的第 1 行，这样意味着输入的地址信号将选中存储阵列中第 1 列和第 1 行所对应的存储单元，即图 6.3(b)中存储阵列中第 1 列和第 1 行所对应的存储单元 0；当地址信号($A_5A_4A_3A_2A_1A_0$)为 001111 时，高位地址($A_5A_4A_3$ 为 001)信号经过列译码器译码后，输出信号为 1，选中 1 号列译码线，即选中存储阵列中的第 2 列，而低位地址($A_2A_1A_0$ 为 111)信号经过行译码器译码后，输出信号(为 7)选中 7 号行译码线，即选中存储阵列中的第 8 行，意味着输入的地址信号将选中存储阵列中第 2 列和第 8 行所对应的存储单元，即图中存储阵列中第 2 列和第 8 行所对应的存储单元 57，其他以此类推。从上述可以知道，双译码方式

实际上采用的两级译码的方式，其中行译码负责产生行选择信号，列译码负责产生列选择信号，由行信号和列信号共同选择存储阵列中的某个存储单元，这样双译码方式可以减少译码器输出内部译码线的数量。通过上述例子可知，对于同样 64 个存储单元的存储器，单译码方式需要产生 64 根内部译码线，而双译码方式只需要产生 16 根内部译码线。双译码方式可以降低存储器内部译码器的复杂性，这个优点在存储器容量越大的情况下将越明显。同样当地址信号选中某个存储单元时，且片选信号 $\overline{CS}$ 和 $\overline{OE}$ 或 $\overline{WE}$ 有效的前提下，可以对该存储单元进行读/写操作。

4. 读写电路和控制逻辑电路

读写电路和控制逻辑电路的功能是利用外部提供的片选($\overline{CS}$)和读/写($\overline{OE}/\overline{WE}$，有时也为 $\overline{RD}/\overline{WR}$)控制逻辑等信号，用来完成对被选中单元内容的读取或写入操作。只有当接收到来自外部的片选和读/写信号后，通过内部读写电路和控制逻辑电路才能实现外部设备对存储芯片内部存储单元正确的读/写操作。例如：8086 CPU 要对存储芯片进行读操作，那么 8086 CPU 就需要输出正确的片选($\overline{CS}$)和读($\overline{RD}$)信号，使得存储芯片的片选和读控制信号有效，从而通过存储芯片内部读写电路和控制逻辑电路实现 8086 CPU 对存储芯片内部存储单元进行正确的读操作；相反，如果 8086 CPU 要对存储芯片进行写操作，那么 8086 CPU 就需要输出正确的片选($\overline{CS}$)和写($\overline{WR}$)信号，使得存储芯片的片选和写控制信号有效，从而通过存储芯片内部读写电路和控制逻辑电路实现 8086 CPU 对存储芯片内部存储单元进行正确的写操作。存储芯片的片选($\overline{CS}$)信号线是对存储芯片的选择线，当该信号无效时，存储器芯片与外部系统总线是隔离的，可以降低存储芯片内部的功耗。

5. 数据寄存器

数据寄存器的功能是用于临时存放从存储单元读出的数据，或从 CPU 及外部端口送来要写入存储器内部的数据。利用数据寄存器临时存放数据的目的是协调 CPU 或外部设备与存储器之间在速度上的差异，因此数据寄存器又称为存储器数据缓冲器，或数据缓冲器。

6.2.2　半导体存储器的技术指标

衡量半导体存储器的技术指标有多种，如存储容量、存取速度、可靠性、功耗、价格、工作电压等，其中主要的技术指标有以下五种。

1. 存储容量

存储容量是存储芯片能存储二进制位的数量，即每个存储芯片所包含基本存储单元的数量，其基本单位是位。存储容量也是存储芯片所包含存储单元的数量 N 与每个存储单元所包含基本存储单元数量 M 的乘积，一般表示为 N×M 位。例如容量为 1024×1 位的存储芯片，表示该芯片上有 1024 个存储单元，每个存储单元包含一个基本存储单元，因此该芯片可以存储 1024 位的二进制位信息。再如容量为 256×8 位的芯片，表示该芯片上有 256 个存储单元，每个存储单元包含 8 个基本存储单元，因此该存储芯片可以存储 2048 位的二进制位信息。

由于存储芯片内部每个存储单元有一个唯一的地址线，因此存储芯片内的存储单元数量 N 与该芯片地址线的数量有关。同样存储芯片内每个存储单元能存储的二进制数的位数与该芯片输入/输出的数据线位数有关。例如，某存储芯片有 10 根地址线 $A_0 \sim A_9$、4 根数据输入/输出线 $I/O_0 \sim I/O_3$，表示该存储芯片有 $2^{10} = 1024$(或 1K)个存储单元，每个存储单元存储 4 位二进制数，因此该存储芯片的容量为 1K×4 位。常用下式表示存储芯片的容量：$2^M \times N$，其中 M 为存储芯片地址线的数量，N 为存储芯片数据线的数量。

在微型计算机中，虽然位是最基本的存储单位，但存储容量通常都用字节来表示。如存储容量为 8KB、64MB、1GB 等。在表示存储容量的单位中，常常用到 KB、MB、GB 等单位，其关系为：$1KB = 2^{10}B = 1024B$，$1MB = 2^{10}KB = 1024KB$，$1GB = 2^{10}MB = 1024MB$。

2. 存取速度

存储器的存取速度是以存取时间或存取周期来衡量的。

(1) 存取时间：存取时间 T_A(Access Time)是指从启动一次存储器操作(读或写)到完成该操作所需的时间。一般器件手册上给出的存取时间是最大存取时间，在芯片外壳上标注的型号往往也给出了时间参数，例如 2732A-20，其中横线后面的"20"表示该芯片的存取时间为 20ns。半导体存储器的存取时间为几十纳秒到几百纳秒之间。超高速存储器的最大存取时间小于 20ns，中速存储器的存取时间在 100～200ns 之间，低速存储器的存取时间在 300ns 以上。CPU 在读写存储器时，其读写时间必须大于存储芯片的额定存取时间，才能保证正常的读写。

(2) 存取周期：存取周期 T_{AC}(Access Cycle)指两次存储器访问所需要的最小时间间隔。由于在一次存储器访问后，芯片不可能无间歇的进入下一次访问，所以两者的关系是存取周期不小于存取时间，即：$T_{AC} \geq T_A$。

3. 可靠性

为了保证计算机的正确运行，必然要求存储系统具有很高的可靠性。存储器的可靠性是用平均无故障时间 MTBF(Mean Time Between Failures)来衡量的。MTBF 表示两次故障间的平均时间间隔。目前所用的半导体存储芯片的平均无故障时间 MTBF 约为 $5 \times 10^6 \sim 1 \times 10^8$ 小时。此外，对那些可编程的存储器，如 EPROM、FLASH、存储器被擦除并重新写入的次数也是重要指标，一般 EPROM 的重写次数在数千到数十万次之间。对非易失性存储器而言，其数据保存时间也是可靠性指标之一，一般为 10 年到 100 年甚至更长。

4. 功耗

存储器功耗是指每个存储单元所耗的功率，单位为 μW/单元，也有用每个存储芯片消耗的总功率来表示功耗的，单位为 mW/芯片。存储器功耗大小也反映了存储器使用过程中的发热程度。在用电池供电的系统中，如嵌入式系统、便携式设备，实现低功耗运行不仅能减少对电源容量的要求，还可以提高存储系统的可靠性。

5. 工作电压

存储器的工作电压是指存储器工作时需要外部提供的电压。目前存储器芯片常用的工作电压是＋5V，表示在存储器工作时需要外部给存储器的电源引脚(一般用 V_{CC} 表示)

提供＋5V 电压。由于存储器工作电压与存储器的功耗有一定的关系，因此随着各类计算机系统的功耗要求越来越小，存储器芯片工作电压也越来越低，如有些芯片的工作电压已经由＋5V 降低到＋3.3V、＋1.8V 甚至＋1.5V，工作电压的减小在一定程度上意味着存储芯片功耗的降低。此外，对于可编程的存储芯片，编程时需要较高的编程电压，如：＋12V、＋25V 等。

6.3 随机存取存储器

随机存取存储器是指可以随机地对其中的各个存储单元进行读/写操作，与这段信息所在的位置或所写入的位置无关。根据存储单元构造的不同，随机存取存储器一般分为静态随机读写存储器 SRAM 和动态随机读写存储器 DRAM。下面详细叙述这两类存储器的存储原理及特点。

6.3.1 静态随机存储器

1. 静态 RAM 的存储单元及存储原理

静态 RAM 的基本存储单元主要由 6 个 MOS 管构成的双稳态触发器组成，其电路原理如图 6.4 所示。其中 T_1、T_2 组成一个触发器，T_3、T_4 为负载管，始终处于开通状态，在这里起电阻作用，主要用来稳定 A 点和 B 点的电压，以保证 A 点和 B 点有两个相对稳定的状态。例如，当 T_1 管截止时，A 点为高电平，而 A 点处于高电平会使 T_2 管开启，T_2 管开启会使得 B 点为低电平，这样 B 点处于低电平又保证了 T_1 管的截止，从而进一步保证了 A 点处于高电平；反之，当 T_1 管导通时，A 点为低电平，而 A 点处于低电平会使 T_2 管截止，T_2 管截止会使得 B 点为高电平，这样 B 点处于高电平又保证了 T_1 管的导通，从而进一步保证了 A 点处于低电平。由于 A 点和 B 点的状态相对稳定，如果要读取或改变 A 点和 B 点的状态，就需要通过 X 地址译码线设置 T_5、T_6 两个门控管使之导通，从而可以使 A 点和 B 点的状态输出，或者通过 T_5、T_6 两个门控管输入需要保存的状态到 A 点和 B 点。图 6.4 中，T_7、T_8 管是一列公用的、不属于某一个存储单元的列向门控管。T_7、T_8 管的控制端来自 Y 地址译码器的译码线。

通常 T_5、T_6 管的控制端接 X 地址选择线。当 X 地址选择线为高电平时，T_5、T_6 管导通，A 点和 B 点分别与位线 D_0 及 $\overline{D_0}$ 相连，若相应的 Y 地址译码器输出也是高电平，则 T_7、T_8 列向门控管导通，D_0 及 $\overline{D_0}$ 就与输入/输出电路的 I/O 线及 $\overline{I/O}$ 线导通，也就是经过 T_5、T_7 和 T_6、T_8 管可实现 A 点和 B 点状态的读/写操作。当 X 地址选择线为低电平时，T_5、T_6 管都截止，使双稳态电路与读写电路断开，就可以保持 A 点和 B 点状态不变。

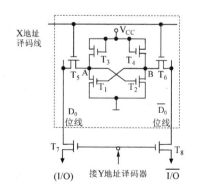

图 6.4 静态 RAM 的基本存储单元电路原理图

在对基本存储单元进行读写操作前，必须先选中该基本存储单元。显然，当行地址选择线和列地址选择线均为高电平时，$T_5 \sim T_8$ 都导通，基本存储单元就与数据线 I/O 线及 $\overline{\text{I/O}}$ 线接通，该基本存储单元才能通过数据线传送数据。因此，能够对基本存储单元进行读/写操作的条件是：与它相连的行、列选择线必须是高电平状态。

1) 写入操作

写入时，被写入信号自 I/O 线及 $\overline{\text{I/O}}$ 线输入。如写入信息 1 时，需使 I/O 线为高电平，$\overline{\text{I/O}}$ 线为低电平，经 T_7、T_8 管和 T_5、T_6 管分别与 A 点和 B 点相连，使 A 点为高电平，B 点为低电平，即 T_2 管导通，T_1 管截止，相当于把输入电荷存储于 T_1 和 T_2 管的栅级。当输入信号及地址选择信号消失之后，T_5、T_6、T_7、T_8 都截止，依靠两个反相器的交叉控制，只要不断电，就能保持写入的信息 1。同样，写入信息 0 时，则 $\overline{\text{I/O}}$ 线为低电平而 I/O 线为高电平，最终使 A 点为低电平，B 点为高电平，使 T_1 管导通，T_2 管截止。

2) 读出操作

只要某一单元被选中，相应的 T_5、T_6、T_7、T_8 均导通，A 点与 B 点分别通过 T_5、T_6 管与 D_0 及 $\overline{D_0}$ 相通，D_0 及 $\overline{D_0}$ 通过 T_7、T_8 管与 I/O 及 $\overline{\text{I/O}}$ 线相通，这样基本存储单元中 A 点与 B 点的状态就可以传送到 I/O 及 $\overline{\text{I/O}}$ 线上。如原存的信息为 1，则 I/O 线为 1，$\overline{\text{I/O}}$ 线为 0，通过运放读出到数据总线上。读出操作不影响触发器状态，为非破坏性操作。

由于静态 RAM 的基本存储单元所含的 MOS 管数目较多，故其集成度较低；同时，其双稳态触发电路总有一个处于导通状态，使静态 RAM 的功耗较大，这是静态 RAM 的两个缺点。其优点是不需要刷新电路，可以简化外部电路。

2. 典型静态 RAM 芯片举例

静态随机存储器芯片有不同规格型号，单片芯片的容量也有多种，如早期常用的有 2101(256×4 位)、2102(1024×1 位)、2114(1024×4 位)和 4118(1024×8 位)等。随着大规模集成电路集成技术的发展，SRAM 的集成度也越来越高，单片的存储容量也在不断扩大。如 6264(8K×8 位)、62256(32K×8 位)、62138(256K×8 位)，甚至还有更大容量的 CY62167(1M×16 位和 2M×8 位)等。下面以 Cypress 公司生产的 CY6264 为例说明 SRAM 的基本特性及工作过程。

1) CY6264 的内部结构

CY6264 是一款采用 CMOS 工艺、容量为 64K 位、高速、低功耗 SRAM 芯片。芯片的内部逻辑图如图 6.5(a)所示。该芯片内部包括 8K×8 位的存储阵列、行地址选择模块、列地址选择模块、输入数据缓存模块、放大电路、电源以及其他电路等，其中 8K×8 的存储阵列是该存储芯片的核心，主要用于存储数据。

2) CY6264 的外部引脚

CY6264 的引脚排列以及引脚功能如图 6.5(b)所示。该芯片的 28 个引脚可以分为以下 5 部分。

(1) 地址线 $A_0 \sim A_{12}$ 用来寻址存储器内存储单元的通道。处理器通过芯片的 13 根地址线来寻址芯片内部的 8K 个存储单元。使用该芯片时，这 13 根地址线一般接到系统地址总线的低 13 位。

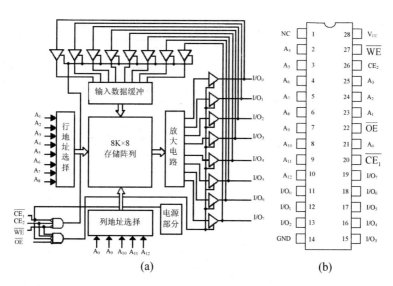

图 6.5　CY6264 的内部结构和引脚功能图

(2) 数据线 I/O$_0$～I/O$_7$ 是处理器对所选取的存储单元进行读写的数据传输通道。该芯片每个存储单元保存 8 位二进制信息，因此共有 8 根双向数据线。在使用时，这 8 根数据线通常与系统的数据总线连接，处理器读取和写入存储单元的数据都是通过这 8 根数据线进行传送。

(3) 控制线包括 $\overline{CE_1}$(Low Chip Enable)、CE$_2$(High Chip Enable)、$\overline{OE}$ 和 $\overline{WE}$。其中 $\overline{CE_1}$ 是芯片的片选控制线，低电平有效；CE$_2$ 也是芯片的片选信号线，高电平有效。该芯片设计两条片选信号线是为了能适应不同场合，如果设计时需要使用高电平选择芯片，则可以直接使用 CY6264 的 CE$_2$ 片选控制线，这时 $\overline{CE_1}$ 片选控制线直接连接低电平。如果设计时需要使用低电平选择芯片，则可以直接使用 CY6264 的 $\overline{CE_1}$ 片选控制线，这时 CE$_2$ 片选控制线直接连接高电平即可。$\overline{OE}$ 是存储单元中数据输出允许的控制线，即控制芯片存储单元中的数据能否被读取，低电平有效，即低电平时允许读取芯片存储单元中的数据。$\overline{WE}$ 是决定能否将数据写入该芯片存储单元中的控制线，低电平有效，即低电平时允许将数据写入该芯片存储单元中。

(4) 芯片工作电源引脚线主要有 V$_{CC}$ 和 GND。这两条引脚是用来向 CY6264 供电的引脚，其中 V$_{CC}$ 接＋5V，GND 接电源地。

(5) 不连接引脚 NC(No Connection)表示该引脚没有用，一般不连接。

3) CY6264 的读写控制逻辑

CY6264 的读写控制是通过芯片控制线的不同逻辑组合来实现的，具体内容见表 6.1。

从表 6.1 中可知，CY6264 有三种工作状态。

(1) 数据输出，即外部处理器从 CY6264 存储单元中读取数据。

(2) 数据输入，即外部处理器将数据写入 CY6264 存储单元。

(3) 高阻态，即 CY6264 存储器与外部设备(包括处理器)之间处于高阻状态。

表 6.1　CY6264 的读写控制逻辑表

$\overline{CE_1}$	CE$_2$	$\overline{OE}$	$\overline{WE}$	输入输出	工作方式
0	1	0	1	数据输出	读操作

$\overline{CE_1}$	CE_2	$\overline{OE}$	$\overline{WE}$	输入输出	工作方式
0	1	1	0	数据输入	写操作
1	X	X	X	高阻态	没选中/掉电
X	0	X	X	高阻态	没选中
0	1	1	1	高阻态	没选中

说明：其中 X 表示与该引脚状态无关；1 表示该引脚为高电平，0 表示该引脚为低电平。

其他 SRAM 芯片的引脚功能与 CY6264 的引脚功能基本类似，部分引脚排列相互兼容，只是读/写控制信号和片选信号名称略有不同。如东芝公司生产的 6264，其片选信号是用 $\overline{CS_1}$ 和 CS_2 来表示。

由于使用 SRAM 十分方便，因此在各种高档 PC、工作站普遍都采用 SRAM 芯片组成外部的高速缓冲存储器。此外在一般的 ARM 系统、DSP 系统及各种高速数据处理的系统中也大量采用 SRAM 作为数据缓冲或者堆栈使用。

SRAM 的功耗很小(如 6264 芯片工作时为 15mW，不工作时仅 10μW)，因此在简单的应用系统中，处理器可直接和 SRAM 存储器相连，二者之间不需增加总线驱动电路。

6.3.2 动态随机存储器

动态 RAM 是利用电容的电荷存储效应来存放信息的。由于电容存在漏电现象，存储的数据(电荷)不能长久保存，因此需要专门的动态刷新电路，定期给电容补充电荷，以避免丢失存储的数据。由于该随机存储器需要专门的刷新电路用于刷新存储的数据，故称为动态 RAM。这种存储器具有集成度高、功耗小，价格低等特点，微型计算机内存储器几乎毫无例外地都是由 DRAM 组成。

常见的动态 RAM 存储单元包含有四管(MOS 管)、三管和单管等几种形式。由于单 MOS 管存储电路所需的元件数量少，集成度高，因此下面以单 MOS 管存储电路为例介绍动态 RAM 的基本存储原理及工作过程。

1. 动态 RAM 的基本存储单元及存储原理

单管 DRAM 基本存储单元电路原理图如图 6.6 所示，它由一个 MOS 管 T_1 和存储电容 C 构成，图 6.6 中虚线内的电容 C_D 是数据位线上的分布电容且 $C_D \gg C$，E_S 为电源地，存储电容 C 相当于一个小充电电池，信息就存储在电容 C 上，可以用电容 C 充电后代表 1，放电后代表 0，即当电容 C 上充有电荷时，表示该基本存储单元保存信息"1"，反之，当电容 C 上没有电荷时，表示该基本存储单元保存信息"0"。但是电容存储的电荷一般会慢慢泄漏，所以必须对电容上的电荷持续地"刷新"，这也是这种存储器的一个局限性。DRAM 包括下面 3 种工作方式。

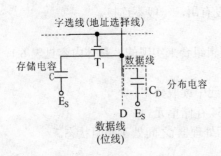

图 6.6　单管 DRAM 基本存储单元电路原理图

1) 写操作

写操作时，地址译码线(字选线)有效，选中该单元，使 T_1 管导通，存储电容 C 与数据线 D 连通，由数据线 D 对存储电容 C 充电或存储电容 C 经过数据线 D 放电，将信息存入存储电容 C 中。当存储电容 C 上有电荷，表示写入了 "1"；存储电荷 C 上无电荷，表示写入了 "0"。

2) 读操作

读操作时，字选择线为高电平，存储在电容 C 上的电荷，通过 T_1 输出到数据线上，对分布电容 C_D 充电或放电，改变分布电容 C_D 上的电压，即可读出所保存的信息。实际上当读出数据时，C 与 C_D 并联。若并联前 C 上存有电荷，C_D 内无电荷，则并联后 C 内的电荷向 C_D 转移。由于转移前后电荷总量相等，因此有 $U \times C = U_D \times (C_D + C)$，其中 U 是存储电容 C 上的电压，$U_D$ 是分布电容 C_D 上的电压。因 $C_D >> C$ ，故 $U_D << U$，即读出的电压很小，需要用高灵敏读出放大器对输出信号 U_D 进行放大。读出后由于 C 上电荷减少，因此每次读出后必须对该单元立即进行充电操作，称为 "刷新"，以保留原存信息。

3) 刷新操作

刷新操作：由于动态 RAM 存储单元实质上是依靠 T_1 管栅极电容 C 的电荷存储效应来保存信息的，一般 2ms 左右电荷就会泄漏，造成信息丢失；另外，数据读出后，存储电容 C 上的信息也被破坏。所以必须配备读出再生放大电路，及时为 DRAM 各存储单元的内容进行刷新。

这种单管动态存储元电路的优点是结构简单、集成度较高且功耗小。缺点是列线对地间的寄生电容大，噪声干扰也大。因此，要求存储电容 C 值做得比较大，刷新放大器应有较高的灵敏度和放大倍数。

2. 典型动态 RAM 芯片举例

动态 RAM 与静态 RAM 一样，都是由许多基本存储单元电路按照行、列排列组成二维存储矩阵。为了降低芯片的功耗，保证足够的集成度，减少芯片对外封装引脚数目和便于刷新控制，DRAM 芯片一般都设计成位结构形式，即每个存储单元只有一位数据位，如 $4K \times 1$ 位、$8K \times 1$ 位、$16K \times 1$ 位、$64K \times 1$ 位或 $256K \times 1$ 位等。动态存储体的这一结构形式是 DRAM 芯片的结构特点之一。

由于 DRAM 具有集成度高、功耗低和价格低的特点，因此在构成大容量的存储系统时，一般选择 DRAM 存储芯片，如 PC 的内存条就是由多片 DRAM 构成。目前市场上 DRAM 芯片生产厂商很多，如 Intel、三星、Hynix、Cypress 等，型号也很多，如 2116、2118、2164 等。随着制造工艺的提高，芯片的容量越来越大，如 HM511600 的容量为 $16M \times 1$ 位甚至 $256M \times 1$ 位等。虽然容量小、工作速度慢的 DRAM 在市场上几乎已经找不到，但其工作原理类似。因此下面仍以 Intel 公司生产的 2164A 为例简单介绍 DRAM 的工作原理及特性。

1) DRAM 2164A 的内部结构

Intel 公司生产的 2164A 是一种 $64K \times 1$ 位的动态 RAM 存储芯片，它的基本存储单元采用单管存储电路，片内有 65536 个基本存储单元，每个基本存储单元存放一位二进制信息。图 6.7 是 2164A 的内部结构，64K 存储体由 4 个 128×128 的存储矩阵组成，每个 128×128 的存储矩阵由 7 条行地址线和 7 条列地址线进行选择，在芯片内部经地址译码后可分别选择 128 行和 128 列。7 位行地址经 1/128 行译码器产生 128 条行选择线，7 位列地址经 1/128 列译码器产生 128 条列选择线。4 个 128 读出放大器与 4 个 128×128 存储阵列相对，它们能接收由行地址选通的 4×128 个存储单元的信息，经放大后，再写回原存储单元，是实现刷新操作的重要部分。为了简化起见，2164A 内部的一个 8 位行地址锁存器和一个 8 位列地址锁存器在图 6.7 中用一个 8 位地址锁存器表示。

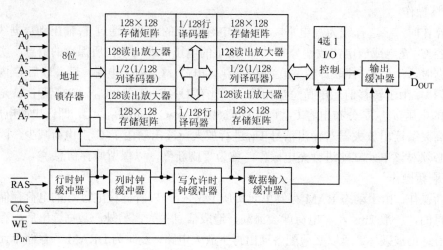

图 6.7　2164A 的内部结构图

由于 2164A 是 64K×1 位芯片，因此要寻址 64K 个基本存储单元，需要 16 根地址线。为了减少引脚数目，减小封装面积，芯片只提供了 8 条地址线。因此，该芯片采用行地址信号和列地址信号分时复用 8 条地址线的工作方式，外部 8 条地址线分两次传送 16 位的地址信号。第一次由行地址选通信号 $\overline{RAS}$ (Row Address Strobe)，把先送来的 8 位地址作为行地址，锁存在行地址锁存器中，通过译码器用于选中 128 行中的一行；第二次由列地址选通信号 $\overline{CAS}$ (Column Address Strobe)，将后送来的 8 位地址作为列地址，锁存在列地址锁存器中，再由读/写控制信号控制数据读出/写入。所以访问 DRAM 时，访问地址需要分两次输入，这也是 DRAM 芯片的特点之一。行、列地址信号的分时工作，可以使 DRAM 芯片的对外地址线引脚大大减少。

4 选 1 I/O 门电路由行、列地址信号的最高位控制，能从相应的 4 个存储矩阵中选择一个进行输入/输出操作。数据输入/输出缓冲器用来暂存输入/输出的数据。行、列时钟缓冲器用来协调行、列地址的选通信号。写允许时钟缓冲器用来控制芯片的数据传送方向。

2) DRAM 2164A 的外部引脚

Intel 公司生产的 2164A 具有 16 个引脚，外部引脚排列和定义如图 6.8 所示。引脚分由以下几部分组成。

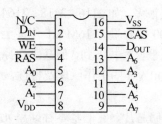

图 6.8　2164A 引脚排列和定义

(1) 地址线：2164A 只提供 8 根地址线 $A_0 \sim A_7$，通过分时复用方式将存储单元的高 8 位地址信号和低 8 位地址信号送入存储芯片内部。这种方式可以减少芯片外部的引脚数量。这也是与 SRAM 的不同之处。

(2) 数据线：该芯片包括两条数据线，分别为 D_{IN} 和 D_{OUT}。其中 D_{IN} 为数据输入引脚，当给 DRAM 写入数据时，数据由 D_{IN} 写入芯片内部。D_{OUT} 为数据输出引脚，当从 DRAM

中读取数据时，读出的数据通过 D_{OUT} 引脚输出。

(3) 控制线：该芯片包括 $\overline{CAS}$，$\overline{RAS}$ 和 $\overline{WE}$ 三根控制线，用来控制对芯片存储单元的选择和读写操作，其中 $\overline{CAS}$ 为列地址选通控制线，用来控制是否选通从外部输入列地址的控制线，低电平有效，即当该控制线为低电平时表示将列地址锁存在芯片内部的列地址锁存器中；$\overline{RAS}$ 为行地址选通控制线，用来控制是否选通从外部输入行地址的控制线，低电平有效，即当该控制线为低电平时表示将行地址锁存在芯片内部的行地址锁存器中；$\overline{WE}$ 是用来控制是否可以对芯片内部存储单元写数据操作的控制线，低电平有效，即当该引脚为低电平时可以对芯片内部进行写数据操作。

(4) 芯片电源引脚线：V_{DD} 和 V_{SS} 是芯片工作电源的引脚线，2164A 的工作电压为 +5V，因此 V_{DD} 接 +5V，V_{SS} 接电源地。

(5) 不用的引脚线：为了与其他芯片封装统一，该芯片包括一个不用的引脚线：N/C，该引脚是空引脚。表示该引脚没有和芯片的内部电路相连。

3) DRAM 2164A 的工作方式与控制时序

2164A 的工作方式包括读操作、写操作以及刷新操作。

(1) 读操作：在对 2164A 的读操作过程中，首先接收来自 CPU 的行列地址信号，译码后选中相应的存储单元，将保存的一位信息经 D_{OUT} 数据线输出。2164A 的读操作时序如图 6.9 所示。

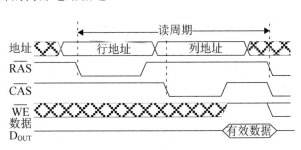

图 6.9 2164A 读操作的时序图

从图 6.9 中可以看出，行地址要先于行地址选通信号 $\overline{RAS}$ 有效，并且必须在 $\overline{RAS}$ 有效后再维持一段时间，以确保行地址能被正确锁存在锁存器中。同样，列地址也应先于列地址锁存信号 $\overline{CAS}$ 有效，且列地址也必须在 $\overline{CAS}$ 有效后再保持一段时间，以确保列地址能被正确锁存在锁存器中。要从指定的单元中读取信息，必须在 $\overline{CAS}$ 也有效一段后时间后使读写控制信号 $\overline{WE}$ 处于高电平状态。当控制信号 $\overline{WE}$ 为高电平一段时间后，所选中的存储单元中的数据经过输出缓冲器传送到 D_{OUT} 引脚数输出，这样就完成了一次读操作。

(2) 写操作：2164A 的写操作时序如图 6.10 所示，写操作过程与读操作过程基本类似。区别是写信号 $\overline{WE}$ 为低电平有效，将要写入的数据从 D_{IN} 写入。

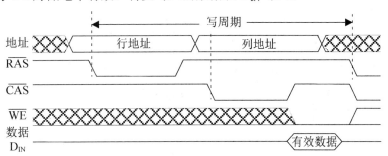

图 6.10 2164A 写操作的时序图

2164A 数据的读出和写入是分开的，由 $\overline{WE}$ 控制读写。当 $\overline{WE}$ 为高电平时，所选中单元的内容可以经过三态输出缓冲器从 D_{OUT} 引脚读出，即可以读出选中存储单元中的数据；当 $\overline{WE}$ 为低电平时，D_{IN} 引脚上的信号可以经过输入三态缓冲器写入到选中存储单元中，即可以实现对存储单元的写操作。虽然 2164A 没有片选信号，但是在实际操作过程中可以用行选通信号 $\overline{RAS}$ 作为片选信号实现芯片的选择。

(3) 刷新操作：就是每隔一定时间(一般每隔 2ms)对 DRAM 的所有单元进行读出，经读出放大器放大后再重新写入原电路中，以维持存储电容上的电荷，从而使所存信息保持不变。虽然每次进行的正常读/写存储器操作也相当于进行了刷新操作，但由于 CPU 对存储器的读/写操作是随机的，并不能保证在 2ms 时间内能对内存中所有单元都进行一次读/写操作。所以，对 DRAM 必须设置专门的外部控制电路和安排专门的刷新周期来系统地对 DRAM 进行刷新。

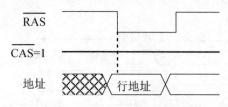

图 6.11　2164A 刷新操作时序图

2164A 的刷新时序如图 6.11 所示。刷新是按行进行的，在进行刷新操作时，行选通信号 $\overline{RAS}$ 有效，列选通信号 $\overline{CAS}$ 无效。芯片只接收从地址总线上发来的行地址(其中 RA_7 不起作用)，7 位行地址 $RA_6 \sim RA_0$ 送到行译码器，译码得到的刷新地址同时加到 4 个存储矩阵上，刷新时一次选中一行 512 个存储电路，对选中的行在内部读出并回写，实现对内部电容的充电，达到保存数据的目的。由于刷新时 $\overline{CAS}$ 无效，因此不会有数据输出。

由于微型计算机内存的实际配置已从 640KB 发展到 1GB、2GB，甚至更高，因此要求配套的 DRAM 集成度也越来越高。容量为 128M×1 位、256M×1 位、256M×4 位以及更高集成度的存储芯片已大量使用。通常，把这些芯片放在内存条上，用户只需把内存条插到系统板上的存储条插座上即可使用。

4) DRAM 2164A 的应用

DRAM 芯片在使用中既有读写操作，还要频繁地进行刷新，因此，DRAM 的连接和控制要比 SRAM 复杂。下面通过一个简化的电路来说明 DRAM 的使用。

图 6.12 是 PC/XT 微型机内 DRAM 连接的简化电路图，图中虚线框内表示的是由 8 片 2164A DRAM 组成的 64KB 存储器。74LS245 为双向驱动器，74LS158 为二选一的地址多路开关。CPU 读写存储器的某个单元时，由 DRAM 控制电路送出行地址锁存信号，使 $\overline{RAS}$ 有效，同时 ADDSEL＝0，使 74LS158 的 A 组开关导通，地址总线的

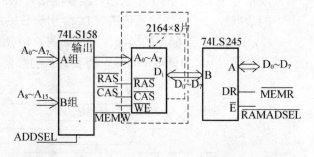

图 6.12　PC/XT 微型机内 DRAM 连接的简化电路图

低 8 位 $A_0 \sim A_7$(行地址信号)通过 74LS158 加到存储芯片上，并在相应控制信号的作用下锁存于芯片内部。60ns 后，ADDSEL＝1，74LS158 的 B 组开关被接通，地址总线的 $A_8 \sim A_{15}$(列地址信号)通过 74LS158 加到存储芯片，延迟 40ns 后由将其锁存于存储芯片内部。最后，在存储器读写信号/控制下，实现数据的读写。

6.4 只读存储器

随着半导体技术的发展，只读存储器也逐步由最初的只读性逐步发展成为不仅可读而且可以通过各种方式对其进行编程或修改数据的存储器，下面就主要介绍掩膜型只读存储器 MROM、可编程的只读存储器 PROM、可擦除可编程的只读存储器 EPROM、EEPROM 以及 Flash 等存储器的存储和编程原理，并通过简单例子说明这类型存储器的应用。

6.4.1 掩膜 ROM

掩膜 ROM 的信息是在芯片制造时由厂家写入的，一旦成为产品，其信息是无法修改的。因此，掩膜 ROM 在出厂时内部存储的数据就已经"固化"在里边了。当产量较少时，掩膜 ROM 的成本很高，但如果是批量生产则相当便宜。所以掩膜 ROM 总是用来存放不需要修改的程序或数据。

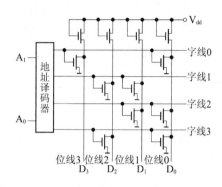

图 6.13 4×4 位的掩膜 ROM 存储阵列示意图

图 6.13 是一个采用单译码方式的简单 4×4 位的 MROM 存储阵列示意图。有两位地址输入 A_0、A_1，译码后输出 4 条字选择线，每条字选择线选中一个字，每个字有 4 位，每条字选择线和每条位线的交点处的值就是一位。

在行和列的交点，有的连有 MOS 管，有的没有，这是厂家根据用户提供的程序对芯片进行二次光刻所决定的。若有 MOS 管与其相连，则相应的 MOS 管就导通，这些位线的输出就是低电平，表示逻辑"0"；而没有 MOS 管与其相连的位线，输出的就是高电平，表示逻辑"1"。例如，地址线 $A_1A_0＝10$，则选中字线 2。字线 2 选中一个字，这个字由位线(包括位线 3、位线 2、位线 1 和位线 0)与字线 2 交点处的四个电平值组成。由于位线 1 和位线 0 与字线 2 的交点处有 MOS 管相连，因此对应点的电平值为 0；而位线 3 和位线 2 与字线 2 的交点处没有 MOS 管与之相连，因此对应点的电平值为 1。即从四位线($D_3D_2D_1D_0$)读出值为 1100。表 6.2 给出了图 6.13 中 4×4 位的掩膜 ROM 存储阵列所保存的数据。

表 6.2 图 6.13 中 4×4 位掩膜 ROM 中存储的内容

	位线 3	位线 2	位线 1	位线 0
字线 0	0	1	1	0
字线 1	1	0	0	1
字线 2	1	1	0	0
字线 3	1	0	1	0

6.4.2 可编程 ROM

掩膜 ROM 存储单元的信息在出厂时就已经固定下来了，用户无法修改，给用户带来了不便。可编程的 ROM 可解决这个矛盾。PROM 是一种允许用户编程一次的 ROM，其存储单元通常用二极管或晶体管实现。PROM 在出厂时，其存储单元的内容为全 1 或全 0，用户可以根据自己的需要，在通用或专用的编程器上将某些单元改写为 0 或者 1。

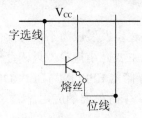

图 6.14　熔丝式 PROM
存储单元结构示意图

图 6.14 是一种熔丝式 PROM 存储单元结构示意图，它是采用双极型晶体管作存储单元，晶体管的发射极上连接了可熔性金属丝，因此也称为"熔丝式" PROM。出厂时，管子将位线与字选线连通，所有熔丝是接通的，表示存有 0 信息。如要使某些单元改写为 1，需要通过编程，给这些单元通以足够大的电流将熔丝烧断即可。这个写入的过程称之为固化程序。熔丝烧断后不能恢复，因此，PROM 只能进行一次编程。

6.4.3　可擦除可编程 ROM

虽然 PROM 可以实现一次编程，但在很多应用场合，需要对程序进行多次修改，这就要求存储芯片能多次重复擦除重复编程。EPROM 是广泛应用的可擦除可多次编程的只读存储器。一般，EPROM 存储芯片的顶部开有一个石英玻璃的窗口。当内容需要改变时，可通过紫外线擦除器对窗口照射 15～20 分钟，擦除原有信息，使存储单元的内容恢复为初始状态 FFH。之后，用专门的编程器(或称烧写器)把程序重新写入。编程后，应在其照射窗口贴上不透光封条，以避免存储电路中的电荷在日光照射下缓慢泄漏，使信息能长期保存。EPROM 通常用于系统的开发阶段，由于它可擦除，故可反复使用。

1.　基本存储电路

EPROM 的基本存储单元的结构示意图如图 6.15 所示。通常 EPROM 的基本存储单元的核心元件是浮置栅极场效应管 FAMOS(Floating Avalanche Injection MOS)，其结构如图 6.15(a)所示。该场效应管是在 N 型的基体上做出 2 个高浓度的 P 型区，从中引出场效应管的源极 S 和漏极 D；在源极与漏极之间有一个由多晶硅做成的栅极，但它是浮空的，被一层绝缘

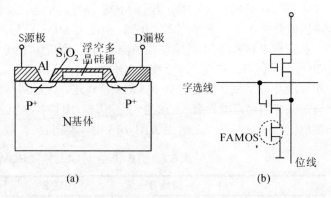

图 6.15　EPROM 的基本存储单元结构示意图和电路原理图

物 SiO_2 所包围，称为浮置栅极。芯片出厂时，所有 FAMOS 管的栅极上没有电子电荷，源、漏两极间无导电沟道形成，管子不导通，表示存放的信息是"1"；当浮置栅极被注入电荷后，源极与漏极之间感应出导电沟道，表示该存储单元保存的信息为"0"。由于浮置栅悬浮在绝缘层中，所以一旦带电后，电子很难泄漏，使信息得以长期保存。图 6.15(b)给出了 EPROM 基本存储单元的电路原理图。

2. 编程和擦除

EPROM 的编程过程实际上就是对某些单元写入 0 的过程，也就是向某些单元中 FAMOS 管的浮置栅注入电子的过程。具体的修改方法是在漏极和源极之间加上约＋25V(有的存储芯片要求＋12V)的反向电压，同时加上编程脉冲信号(宽度约为 50ns，存储芯片不同，时间也有不同)，则漏极与源极瞬时产生雪崩式击穿，一部分电子在强电场作用下通过绝缘层注入浮栅中。当高电压撤离后，由于浮栅被 SiO_2 绝缘层包围，所以注入的电子没有泄漏通道，仍会保留在栅极上，从而使相应单元导通，表明将 0 写入了该单元。

擦除的原理与编程相反，通过向浮管置栅上的电子注入能量，使得它们逃逸。擦除存储单元中保存的信息必须用一定波长的紫外光对准芯片窗口，在近距离内连续照射 15～20 分钟，使负电荷获取足够的能量，形成光电流流入基片，使浮栅恢复初态不再带有电荷，原来存储的信息也就不存在了。

3. 典型 EPROM 芯片

典型的 EPROM 芯片有 Intel、Atmel、Winbond、STMicroelectronics 等公司生产的 27 系列的 27XX 和 27CXX 等存储芯片。这些存储芯片有采用 NMOS、CMOS 或者 HMOS 等工艺制造，其中芯片名称中有字母 C 的存储芯片，表示该芯片采用 CMOS 工艺制造。采用 CMOS 工艺制造的芯片功耗低，但是功能与采用 NMOS 工艺制造的存储芯片一样。下面介绍 27 系列 EPROM 的特性。

1) 27 系列 EPROM 的外部特性

在封装相同的情况下，27 系列 EPROM 的引脚线和外接信号线大同小异，甚至在引脚的排列上也有一定的兼容性。它们的组织结构一般为 8 位，即芯片有 8 位的双向数据线，引脚排列如图 6.16(a)所示。对于大容量的芯片，如 27C160、27C320 等，它们有的是按照 16 位的形式组织的，即芯片有 16 位的双向数据线，引脚排列如图 6.16(b)所示。芯片的双向数据线，正常工作时为数据输出线，当编程时为数据输入线。

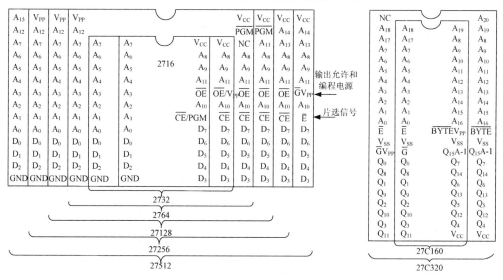

(a) 27系列8位组织结构的EPROM芯片外部引线图 (b) 27C160/320芯片外部引线图

图 6.16 27 系列 EPROM 芯片的外部引脚排列图

表 6.3 给出了部分典型的 EPROM 芯片的型号及其特性。

27 系列芯片的引脚可以分为以下五部分。

(1) 地址线：27 系列芯片的地址线为 $A_0 \sim A_i$，芯片容量大小不同 i 有所不同。

(2) 数据线：一般用来 $O_0 \sim O_7$ 表示，其名称会因厂家不同而有所不同，如有的也用 $Q_0 \sim Q_7$ 或 $D_0 \sim D_7$ 表示，另外数据线的多少取决于芯片内存储单元的组织结构。

表 6.3 部分典型 EPROM 芯片及特性

型号	容量结构	制造工艺	工作电源/V[①]	最大读出时间/ns[②]
2708	1K×8 位	NMOS	±5，+12	450
2716	2K×8 位	NMOS	+5，+12/+25	450
2732	4K×8 位	NMOS	+5，+25	450
27C64	8K×8 位	CMOS	+5，+12	120
27C128	16K×8 位	CMOS	+5，+12	120
27C256	32K×8 位	CMOS	+5，+12	120
27C512	64K×8 位	CMOS	+5，+12	45
27C010	128K×8 位	CMOS	+5，+12	45

说明：①是芯片工作时需要的电压以及编程电压；②是访问芯片时间。上述数据是典型数据，这些数据会因芯片厂家、工作环境、工作模式、制造工艺等不同而有所不同。

(3) 片选线：这类型存储芯片的片选信号线用 $\overline{\text{CE}}$(或 $\overline{\text{E}}$)来表示，低电平有效，表示该引脚处于低电平时，该芯片被选中。

(4) 输出允许信号线：这类型存储芯片数据输出允许信号线用 $\overline{\text{OE}}$(或 $\overline{\text{G}}$)来表示，低电平有效，即该引脚为低电平时允许数据从数据线输出。

(5) 芯片工作电源线：V_{CC}(或 V_{DD})为存储芯片的工作电压输入端，GND(或 V_{SS})为电源地线。

(6) 编程控制信号线和编程电源线：$\overline{\text{PGM}}$ (或 PGM)为芯片的编程控制信号线，(说明：存储芯片不同，该控制信号的有效电平略有不同)，该信号用来控制对芯片的编程，类似于 RAM 中的写允许信号 $\overline{\text{WE}}$，当该引脚处于编程的有效电平时，可以对该芯片编程，否则能处于读操作状态；V_{PP} 是对芯片进行编程时所需要的编程电源，电源电压的大小会因芯片的不同略有不同，具体编程电压值参见具体芯片的说明书。

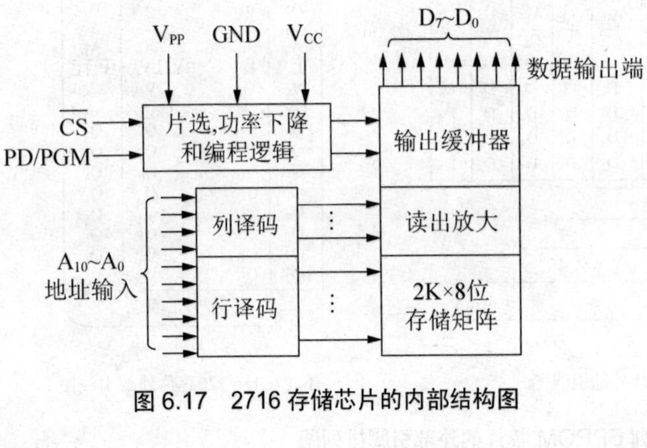

2) 27 系列 EPROM 的内部结构

容量小的 27 系列 EPROM 内部组织结构一般为 8 位，对于大容量的芯片，是按照 16 位的形式组织的，但是原理上相同。为了简化说明，图 6.17 仅给出了 Intel 2716 存储芯片的内部结构图。

从图 6.17 中可看出，2716 内部包括 2K×8 位存储矩阵、读出放大模块、输出缓冲器、行译码、列译

图 6.17 2716 存储芯片的内部结构图

码以及其他实现芯片工作和编程的模块等。

3) 27 系列 EPROM 的工作方式与控制时序

27 系列 EPROM 存储芯片的工作模式都有多种,主要包括读模式、编程模式、编程禁止等。下面以 2716 为例说明其工作方式及控制时序。2716 有 6 种工作方式,具体内容见表 6.4。前三种工作方式,V_{pp} 接+5V,为正常工作状态;后三种工作方式,V_{pp} 接+25V,为编程工作状态。

(1) 读方式:2716 的一种普通工作方式,也是其主要工作方式。读操作的时序图如图 6.18 所示。此时,Vcc 和 V_{pp} 均接+5V 电源,当从存储单元读取数据时,首先要使地址信号有效,经时间 t_{ACC} 后,所选中单元的内容就可由存储阵列中读出,但能否送至外部的数据总线,还取决于片选信号 $\overline{CE}$ 和输出允许信号 $\overline{OE}$。从时序图中可看出,从 $\overline{CE}$ 信号有效后经过 t_{CE} 时间以及从 $\overline{OE}$ 信号有效并经过时间 t_{OE},芯片的输出三态门才能完全打开,数据才能完全被送到数据总线并生成有效的输出。

(2) 待机模式:当 $\overline{CE}$ 为高电平时,2716 工作在待机模式,输出为高阻态。此时芯片功耗下降。

表 6.4 2716 的工作方式

工作方式	$\overline{CE}$	$\overline{OE}$	V_{cc}	V_{pp}	$O_7 \sim O_0$
读出	0	0	+5V	+5V	输出
备用	1	×	+5V	+5V	高阻
读出禁止	0	1	+5V	+5V	高阻
编程写入	正脉冲	1	+5V	+25V	输入
编程校验	0	0	+5V	+25V	输出
编程禁止	0	1	+5V	+25V	高阻

(3) 读出禁止方式:当 $\overline{OE}$ 为高电平且 $\overline{CE}$ 为低电平时,2716 存储单元的内容被禁止读出,输出为高阻态。

(4) 编程写入方式:在该方式下,Vcc 接+5V 电源,V_{pp} 接+25V 电源,$\overline{OE}=1$,从 $\overline{CE}$ 引脚输入宽度约为 45ms 的编程正脉冲,就可以将数据写入到相应的存储单元。

(5) 编程校验方式:为了检查写入的数据是否正确,2716 提供了两种校验方式。一种方式是可以在编程过程中按字节进行校验,另一种方式是在编程结束后,对所有数据进行校验。校验时 Vcc=+5V,V_{pp}=+25V,$\overline{OE}=0$,$\overline{CE}=0$。

(6) 编程禁止方式:该方式主要用于对多块 2716 同时编程的场合,通过控制编程正脉冲来实现。当某片 2716 编程禁止时,$\overline{OE}=1$,$\overline{CE}=0$,数据线为高阻态。

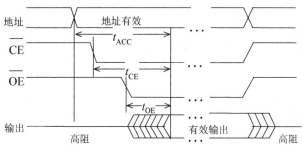

图 6.18 2716 读操作时序图

4) 典型 EPROM 的应用

存储芯片 27128 和 2716 的工作方式类似,引脚排列兼容,因此下面以 Intel 公司的 27128 存储芯片为例说明这类型存储芯片的简单应用。

【例6.1】为 8 位处理器设计一个 32KB 的存储系统，要求：①用 27128 EPROM 实现，27128 的存储结构为 16K×8 位；②画出 EPROM 与处理器的接线图。

(1) 分析。

① 由于 27128 的容量是 16KB，因此要满足 32KB 存储系统的要求，需要利用两片 27128 芯片实现。

② 27128 芯片共有 14 根地址线 $A_0 \sim A_{13}$，连接处理器地址线的低 14 位；27128 芯片的 8 根数据线连接处理器的数据线。

③ 片选和读写控制信号的分析。由于处理器地址线的低 14 位用于片内寻址，这里采用第 15 根地址线 A_{14} 来选择两片存储芯片，具体是当 A_{14} 为低电平时，选中第一片 27128；当 A_{14} 为高电平时，选中第二片 27128，因此 A_{14} 直接连接第一片 27128 的片选信号 $\overline{CE}$，A_{14} 通过反相器再连接第二片 27128 的片选信号 $\overline{CE}$，实现将地址线 A_{14} 上的高电平转换为能够选中第二片 27128 所需要的低电平；要读出存储器中的数据，输出允许信号线 $\overline{OE}$ 需要连接处理器的读信号线 $\overline{RD}$。

④ 由于 27128 的编程电压需要+12V，因此需要为 27128 芯片的 V_{PP} 提供两种电源：+5V 和+12V。正常工作时接+5V，编程时通过将开关连接到+12V 的电压为其提供编程需要的电压。

(2) 系统实现。

根据分析，可以画出 EPROM 与处理器的接线图如图 6.19 所示。需要说明的是本题只从最简单的设计出发考虑，没有考虑处理器再接其他的模块。

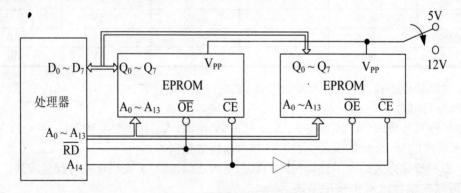

图 6.19　EPROM 与处理器的连接图

6.4.4　电可擦除可编程 ROM

EPROM 的优点是芯片可多次重复编程，但编程时必须把芯片从电路板上取下，用专门的编程器进行编程，并且是对整块芯片编程，不能以字节为单位进行擦写。这在实际使用时很不方便，所以在很多情况下需要使用 EEPROM。

EEPROM(E²PROM)是电可擦除可编程的 ROM，与 EPROM 不同，在擦除和编程写入时，不需要从系统中取下，直接可用电气方式在线编程和擦除；并且它可以以字节为单位进行编程和擦除。

1. E²PROM 的基本存储电路

E²PROM 基本存储电路的结构示意图如图 6.20 所示。它的工作原理与 EPROM 类似，也是采用浮栅技术的可编程存储器。当浮栅上没有电荷时，MOS 管的漏极和源极之间不导电；若设法使浮栅带上电荷，则管子就导通。在 E^2PROM 中，使浮栅带上电荷和擦除电荷的方法与 EPROM 不同。在 E^2PROM 中，在浮栅延长区与漏区之间的交叠处有一个厚度约为 8nm 的薄绝缘层，当漏极接地，控制栅加上足够高的电压时，在交叠区产生的强电场作用下，电子通过绝缘层到达浮栅，使浮栅带负电荷，起编程作用。这一现象称为"隧道效应"，因此，该 MOS 管也称为隧道 MOS 管。当控制栅接地，漏极加一正电压，则产生与上述相反的过程，即浮栅放电，起擦除作用。与 EPROM 相比，E^2PROM 是用电擦除，擦除的速度要快得多。

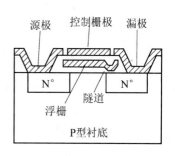

图 6.20 E^2PROM 结构示意图

E^2PROM 电擦除的过程就是改写过程，它可以按字节为单位进行，而不像 EPROM 需要整片擦除。E^2PROM 具有 ROM 的非易失性，又具备类似 RAM 的功能，可以随时改写(可重复擦写 1 万次以上)。目前，大多数 E^2PROM 芯片内部都备有升压电路。因此，只需提供单电源供电，便可进行读、擦除/写操作，为数字系统的设计和在线调试提供了极大的方便。表 6.5 给出了部分典型的 E^2PROM 芯片型号及组织结构。

表 6.5　部分典型 E^2PROM 芯片型号及组织结构

芯片型号	28C17	28C64	28C256	X28C512	28C010	28C020	28C040
芯片容量(位)	2K×8	8K×8	32K×8	64K×8	128K×8	256K×8	512K×8

2. 典型的 E^2PROM 芯片

由于 E^2PROM 特性大同小异，下面以 ATMEL 公司生产的 AT28C64 为例说明 E^2PROM 的特性和工作方式。

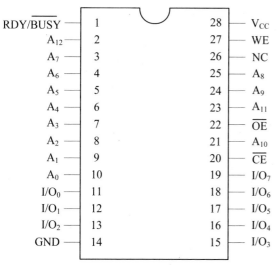

图 6.21　AT28C64 的引脚图

1) AT28C64 芯片的外部特性

AT28C64 是采用 CMOS 工艺制造的 8K×8 位的 EEPROM 芯片，其双列直插型封装引脚排列如图 6.21 所示，共有 28 个引脚，包括以下 5 部分。

(1) 地址线：AT28C64 的地址线为 $A_{12}\sim A_0$，可寻址片内的 8K 个存储单元。

(2) 输入输出线：AT28C64 的 8 位数据线用 $I/O_7\sim I/O_0$ 表示。读操作时为数据输出线，编程操作时为数据输入线。

(3) 片选信号线：该芯片的片选信号线用 $\overline{CE}$ 来表示，是控制该芯片是否被选择的控制线，低电平有效，即当 $\overline{CE}=0$ 时，表示选中该芯片，可进行读写操作。

(4) 读写控制信号线：AT28C64 新的读写控制线包括 $\overline{OE}$、$\overline{WE}$ 和 $\overline{CE}$。其中 RDY/$\overline{BUSY}$ 为

数据输出允许信号线，输入，低电平有效。当 $\overline{CE}=0$，$\overline{OE}=0$，$\overline{WE}=1$ 时，允许数据输出。$\overline{WE}$ 为写允许信号线，输入，低电平有效。当 $\overline{CE}=0$，$\overline{OE}=1$，$\overline{WE}=0$ 时，允许将数据写入指定的存储单元；RDY/$\overline{BUSY}$ 为写结束状态信号线，输出。写入数据时，该引脚为低电平；一旦写入完成，就变为高电平。

(5) 芯片工作电源线：Vcc 为工作电源引脚线，接 +5V。GND 为电源地线。

2) AT28C64 芯片的工作方式

AT28C64 主要的工作方式见表 6.6。

表 6.6　AT28C64 主要的工作方式

工作方式	$\overline{CE}$	$\overline{OE}$	$\overline{WE}$	$I/O_7 \sim I/O_0$
读出	0	0	1	输出
备用	1	×	×	高阻
写入	0	1	0	输入
擦除	0	12V	0	高阻

(1) 读方式：从 E^2PROM 读出数据的过程与从 SRAM 中读取数据的过程类似。当 $\overline{CE}=0$，$\overline{OE}=0$，$\overline{WE}=1$ 时，被选中存储单元的内容被读到 8 位数据线上，并可以被外部设备(包括 CPU)读出。

(2) 待机模式：当 $\overline{CE}$ 为高电平时，AT28C64 工作在待机模式，输出为高阻态。此时芯片功耗下降，工作电流仅为 100μA。

(3) 写入方式：E^2PROM 在编程写入时，有两种方式，字节写入方式和页写入方式。将数据写入 E^2PROM 与写入 SRAM 类似，字节写入方式是一次写入一个字节数据。当进入写周期时，$\overline{OE}$ 为高电平，$\overline{CE}$ 与 $\overline{WE}$ 为低电平。在 $\overline{CE}$ 或 $\overline{WE}$ 的下降沿锁存地址信息，在上升沿锁存将要写入的新数据。在写入新数据之前，内部要先对相应存储单元进行自动擦除操作。RDY/$\overline{BUSY}$ 引脚可用来检查写操作是否结束，只有当 RDY/$\overline{BUSY}$ 为高电平时，才能可是下一字节的写入。

页写入方式是在一个写周期内完成一页的写入。一页的大小取决于 E^2PROM 内部页寄存器的大小。AT28C64 的内部页寄存器为 64B，一页数据在内存中顺序排列。采用页写入方式时，其内部操作是先将要写入的数据写入到页缓冲器中，将要写入的页单元内容自动擦除，最后把页缓冲器中的内容写到相应的单元中。

(4) 擦除方式：擦除实际上就是向存储单元中写入十六进制数 "FFH" 的操作。E^2PROM 既可以一次擦除一个字节，也可以整片擦除。当要擦除一个字节时，只要向该单元写入十六进制数据 FFH，就相当于擦除了该单元。如果要擦除整个芯片，可利用 E^2PROM 的片擦除功能。AT28C64 中，使 $\overline{CE}=0$，OE 引脚加 +12V 电压，同时使 $\overline{WE}$ 为低电平持续 10ms，则芯片中的所有数据位都被清为 1。

6.4.5　闪速存储器

RAM 的特点是读写速度快，缺点是断电后数据会丢失。ROM 的特点是断电后数据不会丢失，但是擦除和写入数据时间较长。因此人们总希望能够有一种写入速度类似于 RAM，断电后又能保存数据的存储器，而闪速存储器就是一种比较理想的选择。闪速存储器是一种非易失性的半导体存储器，属于 E^2PROM 的改进产品。但是与 E^2PROM 相比，闪速存储器特点是存取速度更快、成本低、密度大、擦除和重写更容易、功耗小等。

器特点是存取速度更快、成本低、密度大、擦除和重写更容易、功耗小等。

闪存技术发展很快，应用开发也很迅速，如现在普遍使用的闪存盘，也称为 U 盘，已经取代了以前的软盘。另外，在手机、PDA 等设备中都大量使用着闪存，且与硬盘相比，闪存没有机械运动部件。随着闪存容量的不断增大，价格下降，取代硬盘将是大势所趋。目前许多公司生产闪存，如 AMD、ATMEL、TI 等，且有不同规格的闪存产品，能够适应不同产品的需要，如三星公司的 K9F5608 和 K9F5616，容量是 256MB，组织结构分别为 32M×8 位 和 16M×16 位，ATMEL 公司的 29C256(32K×8 位)、29C512(64K×8 位)、29C010(128K×8 位)、29C020(256K×8 位)、29C040(512K×8 位)、29C080(1024K×8 位) 等。下面以 ST 公司的 28F512 为例介绍闪存的特性和工作原理。

1. 28F512 芯片的外部特性

28F512 的容量是 64KB，其组织结构为 64K×8 位。芯片的引脚排列如图 6.22 所示。为了进一步说明同类芯片意见的兼容性，图中内部一层给出了 28F256 芯片的引脚排列，从图中可以看出，二者除了芯片的第三引脚的作用不同外，其余引脚都兼容，只是地址线前者有 16 根，后者有 15 根。28F512 芯片的引脚包括以下 5 部分。

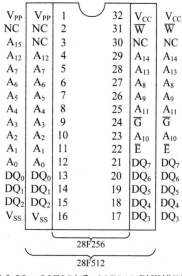

图 6.22　28F256 和 28F512 引脚排列图

(1) 地址线：芯片 28F512 的 16 根地址线用 $A_0 \sim A_{15}$ 来表示，从地址线可以知道，该芯片有 2^{16} 个存储单元。

(2) 数据线：芯片 28F512 的 8 位数据线用 $DQ_0 \sim DQ_7$ 来表示，即表示该存储芯片中一个存储单元有 8 位数据。

(3) 片选控制线：该芯片的片选控制线用 $\overline{E}$ 来表示，低电平有效。

(4) 读写控制线：该芯片的读写控制线用 $\overline{G}$ 和 $\overline{W}$ 来表示，其中 $\overline{G}$ 为数据读允许控制线，低电平有效，表示该引脚为低电平时，可以从芯片中读出数据；$\overline{W}$ 为数据写控制线，也是低电平有效，表示该引脚为低电平时，可以将数据写入到指定单元中。

(5) 电源线：V_{CC} 是芯片的工作电源，接+5V；V_{SS} 是地线；V_{PP} 是芯片的擦除和编程电源，+12V±5%，当 $V_{PP} \leqslant 6.5V$ 时，芯片内存储单元的数据不能改变。

从引脚功能上看，它与 SRAM 类似，不同的是该芯片在写入数据时需要提供编程电压。

2. 28F512 芯片的操作方式

28F512 芯片有只读工作方式和读/写工作方式，详细内容见表 6.7。

表 6.7　28F512 的操作方式

操作方式		V_{PP}	$\overline{E}$	$\overline{G}$	$\overline{W}$	A_9	$D_{Q0} \sim D_{Q7}$
只读方式	读	V_{PPL}	0	0	1	A_9	数据输出
	输出禁止	V_{PPL}	0	1	1	X	高阻态

续表

操作方式		V_{PP}	$\overline{E}$	$\overline{G}$	$\overline{W}$	A_9	$D_{Q0} \sim D_{Q7}$
方式	待机模式	V_{PPL}	1	X	X	X	高阻态
	厂码识别	V_{PPL}	0	0	1	V_{ID}	厂码输出
读/写方式	读	V_{PPH}	0	0	1	A_9	数据输出
	写	V_{PPH}	0	1	0	A_9	数据输入
	输出禁止	V_{PPH}	0	1	1	X	高阻态
	待机模式	V_{PPH}	1	X	X	X	高阻态

注：X 表示不确定，可以是高电平，也可以是低电平；V_{PPL} 表示低电位，表示引脚 V_{PP} 通过电阻接地，或使 $V_{PP} \leqslant 6.5V$；V_{PPH} 表示满足编程所需的电压，要求 $11.4V \leqslant V_{PP} \leqslant 12.6V$。

当 $V_{PP} \leqslant 6.5V$ 时，芯片工作在只读方式，其用法实际上与 EPROM 芯片的工作方式一样，通过控制片选信号线、输出允许信号线和写允许信号线使芯片工作在读操作、输出禁止、待机模式和厂码识别等方式。当 $11.4V \leqslant V_{PP} \leqslant 12.6V$ 时，芯片进入读/写方式。表示可以对芯片进行读操作、擦除和写入编程操作。

28F512 闪存芯片可以电擦除和编程，这些功能都是通过一个命令寄存器来管理的。当 V_{PP} 引脚的电压不大于 6.5V 时，命令寄存器被禁用，实际上闪存的操作模式此时仅相当于 EPROM 芯片，有 4 种工作模式：读操作，输出操作禁止，待机模式和厂码识别。当 V_{PP} 引脚电压上升到 12V 时，就可以将命令字写入命令寄存器，启动并执行擦除、擦除校验、编程、编程校验和复位模式。28F512 命令寄存器的具体定义见表 6.8。

表 6.8　28F512 闪存芯片命令寄存器定义

命令	需要周期	第一周期			第二周期		
		操作	$A_0 \sim A_{16}$	$DQ_0 \sim DQ_7$	操作	$A_0 \sim A_{16}$	$DQ_0 \sim DQ_7$
读命令	1	写	X	00H			
厂码识别	2	写	X	90H	读	00000H	20H
					读	00001H	02H
启动擦除/擦除	2	写	X	20H	写	X	20H
擦除校验	2	写	$A_0 \sim A_{16}$	A0H	读	X	数据输出
启动编程/编程	2	写	X	40H	写	$A_0 \sim A_{16}$	数据输入
编程校验	2	写	X	C0H	读	X	数据输出
复位	2	写	X	FFH	写	X	FFH

注：X 表示不确定，可以是高电平，也可以是低电平。

从表 6.8 中可以看出 28F512 芯片的擦除/编程工作模式都需要两个周期，每种模式都是在第一个周期执行写操作，在第二个周期执行读操作或者写操作。

启动擦除/擦除操作命令：具体的擦除流程如图 6.23(a)所示。执行擦除命令前需要将所有的字节都写入 00H，最后将存储单元的内容改为 FFH。这个操作命令需要在第一个周期写入启动擦除命令字 20H，紧接着在第二个周期再次写入命令字 20H，这样就开始对芯片进行擦除操作。也就是连续两次写入命令字 20H 才能启动擦除操作。擦除完成后等候 10ms，紧接着就开始擦除校验。第一次启动擦除校验模式是向命令寄存器中写入十六进制的命令字 A0H，在 $\overline{W}$ 脉冲的上升沿停止擦除操作，接着开始读取需要校验的存储单元的数据并进

行校验，如果读出的是 FFH，则认为该单元被擦除干净，否则对最后校验的存储单元重
新执行擦除和擦除校验操作。如果执行擦除次数达上限 10000 次，则擦除失败，认为芯
片损坏。

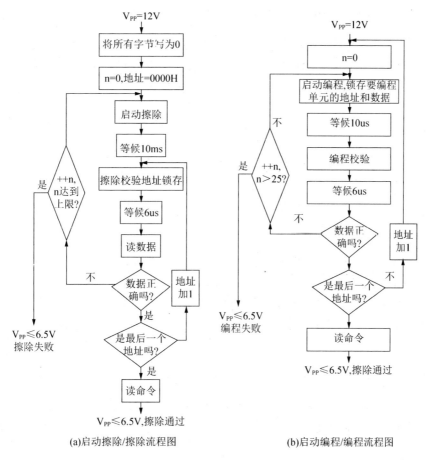

(a)启动擦除/擦除流程图   (b)启动编程/编程流程图

图 6.23   28F512 芯片的擦除和编程流程图

启动编程/编程操作命令：具体编程流程图如图 6.23(b)所示。启动编程命令是连续两个
周期向命令寄存器中写入命令字 40H，并在第二个周期锁存要编程存储单元的地址和数据，
在这个周期内，$\overline{W}$ 脉冲的上升沿启动编程操作。系统在对一个单元编程结束后等待 10μs，
接着通过向命令寄存器中写入十六进制命令字 C0H，启动编程检验。如果校验成功，就转
入对下一个单元的编程，否则对该单元重新编程。对同一单元最多可以编程 25 次。

6.5   存储器的接口技术

在微机系统中，存储器通过总线与 CPU 相连。CPU 对存储器进行读写操作时，首先通
过地址总线给出地址信号，选择要进行读/写操作的存储单元，然后通过控制总线发出相应
的读/写控制信号，最后才能在数据总线上进行数据交换。所以，存储芯片与 CPU 之间的
连接，实质上就是其与数据总线、地址总线和控制总线这 3 种系统总线的连接。

6.5.1 存储器接口设计应考虑的问题

在进行存储器接口设计时，要考虑以下几个问题。

1. CPU总线的负载能力

CPU的总线驱动能力是有限的，8086 CPU 输出线一般只具有直流驱动5个TTL或10个CMOS逻辑器件的能力。现在的存储器一般都为MOS电路，直流负载很小，故在小型系统中，CPU可以直接与存储器相连。而在较大的系统中，由于CPU的接口电路较多，存储芯片容量较大，此时不仅要考虑直流负载，还要考虑交流负载(主要是电容负载)，另外在CPU的负载能力不能满足要求时，还需要考虑缓冲器输出所带来的负载。因此设计存储系统时，对单向传送的地址和控制总线，可考虑采用三态锁存器和三态单向驱动器等加以锁存和驱动，如74LS273、74LS373和三态单向驱动器74LS244、74LS367等；对双向传送的数据总线，可以考虑采用三态双向驱动器来加以驱动，如三态双向驱动器74LS245、74HC245等，以保证系统的总线驱动能力可以满足系统的需要。

2. 存储器的地址分配和片选问题

内存通常分为RAM和ROM两大部分，而RAM又分为系统区(即机器的监控程序或操作系统占用的区域)和用户区，用户区又要分成数据区和程序区，ROM的分配也类似，所以内存的地址分配是一个重要的问题。另外，目前生产的存储芯片，单片的容量仍然是有限的，通常总是要由多片存储芯片才能组成一个存储系统，这里就会出现一个如何产生片选信号以访问不同存储芯片的问题。根据存储系统的要求不同，这个问题会有不同解决方法。

3. CPU和存储器之间的读写时序的配合

CPU在对存储器读或写操作时，是有固定时序的，因此，存储器的存取时序和速度需满足CPU的存取时序要求，即在CPU发出地址和读写控制信号后，存储器必须在规定时间内送出或送入数据。这就要求CPU的读写时间必须大于存储器所要求的存取时间。如不能满足，就需要更换存储器或者在访问总线周期中插入等待状态，以实现读写时序配合与操作的同步。

4. 控制信号的连接

CPU在与存储器交换信息时，通常有以下几个控制信号，$\overline{IO}/M$(或 $IO/\overline{M}$)、$\overline{RD}$、$\overline{WR}$以及WAIT信号，其中$\overline{IO}/M$表示CPU访问外部的输入/输出设备或者访问存储器的控制信号，$\overline{RD}$表示CPU读取存储器数据的控制信号，$\overline{WR}$表示将数据写入存储器的控制信号，这些信号如何与存储器要求的控制信号相连，以实现所需的控制功能，也是设计存储系统需要考虑的一个问题。

6.5.2 存储器的扩展技术

存储器与CPU的连接主要是它们之间数据总线、地址总线和控制总线的连接。由于存储芯片的容量有限，在构成实际的存储器时，单个芯片往往不能满足存储系统对存储器位数(数据线的位数)或字数(存储单元的个数)的要求，需要用多个存储芯片进行组合，以满足对存储容量的要求。这种组合称为存储器的扩展，通常有位扩展、字扩展和字位扩展三种方式。

1. 位扩展

微型计算机中，存储器的大小通常是按字节来度量的。例如 8086 CPU 有 16 位数据线，可以同时访问 16 位数据，而如果一个存储芯片不能同时提供 16 位数据时，就需要把几块芯片组合起来使用构成 16 位数据，这就是存储系统的"位扩展"。现在的微机有 32 位、64 位甚至 128 位，即可以同时对存储器进行 32 位、64 位甚至 128 位数据的存取，同样存在"位扩展"问题。通过位扩展把多个存储芯片组成一个整体，使数据位数增加，但单元个数不变。经位扩展构成的存储器，CPU 每次访问的多位数据分别存储在不同的存储芯片中。

位扩展构成的存储器在电路连接时采用的方法是将每个存储芯片的数据线分别接到系统数据总线的不同位上，地址线和各类控制线(包括选片信号线、读/写信号线等)则并联在一起。下面以 Intel 公司生产的 SRAM 2114 芯片为例，来说明位扩展技术。

【例 6.2】用 1K×4 位的 2114 芯片为 8086 CPU 设计一个 1K×8 位的存储系统。

1) 分析

(1) 由于每个芯片的存储单元为 1K，能满足本题存储系统的存储单元要求。但由于每个芯片只能提供 4 位数据，而系统要求 8 位数据，故需用 2(8/4＝2)片 2114 芯片，它们分别提供 4 位数据至系统的数据总线，以满足存储系统的字长要求。

(2) 根据步骤(1)的分析，数据线按芯片编号连接，1 号 2114 芯片的 4 位数据线依次接至系统数据总线的低 4 位 $D_0 \sim D_3$，2 号 2114 芯片的 4 位数据线依次接至系统数据总线的高 4 位 $D_4 \sim D_7$，以满足系统能同时访问 8 位数据的要求。

(3) 根据题意，每个芯片的 10 位地址线应按照引脚名称一一并联，按次序接到系统地址总线的低 10 位，以满足系统寻址 1K 个存储单元的需要。

(4) 两个芯片的 $\overline{WE}$ 端应该并联，接到系统控制总线的存储器写信号 $\overline{WR}$。

(5) 片选信号 $\overline{CS}$ 并联后接至地址译码器的输出端，而地址译码器的输入则由系统高位地址线和 $\overline{M}/IO$ 的组合来承担。

2) 系统设计及实现

根据上述对系统的分析，本题存储系统的硬件接线图如图 6.24 所示。

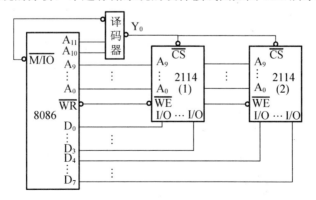

图 6.24 位扩展电路接线图

从图 6.24 中可以看出，存储系统每个存储单元(即 CPU 每次访问的一个地址对应的单元)的内容存放在不同的存储芯片中。1 号 2114 存储芯片存放的是每个存储系统存储单元的低 4 位，2 号 2114 存储芯片存放的是每个存储系统存储单元的高 4 位。而总的存储单元个数保持不变。存储系统工作时,系统同时选中两个芯片,在读/写信号的作用下,两个芯片的数据同时读出或写入,产生一个字节的输入输出。根据硬件接线图,可以分析出该存储器的地址分配范围见表6.9(假设只考虑16位地址)。

表 6.9　图 6.24 中存储芯片的地址范围

地　　址　　码		芯 片 的 地 址 范 围
$A_{15} \cdots A_{12}$　A_{11}　A_{10}　A_9　A_8　$A_7 \cdots A_0$		
×　×　0　0　0　0　0 ···0		0000H
···		···
×　×　0　0　1　1　1 ···1		03FFH

注:×表示可以任选值,这里计算地址范围时均选为0。

2. 字扩展

字扩展是对存储器存储单元数量的扩展,即存储芯片的字长(存储单元中数据位数)符合存储系统的要求,但其容量(存储单元的个数)不能满足系统要求,这种情况下就需要增加存储单元的数量,也就是进行字扩展。

字扩展构成的存储系统在电路连接时采用的方法是将每个存储芯片的数据线、地址线、读写等控制线与系统总线的同名线相连,仅将各个芯片的片选信号分别连到地址译码器的不同输出端,用片选信号来区分各个芯片的地址。下面以2716A存储芯片为例加以说明。

【例6.3】用 2K×8 位的 2716A 存储芯片为 8086 CPU 设计一个 8K×8 位的存储系统。

1) 分析

(1) 由于 2716A 芯片的字长为 8 位,故满足存储系统的字长要求。但由于每个芯片只能提供 2K 个存储单元,所以要构成容量为 8K 的存储系统,需要 8K/2K=4 片 2716A,以满足存储系统的容量要求。

(2) 每个芯片的 8 位数据线依次接至系统数据总线的 $D_0 \sim D_7$。

(3) 每个芯片的 11 位地址线按引脚名称一一并联,然后按次序与系统地址总线的低 11 位相连(即 2^{11} 可以寻址每个存储芯片的 2K 个存储单元);但是为了区分 4 个不同的存储芯片,需要通过存储芯片的片选端来识别,因此将存储芯片的片选端 $\overline{CE}$ 引脚分别接至地址译码器的不同输出端,地址译码器的输入则由系统地址总线的高位来承担。

(4) 四个芯片的输出使能端 $\overline{OE}$ 并联后接到 8086 CPU 的读信号。

2) 系统设计及实现

根据上述对系统分析,可以画出存储系统的硬件接线图如图 6.25 所示。

从图 6.25 中可以看出,高位地址经译码器得到译码信号,分别选中不同的芯片,使得不同芯片有不同地址,低位地址则同时到达每个芯片以选中相应单元。在读信号的作用下,选中芯片的数据被读出并送到系统数据总线上,产生一个字节的输出。各芯片的地址范围见表6.10。

3. 字位扩展

字位扩展是从存储芯片的位数和存储单元数两个方面同时进行扩展。在构成一个存储系统时,如果存储芯片的字长和存储单元数均不符合存储系统的要求,此时需要用多个芯片同时进行位扩展和字扩展,以满足系统的要求。进行字位扩展时,通常是先进行位扩展,按存储器字长要求构成芯片组满足存储系统对位数的要求，然后再用这样的芯片组进行字扩展，以满足存储系统存储容量要求。

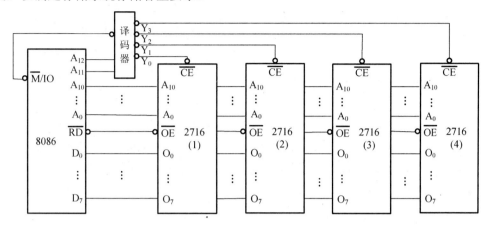

图 6.25 用 2716A 构成 8KB 的存储系统

表 6.10 2716A 各芯片的地址范围

存储芯片	地址码			地址范围
	$A_{19} \ldots A_{13}$	$A_{12} A_{11}$	$A_{10} \cdots A_0$	
2716(1)	× … ×	0 0	0 … 0	00000H
		⋮		⋮
	× … ×	0 0	1 … 1	007FFH
2716(2)	× … ×	0 1	0 … 0	00800H
		⋮		⋮
	× … ×	0 1	1 … 1	00FFFH
2716(3)	× … ×	1 0	0 … 0	01000H
		⋮		⋮
	× … ×	1 0	1 … 1	017FFH
2716(4)	× … ×	1 1	0 … 0	01800H
		⋮		⋮
	× … ×	1 1	1 … 1	01FFFH

注：×表示可以任选值，在这里计算地址范围时均选 0。

【例 6.4】用 Intel 2114 芯片为 8086 CPU 设计一个 2KB 的存储系统。

1) 分析

(1) 由于 Intel 2114 芯片的组织结构为 1K×4 位，字长为 4 位，因此首先要采用位扩展的方法，使存储芯片满足系统数据位的需求，满足系统存储位的需求需要 2 片 2114，称为一组，每组中的两片 2114 分别用来保存数据的高 4 位和低 4 位。

(2) 根据系统 2KB 的容量要求，需要两组(2K/1K＝2)芯片组，分别记为 1#和 2#，因此需要利用字扩展方法对系统进行存储单元扩展，即字扩展，以满足系统需要。同时，存储芯片的地址线并联与 CPU 的低位地址线 $A_9 \sim A_0$ 相连接。

(3) 写控制信号线并联在一起与 CPU 的写控制信号线连接。

(4) 要区分不同芯片组,需要利用 CPU 的高位地址线通过译码器来实现,因此这里可以将每组芯片的片选端 $\overline{CE}$ 并联起来分别与译码器的输出端连接,即第一组(1#)两片 2114 芯片的片选端 $\overline{CE}$ 并联连接在一起与译码器的输出端 $\overline{Y_0}$ 连接,第二组(2#)两片 2114 芯片的片选端 $\overline{CE}$ 并联连接在一起与译码器的输出端 $\overline{Y_1}$ 连接。译码器的输入连接到 CPU 的高位地址线 A_{10} 和 A_{11},控制端接来自 CPU 的控制信号端 $\overline{M/IO}$。

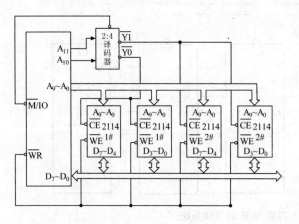

图 6.26 用 2114 组成 2KB 的存储系统图

2) 系统设计及实现

根据对系统分析,可以画出存储系统的硬件接线图如图 6.26 所示。图中两个虚线框分别表示两个芯片组,分别用 1#和 2#表示。

从图 6.26 可看出,当 CPU 访问存储器时,送出高位地址信号 A_{10} 和 A_{11} 通过译码器可以分别选中不同的芯片组;送出的低位地址信号 $A_9 \sim A_0$ 同时到达每一个芯片组,选中它们的相应单元。在读/写信号的作用下,选中的芯片组字节数据被读出,送到系统数据总线,或者将来自数据总线上的字节数据写入芯片组。根据硬件接线图,该存储系统不同芯片组的地址分配范围见表 6.11。

表 6.11 各芯片组的地址范围

芯片组	地址码				地址范围
	$A_{19} \cdots A_{12}$	A_{11} A_{10}	$A_9 \cdots A_0$		
2114(1#)	$\times \cdots \times$	0 0	$0 \cdots 0$		00000H
		⋮			⋮
	$\times \cdots \times$	0 0	$1 \cdots 1$		003FFH
2114(2#)	$\times \cdots \times$	0 1	$0 \cdots 0$		00400H
		⋮			⋮
	$\times \cdots \times$	0 1	$1 \cdots 1$		007FFH

注:×表示可以任选值,在这里均选 0。

微型机中内存条就是字位扩展应用的一个典型实例。由于存储芯片生产厂商生产的存储芯片的字长通常都是 1 位的,如 64M×1 位,128M×1 位等,因此内存条生产厂商就需要用位扩展的方法将若干个芯片组装成内存模块,如用 8 片 64M×1 位的芯片组成 64MB 的内存模块;再根据系统配置内存容量的不同,选择合适数目的内存模块组成内存条,即实现字扩展。

内存扩展的次序一般是先进行位扩展,以构成满足字长要求的内存模块,然后再用若干个这样的模块进行字扩展,完成字位扩展,使总容量满足要求。这也是内存条上有多片存储芯片的原因所在。

【例 6.5】用 Intel 2164A 设计容量为 128KB 的 DRAM 内存系统。

1) 分析

(1) Intel 2164A 是 64K×1 位的芯片,所以首先要进行位扩展,用 8 片 2164A 组成 64KB 的芯片组,然后再用两组这样的芯片组进行字扩展。所需的芯片数为(128/64)×(8/1)＝16 片。

(2) 要寻址 128K 个内存单元至少需要 17 位地址信号线(2^{17}＝128K),而 Intel 2164A 有 64K 个单元。需要 16 根地址信号线(分为行和列),余下的 1 根地址线用于区分两个 64KB 的存储模块。

2) 系统设计及实现

根据上述对内存系统的分析,电路连接简图如图 6.27 所示。

综上所述,可以得出存储系统容量的扩展可遵循以下步骤。

(1) 根据存储系统容量要求选择合适存储芯片(如果系统已经给出,可忽略这步直接到第(2)步)。

(2) 判断存储芯片的位数是否满足存储系统要求,若存储芯片的位数不满足要求,则将多片存储芯片并联进行位扩展,形成满足存储系统字长要求的芯片组。

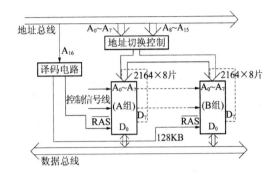

图 6.27　用 Intel 2164A 构成容量为 128KB 的 DRAM 内存电路简图

(3) 判断(2)中芯片组的容量是否满足存储系统的要求,如果不满足,则用多个芯片组并联连接进行字扩展,以满足存储系统的容量要求。

6.5.3　存储器的地址译码

微机系统一般都包含多片芯片(包括存储芯片和其他芯片)。CPU 要访问存储芯片,就要使存储芯片的片选信号 $\overline{CS}$(或 CE)有效,称为片选。在选中存储芯片后,CPU 访问存储芯片内部的每个存储单元,称为片内寻址(或字选)。在实际应用中,实现片内寻址只要将系统地址总线的低位地址线对应连接到存储芯片的地址线即可。实现片选一般是利用地址总线的高位地址线产生存储芯片的片选信号 $\overline{CS}$,实现片选的方法通常有下列 3 种:线选法、全译码法和部分译码法。

1. 线选法

线选法是指地址总线的低位地址线连接存储芯片的地址线引脚,用于片内寻址,用剩余的高位地址线直接连接存储器的片选信号以实现片选。如图 6.28 给出了一个利用线选法实现片选的存储系统的示意图,图中是一个为 CPU 设计有 3 片 6264(8K×8 位)的存储系统,CPU 地址总线上的低 13 位地址线 $A_0 \sim A_{12}$ 并联连接到三片 6264 的地址线以实现片内寻址。用 CPU 的高位地址线 $A_{13} \sim A_{15}$(图中粗线表示)连接三片 6264 的片选信号线 CE_2 以实现芯片的选择(6264 的另外一个片选信号线 $\overline{CE_1}$ 接低电平)。这种方法的特点是电路简单,但不能充分利用系统的存储空间,空间利用率低,各个芯片之间的地址空间不连续。根据硬件连接图可以知道 3 片 6264 芯片的地址空间分别为:2000H～3FFFH、4000H～5FFFH、8000H～9FFFH,详见表 6.12。表中虚线是为了方便将寻址码(二进制)与地址范围(十六进制)对应而设。从表 6.12 中可以看出,3 片 6264 存储芯片的地址范围不是连续的,而且初始地

址也不是从 0000H 开始，而是从 2000H 开始。地址的不连续会给编程带来一定的困难，且
CPU 连接的存储器越多，需要的地址线越多。这种方法在系统中芯片较多时不适用。

表6.12　三片 6264 的地址范围

芯片	片选地址码			片内寻址码							地址范围
	A_{15}	A_{14}	A_{13}	A_{12}	A_{11}	A_{10}	A_9	A_8	A_7	$\cdots$	A_0	
6264(1#)	0	0	1	0	0	0	0	0	0	$\cdots$	0	2000H
						$\vdots$						$\vdots$
				1	1	1	1	1	1	$\cdots$	1	3FFFH
6264(2#)	0	1	0	0	0	0	0	0	0	$\cdots$	0	4000H
						$\vdots$						$\vdots$
				1	1	1	1	1	1	$\cdots$	1	5FFFH
6264(3#)	1	0	0	0	0	0	0	0	0	$\cdots$	0	8000H
						$\vdots$						$\vdots$
				1	1	1	1	1	1	$\cdots$	1	9FFFH

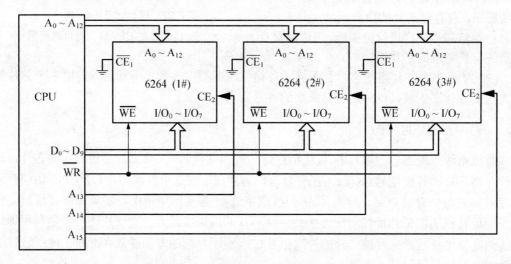

图 6.28　线选法实现片选的存储系统示意图

2. 全译码法

全译码法是将 CPU 提供地址总线的低位地址线连接存储器的地址线用于片内寻址，然
后将剩下的所有高位地址线全部作为译码电路的输入，用译码电路的输出作为存储器的片
选信号，以实现片选。由于这种方法使用了 CPU 提供的全部地址线，因此称这种方法为全
译码法。这种方法可以保证存储芯片内部的每一个存储单元都具有唯一的地址。另外由于
译码电路的不同，因此实现全译码的译码电路构成不是唯一的，既可以利用基本逻辑门电
路构成，也可以用译码器实现。常用的译码器有 74LS138、74LS139 和 74LS154 等。

下面以 74LS138 为例说明全译码法。74LS138 是 3-8 译码器，有 3 个选择输入端，3
个控制输入端以及 8 个输出端，输出端为低电平有效。其引脚排列与真值表见图 6.29。

【例 6.6】已知某 CPU 可以寻址 1M 的地址空间，现用全译码法为该 CPU 设计一个
512K×8 位的存储系统。要求：(1)存储芯片的组织结构为 64K×8 位；(2)用 74LS138 译码

器实现译码；(3)假设数据总线宽度为 8，不需要扩展。试画出系统的硬件连接电路图，给出每片存储芯片的地址范围，并分析如果采用线选法能否实现，为什么？

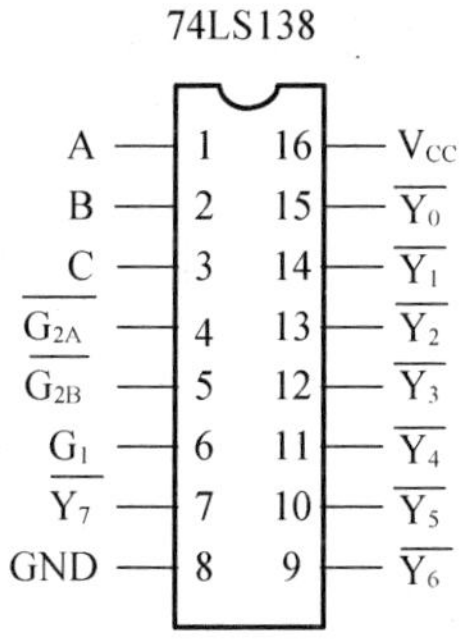

74LS138

控制端			输入端			输出有效端
G_1	$\overline{G_{2A}}$	$\overline{G_{2B}}$	C	B	A	
1	0	0	0	0	0	$\overline{Y_0}$
			0	0	1	$\overline{Y_1}$
			0	1	0	$\overline{Y_2}$
			0	1	1	$\overline{Y_3}$
			1	0	0	$\overline{Y_4}$
			1	0	1	$\overline{Y_5}$
			1	1	0	$\overline{Y_6}$
			1	1	1	$\overline{Y_7}$

图 6.29　74LS138 引脚分布和真值表

1) 分析

(1) 存储芯片的组织结构 $64K\times8$，可知存储芯片有 16 根地址线($64K=2^{16}$)；因数据总线宽度为 8，故存储系统不需要位扩展，因此要设计一个 $512K\times8$ 的存储系统，需要 8 片($512K/64K=8$)存储芯片。

(2) CPU 可寻址 1M 的空间，可知 CPU 有 20($1M=2^{20}$)根地址线：$A_0\sim A_{19}$。根据存储芯片的组织结构知：CPU 的低 16 位地址线($A_0\sim A_{15}$)用于实现存储芯片的片内寻址(由于存储芯片有 16 根地址线)。

(3) 要用全译码方法实现片选，必须用 CPU 高 4 位地址线 $A_{16}\sim A_{19}$ 的全部作为译码器的输入参与译码，这里用高 4 位地址线中的三位 $A_{16}\sim A_{18}$ 作为译码器的输入，余下的最高位 A_{19} 作为 3-8 译码器控制端的控制输入，以保证所有地址线都参与译码。

(4) 译码器输出的 8 路信号用于片选 8 片存储芯片，来自 CPU 的最高位地址线 A_{19} 和读允许控制线 $\overline{RD}$ 用于译码器的控制输入端。这样所有的地址线就都参与了译码。根据译码器的真值表和电路图，得出 8 片存储芯片的地址空间见表 6.13。

表 6.13　全译码法片选 8 片存储芯片的地址空间

存储芯片编号	存储器地址范围	存储芯片编号	存储器地址范围
(1)	00000H～0FFFFH	(5)	40000H～4FFFFH
(2)	10000H～1FFFFH	(6)	50000H～5FFFFH
(3)	20000H～2FFFFH	(7)	60000H～6FFFFH
(4)	30000H～3FFFFH	(8)	70000H～7FFFFH

2) 系统设计及实现

根据对系统需求分析，采用全译码方法的译码电路如图 6.30 所示，图中 8 片存储芯片分别记为：(1)、(2)、(3)、(4)、(5)、(6)、(7)和(8)，且 8 片存储芯片的片选信号分别连接到 74LS138 译码器的 8 个输出端口，以实现对 8 片存储芯片的片选。需要说明的是，如果用线选法而不用任何门电路寻址 8 片存储芯片，则需要 8 根地址线才能实现。而从上面分析可以知道，地址总线的低 16 位用于片内寻址后，只剩下高 4 位地址线，即只有 4 根地址线：$A_{16}\sim A_{19}$，不足以线选 8 片存储芯片，因此不能利用线选法直接实现 8 片存储芯片的片选；在这种寻址方法中，因所有的地址线都参与了存储芯片内或片外的地址译码，因此不会产生地址的多义性和不连续性，但是电路相对复杂一些。

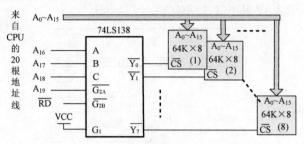
图 6.30 全译码法实现片选的译码电路图

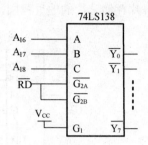
图 6.31 部分译码法译码电路

3. 部分地址译码法

部分地址译码法与全译码法的主要区别在于地址总线的低位地址线连接存储芯片的地址线用于存储芯片的片内寻址后，只是将剩下的高位地址线中的一部分作为译码器的输入(即没有全部参与译码)，经译码后产生片选信号。那些没有参与译码的高位地址可以是高电平，也可以是低电平。由于高位地址没有全部参加译码，因此译码电路简单，但缺点是存储系统的地址会出现不连续和多义性，会造成系统地址空间资源的浪费。

以例 6.6 为例，如果采用部分译码方法，这里假设最高位地址线 A_{19} 不参与译码，则译码电路如图 6.31 所示。根据 74LS138 的真值表和电路连接，得出 8 片存储芯片的地址空间见表 6.14。

表 6.14 部分译码法片选 8 片存储芯片的地址空间

芯片编号	存储器地址范围	芯片编号	存储器地址范围
(1)	00000H～0FFFFH 或 80000H～8FFFFH	(5)	40000H～4FFFFH 或 C0000H～CFFFFH
(2)	10000H～1FFFFH 或 90000H～9FFFFH	(6)	50000H～5FFFFH 或 D0000H～DFFFFH
(3)	20000H～2FFFFH 或 A0000H～AFFFFH	(7)	60000H～6FFFFH 或 E0000H～EFFFFH
(4)	30000H～3FFFFH 或 B0000H～BFFFFH	(8)	70000H～7FFFFH 或 F0000H～FFFFFH

从表 6.14 中可以看出，采用部分译码后，由于没有考虑最高位地址线 A_{19} 的值，导致每片存储芯片的地址空间都不是唯一的，存在地址多义性的问题，如存储芯片(1)的地址范围可以是 00000H～07FFFH(最高位地址线 A19 取低电平)，也可以是 80000H～87FFFH(最高位地址线 A_{19} 取高电平)。如果不参加译码的是最高 5 位地址线中的其他地址线，还会出现地址空间的不连续性的问题。因此，地址译码电路的设计也是存储系统设计时需要考虑的一个问题。

6.5.4 存储系统设计应用举例

存储系统设计一般按下列步骤进行。

(1) 根据系统要求的起始地址，确定各存储芯片在整个存储空间中的位置，画出相应的地址分配图或列出地址分配表。

(2) 根据得到的地址分配图或地址分配表画出相应的地址位图，以此确定片选地址线和片内寻址地址线，从而画出译码电路图。

(3) 最后根据译码电路图，画出存储系统中地址总线的接口连接图。

在设计存储系统时，由于存储系统往往需要有不同类型的存储器，而存储器的容量还不一定相同，这样在系统设计时就会出现两种情况：①不同类型存储器的容量相同；②不同类型存储器的容量不同。当不同类型的存储器容量相同时，那么地址分配相对简单；如果不同类型的存储器容量不同时，因需要二级译码，译码电路相对复杂，相应的会导致存储系统设计变得复杂。下面分这两种情况举例说明。

1. 不同类型存储器的容量相同时系统设计

【例 6.7】已知某 CPU 有 16 根地址线，8 根数据线。现为其设计一个容量为 16KB 的存储系统，要求：EPROM 为 8KB，地址从 0000H 开始，RAM 为 8KB，地址从 2000H 开始，片选信号采用全译码方法实现。试设计该存储系统，并画出硬件接线图。

1) 分析

(1) 根据题意知，系统需要 8KB 的 EPROM 和 8KB 的 RAM，因此这里 EPROM 选用 8KB 大小的 2764，RAM 选用 8KB 大小的 6264，两个存储芯片片内寻址都需要 13 根地址线($8K = 2^{13}$)。另外根据起始地址的要求，得出存储系统存储芯片的地址分配见表 6.15。

表 6.15　存储芯片地址分配表

存储芯片	芯片容量	片内寻址线	存储器地址范围
2764	8KB	$A_0 \sim A_{12}$	0000H～1FFFH
6264	8KB	$A_0 \sim A_{12}$	2000H～3FFFH

(2) 这里采用 74LS138 译码器产生存储芯片的片选信号。要实现存储芯片片内寻址，需要将 CPU 的低 13 位地址线 $A_0 \sim A_{12}$ 连接存储芯片的地址线。题中要求采用全译码方法实现片选，因此 CPU 剩余的 3 根地址线 $A_{13} \sim A_{15}$ 要全部作为译码器的输入控制产生片选信号；两片存储芯片的地址空间都是 8K，这里采用 A_{13} 和 A_{14} 作为译码输入，A_{15} 作为译码器的控制端输入，译码器的控制端 $\overline{G2B}$ 连接 CPU 的选择存储器控制线 IO/$\overline{M}$。译码电路和输出控制端的地址范围如图 6.32 所示。

(3) 分析并画出存储芯片与 CPU 地址总线的接口连线图。根据分析，存储芯片 6264 和 2764 A 的地址线 $A_0 \sim A_{12}$ 并联与 CPU 的地址线 $A_0 \sim A_{12}$ 连接；存储芯片 6264 的片选信号 $\overline{CE1}$ 连接译码器的输出信号 $\overline{Y1}$，片选信号 CE2 接高电平，存储芯片 2764 的片选信号 $\overline{E1}$ 连接译码器的输出信号 $\overline{Y0}$，这样存储芯片 2764 A 和 6264 的开始地址就分别设置为 0000H 和 2000H。因此可以画出存储芯片地址线与系统地址总线的详细连接如图 6.33 所示。

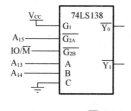

片选信号	$A_{15}\,A_{14}\,A_{13}$	$A_{12} \cdots A_0$	选址范围
$\overline{Y_0}$	0　0　0	0 ⋯ 0 ~ 1 ⋯ 1	0000H ~ 1FFFH
$\overline{Y_1}$	0　0　1	0 ⋯ 0 ~ 1 ⋯ 1	2000H ~ 3FFFH

图 6.32　译码电路设计和选址范围分布图

(4) 读写控制信号和数据线的连接分析。6264 的输出允许信号 $\overline{OE}$ 与 CPU 的读允许信号 $\overline{RD}$ 连接，写允许信号 $\overline{WE}$ 与 CPU 的写信号线 $\overline{WR}$ 连接，6264 的数据总线与 CPU 的数据线对应连接；2764 的输出使能 $\overline{G}$ 与 CPU 的读允许信号 $\overline{RD}$ 连接，2764 的数据线与 CPU 的数据线对应连接。

2) 系统设计与实现

根据上述分析,可以画出系统硬件电路接线图如图 6.34 所示。

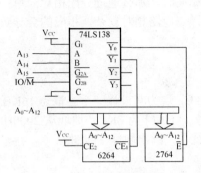 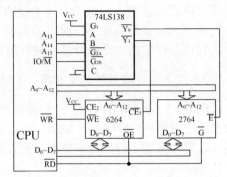

图 6.33 存储芯片地址线与系统地址总线连接电路图　　图 6.34　16KB 存储系统电路接线图

2. 不同类型存储器的容量不同时系统设计

在实际存储系统设计中,会出现如下几个要求:①系统中的 RAM 和 ROM 的容量不相同;②存储器 RAM 和存储器 ROM 中间有保留空间,即要求存储器的地址不连续;③要求 RAM 和 ROM 的地址必须一起考虑。下面通过举例来说明如何满足这些要求。

【例 6.8】已知 CPU 有 20 根地址线,为系统设计 16KB 的 RAM 和 8KB 的 ROM,要求:①用组织结构为 8K×8 的 RAM 和 4K×8 的 ROM 存储芯片;②RAM 的起始地址分别为 0000H 和 4000H,ROM 的起始地址分别为 8000H 和 A000H;③存储器的地址空间不能重叠且不存在多义性。试为该 CPU 设计存储系统并画出连接电路图。

1) 分析

(1) CPU 有 20 根地址线,能够寻址 1M 的地址空间。根据题意知,存储器地址空间不能重叠且不能存在多义性,那么需采用全译码法,这里采用 74LS138 译码器实现译码。

(2) 分析各存储芯片的地址分配。根据题意知,存储系统需要 2 片 RAM(16K/8K=2) 和 2 片 ROM(8K/4K=2)共 4 片存储芯片。这里 RAM 选用 6264,ROM 选用 2764,其中 2 片 6264 的起始地址分别是 0000H 和 4000H,2 片 2764 的起始地址分别为 8000H 和 A000H;此外由于 6264 的容量是 8KB,片内寻址需要 13 根地址线 $A_0 \sim A_{12}$,2764 存储容量是 4KB,片内寻址需要 12 根地址线 $A_0 \sim A_{11}$,根据上述要求可以得出每个存储芯片的地址分配,具体内容见表 6.16。

表 6.16　存储芯片地址分配表

芯片编号	芯片型号	芯片容量	存储芯片地址范围	片内寻址地址线
#1	6264	8KB	0000H ～ 1FFFH	$A_{12} \sim A_0$
#2	6264	8KB	4000H ～ 5FFFH	$A_{12} \sim A_0$
#3	2764	4KB	8000H ～ 8FFFH	$A_{11} \sim A_0$
#4	2764	4KB	A000H ～ AFFFH	$A_{11} \sim A_0$

(3) 根据表 6.16 各个存储芯片的地址分配表画地址位图。由于 6264 的容量是 8KB,片内寻址使用 13 根地址线 $A_0 \sim A_{12}$。采用全译码法就要求剩余的地址线 $A_{13} \sim A_{19}$ 全部参加译码,这里使用 74LS138 译码器进行译码,选择地址线 $A_{13} \sim A_{15}$ 作为译码器的输入端,地址

线 $A_{16} \sim A_{19}$ 作为译码器的控制端，则译码器可输出 8 种不同的情况($\overline{Y_0} \sim \overline{Y_7}$)。另外 2764 存储容量是 4KB，片内寻址使用 12 根地址线 $A_0 \sim A_{11}$。为了唯一识别两个 4KB 的 ROM 存储空间，需利用 A_{12} 进行二次译码，具体为：①根据 ROM 的起始地址要求(分别为 8000H 和 A000H)，选择对应译码器输出 $\overline{Y_4}$ 和 $\overline{Y_5}$；②因 $\overline{Y_4}$ 能够选择 8K 的地址空间，而 ROM 容量为 4KB，因此需要利用 A_{12} 将 8K 的地址空间分为两个 4K 的空间，第一个 4K 的空间对应 ROM 需要的空间，第二个 4K 的空间保留。对 $\overline{Y_5}$ 选择的 8K 地址空间，也是利用 A_{12} 将 8K 的地址空间分为两个 4K 的空间，第一个 4K 的空间对应 ROM 需要的空间，第二个 4K 的空间保留；③根据 ROM 起始地址要求，A_{12} 为低电平时选择 ROM，高电平时空间保留。则存储芯片地址分配情况得到地址位图如图 6.35 所示。

	CPU地址线									选址范围	空间大小	选中芯片
	A_{19} A_{18}	A_{17} A_{16}	A_{15} A_{14} A_{13}		A_{12}	A_{11} $\cdots$ A_0						
$\overline{Y_0}$	0 0	0 0	0 0 0			全0 ~ 全1				0000H ~ 1FFFH	8KB RAM	#1 6264
$\overline{Y_1}$	0 0	0 0	0 0 1			全0 ~ 全1				2000H ~ 3FFFH	保留	
$\overline{Y_2}$	0 0	0 0	0 1 0			全0 ~ 全1				4000H ~ 5FFFH	8KB RAM	#2 6264
$\overline{Y_3}$	0 0	0 0	0 1 1			全0 ~ 全1				6000H ~ 7FFFH	保留	
$\overline{Y_4}$	0 0	0 0	1 0 0		0	全0 ~ 全1				8000H ~ 8FFFH	4KB ROM	#1 2764
	0 0	0 0			1	全0 ~ 全1				9000H ~ 9FFFH	保留	
$\overline{Y_5}$	0 0	0 0	1 0 1		0	全0 ~ 全1				A000H ~ AFFFH	4KB ROM	#2 2764
	0 0	0 0			1	全0 ~ 全1				B000H ~ BFFFH	保留	
$\overline{Y_6}$	0 0	0 0	1 1 0			全0 ~ 全1				C000H ~ DFFFH	保留	
$\overline{Y_7}$	0 0	0 0	1 1 1			全0 ~ 全1				E000H ~ FFFFH		
输出有效端	$\overline{G_{2B}}$	$\overline{G_{2A}}$	C B A									

74LS138译码器输入输出

图 6.35 采用全译码方法的地址位图

(4) 根据地址位图画译码电路。根据地址位图知，译码器的输出 $\overline{Y_0} \sim \overline{Y_7}$ 分别寻址 8K 的范围，且各个范围的起始地址分别为：0000H，2000H，…，C000H 和 E000H。因此译码器的输出 $\overline{Y_0}$ 接#1 存储芯片 6264 的片选线，$\overline{Y_2}$ 接#2 存储芯片 6264 的片选线，$\overline{Y_4}$ 接#3 存储芯片 2764 的片选线，$\overline{Y_5}$ 接#4 存储芯片 2764 的片选线可以满足各个存储芯片的起始地址的要求。但是 $\overline{Y_4}$ 和 $\overline{Y_5}$ 寻址范围是 8K，而存储芯片 2764 的容量是 4KB，因此为了唯一寻址到 4K 的空间，用地址线 A_{12} 进行二级译码，如地址位图 6.35 中所示，在 $\overline{Y_4}$ 和 $\overline{Y_5}$ 所选择的 8K 的存储空间中，地址线 A_{12} 将 8K 的空间分为两个 4K 的空间，如 $\overline{Y_4}$ 和 A_{12} 组合二次译码将 $\overline{Y_4}$ 对应的 8K 的空间(8000H~9FFFH)分为两个 4K 的空间，地址范围分别为：8000H~8FFFH 和 9000H~9FFFH，其中 8000H~8FFFH 的 4K 空间分配给起始地址为 8000H 的 ROM，9000H~9FFFH 的 4K 空间保留。因此为了实现上述译码，需要 $\overline{Y_4}$ 和 A_{12} 组合二次译码，这里采用或逻辑运算，产生相应的片选信号。同样对于 $\overline{Y_5}$ 所选择的空间也是如此。因此存储芯片的译码电路如图 6.36 所示。

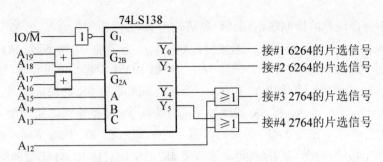

图 6.36 4 个存储芯片片选译码电路

2) 系统设计及实现

综合上述分析，画出存储器硬件接口连接电路。具体是将译码电路的输入信号与 CPU 的相应地址线连接，译码器的控制端 G_1 通过非门接 CPU 的存储器选择信号 $IO/\overline{M}$；译码电路的输出信号分别与相应存储器的片选信号连接；存储器的数据线和读写信号分别与 CPU 的数据线和读写信号连接；存储器 6264 的地址线 $A_0 \sim A_{12}$ 和存储器 2764 的地址线 $A_0 \sim A_{11}$ 与 CPU 的相应地址线连接。这样就可以画出本题存储系统的硬件接线图如图 6.37 所示。

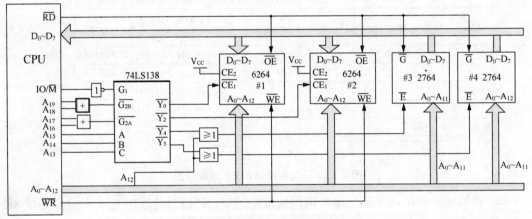

图 6.37 存储系统硬件接线图

对于上述例 6.8，存储系统中译码采用了全译码的方式，因此不会出现地址重叠和多义现象，其余的空间可以用来扩展作为其他功能使用，但是上述设计显得比较繁杂。如果不考虑系统扩展的话，完全可以使电路更加简单，如只用地址线 $A_{16} \sim A_{19}$ 中的一条直接与 74LS138 的两个控制端 $\overline{G_{2A}}$ 和 $\overline{G_{2B}}$ 连接；74LS138 的输出 $\overline{Y_4}$ 和 $\overline{Y_5}$ 直接连接 2764 的片选信号引脚等。这样 CPU 也可以访问四个存储器，但是在 CPU 访问存储器的地址空间时并不是唯一的，会出现地址重叠和多义现象，在编程时需要注意。

6.5.5 8086 存储器组织

8086 CPU 有 20 位地址线，无论在最小方式下，还是在最大方式下，都可寻址 1M 的存储空间。存储器通常以字节为单位进行数据的存取，因此每个字节用一个唯一的地址码表示，称为存储器的标准结构。若存放的数据为 8 位，则将它们按顺序进行存放；若存放的数据为 16 位，8086 约定低字节存放在低地址单元，高字节存放在高地址单元，低字节的地址作为这个字的地址。若一个 16 位的字从奇数地址开始存放(即低字节存放在奇地址，高字节存放在高地址)，则称为非规则存放，这种存放方式的字为非规则字。8086 要用两个连续的总线周期来存取这个字，每个周期存取一个字节。若一个字从偶数地址开始存放，则称为规则存放，这种存放的字为规则字。对规则字的存取可在一个总线周期完成。

8086 CPU 在组织 1MB 的存储器时，其存储空间从物理上被分成两个 512KB 的存储体，分别称为奇地址存储体和偶地址存储体。奇地址存储体的数据线连接数据总线的高 8 位($D_{15}\sim D_8$)，又称这个存储体为高位字节存储体。偶地址存储体的数据线连接数据总线的低 8 位($D_7\sim D_0$)，又称这个存储体为低位字节存储体。存储体及其与总线的连接如图 6.38 所示。

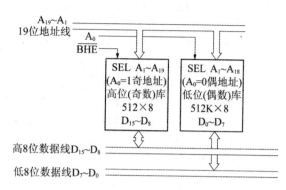

图 6.38   8086 的存储器组织

8086 CPU 访问(读或写)存储器由 $\overline{BHE}$ 信号和 A_0 组合控制，见表 6.17。奇地址存储体由 $\overline{BHE}$ 信号选择；偶地址存储体由 A_0 信号选择。奇、偶存储体的体内寻址均由地址总线 $A_{19}\sim A_1$ 控制。为提高程序运行速度，编程时应尽量注意从偶地址开始存放数据。

表 6.17 $\overline{BHE}$ 和 A_0 组合的对应操作

$\overline{BHE}$	A_0	数据读/写格式	使用数据线	需要的总线周期
0	0	从偶地址读/写一个字	$AD_{15}\sim AD_0$	一个总线周期
1	0	从偶地址读/写一个字节	$AD_7\sim AD_0$	一个总线周期
0	1	从奇地址读/写一个字节	$AD_{15}\sim AD_8$	一个总线周期
0	1	从奇地址读/写一个字 先读/写字的低 8 位(在奇体中)	$AD_{15}\sim AD_8$	两个总线周期
1	0	再读/写字的高 8 位(在偶体中)	$AD_7\sim AD_0$	

另外，在 IBM/PC/XT/AT 系统中，存储空间已经都已经进行了初次分配。如 IBM/PC/XT 系统中 CPU 是 8086，有 20 根地址线，可寻址范围 1M，地址从 00000H～FFFFFH。通常系统将 1M 的空间分为 3 个区：RAM 区、ROM 区和保留区。存储器地址分配见表 6.18。

表 6.18   IBM PC/XT 存储器地址分配表

地址范围	存储空间分配	功能
00000H～3FFFFH	系统板上 256KB RAM	用户的主要工作区，
40000H～9FFFFH	扩展板上 384KB RAM	也是主存储器
0A0000H～0BFFFFH	128KB 保留 RAM	保留给字符/图形显示缓冲
0C0000H ～ 0EFFFFH	192KB 扩展 ROM	用于存放系统的
0F0000H ～ 0F5FFFH	24KB ROM 用于扩展板扩展	控制 ROM，硬盘
0F6000H ～ 0FDFFFH	32KB ROM 用于解释程序	适配器的控制 ROM，
0FE000H ～ 0FFFFFH	8KB ROM 用于 BIOS	基本系统 ROM 等

6.6 高速缓冲存储器

众所周知，CPU 的发展一直以提高速度为主，而存储器的发展一直以增加容量为主，于是 CPU 和存储器之间的性能差异(尤其是速度差异)一直在增加，甚至出现了几个数量级的差距，这就导致 CPU 出现了"空等"现象，大大降低了 CPU 的使用率。另一方面，在半导体存储器中，因双极型 SRAM 的存取速度可以和 CPU 相匹配，因此从技术上来说，能制造出多高速度的 CPU，就能制造出同样相当速度的存储器，但是因 SRAM 本身的价格高、集成度低、功耗大，如果要达到与 DRAM 容量相同，其体积会较大，而且要付出相当高的代价。因此在现代计算机中，为了解决存储系统的容量、存取速度及单位成本之间的矛盾，采用了一种分级处理的方法，即在 CPU 与主存之间增加一个容量相对较小的双极型 SRAM 作为计算机的高速缓冲存储器，称之为 cache。实际上 cache 是一种存储空间较小而存取速度很快的存储器，可以用来协调高速 CPU 和低速存储器之间的速度差异，能提高 CPU 对主存储器的访问速度。

6.6.1 cache 的工作原理

由于 cache 的存取速度要比主存快得多，因此，增加 cache 后的存储系统结构简图可以用图 6.39 来表示。当 CPU 要访问主存中的内容时，经过地址总线发送出相应地址，这个地址同时会映射送到 cache，如果 cache 中有要访问的内容，则称为命中，命中时，cache 中的内容会首先被 CPU 访问；如果 cache 中没有要访问的内容，则称为不命中，此时 CPU 直接访问主存，同时依据某种算法将从主存中取得的数据以及该地址附近的内容送到 cache 中。不命中时，CPU 必须在其总线周期中插入等待周期 T_W。

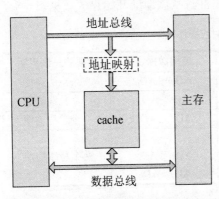

图 6.39 cache 的存储系统结构简图

cache 的工作原理是计算机中程序访问的局部性原理。所谓程序访问的局部性原理是指 CPU 在执行程序时，访问主存是相对簇集的，即访问主存具有相对的局部性。这种局部性主要体现为两种情况，一种是时间上的局部性，一种是空间上的局部性。时间上的局部性是指最近被访问的信息在短时间范围内可能还要再次被访问，尤其是反复调用的子程序；空间上的局部性是指被访问信息附近的信息可能在下一步会被访问，即在较短的一段时间内往往集中于某个局部空间。也就是由于 CPU 运行程序是一条指令一条指令地执行，而且指令地址往往是连续的，因此 CPU 在访问内存时，在较短的一段时间内的访问操作往往集中于某个地址范围内。

由于程序访问的局部性原理，只要将最近被访问的信息或者最近被访问信息临近的信息一起装入到 cache 中，那么在 CPU 访问内存时，首先判断所要访问的内容是否在 cache 中，如果在，此时 CPU 直接从 cache 中调用该内容；如果不在，则 CPU 再通过 cache 对主存中的相应内容进行操作，这样可以大大降低 CPU 的等待时间。

6.6.2 cache 的地址映射

cache 的地址映射是指利用某种地址变换机制把 CPU 送来的主存地址映射成 cache 地

址，也称为地址映射。主存地址通常被分成标记、块号和块内地址 3 部分，而 cache 地址则分成块(或页)号和块内地址两部分，其块的大小与主存相同，块号及块内地址与主存的块号及块内地址相对应。

由于 cache 的容量很小，它保存的内容只是主存内容的一个子集，且 cache 与主存的数据交换是以块为单位。为了把信息以块的形式放到 cache 中，必须应用某种函数把地址映射到 cache 中。常用的地址映射方式有直接映射方式、全相联映射方式和组相联映射方式 3 种。

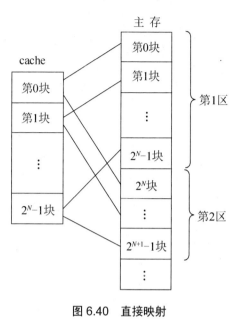

图 6.40　直接映射

1. 直接映射方式

直接映射方式是一种多对一的映射关系，如图 6.40 所示，即主存中的每个块只能映射到某个固定的 cache 块中。cache 的块号 J 和主存的块号 I 有如下函数关系：

$$J = I \bmod C$$

式中：C 为 cache 中的总块数，$C = 2^N$。在这种方式下，主存的第 0 块、第 2^N 块，第 2^{N+1} 块等只能映射到 cache 的第 0 块；主存的第 1 块、第 $2^N + 1$ 块，第 $2^{N+1} + 1$ 块等只能映射到 cache 的第 1 块，依次类推。

由于主存中某块内容只可调入 cache 中的一个位置，如果主存中其他块的内容也要调入该位置，则会发生冲突，如：主存中的第 0 块已经调入 cache 中的第 0 块，如果主存中的第 2^N 块内容也要调入 cache 中，则只能将其放在 cache 中的第 0 块，这时就会发生内容冲突，同时在 cache 其他块中没有内容时会降低 cache 的利用率。设主存为 64KB，每块为 128B，共分成 512 块，cache 为 4KB，每块为 128B，共分成 32 块，则 cache 的 1 块要对应主存的 512/32＝16 块，即主存的 16 块映射到 cache 的 1 块上，其块冲突率较高。假如主存的容量为 1MB，同样每块为 128B，则需要分成 8192 块，也就是 cache 的 1 块要对应主存的 8192/32＝256 块，即主存的 256 块映射到 cache 的 1 块上，这样的话块冲突率将会更高。

直接映射方式的特点是操作比较简单，地址转换速度快，但冲突概率高，尤其在主存容量与 cache 容量相差较大时。当内容发生冲突时，即主存的多个数据块有相同的 cache 映射地址时，需要把该地址的数据不断的写入调出，即使 cache 中有其他的空闲块，也不能加以利用。尤其是在程序往返访问两个相互冲突的块中的内容时，cache 的命中率将急剧下降。

2. 全相联映射方式

全相联映射方式的映射规则是主存的每一块都可以映射到 cache 中的任何一个字块上，允许从 cache 中替换出任何一个字块，即使该字块已被占用。即主存储器中的第 0 块可以映射到 cache 中的第 0 块、第 1 块、……，第 $2^N - 1$ 块；主存储器中的第 1 块也可以映射到 cache 中的第 0 块、第 1 块、……，第 $2^N - 1$ 块。全相联映射关系如图 6.41 所示。这种方法可使主存的一个块直接复制到 cache 中的任意一块上，非常灵活，而且这种方式只有

当 cache 中的块全部装满后才会出现块冲突,块冲突率
要比直接映射方式低。因为冲突概率低,因此可达到
很高的 cache 命中率;但实现很复杂。当访问一个块中
的数据时,块地址要与 cache 块表中的所有地址标记进
行比较已确定是否命中。在数据块调入时存在着一个
比较复杂的替换问题,即决定将数据块调入 cache 中什
么位置,将 cache 中哪一块数据调出主存。为了达到较
高的速度,全部比较和替换都要用硬件实现。

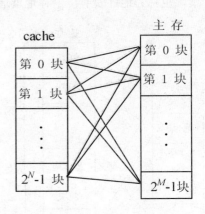

图 6.41　全相连映射

由于主存数据块可以装入 cache 的任意一块空间
中,因此全相联映射方式的优点是命中率比较高,cache
存储空间利用率高。但是这种方式的缺点是访问相关
存储器时,每次都要与全部内容比较,导致速度低;
由于对 cache 的速度要求高,因此全部比较和替换策略
都要用硬件实现,结构实现和控制会比较复杂,而且硬件成本高,因而应用少。

3. 组相联映射方式

为了提高 cache 块的利用率和数据搜索的命中率同时降低块冲突率,因此提出了组相
联映射方式。这种映射方式的特点是将 cache 和主存都分成若干组,每组由若干块组成,
然后根据某种对应规则进行映射,具体见图 6.42 所示。图中 cache 分为 S 组,每组由 M 块
组成,主存分为 N 组,每组由 S 块组成,即主存中每组的块数与 cache 分的组数相同,另
外主存和 cache 区域中的粗线表示每组的分界线。该映射方式的对应规则介绍如下。

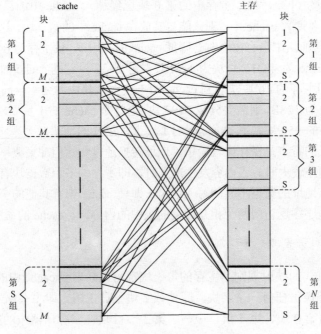

图 6.42　组相联映射方式简图

(1) 从主存角度看，主存中第 1 组中第 1 块映射到 cache 中第 1 组中所有块(1~M)，主存中第 1 组中的第 2 块映射到 cache 中第 2 组中所有块(1~M)，主存中第 1 组中的第 S 块映射到 cache 中第 S 组中所有块(1~M)；同样，主存中第 2 组中第 1 块映射到 cache 中第 1 组中所有块(1~M)，主存中第 2 组中的第 2 块映射到 cache 中第 2 组中所有块(1~M)，主存中第 2 组中的第 S 块映射到 cache 中第 S 组中所有块(1~M)。

(2) 从 cache 角度看，cache 中第 1 组中的所有块(1~M)与主存中每一组的第 1 块相对应；cache 中第 2 组中的所有块(1~M)与主存中每一组的第 2 块相对应；同理，cache 中第 S 组中的所有块(1~M)与主存中每一组的第 S 块相对应。

组相联映射方式与存储空间分组的多少有关，根据分组数的多少会出现两种极端情况：①当 cache 存储空间的分组数 S＝1 时，图 6.42 就变为图 6.43，实际上就是全相联映射方式；②当 cache 存储空间的每组中分的块数 M＝1 时，图 6.42 就变为图 6.44，实际上就是直接映射方式。因此可以说组相联映射方式就是全相连映射和直接映射的折中方案。

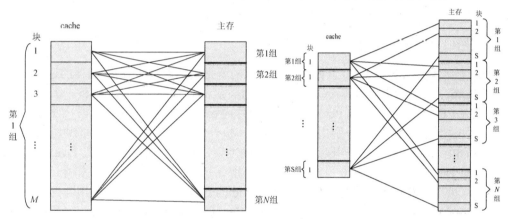

图 6.43　当 S＝1 时，组相联映射方式简图　　　图 6.44　当 M＝1 时，组相联映射方式简图

综上所述，直接映射方式是主存中的某一块只能固定映射到 cache 中的一块，全相联映射方式是主存中的某一块可以映射到 cache 中的任一块，而组相联映射方式是主存中的某一块能映射到 cache 中的某一组中的任一块。

6.6.3　cache 的替换算法

cache 工作原理要求它尽量保存最新数据或者说最有可能用到的数据，这样在新数据使用过后必然要产生替换 cache 中保持的旧数据。即将从主存读出的新字块调入 cache，当遇到 cache 中相应位置已被其他字块占有时，就必须去掉一个旧的字块，这种用新字块替换旧字块的方法称为替换算法。不同的映射方式，替换方法不同，如对于直接映射方式而言，只要把该字块所对应的固定位置(cache 中)上的旧字块替换即可；对于全相联映射方式而言，可以从所有对应位置中选出一个字块替换。不论如何替换，其最终目的就是保证替换后的命中率尽可能高，常用的替换策略有以下 3 种。

1. 先进先出(FIFO)算法

先进先出 FIFO(First In First Out)算法是根据进入 cache 中的时间先后顺序，把最先调入的 cache 块置换掉。该算法的优点是不需要随时记录各个块的使用情况，容易实现，系统开销小；缺点是一些经常使用的块，如循环程序块，由于是最早进入 cache 中的块，而会被替换出去，从而导致效率降低。

2. 近期最少使用算法(LRU)

近期最少使用算法 LRU(Least Recently Used)是根据 cache 中各块在近期使用的统计情况进行替换的，替换原则是将近期内长久未被访问或者访问最少的块替换。这种替换算法需要随时记录 cache 中各块的使用情况，以确定哪个块是近期最少使用的块。这种算法可以保护刚拷贝到 cache 中的新数据，有较高的命中率。但是实现起来比 FIFO 算法要复杂，而且需要用硬件实现。

3. 随机算法

随机替换算法是在需要替换字块时，随机的选择字块进行替换，在硬件上容易实现，且速度也比前两种算法快，但是这种方法由于其随机性，会降低命中率和 cache 的工作效率。

6.6.4 高档机 cache 结构简介

cache 技术是从 80486 CPU 开始引入的，目的就是提高 CPU 访问存储器的速度。Intel 公司从 Pentium 开始将 cache 分开，通常分为一级高速缓存(cache)L1 和二级高速缓存(cache)L2。L1 Cache 是集成在 CPU 中的，被称为片内 cache。在 L1 中还分数据 cache(I-cache) 和指令 cache(D-cache)。它们分别用来存放数据和执行这些数据的指令，而且两个 cache 可以同时被 CPU 访问，减少了争用 cache 所造成的冲突，提高了处理器效能。Pentium Pro 在片内第一级 cache 的设计方案中，也分别设置了指令 cache 与数据 cache。指令 cache 的容量为 8kB，采用 2 路组相联映射方式；数据 cache 的容量也为 8KB，但采用 4 路组相联映射方式。它采用了内嵌式 L2 cache，大小为 256KB 或 512KB。此时的 L2 已经用线路直接连到 CPU 上，减少了对急剧增多的 L1 cache 需求。L2 cache 还能与 CPU 同步运行，即当 L1 cache 不命中时，立刻访问 L2 cache，不产生附加延迟。

PentiumII 是 Pentium Pro 的改进型，同样有 2 级 cache，L1 为 32KB(指令和数据 cache 各 16KB)是 Pentium Pro 的两倍，L2 为 512KB。Pentium II 与 Pentium Pro 在 L2 cache 的不同在于制作成本。此时，L2 cache 已不在内嵌芯片上，而是与 CPU 通过专用 64 位高速缓存总线相联，与其他元器件共同被组装在同一基板上，即"单边接触盒"上。

PentiumIII 也是基于 Pentium Pro 结构为核心，它具有 32KB 非锁定 L1 cache 和 512KB 非锁定 L2 cache。L2 可扩充到 1~2MB，具有更合理的内存管理，可以有效地对大于 L2 缓存的数据块进行处理，使 CPU、cache 和主存存取更趋合理，提高了系统整体性能。在执行视频回放和访问大型数据库时，高效率的高速缓存管理使 Pentium III 避免了对 L2 cache 的不必要的存取。由于消除了缓冲失败，多媒体和其他对时间敏感的操作性能更高了。对于可缓存的内容，Pentium III 通过预先读取期望的数据到高速缓存里来提高速度，这一特色提高了高速缓存的命中率，减少了存取时间。

在 Pentium 4 处理器中使用了一种先进的一级指令 cache——动态跟踪缓存。它直接和执行单元即动态跟踪引擎相连，通过动态跟踪引擎可以很快地找到所执行的指令，并且将指令的顺序存储在追踪缓存里，这样就减少了主执行循环的解码周期，提高了处理器的运算效率。

目前计算机发展过程中出现了 L3，即三级缓冲，三级缓冲容量在 MB 级甚至几十

MB 级。

为进一步发挥 cache 的作用，改进内存性能并使之与 CPU 发展同步来维护系统平衡，一些制造 CPU 的厂家增加了控制缓存的指令。Intel 公司也在 Pentium III处理器中新增加了70 条 3D 及多媒体的 SSE 指令集，其中有很重要的一组指令是两类缓存控制指令：一类是数据预存取(Prefetch)指令，能够增加从主存到缓存的数据流；另一类是内存流优化处理(Memory Streaming)指令，能够增加从处理器到主存的数据流。这两类指令都赋予了应用开发人员对缓存内容更大的控制能力，使他们能够控制缓存操作以满足其应用的需求，同时也提高了 cache 的效率。

6.7 半导体存储器新技术

随着集成电路技术的飞速发展，CPU 的速度不断提高，这就要求存储器具有更快的访问速度。近几年来，新型存储技术不断涌现。但是基于半导体技术的存储器，有一个共同点，就是通过基本存储单元电路中的两个稳定状态来表示二进制信息，这两个状态都是通过电荷的存储来实现的。随着各种技术的发展，出现了利用铁电晶体的铁电效应实现数据存储的铁电存储器(Ferromagnetic RAM，FRAM)和利用磁学原理实现数据存取的磁性存储器(Magnetic RAM，MRAM)。下面加以简单叙述。

1. 铁电存储器

铁电存储技术最早在 1921 年提出，到 1993 年美国 Ramtron 国际公司成功开发出第一个 4KB 的 FRAM 产品。目前所有的 FRAM 产品均由 Ramtron 公司制造或授权。最近几年，FRAM 采用了 0.35μm 工艺，推出了 3V 产品，开发出"单管单容"存储单元的 FRAM。

1) FRAM 原理

FRAM 利用铁电晶体的铁电效应实现数据存储。铁电效应是指在铁电晶体上施加一定的电场时，晶体中心原子在电场的作用下运动，并达到一种稳定状态；当电场从晶体移走后，中心原子会保持在原来的位置。由于晶体的中间层是一个高能阶，中心原子在没有获得外部能量时不能越过高能阶到达另一稳定位置，因此 FRAM 保存数据不需要电压，能够像普通 ROM 存储器一样使用，具有非易失性的特点。

2) FRAM 存储单元结构

FRAM 存储单元主要由电容和场效应管构成，其中电容不是一般的电容，在它的两个电极板中间沉淀了一层晶态的铁电晶体薄膜。早期 FRAM 的每个存储单元使用两个场效应管和两个电容，称为"双管双容"(2T2C)，每个存储单元包括数据位和各自的参考位。2001年开发了更先进的"单管单容"(1T1C)存储单元。其中所有数据位使用同一个参考位，而不是每一数据位使用各自独立的参考位，使得产品成本更低，且容量更大。

3) FRAM 存储器的特点

(1) 目前 Ramtron 公司的 FRAM 主要包括两大类：串行 FRAM 和并行 FRAM。串行FRAM 与传统的 24xx、25xx 型的 E2PROM 引脚和时序兼容，可以直接替换，如 Microchip、Xicor 公司的同型号产品；并行 FRAM 价格较高但速度快，由于存在"预充"问题，在时序上有所不同，不能与此同时传统的 SRAM 直接替换。

(2) FRAM 产品具有 RAM 和 ROM 优点，读写速度快并可以像非易失性存储器一样使用。因铁电晶体的固有缺点，访问次数是有限的，超出限度，FRAM 就不再具有非易失性。Ramtron 给出的最大访问次数是 100 亿次(10^{10})，但是并不是说在超过这个次数之后，FRAM 就会报废，而是它仅仅没有了非易失性，但它仍可像普通 RAM 一样使用。

(3) FRAM 可以作为 E^2PROM 的第二种选择。它除了具有 E^2PROM 的性能外，访问速度要快得多(是一般串口 E^2PROM 器件的近 500 倍的写入速度)。从速度、价格及使用方便来看，SRAM 优于 FRAM，但从整个设计来看，FRAM 还是有一定的优势。

2. 磁性存储器

磁性存储器是一种利用磁学原理实现数据存取的存储器。其基本原理是利用巨磁阻薄膜的两种状态存储数据。

1) 磁性存储器的工作原理

磁性存储器中的数据存储是通过直接附着于铁磁薄膜上具有电感耦合效应的导线来完成的。当电流脉冲通过导线时，将会在导线附近表面形成一个平行于导线平面的磁场，此时电流的大小以其所耦合的磁场大于转换磁场为标准，从而满足其状态设置为 1 或 0 的需要。由于对二维序列的存储器要采用写数据线的二维排布，因此，分别给字线和位线施加一定大小的脉冲电流，就可改变交汇处存储单元里的磁化状态以实现数据的存储，同时改变字线电流方向即可存入相反的数据。

2) 磁性存储器与其他存储器比较

MRAM 是一种非挥发性内存技术，在不需要电源的情况下，能将内存内容保留至少 10 年时间。如 MR2A16A 采用 0.18μm 制程，以及专用的 MRAM 制程来建构位单元。具有对称的 35ns 的高速读取和写入存取时间，并实现了完全静态执行。与其他存储器相比，MRAM 存储器具有一定的优势，具体见表 6.19。

表 6.19　MRAM 存储器与其他存储器特点比较

存储器类型	读取速度	写入速度	功能扩展	存储密度	非易失性	寿命	泄露	低电压	复杂性
MRAM	快	快	好	中高	是	无限	低	是	中等
SRAM	最快	最快	好	低	否	无限	低/高	是	低
DRAM	中等	中等	有限	高	否	无限	高	有限	中等
NOR/NAND	快/中等	低/中等	有限	快/中等	有	有限	低	有限	中等
FRAM	快	中等	有限	中等	是	有限	低	有限	中等

3) 磁性存储器的发展

早在 1995 年摩托罗拉就已经着手进行研发 MRAM，后来旗下的半导体部门转而成立飞思卡尔，于 2004 年提出量产计划，2006 年进行销售，容量为 4MB，读写速度为 35ns。而工研院也在 2001 年投入 MRAM 的研发，并于 2002 年成立研发团队。在当时，产业界对于 MRAM 有着不小的呼声。从技术角度看，MRAM 具有较大的优势，但是由于 MRAM 的量产良率低等问题影响量产成本，从而影响广泛的推广。2010 年的 IEDM(国际电子组件会议)上由于三星与海力士针对 MRAM 不约而同提出新的研发成果而使 MRAM 再度受到全球半导体大厂们的重视。紧接着，台湾工业技术研究院在 2013 年推出新的研发成果，进一步解决了 MRAM

的物理问题。这一技术突破，有力地推进了存储器新技术在内存领域的应用。

MRAM 的技术特性兼顾了挥发性与非挥发性内存的优点，在定位上介于两者之间，由于具备了非挥发性内存的优点，所以相对省电。许多业者也将其视为 DRAM 与 SRAM 的下一代接棒技术。

 本章小结

> 存储器是计算机中用来存储信息的部件。有了存储器，计算机才有记忆功能，才能把计算机要执行的程序以及数据处理与计算的结果存储在计算机中，使计算机能自动工作。本章介绍了半导体存储器的分类、半导体存储器的一般结构及主要性能指标；然后介绍了随机存储器 RAM，包括静态随机存储器 SRAM 和动态随机存储器 DRAM 的基本存储单元及典型芯片；介绍了只读存储器 ROM，包括掩膜 ROM、PROM、EPROM 和 E^2PROM 等各种不同类型 ROM 的基本原理及典型芯片；介绍了存储器与 CPU 的接口技术，包括存储器接口设计应考虑的问题，存储器位扩展、字扩展和字位扩展 3 种扩展技术，存储器的地址译码方法及 8086 存储器子系统的设计；介绍了高速缓冲存储器 cache，包括 cache 的工作原理，主存与 cache 的地址映像，替换算法等；最后介绍了半导体存储器新技术。

思考题与习题

6-1　半导体存储器分为哪些类型？

6-2　半导体存储器的主要性能指标有哪些？

6-3　存储器的存储容量是指什么？如某芯片容量是 512K×8，那么该存储器共有多少位？需要多少根地址线才能对此芯片的所有单元直接存取？

6-4　只读存储器 ROM 有哪几种？简述各自的特点。

6-5　随机存取存储器 RAM 有哪几种？简述各自的特点。

6-6　RAM 和 ROM 的主要特点和区别是什么？它们分别有哪几种类型？简述它们的区别。

6-7　DRAM 为什么需要定时刷新？

6-8　简述设计存储系统时应该注意什么问题？

6-9　存储器扩展设计的方法有哪些？

6-10　存储芯片片选信号产生的方式有哪三种？各自的特点是什么？

6-11　如果某存储器分别有 8、10、12 根地址线，则对应的存储单元有多少？

6-12　已知一个 SRAM 芯片的容量力 8K×8，该芯片的地址线多少条？数据线多少条？已知一个 DRAM 芯片外部引脚信号中有 4 条数据线，7 条地址线，计算它的存储容量。

6-13　已知 RAM 的容量为 4K×8 位，设它的首地址是 4800H，那么最后一个单元的地址是多少？如果它的首地址是 3000H，末地址是 63FFH，那么它的容量是多少？

6-14　32M×8 的 DRAM 芯片，其外部数据线和地址线为多少条？

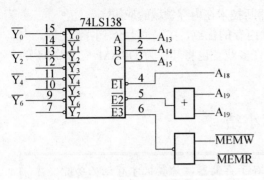

图 6.45 74LS138 译码器接线图

6-15 74LS138 译码器的接线如图 6.45 所示，写出 Y0、Y2、Y4、Y6 所决定的内存地址范围。

6-16 某 8086 系统用 2764ROM 芯片和 6264SRAM 芯片构成 16KB 的内存。其中，RAM 的地址范围为 FC000H～FDFFFH，ROM 的地址范围为 FE000H～FFFFFH。试利用 74LS138 译码，画出存储器与 CPU 的连接图，并指出每片存储芯片的地址范围。

6-17 利用全地址译码将 6264 芯片接到 8086 系统总线上，地址范围为 30000H～31FFFH，画出逻辑图。

6-18 若用 2164 芯片构成容量为 128KB 的存储器，需多少片 2164A?至少需多少根地址线? 其中多少根用于片内寻址?多少根用于片选译码?

6-19 8086 CPU 组成的计算机系统中，1MB 内存从使用上可划分为哪几部分？试为某 8 位微处理器设计一个存储系统，要求：①8KB 的 ROM 和 40KB 的 RAM；②ROM 芯片用 2732 组成，RAM 芯片用 6264 组成；③RAM 地址从 0000H 开始，RAM 地址从 4000H 开始。

6-20 什么是 cache？其基本工作原理是什么？在微机系统中使用高速缓冲存储器的作用是什么？

6-21 什么是存储器访问的局部性？研究和讨论这一现象有什么意义？

6-22 试说明直接映像、全相联映像、组相联映像等地址映像方式的基本工作原理。

6-23 存储器体系为什么采用分级结构，主要用于解决存储器中存在的哪些问题？

6-24 存储器中主要是用存储电荷的方式保存两个稳定状态表示数据，还可以利用什么方式来保存两个稳定状态来表示数据？除了书上提到的几种方式外，你还能想到利用什么方式来实现？

第 7 章　输入/输出技术

输入/输出(I/O)接口技术是实现计算机与外部设备进行信息交换的技术，在微机系统中占有重要地位。本章将主要讨论 I/O 接口和系统中的数据传送机制，内容包括 I/O 接口的概念、主要功能、典型结构；I/O 接口的两种编址方式；CPU 与外设之间的数据传送方式：无条件传送、查询传送、中断传送、DMA(Direct Memory Access)传送方式等；以及简单输入/输出接口的设计举例。

7.1　I/O 接口概述

输入/输出接口是计算机系统的一个重要组成部分，能够实现计算机与外界之间的信息交换。而 I/O 接口技术就是实现 CPU 与外部设备进行数据交换的一门技术，在微机系统设计和应用中都占有重要的地位。I/O 接口电路位于主机与外部设备之间，是用来协助完成数据传送和控制任务的逻辑电路，是 CPU 与外界进行数据交换的中转站。外部设备通过 I/O 接口电路把信息传送给微处理器进行处理，微处理器将处理完的信息通过 I/O 接口电路传送给外部设备，可见，如果没有 I/O 接口电路，计算机就无法实现各种输入/输出功能。

I/O 接口技术采用的是软件和硬件相结合的方式，其中，接口电路属于微机的硬件系统，而软件是控制这些电路按要求工作的驱动程序。任何接口电路的应用，都离不开软件的驱动与配合。因此，接口技术的学习必须注意其软硬结合的特点。

7.1.1　I/O 接口的功能

在不同的微机系统中，为实现外部设备与微机系统的连接，人们使用了大量的输入/输出设备，如键盘、鼠标、显示器、软/硬磁盘存储器、光驱、扫描仪、绘图仪等；在某些控制场合，还用到了模/数转换器、数/模转换器等。由于以上这些设备和装置的工作原理、驱动方式、信息格式、以及工作速度等各不相同，其数据处理速度也各不相同，但都比 CPU 的处理速度要慢。所以，这些外部设备不能与 CPU 直接相连，而必须经过中间电路再与系统连接，这部分中间电路被称作 I/O 接口电路，简称 I/O 接口。所以，I/O 接口就是用来解决 CPU 和 I/O 设备间的信息交换问题，使 CPU 和输入/输出设备协调一致的工作。

1. 需要接口电路的原因

1) 速度匹配问题

CPU 的速度很高，而外设的速度有高有低，而且不同的外设速度差异很大。这就要求接口电路能对输入/输出过程起到缓冲和联络作用。

2) 信号电平和驱动能力问题

CPU 的信号都是 TTL 电平(一般在 0～5V 之间)，而且提供的功率很小，而外设需要的电平要比这个范围宽得多，需要的驱动功率也较大。需要接口进行驱动放大。

3) 信号匹配问题

CPU 只能处理数字信号，而外设的信号形式多种多样，有数字量、开关量、模拟量(电流、电压、频率、相位)、非电量，如压力、流量、温度、速度等。需要通过接口电路进行转换。

4) 时序匹配问题

CPU 的各种操作都是在统一的时钟信号作用下完成的，各种操作都有自己的总线周期，而各种外设也有自己的定时与控制逻辑，大都与 CPU 时序不一致。因此各种各样的外设不能直接与 CPU 的系统总线相连，必须经过接口电路。

上述这些问题都要通过在 CPU 与外设之间设置相应的 I/O 接口电路来予以解决。由于 I/O 接口种类繁多，既可以是简单的 TTL 三态缓冲器，也可以是复杂的可编程大规模集成电路接口芯片，适用的场合也各不相同。综合各种接口，可归纳出以下的基本功能。对于一个具体的接口电路，通常具有其中的若干个功能。

2. 接口的功能

1) 数据缓冲功能

由于 CPU 和总线十分繁忙，而外设的处理速度相对较慢，所以有必要把数据放在输入接口和输出接口中缓存起来。在输入接口中，通常要设置三态门等缓冲隔离器件，仅当 CPU 选通该输入接口时，才允许选定的输入设备将数据送到系统总线，此时其他输入设备与数据总线隔离。在输出接口中，一般需要安排锁存器等锁存器件，将输出数据锁存起来。这时外设有足够的时间处理高速系统传送过来的数据，同时又不妨碍 CPU 和总线去处理其他事务。

2) 信号转换功能

由于外设所需的控制信号和它所能提供的状态信号往往同微机的总线信号不兼容，常需要接口电路来完成信号的电平转换。因此，信号转换(包括 CPU 信号与外设信号逻辑关系上、时序配合上以及电平匹配上的转换)就成为接口设计中的一个重要任务。此外，系统总线上传送的数据和外设使用的数据，在数据格式、位数等方面也存在很大差异。例如，总线上传输的是并行数据，而外设需要的是串行数据，这就需要串行和并行格式的转换；如果外设传送的是模拟信号，则要进行 A/D 和 D/A 转换。

3) 设备选择功能

对任何一个微机系统，通常含有多个 I/O 设备。而 CPU 在同一时间内只能与一台 I/O 设备交换信息，这就需要接口中的地址译码电路进行地址译码以选定外设，只有被选定的 I/O 设备才能与 CPU 进行数据交换或通信。

4) 信息的输入/输出功能

I/O 接口处在微型机与外设之间，在进行数据交换时，既要面向 CPU 进行联络，又要面向外设进行联络。接口电路必须提供完成这一功能所需的控制逻辑与状态信号。这些信号具体包括状态信号、控制信号和请求信号等。同时，由于计算机直接处理的信号与外设所使用的信号可能不相同，它可能是一定范围内的数字量、开关量和脉冲量。所以，在输入/输出时，必须将这些信号转变成适合的形式才能传输。

5) 中断控制功能

为实现 CPU 与外设的并行工作、故障自动处理等功能，要求在接口电路中设置中断控制器，使 CPU 与外设采用中断传送方式，以提高 CPU 的效率。

6) 可编程功能

现在的接口芯片基本上都是可编程的，在不改变硬件的情况下，只需修改程序就可改变接口的工作方式,大大增加了接口的灵活性和可扩充性。

7) 复位功能接口在收到系统的复位信号后,应将接口电路及其所连接的外部设备置成初始状态。

8) 错误检测功能许多数据传输量大,传输速率高的接口都具有信号传输错误的检测功能。常见的信号传输错误有以下两种:第一种是物理信道上的传输错误,如信号在线路上传输时遇到干扰信号,就可能发生传输错误。检测传输错误的常见方法是奇偶检验。以偶校验为例,发送方在发送正常数据信息位的同时,增加一位"校验位",通过对校验位设置为 0 或 1,使信息位连同校验位中"1"的个数为偶数,接收方核对接收到的信息位、校验位中"1"的个数。第二种传输错误是数据传输中的覆盖错误,如输入设备完成一次输入操作后,把所获得的数据暂存在接口内,如果在新的数据送入该接口时,CPU 还没有从接口取走数据,那么,上一次的数据将被覆盖,从而导致数据的丢失。输出操作中也可能产生类似的错误。覆盖错误导致数据的丢失,易发生在高速数据传输的场合,如硬磁盘驱动器的数据输入/输出。

7.1.2 CPU 与 I/O 接口间的信息类型

CPU 与 I/O 接口交换的信息分为 3 类:数据信息、状态信息和控制信息。

1. 数据信息

在微型计算机系统中,数据信息通常包括数字量、模拟量和开关量等三种类型。数字量指由键盘、扫描仪等输入设备读入的信息,或者由打印机、显示器等输出设备输出的信息,以二进制形式表示的数,或是以 ASCII 码表示的数或字符,其位数有 8 位、16 位和 32 位等。

模拟量是指在计算机控制系统中,某些现场信息,如压力、位移、流量等信号经传感器转换为电信号,再通过放大得到模拟电压或电流。这些信号需要先经过 A/D 转换变成数字量,才能输入计算机;同样,计算机对外部设备的控制先必须将数字信号经 D/A 转换转变成模拟量,才能对现场设备进行控制。

开关量是指只含两种状态的量,如开关的断开与闭合,电路的通与断等,故只需用一位二进制数即可描述一个开关量,对一个字长为 16 位的机器一次输出就可以控制 16 个这样的开关量。

2. 状态信息

状态信息作为一种 CPU 与 I/O 之间的接口信号,主要用来反映输入/输出设备当前的状态。输入时,主要反映输入设备是否准备好。若准备好,则状态信息为 Ready,CPU 输入信息,否则 CPU 等待;输出时,反映输出设备是否处于忙状态,如为忙,则 CPU 等待;不忙则 CPU 输出信息。

3. 控制信息

控制信息是 CPU 通过 I/O 接口传送给外部设备的,专门用来控制 I/O 设备的操作,是向外部设备传送的控制命令。如对外设的启动和停止就是常见的控制信息。CPU 通过发控制信息,控制外设的工作。

7.1.3 I/O 接口的典型结构

数据信息、状态信息和控制信息作为 CPU 与 I/O 设备间的接口信号，应该分别传送。但在微型计算机系统中，CPU 通过接口和外设交换信息时，状态信息和控制信息也被广义的看成是一种数据信息，即状态信息被当成一种输入数据，控制信息被当成一种输出数据。因此，数据信息、状态信息和控制信息都是以"数据"形式，通过数据总线来传输的。在接口电路中，为了区分这 3 种不同性质的信息，将这 3 种信息分别存放在不同的寄存器中，以便存放和读取信息。图 7.1 是微机系统与外设连接的典型的接口模型。

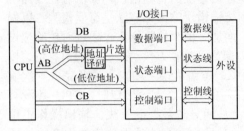

图 7.1 典型的 I/O 接口图

1. 端口

I/O 端口是接口电路中能被 CPU 直接访问(读/写)的寄存器。为了区分这些端口，要给每个端口分配一个对应的地址编码，这样 CPU 可以通过端口地址去访问某个端口。把分配了地址的寄存器或缓冲电路称为接口电路的一个端口，即每个端口都有一个地址。一般说来，I/O 接口电路中有 3 种端口：数据端口、状态端口和控制端口。所谓外部设备的地址，实际上是该设备接口内各端口的地址，一台外部设备可以拥有几个通常是相邻的端口地址。CPU 正是通过这些端口与 I/O 设备进行通信。

(1) 数据端口：数据端口可分为数据输入端口和数据输出端口两类。在输入时，由数据输入端口保存外设发往 CPU 或内存的数据；在输出时，由数据输出端口保存 CPU 或内存发往外设的数据。有了数据端口，就可以在高速工作的 CPU 与慢速工作的外设之间起协调与缓冲作用。

(2) 状态端口：状态端口用来保存 I/O 设备或接口部件本身的工作状态信息，让微处理器了解数据传送过程中正在发生或最近已发生的状态。

(3) 控制端口：控制端口用来存放处理器发来的控制命令与其他信息，确定接口电路的工作方式和功能，便于控制接口电路和 I/O 设备的动作。

2. 地址译码电路

地址译码是接口的基本功能之一。CPU 在执行输入/输出指令时，向地址总线发送 16 位外部设备的端口地址。在接收到与本接口相关的地址后，译码电路应能产生相应的选通信号，使相关端口的寄存器/缓冲器进行数据、命令或状态的传输，完成一次 I/O 操作。由于一个接口上的几个端口地址通常是连续排列的，可以把 16 位地址码分解为两个部分：高位地址码用作对接口的选择，低位地址码用来选择接口内不同的端口。

以上 3 种端口、地址译码电路是 I/O 接口电路中的核心部分，在较复杂的 I/O 接口电路中还包括有数据总线和地址总线缓冲器、内部控制器、对外联络控制逻辑等部分。

由此可见，CPU 与外设间的数据传输、控制、联络等操作都是通过对相应端口的读/写操作来完成。通常所说的外设地址，实际上就是该外设接口中各端口的地址，一个接口电路可以拥有多个相邻的端口地址。所以，CPU 对外设的访问或编程就转换成对接口端口的访问或编程。

7.2 I/O 端口的编址方式

外部设备与微处理器进行信息交换必须通过访问相应接口电路中的端口来实现，而每个接口电路内部都有若干个端口，要区别这些不同的端口，需要赋予不同的地址，以便 CPU 能够正确访问。为每个端口分配的地址称为端口地址，一个 I/O 接口可能有多个端口地址。I/O 端口地址通常有两种编址方式：一种是将内存地址与 I/O 端口地址统一编在同一地址空间中，称为存储器映像的 I/O 编址方式；另一种是将内存地址与 I/O 端口地址分别编在不同的地址空间中，称为 I/O 端口单独编址方式。

7.2.1 存储器映像编址方式

这种方式也称为 I/O 端口与存储器统一编址方式，是把 I/O 端口当作存储单元看待，每个 I/O 端口被赋予一个存储器地址，I/O 端口与存储器单元的地址作统一安排。通常是在整个地址空间中划分出一块连续的地址区域分配给 I/O 端口，被 I/O 端口占用了的地址，存储器不能再用。CPU 访问 I/O 端口如同访问存储器单元，所有对存储器操作的指令也适用于端口。图 7.2 给出了 I/O 端口与内存单元统一编址的示意图。图 7.2 中，分配给 I/O 端口的地址范围为 F0000H～FFFFFH，共 65536 个地址。

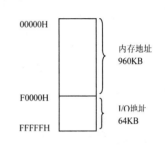

图 7.2 存储器映像编址方式示意图

存储器映像编址方式的优点是可以用访问内存单元的方法来访问 I/O 端口。由于访问内存的指令种类多，寻址方式丰富，不需要专门的 I/O 指令，所以用该方式访问外设非常灵活；同时，由于 I/O 端口的地址空间是内存空间的一部分，这样 I/O 端口的地址空间可大可小，从而使外设的数目几乎不受限制，给应用带来了很大的方便。该方式的缺点是端口占用了一部分存储器地址空间，造成存储器有效容量减小，另外，访问内存指令一般都比专门 I/O 指令需要更多的字节，因而执行时间较长。此外，从指令上不容易区分当前是在对内存操作还是在对外设操作。如 Motorola 公司生产的 MC6800/68000 系列就采用了存储器映像编址方式。

7.2.2 I/O 端口单独编址方式

I/O 端口单独编址方式是将 I/O 端口和存储器分开编址，即 I/O 地址空间与存储器空间互相独立。I/O 端口单独编址，不占用存储器的地址空间。如 8086 系统内存地址的范围是 00000H～FFFFFH，而外设端口的地址范围是 0000H～FFFFH，这两个地址相互独立，互不影响。图 7.3 为 I/O 端口单独编址方式示意图。

由于 I/O 端口编址的独立性，微处理器需要提供两类访问指令：一类用于存储器访问，它具有多种寻址方式；另一类用于 I/O 端口的访问，称为输入输出指令。

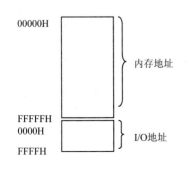

图 7.3 I/O 端口单独编址方式示意图

Intel 公司的 80X86 系列微机采用单独编址方式。在 8086 系统中，使用专门的输入指令 IN 和输出指令 OUT 实现对端口的访问。在使用这两条指令时要注意两个问题，一是 I/O 指令中端口寻址问题，另一个是 I/O 指令中数据宽度问题。

对 I/O 指令中端口的寻址有两种，即直接寻址和间接寻址。当 I/O 端口地址的范围在 00H～0FFH 内时，I/O 指令中的端口可采用直接寻址，如要访问系统板上的 8259I/O 芯片：

```
MOV    AL,20H        ;中断结束命令给 AL
OUT    20H,AL        ;AL 内容给 8259 的 20H 端口
```

当 I/O 端口地址的范围在 0100H～0FFFFH 内时，I/O 指令中的端口可采用间接寻址，如要访问扩展槽或自行设计的扩展系统时可采用间接寻址：

```
MOV    DX, 303H      ;8255 命令口地址给 DX
MOV    AL, 89H       ;8255 的命令字给 AL
OUT    DX, AL        ;AL 中的命令字给 8255 的命令口
```

I/O 指令中的数据宽度是由指令中使用的累加器确定的，与 I/O 端口的寻址方式无关。如果要传送字节数据，用 AL 累加器；传送字数据，用 AX 累加器。

同时，CPU 在寻址内存和外设时，使用不同的控制信号来区分当前是对内存操作还是对 I/O 端口进行操作。例如，8086 的 $M/\overline{IO}$ 控制线，当 $M/\overline{IO}=0$ 时，访问 I/O 端口；当 $M/\overline{IO}=1$ 时，访问内存单元。

I/O 端口单独编址方式的优点是不占用存储器地址，因而不会减少存储器容量；地址线较少，且寻址速度相对较快；具有专门的 I/O 指令，使编写的程序清晰，便于理解和检查。缺点是 I/O 指令较少，访问端口的手段远不如访问存储器的手段丰富，导致程序设计的灵活性较差；需要存储器和 I/O 端口两套控制逻辑，增加了控制逻辑的复杂性。

存储器映像编址方式和 I/O 端口单独编址方式各有优缺点，在不同的系统中采用不同的编址方式。

7.2.3　PC XT/AT 的 I/O 端口地址分配

微机系统 I/O 端口地址范围为 0000H～0FFFFH 的连续地址空间，所以在寻址外部设备时，需要 16 根地址线 $A_{15}～A_0$。但 IBM 公司在设计 PC 微机主板和规划接口卡时，其端口地址的译码采用的是非完全地址译码方式，仅使用了地址总线的低 10 位地址线，故有 1024 个 I/O 端口地址，地址范围为 0000H～03FFH。目前，高档微机中使用的是全部 16 根地址线，共可寻址 64K 个 8 位 I/O 端口地址。

I/O 端口地址是微机系统的重要资源，只有弄清了系统的 I/O 地址分配，才能在增加新的设备时，做出合理的地址选择。在 PC XT/AT 中，8086 CPU 对 I/O 端口采用单独编址方式，其中，低 256 个端口(000H～0FFH)供系统板上的 I/O 接口芯片使用，高 768 个端口地址(100H～3FFH)供扩展槽上的 I/O 接口卡使用。其 I/O 地址空间分配见表 7.1。

表 7.1　PC XT/ATI/O 端口地址分配

I/O 芯片名称	地址范围	I/O 芯片名称	地址范围
DMAC$_1$	0000～001FH		
DMAC$_2$	00C0～00DFH	原型插件板(用户可用)	0300～031FH
DMA 页面寄存器	0080～009FH		

续表

I/O 芯片名称	地址范围	I/O 芯片名称	地址范围
中断控制器 1	0020～003FH	同步通信卡 1	03A0～03AF
中断控制器 2	00A0～00BFH	同步通信卡 2	0380～038FH
定时器	0040～005FH	单显 MDA	03B0～03BFH
并行接口芯片(键盘接口)	0060～006FH	彩显 CGA	03D0～03DFH
RT/CMOS RAM	0070～007FH	彩显 EGA/VGA	03C0～03CFH
协处理器	00F0～00FFH		
游戏控制卡	0200～020FH	软驱控制卡	03F0～03FFH
		硬驱控制卡	01F0～01FFH
并行口控制卡 1	0370～037FH	PC 网卡	0360～036FH
并行口控制卡 2	0270～027FH		
串行口控制卡 1	03F8～03FFH		
串行口控制卡 2	02F8～02FFH		

7.2.4　I/O 端口地址的译码

在微机系统中，CPU 与输入/输出接口之间的通信是由 I/O 指令来完成的。在执行 I/O 指令时，CPU 首先要把所访问端口的地址放到地址总线上(即选中该端口)，然后才能对其进行读/写操作。将总线上的地址信号转换为某个端口的"选通"信号，这个操作就称为 I/O 端口地址的译码。

I/O 端口的地址译码电路不仅与地址信号有关，还与控制信号有关。I/O 端口的地址译码电路是把地址和控制信号进行逻辑组合，从而产生对接口芯片的片选信号。其译码的原则和存储器地址译码方法类似，即将高位的地址信号线与 CPU 的控制信号组合，经译码电路产生 I/O 接口芯片的片选信号 $\overline{CS}$；而低位地址则直接与 I/O 接口芯片的地址线相连，实现对 I/O 接口芯片内部寄存器的寻址。

I/O 端口的地址译码方式是多种多样的，综合起来主要可分为两种：用门电路进行译码或用专门的译码器进行译码。用门电路进行译码是采用各种门电路，如与门、非门、或门等电路的组合来实现。门电路译码法比较简单，译码输出的端口地址单一，适合于要求扩展地址比较少的情况。译码法是利用译码器对系统的高位地址进行译码，译码器的输出信号作为芯片的片选信号。该方法能有效地利用地址空间，适合于多芯片的系统扩展。译码法又分为完全译码和部分译码两种。常用的译码器芯片有 74LS139(2-4)译码器，74LS138(3-8)译码器等。在设计译码电路时，要注意以下几点。

(1) 8086 CPU 能够寻址的内存空间为 1MB，所以要用到 20 根地址总线，其中高位(A_{19}～A_i)用于确定芯片的地址范围，而低位(A_{i-1}～A_0)用于片内寻址；而 8086 CPU 能够寻址的 I/O 端口仅为 64K 个，所以只需用地址总线的低 16 位信号线，实际在 PC/XT/AT 中只用到了低 10 位地址线(A_9～A_0)。

(2) 当 CPU 工作在最大模式时，对存储器的读写要求控制信号 $\overline{MEMR}$ (Memory Read) 或 $\overline{MEMW}$ (Memory Write)有效；如果是对 I/O 端口读写，则要求控制信号 $\overline{IOR}$ (I/O Read) 或 $\overline{IOW}$ (I/O Write)有效。

(3) 地址总线上呈现的信号是内存的地址还是 I/O 端口的地址，取决于 8086 CPU 的

M/$\overline{IO}$引脚的状态。当 M/$\overline{IO}$=1 时，为内存地址，即 CPU 正在对内存进行读/写操作；M/$\overline{IO}$=0 时，为 I/O 端口地址，即 CPU 正在对 I/O 端口进行读写操作。

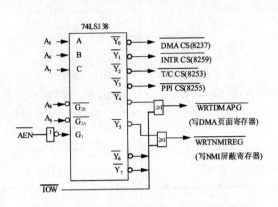

图 7.4 PC/XT 的 I/O 端口地址译码电路图

图 7.4 给出了 IBM PC/XT 的 I/O 端口地址译码的电路，它是利用 74LS138 译码器对端口进行译码的。图 7.4 中的高 5 位地址 $A_9 \sim A_5$ 参与译码，分别产生 DMAC8237 片选，中断控制器 8259 片选，定时计数器 8253 片选，并行接口 8255A 片选信号等；低 5 位地址用做各芯片内部寄存器的访问地址。图 7.4 中的 $\overline{ALE}$ 信号是由 DMA 控制器发出的系统总线控制信号，$\overline{ALE}$=0 表示 CPU 占用地址总线，译码有效，可以访问端口地址；当 $\overline{ALE}$=1 时，表示 DMA 占用地址总线，译码无效，防止了在 DMA 周期内无访端口地址。

由译码器的功能很容易推出，8237 的端口地址范围是 000H～01FH，8259 的端口地址范围是 020H～03FH，74LS138 译码器输出的对应端口地址见表 7.2。

表 7.2 PC/XT 端口地址表

地址线 A9 A8 A7 A6 A5 A4 A3 A2 A1 A0	译码输出线	对应地址范围	接口芯片
0 0 0 0 0 × × × × ×	$\overline{Y_0}$	000H～01FH	DMAC8237
0 0 0 0 1 × × × × ×	$\overline{Y_1}$	020H～03FH	中断控制器 8259
0 0 0 1 0 × × × × ×	$\overline{Y_2}$	040H～05FH	定时计数器 8253
0 0 0 1 1 × × × × ×	$\overline{Y_3}$	060H～07FH	并行接口 8255A
0 0 1 0 0 × × × × ×	$\overline{Y_4}$	080H～09FH	写 DMA 页面寄存器
0 0 1 0 1 × × × × ×	$\overline{Y_5}$	0A0H～0BFH	写 NMI 页面寄存器
0 0 1 1 0 × × × × ×	$\overline{Y_6}$	0C0H～0DFH	
0 0 1 1 1 × × × × ×	$\overline{Y_7}$	0E0H～0FFH	

7.3 输入/输出传送方式

在微机系统中，CPU 与外设的信息传送实际上是 CPU 与 I/O 接口的信息传送。CPU 与 I/O 接口的信息交换可以用不同的输入/输出方式完成，按照传送控制方式的不同，通常包括无条件传送方式、查询传送方式、中断传送方式以及 DMA 方式等。

7.3.1 无条件传送方式

无条件传送方式是一种最简单的程序控制传送方式，该方式默认外设始终处于准备好状态，CPU 输入/输出前不需要查询外设的工作状态，任何时候都可访问。例如，开关、发光二极管、继电器、步进电机等外设在与 CPU 进行信息交换时就可以采用无条件传送方式。它的接口硬件与软件非常简单，用一条输入或输出指令就能完成对 I/O 端口的读写操作，这种工作方式的 I/O 接口电路如图 7.5 所示。

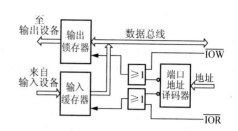

图 7.5 无条件传送方式接口电路图

输入时，外设数据送至三态输入缓冲器，当 CPU 需要读取数据时执行 IN 指令，由端口地址译码信号与 $\overline{\text{IOR}}$ 信号共同作用选通三态缓冲器，将外设数据送入 CPU 数据总线。输出时，由于 CPU 送出数据的有效时间很短，而外设需要较长的数据保持时间，为此，常在接口电路中设置数据锁存器。当 CPU 执行 OUT 指令时，在端口地址译码信号和 $\overline{\text{IOW}}$ 信号共同作用下，将数据送入输出锁存器并锁存。这种方式主要用于 CPU 与具有确定状态的 I/O 设备间传送信息，其接口电路和程序控制都比较简单，但有它特殊的应用条件：输入时外设必须已准备好数据，输出时接口锁存器必须为空。即接口和 I/O 设备在无条件传送时必须保持"就绪"状态。

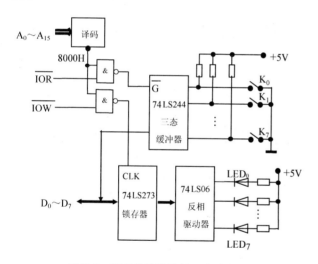

图 7.6 无条件传送的接口电路举例

图 7.6 为一个无条件传送的接口电路。其中 74LS273 锁存器构成输出口，数据的锁存由时钟信号 CLK 来控制。由于 LED 发光二极管通过的电流为 10～20mA，74LS273 不能提供这么大的电流，所以锁存器的输出端接了一个 74LS06 反向驱动器，用来驱动 8 个发光二极管发光。74LS244 三态缓冲器构成输入口。它与 8 个开关相连，当 CPU 选通三态缓冲器时，读取各开关的状态。由于两个端口分别用做输入和输出，CPU 在同一时间内只能对一个端口进行访问，所以两个端口的 I/O 地址同设为 8000H。相应的程序段如下：

```
NEXT: MOV    DX, 8000H    ;DX 指向数据端口
      IN     AL, DX       ;从输入端口读开关状态
      NOT    AL           ;反相
      OUT    DX, AL       ;送输出端口显示
      CALL   DELAY        ;调子程序延时
      JMP    NEXT         ;重复
```

7.3.2 查询传送方式

无条件传送在读/写操作之前对外设的工作状态不作任何检测，只要 CPU 需要，随时进行输入或输出操作，而此时外设肯定已准备就绪。但对许多外设，这种条件是很难具备

的。例如，有些与 CPU 异步工作的外设，其工作状态总在变化，如果不了解外设当前的工作状态就直接输入或输出将很难保证传送数据的正确性。因此，在这种情况下，CPU 必须在数据传送之前对外设的状态进行查询，确认外设已经满足了传送数据的条件后才与外设进行数据交换，否则，一直处于查询等待状态。

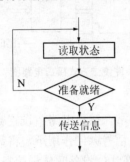

图 7.7　查询传送方式流程图

查询传送方式在执行输入/输出操作之前，需要通过程序对外部设备的状态进行检查。当所选定的外设已准备"就绪"后，才开始进行输入/输出操作。为了使 CPU 能够查询到外设的状态，外设需要提供一个专门的状态端口用来存放状态信息供 CPU 查询。通常，数据端口和状态端口有不同的端口地址。

查询传送方式的工作流程包括两个基本的工作环节，如图 7.7 所示。

查询环节主要通过读取状态寄存器的标志位来检查外设是否"就绪"。若没有"就绪"，则程序不断循环，直至"就绪"后才继续进行下一步工作。在输入场合，"就绪"说明输入接口已准备好送往 CPU 的数据，正等着 CPU 来读取；该状态也可用接口中数据缓冲器已"满"来描述。在输出场合，"就绪"说明输出接口已做好准备，等待接收 CPU 要输出的数据，该状态也可用接口数据缓冲器已"空"或者用接口(外设)"闲"（或"不忙"）来描述。在实际过程中，有时由于外设故障导致不能"就绪"，使查询程序进入一个死循环。为解决这个问题，通常可采用增加超时判断来处理这种异常情况，即循环程序超过了规定时间，则自动退出该查询环节。

当上一环节完成后，传送环节将对数据端口实现寻址，并通过输入指令从数据端口输入数据，或利用输出指令从数据端口输出数据。

根据数据输入输出方向，查询方式的接口电路可分为两类：查询输入接口和查询输出接口。

1. 查询输入接口

查询输入接口电路的原理如图 7.8 所示。该接口中有两个端口，8 位锁存器与 8 位三态缓冲器构成数据端口，设其端口地址为 8000H。D 触发器和另一个三态缓冲器构成状态端口，设其端口地址为 8001H。本电路中，状态端口仅使用一根数据线与数据总线的 D_0 相连。当 $D_0=1$ 时，表示数据准备就绪；当 $D_0=0$ 时，表示数据没有准备就绪。

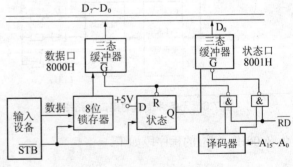

图 7.8　查询输入接口电路原理图

具体工作过程如下：当输入设备的数据已经准备好后，一方面将数据送入 8 位锁存器，另一方面对 D 触发器触发，使状态信息标志位 D_0 为 1。当 CPU 要求外设输入信息时，先检查状态信息。若数据已经准备好，即 $D_0=1$ 时，则执行输入指令，把数据读入，并使 D 触发器状态清零。否则，CPU 就等待，反复查询状态端口的状态，一直到准备好为止。图 7.8 中读入的数据为 8 位，而状态信息为 1 位，当有多个外设时，状态信息可使用同一端口，但使用不同的位。其对应数据和状态信息如图 7.9 所示。图 7.10 为这种查询输入方式的程序流程图。

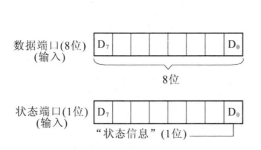

图 7.9 查询式输入的数据、状态信息图

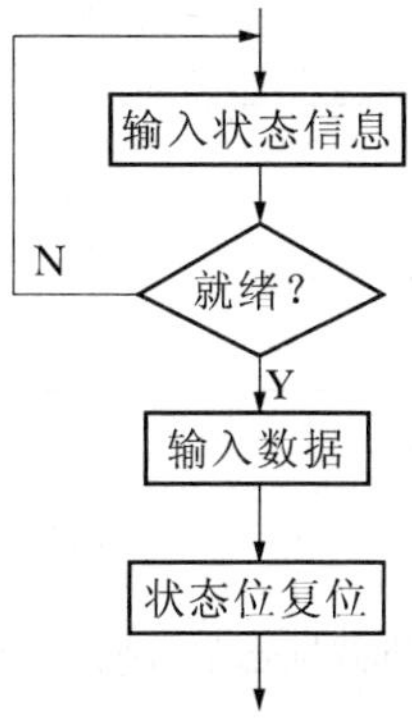

图 7.10 查询式输入程序流程图

查询式输入的相应程序段为：

```
NEXT:
        MOV     DX, 8001H
        IN      AL, DX          ; 从状态口输入状态信息
        TEST    AL, 01H         ; 测试标志位是否为 1
        JZ      NEXT            ; 未就绪，继续查询
        MOV     DX, 8000H
        IN      AL, DX          ; 从数据端口输入数据
```

2. 查询输出接口

查询输出接口电路的原理如图 7.11 所示。当有信息输出时，与查询输入一样，CPU 必须先查询外设的工作状态，看其是否处于空闲状态。若外设处于空闲状态(不忙)，则 CPU 执行输出指令，输出数据；否则就继续查询，直至有空为止。该接口中有两个端口：8 位锁存器作为数据端口，其输入端与数据总线相连，输出端连接输出设备，设其端口地址为 8000H；D 触发器和另一个三态缓冲器构成状态端口，设其端口地址为 8001H。本电路中，状态端口仅使用一根数据线与数据总线的 D_7 相连。当 $D_7=1$ 时，表示外部设备处于忙状态；当 $D_0=0$ 时，表示外部设备处于空闲状态，等待接收新数据。

具体工作过程如下：当输出设备处于空闲状态时，会发出一个 $\overline{ACK}$ (Acknowledge)信号，使 D 触发器清零。CPU 查询到这个状态信息后，便知道外设空闲，执行输出指令，将新的数据输出到数据总线上，由地址译码器产生的译码信号和 $\overline{WR}$ 相"与"后，发出

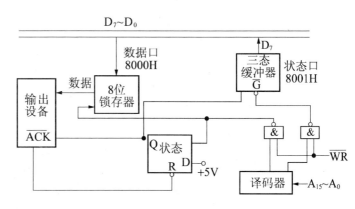

图 7.11 查询输出接口电路原理图

选通信号，将输出数据送至 8 位锁存器。同时，将 D 触发器置为 1，告知外设读取数据。在外设取走数据之前 D 触发器一直为 1，用于告知 CPU，外设处于忙状态。

图 7.11 中读入的数据为 8 位，状态信息为 1 位，其对应数据和状态信息如图 7.12 所示。

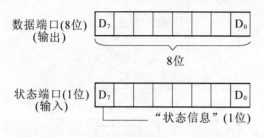

图 7.12 查询式输出的数据、状态信息图

图 7.13 为查询式输出程序流程图。

查询式输出的相应程序段为：

```
NEXT:   MOV     DX, 8001H
        IN      AL, DX  ;从状态口输入状态信息
        TEST    AL, 80H ;测试标志位 D7
        JNZ     NEXT    ;未就绪，继续查询
        MOV     DX, 8000H
        MOV     AL, BUF ;从缓冲区 BUF 取数据
        OUT     DX, AL  ;从数据端口输出
```

查询式输入输出的优点是接口比较简单，软件容易实现，传送可靠，适应面宽。但由于 CPU 需要不断测试状态信息，CPU 和外设只能串行工作，外设工作的低速度造成 CPU 大量时间的循环等待，使系统效率大大降低，对 CPU 负担不重，所配外设对象不多，实时性要求不太高的情况下可使用这种传送方式。

【例 7.1】某字符输入设备以查询方式工作，数据输入端口地址为 2000H，状态端口地址为 2002H。状态寄存器中 D_0 位为 1，表示输入缓冲器中已经有一个字节准备好，可以进行输入；D_7 位为 1 表示输入设备发生故障。要求从该设备上输入 40 个字符，然后向串行口输出。如果设备出错，则显示错误信息后停止。

程序清单如下：

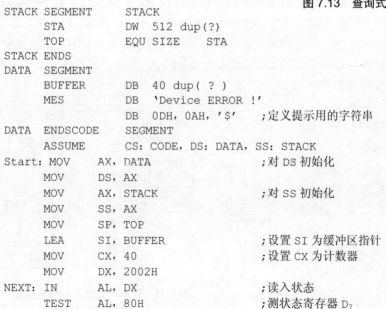

图 7.13 查询式输出程序流程图

```
        STACK SEGMENT       STACK
              STA           DW  512 dup(?)
              TOP           EQU SIZE    STA
        STACK ENDS
        DATA  SEGMENT
              BUFFER        DB  40 dup( ? )
              MES           DB  'Device ERROR !'
                            DB  0DH, 0AH, '$'    ;定义提示用的字符串
        DATA  ENDSCODE      SEGMENT
              ASSUME        CS: CODE, DS: DATA, SS: STACK
        Start: MOV    AX, DATA                 ;对 DS 初始化
               MOV    DS, AX
               MOV    AX, STACK                ;对 SS 初始化
               MOV    SS, AX
               MOV    SP, TOP
               LEA    SI, BUFFER               ;设置 SI 为缓冲区指针
               MOV    CX, 40                   ;设置 CX 为计数器
               MOV    DX, 2002H
        NEXT: IN      AL, DX                   ;读入状态
              TEST    AL, 80H                  ;测状态寄存器 D7
```

```
        JNZ     ERROR                ;设备故障，转 ERROR
        TEST    AL，01H               ;测状态寄存器 D0
        JZ      Next                 ;未准备好，则等待，再测
        MOV     DX，2000H
        IN      AL，DX                ;准备好，输入字符
        MOV     [SI]，AL              ;将字符送缓冲区
        INC     SI                   ;修改地址指针
        LOOP    NEXT                 ;40 个字符未输入完成，继续
TRANFER: LEA    SI，BUFFER            ;准备发送，SI 中置字符串首址
        MOV     CX，40                ;发送字符数
ONE:    MOV     AH，04H               ;设置串口输出功能号
        MOV     DL，[SI]              ;取出一个字符
        INT     21H                  ;从串口输出
        INC     SI                   ;修改指针
        LOOP    ONE                  ;输出下一个字符
        JMP     DONE
ERROR:  MOV     AH，09H               ;设备故障，输出出错信息
        LEA     DX，MES
        INT     21H
Done:   MOV     AH，4CH
        INT     21H                  ;返回 DOS
CODE    ENDS
        END     Start
```

本段程序由两段循环程序组成：第一段程序从设备输入 40 个字符，第二段程序将缓冲区内容通过串口输出。测试状态位要注意先后次序：由于设备故障将导致该设备不能正常输入，所以应先判断故障标志位 D_7，只有当 D_7 为 0 设备正常时，再测试状态寄存器中的 D_0 位，由 D_0 位的状态决定是否读入数据。同时，第一段程序用查询的方法进行字符输入，第二段程序用 DOS 功能调用的方法输出。可见，对外部设备输入/输出的方法不是唯一的，要根据具体情况决定采用哪一种方法。图 7.14 给出过整个过程的流程图。

如果系统有多个设备需要使用查询方式进行输入/输出，则可采用循环查询的方法。通常按照设备的重要程度，对重要的设备先查询。假定系统有三个设备，它们的状态端口地址分别为 STATUS1、STATUS2、STATUS3，并假定三个状态端口均使用最高位作为准备好标志。

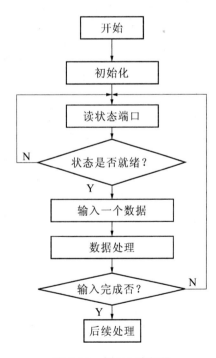

图 7.14   例 7.1 流程图

```
THREE:  MOVFLAG，0
INPUT:  IN      AL，STATUS1           ;读入设备 1 的状态寄存器
        TEST    AL，80H               ;测试最高位 D7
        JZ      DEVC2                ;设备 1 未准备好，转去查询设备 2
        CALL    PROC1                ;设备 1 准备好，调用设备 1 的处理程序
DEVC2:  IN      AL，STATUS2           ;读入设备 2 的状态寄存器
        TEST    AL，20H               ;测试最高位 D7
```

```
            JZ      DEVC3            ;设备 2 未准备好, 转去查询设备 3
            CALL    PROC2            ;设备 2 准备好, 调用设备 2 的处理程序
    DEVC3:  IN      AL, STATUS3      ;读入设备 3 的状态寄存器
            TEST    AL, 20H          ;测试最高位 D₇
            JZ      NOINPUT          ;设备 3 未准备好, 转 NOINPUT
            CALL    PROC3            ;设备 3 准备好, 调用设备 3 的处理程序
    NOINPUT: CMP    FLAG, 07H
            JNE     INPUT
```

本段程序中，为了避免 3 个设备输入完成后程序陷入死循环，设置了一个内存单元 FLAG 作为 3 个设备是否输入完成的标志，它的 D_0，D_1，D_2 分别代表一个设备的输入完成情况：为 0 表示未完成，为 1 表示完成。每当一个设备输入完成，就在各自的输入/输出处理子程序 PROCl、PROC2、PROC3 中将 FLAG 单元相应位置1。在标号 NOINPUT 处判断 FLAG 是否为 07H：若 FLAG 值为 07H，说明 3 个设备均已输入完成，程序执行其他后续任务，否则转 INPUT 处继续 3 个设备的输入过程。

上例仅适用于 3 个设备工作速度都比较慢的情况。如果其中一个设备工作速度很快，而其他设备的输入/输出处理程序运行时间又较长，则可能发生"覆盖错误"。在这种情况下，应优先执行工作速度较快的外设的 I/O 过程，然后再执行其他设备的 I/O 过程。

7.3.3 中断传送方式

在程序查询传送方式中，CPU 要不断查询输入/输出系统的状态。若外设没准备好，CPU 就必须等待，不能干其他工作，CPU 与外设之间是一种交替进行的串行工作方式。这对 CPU 资源的使用造成很大浪费，使整个系统性能下降。尤其对某些数据输入或输出速度很慢的外部设备，如键盘、打印机等更是如此。为弥补这种缺陷，提高 CPU 的使用效率，在 I/O 传输过程中，可采用中断传输机制。即 CPU 平时可以忙于自己的事务，当外设有需要时可向 CPU 提出服务请求；CPU 响应后，转去执行中断服务子程序；待中断服务程序执行完毕后，CPU 重新回到断点，继续处理被临时中断的事务。在这种情况下，CPU 与外设可同时工作，大大提高其使用效率。此外，在微机系统工作过程中，除了执行程序外，可能会遇到一些随机事件，如突然断电，机器出现某种故障、运算错误等无法预测的情况，这就要求 CPU 能具有实时响应和处理随机事件的能力，这也需要采用中断传送方式。

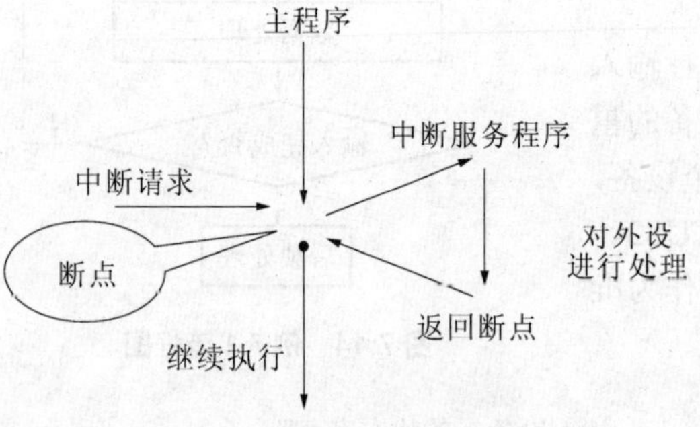

所谓中断传送方式是指由于某些随机事件的产生，使 CPU 暂停当前正在执行的程序，而转去处理相应的外部事件，执行一个为外设服务的输入/输出程序，执行完毕后，CPU 返回原来程序的断点处继续执行。被中断的原程序称为主程序；为外设服务的输入/输出程序称为中断服务程序，中断服务程序事先存放在内存中的某个区域，其起始地址称为中断服务程序的入口地址；主程序的返回地址称为断点。中断处理的示意图如图 7.15 所示。

图 7.15 中断处理的示意图

采用中断控制方式来实现 CPU 和外设的信息传递，主要有以下一些优点。

1. 实现并行处理

在中断控制方式下，CPU 可与外设并行工作。CPU 在启动外设后，在外设运行的同时 CPU 可以继续执行原来的程序，直到外设准备好通知 CPU 为它服务，CPU 才会转去执行相应的中断服务程序，当服务结束后，CPU 在回到原来的程序继续执行。

2. 实现实时处理

在一个实时控制系统中，响应的速度是一个重要的指标，当外设提出中断请求时，系统应及时的响应。

3. 实现分时操作

采用中断控制，CPU 可同时处理多个外设来的中断请求，并且 CPU 能根据不同外设中断请求优先级的高低，分时执行各自的中断服务程序，并行工作，有效地提高 CPU 的利用率和输入/输出速度。

4. 实现故障处理

计算机在执行过程中，会出现一些异常情况，如电源断电、存储器读写错误、运算溢出等，有了中断控制系统，CPU 就可以及时处理，避免损失。在中断方式下传输数据，外设的接口要有能向 CPU 发出中断请求信号的电路，同时也应有接收从 CPU 来的应答信号的电路。图 7.16 为中断传送方式下的输入接口电路图。8 位输入锁存器与 8 位三态缓冲器构成数据端口。当输入设备准备就绪以后，发出选通

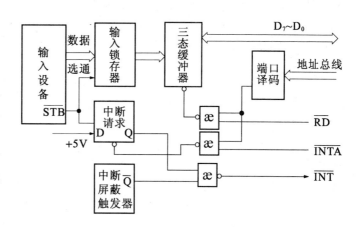

图 7.16　中断传送方式的输入接口电路图

信号 $\overline{STB}$，该信号分成两路，一路送 8 位输入锁存器控制端，将数据存入锁存器；另一路送中断请求 D 触发器，将 D 触发器置 1。若此时系统允许中断，中断屏蔽触发器已置为 1，则通过与非门向 CPU 发中断请求信号 $\overline{INT}$。若无其他设备的中断请求，在 CPU 开中断的情况下(IF=1)，CPU 在执行完当前指令后，响应该设备的中断请求，执行中断响应总线周期，发出中断应答信号 $\overline{INTA}$，继而执行相应的中断服务程序，在中断服务程序中完成数据的输入操作，同时复位中断请求触发器 U2。中断服务完成后，再返回被中断的主程序。

从以上的中断传送方式的输入接口电路分析中可以看出，使用中断传送方式的条件有：第一，有外设申请中断。CPU 本身具备这样一种功能，即在每一条指令结束时，自动检测外部设备是否有中断请求。向 CPU 申请中断的外设，一般称为中断源。第二，允许该中断源申请中断，即对该中断源不屏蔽。对中断源的屏蔽可采用硬件电路方法，也可以采用软件编程方法。第三，中断是开放的，即 CPU 对中断源申请中断是响应的中断是否开放，可用软件编程的方法，使标志寄存器 PSW 的中断标志位 IF 为 1 或为 0。第四，CPU 要在当前指令结束后响应中

断请求，转入中断服务程序。满足了上述条件后，在 CPU 响应中断转入中断服务程序之前，CPU 自动完成的事情是关中断、保护断点、取得中断服务程序的段地址和偏移地址。

中断传送方式中，CPU 与 I/O 设备的关系是 I/O 设备主动，CPU 被动，即 I/O 操作由 I/O 设备启动。在这种传送方式中，中断服务程序必须是预先设计好的，且其程序入口地址已知，调用时间则由外部信号决定。中断传送的显著特点是能节省大量的 CPU 时间，实现 CPU 与外设并行工作，提高计算机的使用效率，并使 I/O 设备的服务请求得到及时处理。例如，某外设在 1 秒内传送 100 个字节。若用程序查询的方式传送，则 CPU 为传送 100 个字节所用的时间等于外设传送 100 个字节所用的时间，即需要用 1 秒的时间。如果用中断控制方式传送，则 CPU 执行一个字节的传送需要进入一次中断服务程序。若 CPU 执行一次中断服务程序需要 100μs，则传递 100 个字节 CPU 所使用的时间为 100μs×1000=10ms，只占 1 秒时间的 1%，其余 99%的时间 CPU 可用于执行其他任务，CPU 的工作效率得到显著提高。中断传送方式是一种广泛被使用的重要技术，在中断处理中有许多问题需要解决，如中断请求、中断屏蔽、中断响应、中断判优、中断嵌套和中断返回等，将在后续章节中详细讨论。

虽然中断传送方式有很多优点，但由于中断请求是随机事件，中断服务程序的编写和调试要比程序查询方式复杂得多。并且，从外设发出中断请求、CPU 完成当前指令、应中断、现场信息保护、到中断服务程序的执行及现场的恢复和中断返回，都要花费大量的时间。对于高速外设的数据传送，如磁盘和内存间大量数据的传送，这种中断方式就显得太慢，不能满足高速的要求。因此，人们提出了新的解决方法，即 DMA 传送方式。

7.3.4 DMA方式

在程序查询方式或中断方式下，所有的数据传送均通过 CPU 执行指令来完成。而每条指令需要取指时间和执行指令的时间，降低了数据交换速度。而且 CPU 的指令系统仅支持 CPU 与存储器，或者 CPU 与外设间的数据传送。当外设要与存储器交换数据时，需要利用 CPU 做中转，实际上这一步是不必要的。此外，由于传送多数是以数据块的形式进行的，这种传送还伴随着地址指针的改变，以及传送计数器的改变等附加操作，这使得传输速度进一步降低。为解决这个问题，减少不必要的中间步骤，可采用 DMA 传送方式。

DMA 方式又叫直接存储器存取方式，是在外部设备和存储器之间开辟直接的数据传送通路，数据传送不是靠执行 I/O 指令，数据不经过 CPU 内的任何寄存器，也不破坏任何寄存器原来的内容，而是在存储器和外部设备之间的通路上直接传送数据。这种 I/O 方式的实现主要是靠硬件(DMA 控制器)实现的，不必进行保护现场等一系列额外操作，从而减轻了 CPU 的负担，因此特别适合于高速度大批量数据传送的场合。但是，这种方式要增设 DMA 控制器，硬件电路比前两种方式更为复杂，不过，对于一个完善的微机系统，DMA 数据传送功能是不可缺少的。

1. DMA 方式的工作原理

DMA 传送方式实际上是把外设与内存交换信息的控制与操作交给了 DMA 控制器。当外设与内存要进行数据传输时，由 CPU 或总线控制器管理的系统总线被移交给 DMA 控制器，由 DMA 控制器来管理，CPU 可以去干其他工作，但不能访问总线；数据交换完毕后，DMA 控制器将总线控制权交还给 CPU 或总线控制器。DMA 方式的工作原理如图 7.17 所示。

当外设把数据准备好以后，通过接口向 DMA 控制器发出一个请求信号 DRQ(DMA Request)；DMA 控制器收到此信号后，便向 CPU 发出 HOLD 信号，请求 CPU 让出系统总线；CPU 在收到 HOLD 有效后，在当前总线周期结束后，发出 HLDA 信号来响应 DMA 控制器的请求，交出对总线的控制权，此时地址总线、数据总线和控制总线处于高阻态，CPU 终止程序的执行，只监视 HOLD 的状态；DMA 控制器收到 HLDA 信号后便接管总线的控制权，向 I/O 设备发出 DMA 请求的响应信号 DACK，完成外

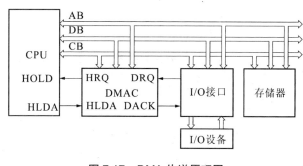

图 7.17　DMA 传送原理图

设与存储器的直接连接。而后按事先设置的初始地址和需传送的字节数，在存储器和外设间直接交换数据。并循环检查传送是否结束；当数据全部传送完毕后，DMA 控制器撤销 HOLD，使系统总线浮空，CPU 检测到 HOLD 失效后，就撤销 HLDA，在下一时钟周期开始收回系统总线，继续执行原来的程序。DMA 传送流程图如图 7.18 所示。

从上述过程可以看出，采用 DMA 方式进行数据传输的响应时间短，省去了中断管理中 CPU 保护和恢复现场的麻烦，减少了 CPU 的开销。随着大规模集成电路技术的发展，DMA 传送可以应用于存储器与外设间信息交换，也扩展到两个存储器之间，或者两种高速外设之间进行信息交换。

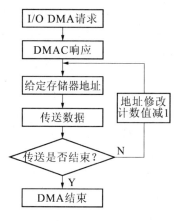

图 7.18　DMA 传送流程图

2. DMA 控制器的基本功能

DMA 控制器是能在存储器和外部设备之间实现直接而高速地传送数据的一种专用处理器。它应具有独立访问内存的能力，能取代 CPU 提供内存地址和必要的读写控制信号，将数据总线上的信息写入存储器或从存储器读出。为此，要求 DMA 控制器具有独立控制 3 总线来访问存储器和 I/O 端口的能力，具体来说，DMA 控制器应具有如下功能。

(1) 能在接收到外设的 DMA 请求后，向 CPU 发出 DMA 请求信号 HOLD。

(2) 当 CPU 发出 DMA 响应信号 HLDA 之后，DMA 控制器接管对总线的控制，进入 DMA 方式。

(3) 能发出地址信息，并对 I/O 端口或存储器寻址输出地址信息，以及能修改地址指针。

(4) 能向存储器和外设发出读/写控制信号。

(5) 能决定传送的字节数，判断 DMA 传送是否结束。

(6) 在 DMA 传送结束以后，能发出结束 DMA 请求信号，并释放总线，让 CPU 重新获得总线控制权。

以上是 DMA 控制器具备的基本功能，不同系列的 DMA 控制器往往附加一些新的功能，如一个 DMA 控制器芯片有多个 DMA 通道，能在 DMA 传送结束时产生中断请求信号。

3. DMA 传送方式

DMA 控制器有 3 种常见的操作方式，即单字节方式、字组方式和连续方式。

1) 单字节方式

在单字节操作方式下，DMA 控制器操作每次均只传送一个字节。即获得总线控制权后，每传送完一个字节的数据，便将总线控制权还给 CPU，按这种工作方式，即使有一个数据块要传送，也只能传送完一个字节后，由 DMA 控制器重新向 CPU 申请总线。

2) 字组方式

字组操作方式也叫请求方式或查询方式。这种方式以有 DMA 请求为前提，能够连续传送一批数据。在此期间，DMA 控制器一直保持总线控制权。但当 DMA 请求无效、数据传送结束、检索到匹配字节以及外加一个过程结束信号时，DMA 控制器便释放总线控制权。

3) 连续方式

连续操作方式是指在数据块传送的整个过程中，不管 DMA 请求是否撤销，DMA 控制器始终控制着总线。除非传送结束或检索到"匹配字节"，才把总线控制权交回 CPU。在传送过程中，当 DMA 请求失效时，DMA 控制器将等待它变为有效，却并不释放总线。

上述 3 种操作方式各有特色：从 DMA 操作角度来看，以连续方式最快，字组方式次之，单字节方式最慢。但如果从 CPU 的使用效率来看，则正好相反，以单字节方式最好，连续方式最差，字组方式居中。因为在单字节方式下，每传送完一个字节，CPU 就会暂时收回总线控制权，并利用 DMA 操作的间隙，进行中断响应、查询等工作。而在连续方式下，CPU 一旦交出总线控制权，就必须等到 DMA 操作结束，这将影响 CPU 的其他工作。因此，在不同应用中，应根据具体需要，确定不同的 DMA 控制器操作方式。

Intel 系列、Zilog 系列和 Motorola 系列都有自己的 DMA 控制器，它们的功能基本相似。在 IBM PC/XT 中，采用的是 Intel 8237 DMA 控制器。

7.3.5 I/O 处理机方式

对于有大量输入/输出设备的微机系统，DMA 控制方式已不能满足大量数据传输的需要。Intel 公司推出了与 8086 系列配套的高性能输入/输出处理机(IOP)8089，它能将 8086 CPU 与外部设备互连进行通信。I/O 处理机接管了 CPU 的各种 I/O 操作及 I/O 控制功能，CPU 能与 I/O 处理机并行工作。I/O 处理机有自己的指令系统，能独立地直接存取主存储器、对外设和 I/O 过程进行管理。系统中设置了 I/O 处理机后，86 系列 CPU 必须工作在最大工作模式。当 CPU 需要进行输入或输出操作时，只需在存储器中建立一个规定格式的信息块，设置好需要执行的操作和有关参数，然后把这些参数送入 8089，I/O 处理机即会执行输入/输出操作。如果在数据传送过程出现差错，8089 会进行重复传送或做必要的处理。在整个数据块的传送过程中，CPU 可去完成其他作业。

7.4 简单输入/输出接口的设计

7.4.1 芯片功能介绍

在外设接口电路中，经常需要对传输过程中的信息进行功率放大、隔离以及锁存，实现这些功能的最简单的接口芯片就是缓冲器、数据收发器和锁存器。下面简单介绍几种常用接口芯片的功能和应用。

1. 单向三态缓冲器 74LS244

74LS244 是一个典型的三态输出的 8 缓冲器，其引脚如图 7.19 所示，是一种基本的输入/输出接口芯片。

该芯片由 8 个三态门构成，有 8 个输入端，8 个输出端。有两个控制端：$\overline{E_1}$ 和 $\overline{E_2}$。每个控制端分别控制 4 个三态门。当某一控制端有效(低电平)时，相应的 4 个三态门导通，输出等于输入；当控制端为高电平时，相应的三态门呈现高阻状态，输出与输入隔离。实际使用中，通常是将两个控制端并联，这样就可用一个控制信号来使 8 个三态门同时导通或同时断开。74LS244 缓冲器主要用于三态输出的地址驱动器、时钟驱动器、总线定向接收器和定向发送器等。

由于三态门具有"通断"控制能力，所以可利用其作输入接口。利用三态门作为输入信号接口时，要求信号的状态

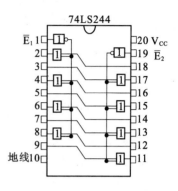

图 7.19　74LS244 芯片引脚图

是能够保持的。这是因为三态门本身没有对信号的保持或锁存能力。图 7.20 是一个利用 74LS244 作为开关量输入接口的例子。

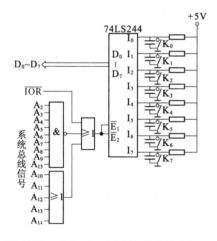

图 7.20　三态门 74LS244 作为输入接口

图 7.20 中，74LS244 的输入端接有 8 个开关 K_0~K_7，控制端 $\overline{E_1}$ 和 $\overline{E_2}$ 并联。当 CPU 读该接口时，总线上的 16 位地址信号通过译码使 $\overline{E_1}$ 和 $\overline{E_2}$ 有效，三态门导通，8 个开关的状态经数据线 D_0~D_7 被读入到 CPU 中。这样，就可测量出这些开关当前的状态是打开的还是闭合的。当 CPU 不读此接口地址时，$\overline{E_1}$ 和 $\overline{E_2}$ 为高电平，则三态门的输出为高阻状态，使其与数据总线断开。

用一片 74LS244 芯片作为输入接口最多可以连接 8 个开关或其他具有信号保持能力的外设。当然也可只接一个外设而让其他端悬空，对空着未用的端，其对应位的数据是任意值，在程序中常用逻辑"与"指令将其屏蔽掉。如果有更多的开关状态(或其他外设)需要输入时，可用类似的方法用两片或更多的芯片并联使用。

【例 7.2】编写程序，判断图 7.20 中的开关状态。如果 K_0~K_3 开关都闭合，其余断开，则程序转向标号为 KEY1 的程序段执行；如果 K_4~K_7 开关都闭合，其余断开，则转向标号为 KEY2 的程序段执行。

图 7.20 中，三态门 74LS244 作为输入接口，其 I/O 地址采用了部分地址译码——地址线 A_1 和 A_0 未参加译码，所以它所占用的地址为 83FCH~83FFH。可以使用其中任何一个地址，而其他重叠的 3 个地址空着不用。另外，由图 7.20 可以看出，当开关闭合时输入低电平。程序段如下：

```
MOV     DX, 83FCH
IN      AL, DX
MOV     AH, AL
```

```
        AND    AL, 0FH
        JZ     KEY1
        AND    AH, 0F0H
        JZ     KEY2
        JMP    ELSE
KEY1:          ⋮
KEY2:          ⋮
```

可见，利用三态门作为输入接口，使用和连接都是很容易的。

2. 锁存器接口芯片

1) 锁存器 74LS273

由于三态门器件没有数据的保持能力，所以它一般只用作输入接口，不能直接用作数据输出接口。数据输出接口通常是用具有信息存储能力的双稳态触发器来实现。最简单的输出接口可用 D 触发器构成。例如，常用的锁存器 74LS273，其引脚图及真值表如图 7.21 所示。

74LS273 内部包含了 8 个 D 触发器，可存放 8 位二进制信息，具有数据锁存的功能。其中 $D_7 \sim D_0$ 是输入，$Q_7 \sim Q_0$ 是输出，常用作并行输出接口，将 CPU 的数据传送到外部 I/O 设备。图 7.22 是应用 74LS273 作为输出接口的例子。8 个 Q 端通过反向器与 8 个发光二极管相连接，要使接到 Q_0 端和 Q_6 端的发光二极管发光，其对应的 Q_0、Q_6 端须为"1"状态，而其他 Q 端则为"0"状态。

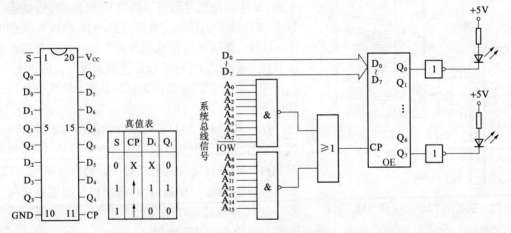

图 7.21　74LS273 引脚图和真值表　　　　图 7.22　74LS273 作为输出接口

【例 7.3】编写程序，使图 7.22 中 $Q_0 \sim Q_7$ 对应的发光二极管逐个轮流发光一遍。假定该输出接口的地址为 8000H，则程序段如下：

```
        MOV    DX, 8000H
        MOV    CX, 8
        MOV    AL, 01H
NEXT:   OUT    DX, AL
        ROL    AL, 1
        LOOP   NEXT
        SJMP   $
```

74LS273 的数据锁存输出端 Q 是通过一个一般的二态门输出的，即只要 74LS273 正常工作,其 Q 端总有一个确定的逻辑状态 0 或 1 输出。因此,74LS273 无法直接用作输入接口,即它的 Q 端绝对不允许直接与系统的数据总线相连接。那么,有没有既可作输入接口又能用作输出接口的芯片呢?回答是肯定的。下面介绍一种带有三态输出的锁存器74LS374。

2) 三态输出锁存器 74LS374

74LS374 也是经常用到的一种电路芯片,其引脚图和真值表如图 7.23 所示。

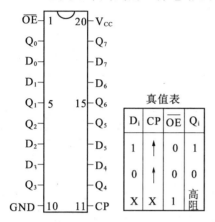

图 7.23 74LS374 引脚图和真值表　　　　图 7.24　74LS374 内部结构图

从引线上可以看出,它比 74LS273 多了一个输出允许端 $\overline{OE}$。只有当 $\overline{OE}=0$ 时 74LS374 的输出三态门才导通。$\overline{OE}=1$ 时,则呈高阻状态。图 7.24 为 74LS374 中一个锁存器的结构图,由图 7.24 可知,74LS374 在 D 触发器输出端加有一个三态门。74LS374 在用作输入接口时,端口地址信号经译码电路接到 $\overline{OE}$ 端,外设数据由外设提供的选通脉冲锁存在 74LS374 内部。当 CPU 读该接口时,译码器输出低电平,使 74LS374 的输出三态门打开,读出外设的数据;如果用作输出接口,也可将 $\overline{OE}$ 端接地,使其输出三态门一直处于导通状态,这样就与 74LS273 一样使用了。

用 74LS374 作为输入和输出接口的电路如图 7.25 所示。

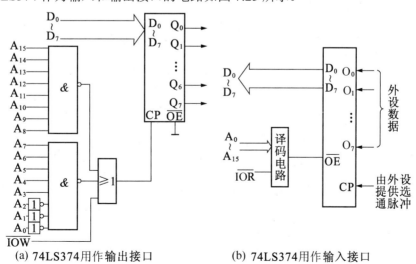

(a) 74LS374用作输出接口　　　　(b) 74LS374用作输入接口

图 7.25　74LS374 用做输入和输出接口

231

另外还有一种常用的带有三态门的锁存器芯片 74LS373，它与 74LS374 在结构和功能上完全一样，区别是数据锁存的时机不同，带有三态门基片 74LS373 是在 CP 脉冲的高电平期间将数据锁存。

总之，简单接口电路芯片在构造上比较简单，使用也很方便。常作为一些功能简单的外部设备的接口电路。但由于它们的功能有限，对较复杂的功能要求就难以胜任。在后面将介绍一些功能较强的可编程的接口芯片。

7.4.2 接口设计实例

【例 7.4】把图 7.26 中开关的状态通过 74LS244 接口芯片采集进来，再把采集结果通过 74LS373 接口芯片驱动 8 个指示灯显示出来。

对于输入设备，由于输入数据在数据总线上保持的时间很短，可直接利用三态缓冲器 74LS244，不必加锁存器。在 CPU 执行输入指令时，首先将地址送入地址总线，经译码电路产生对三态缓冲器的地址选中信号，图中译码产生的地址信号为 04A2H，此地址信号与读信号 $\overline{RD}$ 和存储器/外设选择信号 M/$\overline{IO}$ 相"与"后作为三态缓冲器的选通信号，使已准备好的输入数据进入数据总线，被 CPU 读取。

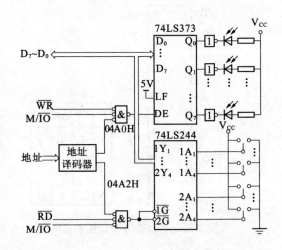

图 7.26 74LS244 作为接口电路图

对于输出设备，一般需要锁存器，要求 CPU 送出的数据在接口电路的输出端保持一定的时间，此处采用是的锁存器 74LS373。当 CPU 执行输出指令时，首先将地址送入地址总线，经译码电路产生对该锁存器的地址选中信号，图中译码产生的地址信号为 04A0H，此地址信号与写信号 $\overline{WR}$ 和锁存器/外设选择信号 M/$\overline{IO}$ 相"与"后作为锁存器的选通信号把数据总线上的数据锁存到输出锁存器中，并保持这个数据，直到被外设取走。

汇编程序如下：

```
MOV   DX, 04A2H    ;74LS244 芯片选中地址
IN    AL, DX       ;采集开关状态
MOV   DX, 04A0H    ;74LS373 芯片选中地址
OUT   DX, AL       ;输出数据使指示灯显示
```

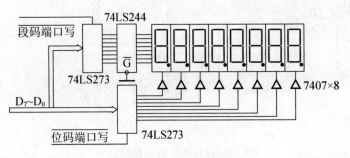

图 7.27 LED 输出电路

【例 7.5】图 7.27 是一个简单的 LED 输出电路，要求在 8 个 LED 数码管上同时显示不同的数字，从左到右分别为 1～8。

LED(发光二极管显示器)是常用的输出设备，其驱动电路简单、易于实现且价格低廉，因此得到广泛应用。

1. LED 数码管

数码管由 8 个发光二极管(以下简称字段)构成,通过不同的组合可用来显示数字 0~9、字符 A~F、H、L、P、R、U、Y、符号 "–" 及小数点。数码管的外型结构如图 7.28(a)所示。数码管又分为共阴极和共阳极两种结构,分别如图 7.28(b)和图 7.28(c)所示。

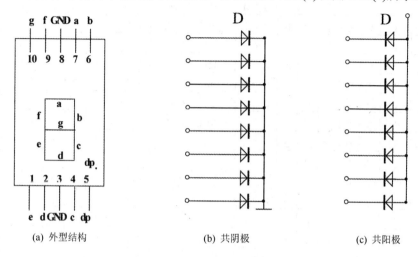

| (a) 外型结构 | (b) 共阴极 | (c) 共阳极 |

图 7.28 数码管结构图

共阳极数码管的 8 个(包括小数点)发光二极管的阳极(二极管正端)连接在一起,通常,公共阳极接高电平(一般接电源),其他管脚接段驱动电路输出端。当某段驱动电路的输出端为低电平时,则该端所连接的字段导通并点亮,根据发光字段的不同组合可显示出各种数字或字符。此时,要求段驱动电路能吸收额定的段导通电流,还需根据外接电源及额定段导通电流来确定相应的限流电阻。

共阴极数码管的 8 个发光二极管的阴极(二极管负端)连接在一起,通常,公共阴极接低电平(一般接地),其他管脚接段驱动电路输出端,当某段驱动电路的输出端为高电平时,则该端所连接的字段导通并点亮,根据发光字段的不同组合可显示出各种数字或字符。此时,要求段驱动电路能提供额定的段导通电流,还需根据外接电源及额定段导通电流来确定相应的限流电阻。

要使数码管显示出相应的数字或字符必须使段数据口输出相应的字形编码。对照图 7.28(a),字型码各位定义如下:数据线 D_0 与 a 字段对应,D_1 字段与 b 字段对应,依此类推。如使用共阳极数码管,数据为 0 表示对应字段亮,数据为 1 表示对应字段暗;如使用共阴极数码管,数据为 0 表示对应字段暗,数据为 1 表示对应字段亮。如要显示 "0",共阳极数码管的字型编码应为:11000000B(即 C0H);共阴极数码管的字型编码应为:00111111B(即 3FH)。依此类推可求得数码管字形编码见表 7.3。

表 7.3 数码管字型编码表

显示字符	字形	共 阳 极								字型码	共 阴 极								字形码
		dp	g	f	e	d	c	b	a		dp	g	f	e	d	c	b	a	
0	0	1	1	0	0	0	0	0	0	C0H	0	0	1	1	1	1	1	1	3FH

续表

显示字符	字形	共 阳 极								字型码	共 阴 极								字形码
		dp	g	f	e	d	c	b	a		dp	g	f	e	d	c	b	a	
1	1	1	1	1	1	1	0	0	1	F9H	0	0	0	0	0	1	1	0	06H
2	2	1	0	1	0	0	1	0	0	A4H	0	1	0	1	1	0	1	1	5BH
3	3	1	0	1	1	0	0	0	0	B0H	0	1	0	0	1	1	1	1	4FH
4	4	1	0	0	1	1	0	0	1	99H	0	1	1	0	0	1	1	0	66H
5	5	1	0	0	1	0	0	1	0	92H	0	1	1	0	1	1	0	1	6DH
6	6	1	0	0	0	0	0	1	0	82H	0	1	1	1	1	1	0	1	7DH
7	7	1	1	1	1	1	0	0	0	F8H	0	0	0	0	0	1	1	1	07H
8	8	1	0	0	0	0	0	0	0	80H	0	1	1	1	1	1	1	1	7FH
9	9	1	0	0	1	0	0	0	0	90H	0	1	1	0	1	1	1	1	6FH
A	A	1	0	0	0	1	0	0	0	88H	0	1	1	1	0	1	1	1	77H
B	B	1	0	0	0	0	0	1	1	83H	0	1	1	1	1	1	0	0	7CH
C	C	1	1	0	0	0	1	1	0	C6H	0	0	1	1	1	0	0	1	39H
D	D	1	0	1	0	0	0	0	1	A1H	0	1	0	1	1	1	1	0	5EH
E	E	1	0	0	0	0	1	1	0	86H	0	1	1	1	1	0	0	1	79H
F	F	1	0	0	0	1	1	1	0	8EH	0	1	1	1	0	0	0	1	71H
H	H	1	0	0	0	1	0	0	1	89H	0	1	1	1	0	1	1	0	76H
L	L	1	1	0	0	0	1	1	1	C7H	0	0	1	1	1	0	0	0	38H
P	P	1	0	0	0	1	1	0	0	8CH	0	1	1	1	0	0	1	1	73H
R	R	1	1	0	0	1	1	1	0	CEH	0	0	1	1	0	0	0	1	31H
U	U	1	1	0	0	0	0	0	1	C1H	0	0	1	1	1	1	1	0	3EH
Y	Y	1	0	0	1	0	0	0	1	91H	0	1	1	0	1	1	1	0	6EH
–	–	1	0	1	1	1	1	1	1	BFH	0	1	0	0	0	0	0	0	40H
.	.	0	1	1	1	1	1	1	1	7FH	1	0	0	0	0	0	0	0	80H
熄灭	灭	1	1	1	1	1	1	1	1	FFH	0	0	0	0	0	0	0	0	00H

图 7.27 采用共阴极数码管与锁存器 74LS273 连接，锁存器用来锁存待显示的段码。当段码写信号有效时，数据线 $D_7 \sim D_0$ 输出"1"，则相应的段码发光。数码管的公共端分别与 8 路驱动器 7407 相连，当位码写信号有效时，数据线输出"0"时，则选通相应位的数码管发光。其中，段码对应 LED 的 8 段(含小数点)，位码的数目等于 LED 的个数。

2. 动态显示

当有多位数码管需要同时显示时，最简单的办法是为每一个数码管提供一个独立的输出端口，但这种方式要占用较多的 I/O 口。通常的做法是对多位 LED 显示器采用动态扫描的方法进行显示：即逐位地轮流点亮各位数码管，虽然在任一时刻只有一位 LED 被点亮，但由于人眼的视觉残留效应，给人以显示器同时点亮的感觉。多位数码循环显示过程为：通过设置位码，熄灭所有数码管；将一个数码管的字形代码(段码)送入段码端口；设置位码，点亮一个数码管；准备下一个数字的段码和位码，适当延时；重复以上过程，多位不同的数字就同时显示在不同的数码管上。送段码之前熄灭所有数码管可以消除"段码"和"位码"不同步产生的闪烁。

　　为了实现动态扫描，除了要给显示器提供段(字形代码)的输入以外，还要对显示器进行位的控制，即实现段控和位控。设段码和位码的端口地址分别是 SEGPORT 和 BITPORT。程序清单如下：

```
STACK SEGMENT STACK
        STA         DW      512 dup(?)
        TOP         EQU     SIZE    STA
STACK ENDS
DATA  SEGMENT
   SEGTAB  DB   40H，4FH，24H，30H，19H  ;LED 字形码
           DB   12h，02h，78h，00h，10h
   BUFFER  DB   1，  2，  3，  4，  5，  6，  7，  8
   BITCODE DB   ?
DATA  ENDS
CODE  SEGMENT
   ASSUME  CS：CODE, DS：DATA, SS：STACK
LEDDISP  PROC FAR
        PUSH       DS                  ;保护各寄存器内容
        PUSH       AX
        PUSH       BX
        PUSH       CX
        PUSH       SI
        MOV        AX, @DATA           ;装载 DS
        MOV        DS, AX
        MOV        AX, STACK           ;装载 SS
        MOV        SS, AX
        MOV        SP, TOP
        LEA        BX, SEGTAB          ;BX 置为 7 段码表首址
        MOV        BITCODE, 80H        ;置位码初始值为 80H(从左边 LED 开始显示)
        MOV        SI, 0               ;SI 用作输出缓冲区指针，初值 0
        MOV        CX, 8               ;CX 用作循环计数器，初值 8
   ONE: MOV        AL, 0
        OUT        BITPORT, AL         ;送位码 0，熄灭各 LED
        MOV A      L, BUFFER[SI]       ;从输出缓冲区取出一个待输出数字
        XLAT                           ;转换成 7 段码
        OUT        SEGPORT, AL         ;向段码端口输出
        MOV        AL, BITCODE
        OUT        BITPORT, AL         ;输出位码，点亮一个 LED
        ROR        BITCODE, 1          ;修改位码，得到下一个位码
        INC        SI                  ;修改输出缓冲区指针
        CALL       DELAY               ;延时
        LOOP       ONE                 ;循环，点亮下一个 LED
        POP        SI
        POP        CX                  ;恢复各寄存器
        POP        BX
        POP        AX
        POP        DS
        RET                            ;返回主程序
LEDDISP  ENDP
CODE  ENDS
        END
```

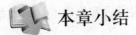 本章小结

　　输入/输出(I/O)设备作为计算机系统的一个重要组成部分，能够实现计算机与外界之间的信息交换。各种外部信息，包括程序、数据等，都必须通过输入设备才能输入至计算机。而计算机内部的各种信息也只有通过输出设备才能实现显示和打印等控制动作。在微机系统中，CPU 与外部设备交换信息是非常重要与频繁的操作，这种操作必须利用输入/输出设备，并通过 I/O 接口与系统相连来实现。

　　本章主要讨论了 I/O 接口的功能，典型结构；I/O 端口的概念；I/O 端口的两种编址方式：存储器映像编址方式和单独编址方式；PC XT/AT 的 I/O 端口地址分配；CPU 与外设之间的数据传送方式，包括无条件传送、查询传送、中断传送、DMA 传送方式等；以及典型的 I/O 接口芯片，简单输入/输出接口的设计举例。

思考题与习题

　　7-1　外部设备为什么要通过接口电路和主机系统相连？存储器需要接口电路和总线相连吗？为什么？

　　7-2　I/O 接口的基本功能是什么？I/O 接口的基本结构包括哪几个部分？各部分起什么作用？

　　7-3　CPU 与 I/O 设备之间的接口信号主要有哪些？

　　7-4　什么叫端口？通常有哪几类端口？计算机对 I/O 端口编址时通常采用哪两种方法？在 8086 系统中，用哪种方法对 I/O 端口进行编址？

　　7-5　CPU 与外设有哪几种数据传送方式？它们各有什么特点？

　　7-6　简述 CPU 与外设以查询方式传送数据的过程。

　　7-7　采用独立编址方式时，CPU 采用什么指令来访问端口？

　　7-8　CPU 从端口读数据或向端口写数据是否一定要涉及存储器？

　　7-9　I/O 地址线用作端口寻址时，高位地址线和低位地址线各有何用途？如何决定低位地址线的根数？

　　7-10　设有一输入设备，其数据端口的地址为 FFE0H，并从端口 FFE2H 提供状态，当其 D_0 位为 1 时表明输入数据准备好。试编写采用查询方式进行数据传送的程序段，要求从该设备读取 64 个字节并输入到从 2000H：2000H 开始的内存中。

　　7-11　简述中断传送的特点。

　　7-12　什么叫 DMA？为什么要引入 DMA 方式？DMA 一般在哪些场合使用？

　　7-13　简述 DMA 传送的工作原理及 DMA 控制器的几种基本操作方式。

　　7-14　有一个 CRT 终端，其输入/输出数据端口地址为 01H，状态端口地址为 00H，其中 D7 状态位为 STB，若其为 1，则表示缓冲区为空，CPU 可向数据端口输出新的数据，D6 状态位为 RDA，若其为 1，则表示输入数据有效，CPU 可从数据端口输入数据。编程从 CRT 终端输入 100 个字符，送到 RES 开始的内存单元中。

第8章 中断系统

如前所述，当 CPU 与外设用查询方式传送数据时，外设完全处于被动状态，只有被 CPU 查询到并且具备传送数据的条件时才有可能工作，因此在查询方式下，CPU 将大量时间花在等待上，降低了工作效率。因此在计算机技术中引入了中断的概念。中断是现代计算机必须具备的重要功能，也是计算机发展史上的一个重要里程碑，它的出现给计算机结构与应用带来了新的突破。建立准确的中断概念和灵活掌握中断技术是学好本门课程的关键问题之一。

本章讨论微机中断系统的功能、中断过程、中断管理以及 80X86(包括 8086)的中断系统，并详细介绍可编程中断控制器 8259A 的工作原理及应用。

8.1 中断的基本概念

8.1.1 中断

中断是指计算机的 CPU 在正常运行程序时，由于内部或外部某个紧急事件的发生，使 CPU 暂停正在运行的程序，而转去执行请求中断的那个外设或事件的中断服务(处理)程序，待处理完后再返回被中断的程序，继续执行。这个过程就是中断。

例如，某个外设向 CPU 提出交换数据的中断请求，此时 CPU 的主程序执行到第 N 条指令，CPU 接收到这个中断请求并给予响应，将断点即第 N+1 条指令的内存地址保护入栈，后转入中断服务程序去执行。当完成中断服务程序后，再返回到主程序的断点继续执行。这样，便产生了保护现场和恢复现场的要求，即保护断点和 CPU 中一些寄存器的内容(在主程序中用到的可能在中断服务程序中仍被使用的寄存器)，当数据交换完毕中断返回时，再恢复断点和寄存器的内容以便继续执行主程序并且不会丢失中断前的数据。

早期中断概念的引入，是为解决快速 CPU 与慢速外设间的速度匹配问题，以提高 CPU 的工作效率，因此中断源主要是由外部硬件产生。随着计算机系统结构的不断改进以及应用技术的日益提高，中断的适用范围也随之扩大，不再限于外部硬件产生中断(称硬件中断或外中断)，还可由 CPU 内部产生，即出现了所谓的内部中断。内部中断是为解决机器运行时所出现的某些随机事件及编程方面而出现的。把因内部意外条件而改变程序执行流程以报告出错情况和非正常状态的过程，或者由程序预先安排，即由指令 INT n 调用中断服务程序产生的中断称为内中断或软件中断。80286 以上 CPU 称内中断为异常。

8.1.2 中断系统及功能

发现中断源并能实现中断服务的手段，包括所需要的硬件和软件，称为中断系统。高效率的中断系统能以最短的响应时间和内部操作去处理所有外部设备的中断请求，使整个计算机系统的性能达到最佳状态。

1. 中断系统所具有的功能

为了满足上述要求，中断系统应具有如下功能。

(1) 多中断源请求，软件可禁止和允许每个中断源的中断请求。通常在系统中会有多个中断源，如果在某段时间内，CPU 不想为某个或某几个中断源服务，这就要求系统能够通过软件暂时屏蔽对应的中断源，而对其他中断源仍保持开放状态。当在另外的时间段，系统还可通过软件开放前面被屏蔽的中断源。

(2) 中断优先级判别功能，响应优先级别最高的请求。当系统中的多个中断源同时申请中断时，就必须要求用户事先根据各中断源的轻重缓急规定一个中断级别，即优先级。CPU 可根据优先级找到中断级别最高的中断源，并响应它的中断请求。当中断处理完后，再响应级别较低的中断源。

(3) 中断嵌套功能，即级别高的中断可中断级别较低的中断。当 CPU 正在执行某个中断源中断服务程序时，若有级别更高的中断源向 CPU 申请中断，则 CPU 应能暂停正在执行的中断服务程序而响应级别高的中断，在处理完级别高的中断后，再继续执行被暂停的中断服务程序。

(4) 中断实现。当某一中断源向 CPU 申请中断后，CPU 能决定是否给予响应，当响应中断后，能自动转向中断处理程序去执行，中断处理结束后能自动返回主程序继续执行。

2. 中断系统的组成

为实现上述功能，完整的中断系统应包括以下 3 方面。

(1) 微处理器应有处理中断请求的机制与相关硬件电路。即接收请求、响应请求、保护现场、转向中断服务程序以及中断处理完返回。

(2) 外围应有一个与处理器匹配的中断控制器，能管理多个中断源，进行优先级裁决及中断源屏蔽等功能。

(3) 根据处理器的结构编写中断处理程序，安排相关的系统初始化。

3. 中断系统的应用

中断除了能解决快速 CPU 与慢速外设间速度不匹配的矛盾以提高 CPU 的工作效率外，还在以下几方面具有广泛的应用。

1) 分时处理

CPU 在启动外设工作后，继续执行主程序。当外设向 CPU 发出数据传递的中断请求时，CPU 暂停主程序，而执行输入或输出(中断处理)操作，中断处理结束后，CPU 恢复执行主程序的同时，外设也继续原来的工作。具备了中断功能，CPU 可允许多个外设同时工作，这样就大大提高了 CPU 的利用率，也提高了输入/输出的速度。

2) 实时控制

计算机用于控制时，外设可在任何时间发出中断请求，要求 CPU 进行处理，CPU 一旦接收到中断请求，只要中断未被屏蔽，就可以立即响应并进行处理。这样快速及时的处理，在查询的工作方式下是做不到的。

3) 故障处理

计算机在运行中会出现各种故障，如硬件错误、电源断电、存储出错、运算溢出等异常情况，CPU 可利用中断系统进行处理。

8.1.3　中断的基本过程

当外部设备准备好与 CPU 传送数据，或者有某些紧急情况需要处理时，外设向 CPU 发出中断请求，CPU 接收到请求并在一定情况下，暂停执行原来的程序而转去中断处理，完成中断服务后再返回继续执行原来的程序，这就是一个中断过程。下面将中断过程分成 5 个阶段来讨论。

1. 中断请求

凡是能引起中断的设备或事件都称为中断源。由外部硬件中断源产生中断请求信号或内部发生了某种异常，都通知 CPU，这就是中断请求。

外部中断源主要有以下 4 种。

(1) 一般的输入/输出设备。如键盘、显示器、打印机等在完成自身的操作后，向 CPU 发出中断请求，要求 CPU 为它服务。

(2) 数据通道。如磁盘、磁带等也可以向 CPU 发出中断请求，要求 CPU 为它传送数据。

(3) 实时时钟。在控制系统中，常需要定时检测与控制，这时可采用外部时钟电路，并编程控制其定时间隔。当需要定时时，CPU 发出命令，启动时钟电路开始计时，待定时时间到，时钟电路就发出中断请求。

(4) 故障源。计算机内设有故障自动检测装置，如电源断电、存储器出错、外部设备故障以及越限报警等意外事件时，这些事件都能使 CPU 中断，进行相应的中断处理。

内部中断源主要包括以下 3 种。

(1) 由于 CPU 的错误产生异常。CPU 在运行过程中所发生的各种错误都会引起中断，如除法运算出错、算术运算溢出、边界检测出错、协处理器出错以及无效代码故障等。

(2) 程序执行 INT 软件中断指令。用户在调试外部中断服务程序时可以用 INT n 指令来调用并检查。另外 INT n 中已有不少被微机系统的 BIOS 和 DOS 功能调用所定义，它们的操作大多涉及外部设备的 I/O 操作。

(3) 为调试程序(DEBUG)设置的中断。在程序调试时，为了检查中间结果，或为了寻找程序问题所在，往往要求在程序中设置断点或进行单步操作，这些就要由中断系统来实现。

2. 中断判优

由于中断是随机的，可能出现两个或两个以上的中断源同时请求中断服务，在这种情况下就必须对申请中断的中断源进行优先级判别，这称为中断判优。CPU 首先响应当前优先级最高中断源的中断请求，处理完后再响应优先级次高的中断请求。

3. 中断响应

CPU 在没有接到中断请求信号时，一直执行原来的程序(称为主程序)。由于外设的中断申请随机发生,有中断申请后 CPU 能否立即服务要看中断的类型,若为非屏蔽中断申请,则 CPU 执行完现行指令后,做好保护现场工作即可去处理中断服务;若为可屏蔽中断申请,CPU 只有得到允许后才能去服务。把从 CPU 接收到中断请求后到进入中断服务程序之前的这一段时间称为中断响应周期。这期间 CPU 还要自动将标志寄存器内容及断点地址入栈保护,并自动寻找被响应的中断源的中断服务程序入口地址。对可屏蔽中断,CPU 通过连续发出两个中断应答信号 INTA 完成一个中断响应周期。

4. 中断处理

一旦 CPU 响应中断,就可自动转入中断服务程序,中断处理要做以下 5 件事情。

1) 保护现场

CPU 响应中断时自动将标志寄存器内容和断点地址入栈保护,但主程序中使用的寄存器的保护则由用户视使用情况而定。由于在中断服务程序中要用到某些寄存器,若不保护这些寄存器在中断前的内容,当中断服务程序的执行修改了寄存器的内容时,从中断服务程序返回主程序后,程序便不能正确执行。由用户对这些寄存器的内容进行保护的过程称为保护现场。保护现场的指令是 PUSH。

2) 开中断

CPU 接收并响应一个中断后会自动关闭中断,这样做的目的是防止在中断响应过程中被其他级别更高的中断打断,使得在获取中断类型号时出错。但在某些情况下,有比该中断更优先的情况要处理,此时,应停止对该中断的服务而转入优先级更高的中断处理,故需要再开中断,若不允许嵌套,也可不开中断。开中断的指令是 STI。

3) 中断服务

中断服务是执行输入/输出或非常事件的处理,是中断处理的核心。

4) 关中断

由于在前面有开中断,因而在此处对应一个关中断过程,是为确保无干扰的恢复现场。关中断的指令是 CLI。

5) 恢复现场

为保护中断服务程序结束后正确返回原来被中止了的程序,原来使用的寄存器内容不变,将原来保护的内容再恢复出来。恢复现场的指令是 POP。

5. 中断返回

1) 开中断

此处的开中断对应 CPU 响应中断后自动关闭中断,在返回主程序前,也就是中断服务程序的倒数第二条指令往往是开中断指令,以便中断返回后,其他的可屏蔽中断请求能再次得到响应。

2) 返回

中断服务程序的最后一条指令都无一例外地使用中断返回指令 IRET。该指令使原来在中断响应过程中的断点地址和标志寄存器中的内容,依次从堆栈中弹出,以便继续执行原来的程序。

由上述过程可知,CPU 处理一个中断时,不论该中断是由外部可屏蔽中断请求 INTR 或非屏蔽中断请求 NMI,还是由 INT 指令或 CPU 内部错误引发,其中断断点及现场保护工作是一样的，并且都需要自动寻找中断服务程序入口地址，然后转去执行中断服务程序。因此 CPU 在对不同类型中断进行处理时，机器状态没有区别。

8.2 8086 微处理器的中断方式

8086 中断属矢量中断也叫类型中断。8086 系统可处理 256 种不同类型的中断，每个中断对应一个中断类型号，所以 256 种中断对应的中断类型号为 0～255，这 256 种不同类型的中断可以来自外部，即由硬件产生，也可以来自内部，即由软件(中断指令)产生，或者满足某些特定条件后引发 CPU 中断。8086 的中断系统结构如图 8.1 所示。

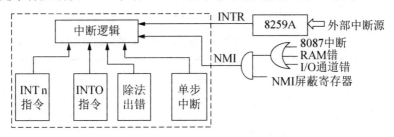

图 8.1 8086/8088 中断系统结构图

8.2.1 外部中断

外部中断是由 CPU 的外部中断请求引脚 NMI 和 INTR 引起的中断过程，可分为非屏蔽中断和可屏蔽中断两种。

1. 非屏蔽中断

若 CPU 的 NMI 引脚接收到一个有效高电平持续 2 个时钟周期以上的正跳变信号(上升沿)时，则可能会产生一次中断，由于这种中断的响应不受中断允许标志 IF 的控制，所以称为非屏蔽中断。

非屏蔽中断主要用于处理系统的意外或故障，如电源断电、存储器读写错误或受到严重的干扰。在 IBM PC/XT 中的非屏蔽中断源有 3 种：浮点运算协处理器 8087 的中断请求、系统板上 RAM 的奇偶校验错和扩展槽中的 I/O 通道错。以上 3 者中的任何一个都可以单独提出中断请求，但是否真正形成 NMI 信号，还要受 NMI 屏蔽寄存器的控制。当这个屏蔽寄存器的 $D_7=1$ 时才允许向 CPU 发送 NMI 请求，否则即使有中断请求，也不能发出 NMI 信号。NMI 屏蔽寄存器的端口地址为 A0H，可以用 OUT 指令对这一位写入 1 或 0 以达到允许或禁止 NMI 的效果。

Intel 公司在设计 8086 芯片时，已将非屏蔽中断 NMI 的中断类型号预先定义为类型 2，因此，当 NMI 请求被响应时，不要求外部向 CPU 提供中断类型号，CPU 在总线上也不发送 INTA 中断应答信号，而是 CPU 自动转入相应的中断服务程序。

2. 可屏蔽中断

可屏蔽中断是由用户定义的外部硬件中断。当外部中断源向 8086 CPU 的 INTR 引脚发送一个高电平中断请求信号时，该信号必须保持到当前指令的结束。这是因为 CPU 只在每条指令的最后一个时钟周期才对 INTR 引脚的状态进行采样，如果 CPU 采样到有可屏蔽中断请求产生，它是否响应还要取决于中断允许标志 IF 的状态。当中断允许标志 IF=0 时，INTR 的中断请求被屏蔽，当 IF＝1 时，则产生一次可屏蔽中断，并通过 INTA 引脚向产生中断请求的中断源发送两个中断应答信号的负脉冲。在接收到第二个负脉冲时，外部中断源接口电路自动将中断类型号送至数据总线，而 CPU 将自动从数据总线上读取被响应中断源的中断类型号，由中断类型号就可找到中断服务程序的入口地址。

在 IBM PC/XT 中，所有 8 个可屏蔽中断的中断源都先经过中断控制器 8259A 管理之后再向 CPU 发出 INTR 请求。而在 IBM PC/AT 中，使用两片 8259A 来管理 15 级外部中断。即 IBM PC/AT 是在 IBM PC/XT 的基础上，增加一个从片 8259A，形成主从式结构。IBM PC/XT 系统和系统的外部中断分别见表 8.1。

表 8.1　IBM PC/XT 和 IBM PC/AT 系统外部中断

	IRQ	标准应用	IRQ	标准应用
PC/XT	NMI	RAM、I/O 校验错　8087 运算错		
	0	定时/计算器 0 通道的日时钟	4	异步通信 1(COM$_1$)
	1	键盘	5	硬磁盘控制器
	2	保留(网络适配器)	6	软磁盘控制器
	3	异步通信 2(COM$_2$)	7	并行打印机(LPT$_1$)
	IRQ	标准应用	IRQ	标准应用
PC/AT	NMI	RAM、I/O 校验错　8087 运算错		
	0	系统时钟(18.2Hz)	8	日历实时钟
	1	键盘中断	9	改向 INT 0AH(以 IRQ$_2$ 出现)
	2	接收从片 8269A 的中断请求 INT	10	保留
	3	异步通信 2(COM$_2$)	11	保留
	4	异步通信 1(COM$_1$)	12	PS/2 鼠标器
	5	并行口 2(LPT$_2$)	13	协处理器
	6	软磁盘控制器	14	硬磁盘控制器
	7	并行口 1(LPT$_1$)	15	保留

8.2.2　内部中断

8086 有相当丰富的内部中断功能。它们可以是由 CPU 内部硬件产生的，也可以是由软件的中断指令 INT n 引起的，其中 n 称为中断类型号。一部分已定义的中断类型号用于 CPU 的特殊功能处理。

1．内部中断的种类

1) 除法出错中断(类型号为 00H)

在执行除法指令 DIV 或 IDIV 时，若除数为 0 或商超出了寄存器所能表达的数值范围，则立即产生一个类型号为 0 的内部中断，称为除法出错中断。除法出错中断既不是外部硬件产生的，也不是用软件指令产生的，而是 CPU 自身产生的，因此 0 型中断没有对应的中断指令，即指令系统中没有 INT 0 这条指令。

2) 单步中断(陷阱中断,类型号为 01H)

若 CPU 内的标志寄存器 FLAGS 中的跟踪标志 TF=1 且中断允许标志 IF=1 时,每执行完一条指令,CPU 将引起一次类型号为 1 的内部中断,称为单步中断。和除法出错中断类似,单步中断也不是由外部硬件产生或用软件指令产生,而是由 CPU 对标志位 TF 的测试而产生的。单步中断是一种很有用的调试方法,每执行一条指令后停下来,显示所有寄存器的内容和标志位的值以及下一条要执行的指令,以便用户检查该条指令进行了什么操作,是否得到了预期结果。

对单步中断要注意 3 点:一是所有类型的中断在其处理过程中,CPU 会自动地把标志寄存器 FLAGS 压入堆栈,然后清除 TF 和 IF。因此当 CPU 进入单步中断处理程序时,就不再处于单步工作方式,而以正常方式工作。只有在单步处理结束时,从堆栈中弹出原来的标志,才能使 CPU 又回到单步方式。二是通常程序编写好后,在使用 DEBUG 调试程序时,可用单步中断检查程序,通过跟踪命令 T 来实现单步运行。三是 8086 指令系统中没有设置或清除 TF 标志的指令,但指令系统中的 PUSHF 和 POPF 为程序员提供了置位或复位 TF 的手段。置位和复位 TF 的程序段如下所示:

```
;置位 TF 标志
PUSHF
POP AX
OR AX, 0100H
PUSH AX
POPF

;复位 TF 标志
PUSHF
POP AX
AND AX, 0FEFFH
PUSH AX
POPF
```

3) 断点中断(类型号为 03H)

提供给用户一个调试手段,它的中断类型号为 3。通常在 DEBUG 调试程序时,可通过运行命令 G 在程序中任意指定断点地址,当 CPU 执行到断点时便产生中断,同时显示当前各寄存器的内容和标志位的值以及下一条要执行的指令,供用户检查在断点以前的程序运行是否正常。

设置断点实际上是把一条断点指令 INT 3 插入程序中,CPU 每执行到断点处的 INT 3 指令便产生一个中断。

4) 溢出中断(类型号为 04H)

在执行溢出中断指令 INTO 时,若标志寄存器 FLAGS 中的溢出标志 OF=1,则产生一个类型号为 4 的内部中断,称为溢出中断。

对带符号数来说,溢出就意味着出错(加、减运算),一旦产生应立即发现,而 CPU 并不知道当前处理的数据是无符号数还是带符号数,只有程序员才明确这一点。因此通常在带符号数的加、减法运算后面总是跟着 INTO 指令,当标志寄存器的 OF=0 时,则 INTO 指令不产生中断,CPU 继续运行原程序;当 OF=1 时,进入溢出中断处理程序,打印出一个出错信息，在处理程序结束时，不返回源程序继续运行，而是把控制交给操作系统。

如下面的指令用来测试加法的溢出：

```
ADD  AX , VALU
INTO
```

5) 指令中断

在 8086 的指令系统中，当 CPU 执行中断指令 INT n 时，也能形成内部中断，其中 n 在理论上可取值 0～255。当 n＝0、1、3、4 时，就是上述的 4 种内部中断。

实际上执行 INT n 软中断指令所引起的中断更像由 CALL 指令所引起的子程序调用，因此，用户在调试外部中断服务程序时可以用 INT n 指令来调用，即使类型号 n 与该外设的类型号相同，从而控制程序转入该外设的中断服务程序。

另外 INT n 中已有不少被微机系统的 ROM-BIOS 和 DOS 功能调用所定义，它们的操作大多涉及外部设备的 I/O 操作。ROM-BIOS 是固化在只读存储器中的一组独立于 PC-DOS 的 I/O 服务例行中断子程序，称为基本输入/输出系统(BIOS)。它在系统硬件的上一个层次，直接对系统中的输入/输出设备进行设备级控制，并以软中断形式向上一级软件(如 DOS 内核的设备驱动程序)或用户程序提供输入/输出服务，供上层软件和用户调用。DOS 系统功能调用提供了大量的中断服务程序。其中 INT 21H 是一个极其重要而且庞大的中断服务程序，它是 PC-DOS 的内核。INT 21H 指令包含了 00H～6CH 功能子程序，可供系统软件和应用程序调用，故称为系统功能调用。

2. 内部中断的特点

(1) 除单步中断以外，所有内部中断都不能被屏蔽。

(2) 所有内部中断不从外部接口中读取中断类型号也不发送中断响应信号，即不执行中断响应的总线周期。

(3) 指令中断没有随机性，外中断是随机性的。指令中断是由程序中指令引起的，指令位置事先已知。外中断是随机性的，由 I/O 设备引起，何时引起事先未知。

(4) 除单步中断外，所有内部中断的优先权都比外部中断的优先权高。8086 的中断优先级由高到低的顺序排列如下：

① 除法出错中断、INT n、INTO。

② 非屏蔽中断 NMI。

③ 可屏蔽中断 INTR。

④ 单步中断。

当 CPU 正执行一条能引起内部中断指令的同时，在 NMI 或 INTR 引脚也产生了外部中断请求，则 CPU 将首先处理内部中断。

8.2.3 中断向量表

在程序执行过程中无法知道什么时候会出现中断请求，也就不能通过现行程序对中断事件进行处理。通常对于每个中断源都会有一个中断服务程序存放在内存中，而每个中断服务程序都有一个入口地址，即首地址。CPU 只需取得中断服务程序的入口地址便可转到相应的处理程序去执行。因此关键问题是如何组织服务程序的入口地址。

8086 CPU 是采用向量中断的方式来处理对可屏蔽中断的响应,向量中断是指连接外部中断源的接口电路向 CPU 提供中断类型号,CPU 根据类型号确定中断服务程序入口地址信息的中断方式,也称为矢量中断。

1. 中断向量

通常称中断服务程序入口地址为中断向量,每个中断类型对应一个中断向量。每个中断向量为 4 字节(32 位),用逻辑地址表示一个中断服务程序的入口地址,占用 4 个连续的存储单元,其中低 16 位(前 2 个单元)存入中断服务程序入口的偏移地址(IP),低位在前高位在后,高 16 位(后 2 个单元)存入中断服务程序入口的段基地址(CS),同样也是低位在前高位在后。按照中断类型的序号对应的中断向量在内存的 0 段 0 单元开始有规则的进行排列。

2. 中断向量表

256 种中断类型所对应的中断向量,共需占用 1KB 存储空间。在 8086 微机系统中这 256 个中断向量就在内存最低端 00000H~003FFH(即 0 段的 0~3FFH 区域的 1KB)范围内存放,称为中断向量表。对应每个中断向量在该表中的地址称为中断向量指针。中断向量可由下式计算得到:

中断向量指针=中断类型号×4

比如,类型号为 30H 的中断所对应的中断向量存放在 0000H:00C0H(30H×4=C0H)开始的 4 个单元中,如果 00C0H、00C1H、00C2H、00C3H 这 4 个单元中的值分别为 10H、20H、30H、40H,那么在这个系统中,类型号为 30H 的中断所对应的中断向量为 4030H:2010H,也即该中断服务程序的入口地址。

图 8.2 的中断向量表表示了中断类型号、中断向量及中断向量指针之间的对应关系。共分 3 个部分。

(1) 专用中断。Intel 公司规定类型号 0~4 是专用中断,中断向量已由系统定义,不允许用户做任何修改。

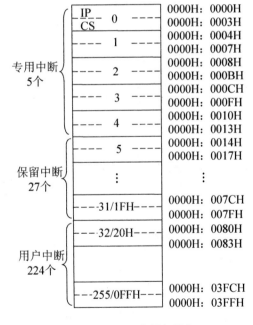

图 8.2 8086 中断向量表

(2) 保留中断。Intel 公司为软硬件开发而保留的中断类型,类型号为 5~31(05H~1FH)。其中许多中断已被应用到 Intel 的各种不同的微处理器家族中。即使有些保留中断在现有系统中可能没有用到,但是为了保持系统之间的兼容性及与未来 Intel 其他系统之间的兼容,一般不允许用户改做其他用途。

(3) 用户中断。可供用户使用,类型号为 32~255(20H~0FFH)。这些中断可由用户定义为软中断,由 INT n 指令引入,也可以是通过 INTR 引脚直接引入的或通过中断控制器

8259A 引入的可屏蔽硬件中断。但在具体的微机系统中，可能对用户可使用的中断又有规定，如中断类型号为 21H 的中断是操作系统 MS-DOS 的系统功能调用。

3. 设置中断向量

前面提到 8086 利用向量中断的方法，一旦响应中断可方便地找到中断服务程序的入口地址。它是在规定的内存区域中，每 4 个连续字节存放一个中断向量，可建立一个 1KB 大小的中断向量表。尽管表规定了内存区域，但表中的内容，除已被系统定义的中断类型的中断向量以外，其他新增加的中断类型要在中断向量表中由用户建立相应的中断向量。为了让 CPU 响应中断后正确转入中断服务程序，中断向量表的建立是非常重要的。

下面用三种方法来为中断类型 N 设置中断向量。

1) 直接装入法

```
PUSH DS
XOR AX, AX
MOV DS, AX
MOV BX, N*4
MOV AX, OFFSET NEWINT
MOV WORD PTR[BX],AX
MOV AX, SEG NEWINT
MOV WORD PTR[BX+2],AX
POP DS
    ⋮
NEWINT PROC
    ⋮
IRET
NEWINT ENDP
```

2) 使用串送存指令装入法

```
MOV AX, 0
MOV ES, AX
MOV DI, N*4
MOV AX, OFFSET NEWINT
CLD
STOSW
MOV AX, SEG NEWINT
STOSW
```

3) 使用 DOS 功能调用设置中断向量

设置中断向量是把由 AL 指定的中断类型 N 的中断向量 DS:DX 放置在中断向量表中。

```
预置：AH=25H  功能号
      AL=N    中断类型号
      DS：DX=中断向量
执行：INT 21H
例如：PUSH DS
      MOV AX, SEG NEWINT
      MOV DS, AX
      MOV DX, OFFSET NEWINT
```

```
    MOV AL, N
    MOV AH, 25H
    INT 21H
    POP DS
```

用户可以利用保留的中断类型号扩充自己需要的中断功能，对新增加的中断功能要在中断向量表中建立相应的中断向量。如果新增加的中断功能只供自己使用，或用自己编写的中断处理功能时，要注意保存原中断向量。在设置自己的中断向量时，应先保存原中断向量再设置新的中断向量，在程序结束之前恢复原中断向量。

取中断向量是把由 AL 指定的中断类型 N 的中断向量从中断向量表中取到 ES:BX 中。

```
    预置：AH=35H 功能号
         AL=N    中断类型号
         ES:BX=中断向量
    执行：INT 21H
```

例如：编写一个程序段，实现将中断类型号为 N 的原中断向量取出并存入到以 NEWOLD 开始的 4 个单元。

```
    MOV AL, N
    MOV AH, 35H
    INT 21H
    MOV NEWOLD, ES
    MOV NEWOLD+2, BX
```

8.3 中 断 管 理

由于微机系统自身中断结构的复杂性，内部和外部的各种中断具有不同的级别，响应中断时，CPU 进行处理的具体过程也不完全一样，因此中断系统必须对此进行管理。

8.3.1 CPU 响应中断的条件

8086 微处理器有两个引脚接收中断请求信号，一个是非屏蔽中断(NMI)，另一个是可屏蔽中断(INTR)。对于从 NMI 引脚上引入的中断请求，由于不受中断允许标志 IF 的影响，CPU 将立即给予响应。而从 INTR 引脚接收到的请求，CPU 必须满足如下条件才能响应。

1. 无总线请求和非屏蔽中断请求

8086 中断系统规定，如果同时出现 INTR 中断请求和 HOLD 总线保持请求时，则 CPU 先对总线保持请求服务，而不是先进入中断响应周期，也就是说 INTR 优先级别低于 HOLD。另外 NMI 的优先级比 INTR 高，当两者同时产生时，CPU 会响应 NMI 而不响应 INTR。

2. CPU 必须允许中断(即 IF=1)

由于可屏蔽中断请求受到标志寄存器的 IF 标志位的控制，当 IF=1 时，CPU 允许中断；当 IF=0 时，CPU 禁止中断。

3. CPU 执行完当前指令

如果 CPU 接收到中断请求时，CPU 的执行部件正在执行一条指令，则必须等到该指令执行完后，并且总线接口部件没有执行总线周期(比如正在取指令)，CPU 才能响应。因此，8086 要求中断请求信号 INTR 是一个电平信号，必须维持两个时钟周期以上的高电平，使得 CPU 响应中断后才能结束。

4. 当前中断级别最高

当同时有几个可屏蔽中断请求到来时，CPU 会首先响应和处理优先级别最高的一个中断；当 CPU 正在处理某个中断时，如果外部又有优先级别比本中断级别更高的中断请求，那么，就可以实现中断的嵌套。在后面将作具体的讨论。

8.3.2 中断响应和处理过程

对于可屏蔽中断，我们还应该了解 CPU 是怎样响应中断请求的，以及怎样进入中断服务程序的。

1. 中断响应

当满足上述条件时，CPU 将进入对外部中断请求信号的响应过程，对于可屏蔽中断请求的响应，就是 CPU 向外部接口发送中断响应信号，即从 $\overline{\text{INTA}}$ 引脚上发送两个负脉冲，第一个负脉冲通知外设接口可以将中断请求撤销，第二个负脉冲通知外设接口立即将中断类型号送上数据总线。CPU 在响应外部中断并进入中断服务程序之前，要自动完成以下工作。

(1) 从数据总线的低 8 位($D_0 \sim D_7$)上读取中断类型号，存入 CPU 的总线接口部件中的暂存器，当获取了中断类型号后，CPU 对所有类型的中断处理都遵循如下步骤进行操作。

(2) 将标志寄存器 FLAGS 的内容压入堆栈。

(3) 将标志寄存器的中断允许标志 IF 和单步标志 TF 清零。将 IF 清零是为了能够在中断响应过程中屏蔽外部其他高优先级中断，以免还未完成对当前中断的响应过程又被另一个中断请求所打断造成多个中断混合响应的状态；清除 TF 标志是为了避免 CPU 以单步方式执行中断服务子程序。

(4) 将断点保护到堆栈。断点就是指响应中断时，主程序中当前指令的下一条待执行但尚未执行指令的段基地址和偏移地址，即代码段寄存器 CS 的值和指令指针寄存器 IP 的值。只有保护了断点，才能在中断服务程序执行完以后，能正确返回到主程序中继续执行。

① 将代码段寄存器 CS 的内容压入堆栈。

② 将指令指针寄存器 IP 的内容压入堆栈。

(5) 根据前面得到的中断类型号逻辑左移两位后，到内存的中断向量表中查找该中断的中断向量，再根据中断向量转入相应的中断服务程序中。

对于非屏蔽中断 NMI 的请求，CPU 响应的过程与可屏蔽中断 INTR 请求的基本相同，区别就是在响应非屏蔽中断请求时，并不从外部接口中读取中断类型号也不发送中断响应信号，即不执行中断响应的总线周期。这是因为从 NMI 引入的中断必定对应一个固定的类型号(即中断类型号为 2)，所以，CPU 并不需要根据中断类型号计算中断向量的地址，而是直接从中断向量表的 00008H、00009H、0000AH、0000BH 这 4 个单元中读取对应于中断类型号 2 的中断向量，并转入非屏蔽中断服务程序中执行。

对于内部中断的中断请求，与非屏蔽中断请求的响应相似也不执行中断响应的总线周期。因为中断类型号，或者包含在指令中，亦或是预先规定的，可直接根据中断类型号在中断向量表中查找中断向量并进入中断服务程序中。

2. 8086 的中断处理过程

8086 对一个中断请求响应和处理过程如图 8.3 所示。

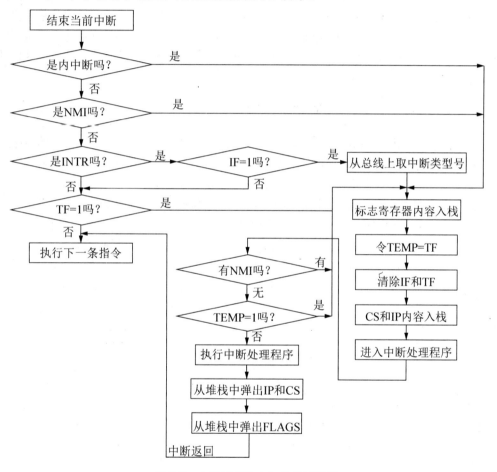

图 8.3　中断请求响应和处理过程图

(1) 当响应中断后，按照中断系统的优先级顺序查询中断请求，并从内部或外部得到反映该中断的中断类型号。

(2) 对内部中断，可根据指令中或者是预先规定的类型号执行中断响应。当正在执行软件中断时，如果有外部中断请求，那么在当前指令执行完后将给予响应(对可屏蔽中断请求，IF 标志必须等于 1)。

(3) 对于 INTR 中断请求，先要判断 IF 是否为 1，以决定是否需要响应及从数据总线上读取中断类型号；对于 NMI 中断请求不需要执行此步骤。

(4) 当单步中断标志 TF 为 1 时，便进入类型号为 1 的单步中断，并且每执行完一条指令后，又自动产生类型号为 1 的单步中断，周而复始直到 TF=0 才退出循环响应的单步中断。

(5) 中断处理程序结束时，会按照和中断响应相反的过程返回断点，即先弹出偏移地址、段基地址装入 IP 指令指针和代码段寄存器 CS 中，再弹出标志寄存器 FLAGS 内容，然后根据 IP 和 CS 的内容返回主程序继续执行。

8.3.3 中断优先权

如前所述，由于引脚的限制，CPU 上的中断线不可能做得很多，往往可屏蔽中断就只有一根 INTR 引脚。而在实际的应用系统中，经常会有多个中断源，当有多个中断源同时提出中断申请时，究竟应该先响应哪个中断源的申请；当 CPU 正在执行中断服务程序时，又接收到新的中断申请，是否应该响应这个中断请求。这些问题都应当通过设置与判断中断的优先级来得以解决。在计算机系统中，实现中断优先级的判断可通过软件或硬件的方法来实现。

1. 软件查询法判断中断的优先级

当有外部设备申请中断时，在条件允许的情况下 CPU 响应中断，然后在中断服务程序中查询以确定是哪些外设申请中断，并根据预先的定义判断它们的优先权。

使用软件查询方式还需要一个接口电路配合来进行工作，如图 8.4 所示。

将 8 个中断源接到数据缓冲器的数据端，数据缓冲器的选通信号是通过将地址与外设读 IOR 控制信号经译码器而得到的，同时把各个中断源的中断请求信号相"或"后作为 INTR 信号，故任何一个中断源有中断请求，都可向 CPU 送中断请求信号。当 CPU 响应中断后，首先进入中断排序程序，即通过数据缓冲器读入 8 个中断状态数据，然后通过对每个中断状态的逐位检测来决定为哪一个中断源服务。其流程如图 8.5 所示。

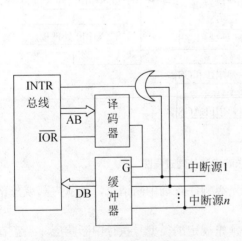

图 8.4 软件查询接口电路图

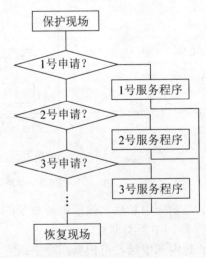

图 8.5 软件查询流程图

查询程序主要有两种安排方式：设数据缓冲器的端口地址为 PORT1

1) 线性查询法

```
IN    AL, PORT1
```

```
        TEST AL, 80H
        JNZ  SUB1
        TEST AL, 40H
        JNZ  SUB2
        TEST AL, 20H
        JNZ  SUB3
        ⋮
```

2) 位移查询法

```
        IN   AL, PORT1
        RCL  AL, 1
        JC   SUB1
        RCL  AL, 1
        JC   SUB2
        RCL  AL, 1
        JC   SUB3
        ⋮
```

查询方法具有以下两个优点。

(1) 询问的次序，即优先权的次序。显然最先询问的，优先权的级别最高。

(2) 节省硬件。不需要判断和确定优先权的硬件排队电路。

但随之而来的缺点是响应中断慢、服务效率低，因为优先级最低的中断源申请的服务，必须先将优先级高的设备查询一遍，若设备较多，有可能优先级低的中断源很难得到服务。

2. 硬件判断中断的优先级

较常用的硬件中断优先级排队电路有两种。

1) 中断优先级编码电路

这种电路适用于外部中断源比较少的场合，它能实现多中断请求时中断优先级的排序和多层中断时的中断级别判别，电路如图 8.6 所示。

设外部有 8 个中断源，当任何一个有中断请求时，通过"或"门 1，即可有一个中断请求信号产生，但它能否送至 CPU 的中断请求线，还要受比较器和优先级寄存器的控制。

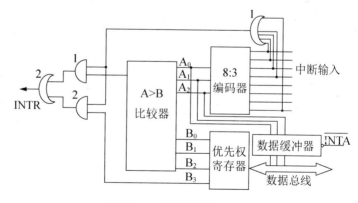

图 8.6　中断优先级编码电路图

若此时 CPU 不在进行中断处理(即在执行主程序)，则优先级寄存器的 B_3 信号输出为高电平，而"或"门 1 此时也是输出有效，导致"与"门 2 输出有效，这个有效信号经过"或"门 2 最终送到 CPU 的 INTR 实现中断的请求。

若此时 CPU 正在执行中断服务程序，则通过 CPU 的数据总线将正在进行中断处理的外部中断源的优先权编码，送至优先权寄存器，然后输出到比较器的 B 端，并且使 B_3 信号输出为低电平，将"与"门 2 封锁。当 8 中断源的任何一个发出中断请求，编码器就会将这个中断号编码为 3 位二进制数送到比较器的 A 端,如果同时有多个中断源申请中断,编码器将输出优先级别最高的编码(编码为 111 的优先级别最高,编码为 000 的优先级别最低)。比较器比较 A_2、A_1、A_0 与 B_2、B_1、B_0 的大小,若 $A \leqslant B$,则比较器输出为低,封锁"与"门 1,就不向 CPU 发出新的中断请求;只有当 A>B 时,比较器输出端才为高电平,打开"与"门 1,将中断请求信号送至 CPU 的 INTR 输入端,CPU 就中断现行的中断处理程序,转去响应更高优先级的中断请求。

CPU 响应中断请求后,发回中断响应信号 $\overline{\text{INTA}}$,$\overline{\text{INTA}}$ 选通数据缓冲器,将中断类型号送到数据总线上,CPU 从数据总线上读取中断类型号后,就可以通过这个中断类型号在中断向量表上找到该设备的中断服务程序入口地址,转入中断服务程序。

2) 链式优先级排队电路或称菊花链法

这是另一种常用的硬件排队电路,如图 8.7 所示。其做法是在每个外设对应的接口上连接一个逻辑电路,这些逻辑电路构成一个链,称为菊花链。由菊花链来控制中断应答信号的通路。图 8.7(a)是菊花链的线路图,(b)是菊花链上各个中断逻辑电路的具体线路图。

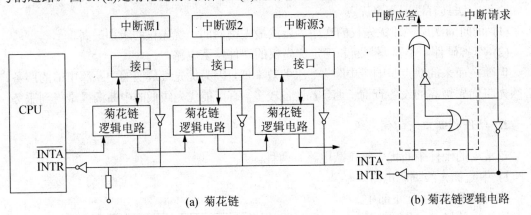

图 8.7　菊花链排队电路

从图 8.7 中看到,当有一个中断请求产生时,CPU 如果允许中断,则发送中断响应信号 $\overline{\text{INTA}}$。如果一个优先级别较高的中断源没有发出中断请求,那么这级中断逻辑电路会允许 $\overline{\text{INTA}}$ 信号原封不动地向后传递,这样 $\overline{\text{INTA}}$ 信号就可以送到发出中断请求的接口;另外,如果某一个中断源发出了中断请求信号,那么本级的中断逻辑电路就对后面的中断逻辑电路实行阻断,因而 $\overline{\text{INTA}}$ 信号不再传到后面的中断源。这样安排以后,$\overline{\text{INTA}}$ 信号就可以沿着菊花链向后传递,而发出中断请求信号的中断源可以获取 $\overline{\text{INTA}}$ 信号。当某一中断源收到 $\overline{\text{INTA}}$ 信号以后,才撤销中断请求信号,随后往总线上发送中断类型号,CPU 由此找到中断服务程序的入口地址,从而转入去执行相应的中断服务程序。

当有两个设备同时发出中断请求时,按上述原理,显然最接近 CPU 的接口得到中断响应,而排在菊花链后面位置的接口收不到中断应答信号 $\overline{\text{INTA}}$,从而一直保持中断请求。此后,CPU 进入某个中断服务程序去执行。若在这个中断服务程序中将中断开放,或者此服务程序运行结束,则 CPU 可能会响应下一个中断请求,从而又发出中断应答信号 $\overline{\text{INTA}}$,直到此时,第二个请求服务的中断源才能撤销中断请求。

从上面的分析可以看到,有了菊花链以后,各个中断源就不会竞争中断应答信号 INTA,因为菊花链已经从硬件的角度根据中断源在菊花链中的位置决定了它们的优先级,越靠近

CPU 的中断源，优先级越高。

3) 专用硬件方式

当前，在微型机系统中解决中断优先级管理的最常用的办法是采用可编程中断控制器。可编程中断控制器中的中断类型寄存器、中断屏蔽寄存器都是可编程的，当前中断服务寄存器也可以用软件进行控制，而且优先级排列方式也是通过指令来设置的，所以可编程中断控制器使用起来很灵活方便。在 80X86 系统中，绝大多数场合都利用中断控制器来实现中断优先级管理。下一节将详细讲述 8086 系统中的中断控制器 8259A 的工作原理和应用。

8.3.4 中断嵌套

中断嵌套是指当 CPU 因响应某一中断源的中断请求而正在执行它的中断服务程序时，若中断是开放的，那它必然可以把正在执行的中断服务程序暂停下来转而响应和处理中断优先级更高的中断请求，等到处理完后再转回来继续执行原来的中断服务程序。

图 8.8 为中断嵌套示意图。图中假设 A 中断比 B 中断的优先级高且同为可屏蔽中断源，则中断嵌套过程可以归纳如下。

(1) CPU 执行主程序时，在开头位置安排一条开中断指令后，若来了一个 B 中断请求，CPU 便可响应 B 中断而进入 B 中断服务程序中执行。

(2) CPU 执行 B 中断服务程序时，在保护现场后安排一条开中断指令，使 CPU 可屏蔽中断再次开放，若此时又来了优先级更高的 A 中断请求，则 CPU 响应 A 中断而进入 A 中断服务程序中执行。

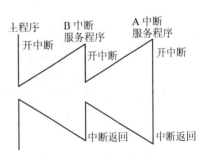

图 8.8 中断嵌套示意图

(3) CPU 执行到 A 中断服务程序末尾的一条中断返回指令后自动返回到 B 中断服务程序中。

(4) CPU 执行到 B 中断服务程序末尾的一条中断返回指令后又自动返回到主程序中执行。

至此，CPU 便已完成一次嵌套深度为 2 的中断嵌套。对于嵌套深度更大的中断嵌套，其工作过程也与此类似。

8.4 高档微处理器中断系统

和 8086 一样，Intel 高性能微处理器(80286 以上)系统中也可以容纳多达 256 个中断，每一个中断或异常都有唯一的中断类型号 0～255，只是高档微处理器对内部中断(也称为异常中断)的功能及相应的处理方法作了进一步的扩充。在 80286 以上的系统中(80X86)，中断将特指由 NMI 和 INTR 引起的外部中断，或称硬件中断，其中断处理过程与 8086 系统相同。

8.4.1 异常中断

在 Intel 高性能微处理器(80286 以上)中，把因内部意外条件而改变程序执行流程以报告出错情况和非正常状态的过程称为异常中断或异常。

80X86 CPU 指令的执行可以引起多种异常，但归纳起来可分为以下 3 类。

1. 故障(Fault)

是由引起异常的指令执行之前被检测和处理的，有时称为失效。即执行完故障对应的服务程序后，会返回到该故障指令处。例如，在读虚拟存储器时，若产生存储器页或段不在物理存储器中，就会产生一个失效异常，其中断服务程序立即按被访问的页或段将虚拟存储器的内容从磁盘上转移到内存中，然后再重新返回并正常执行相应存储器读操作。因此失效异常可以正常执行下去。

2. 陷阱(Trap)

是由引起异常的指令执行之后被报告的，且在中断服务程序完成后，返回到主程序中引起异常的下一条指令处继续执行。例如，用户定义的软中断指令 INT n 就是属于这种类型的异常。

3. 中止(Abort)

是一种不能确定引起异常指令确切位置的异常，有时称为夭折或失败。引起这种异常的情况是比较严重的，通常是由硬件故障或在系统表中的非法或不一致的值所引起的。在这种情况下，原来的程序无法再执行下去，因此服务程序往往重新启动操作系统并重建系统表格。例如协处理器段溢出等。

8.4.2 中断描述符表

在实地址方式，80X86 采用和 8086 相同的方式处理中断。即在内存 0 段 0 单元开始的 1KB 内设置一个中断向量表，并依中断类型号为序连续存放 256 个中断的中断服务程序首地址。每个中断服务程序首地址占用 4 个字节，其中段内偏移地址存放在低 16 位地址单元中，段基地址存放在高 16 位地址单元中。中断响应时，根据中断类型号从中断向量表中获得中断服务程序的首地址，然后进入中断服务程序执行。

在保护方式下，中断服务程序的首地址不再是中断向量所描述的段地址和偏移地址 4 个字节，从 80286 到 Pentium 等微处理器都是通过中断描述符和中断描述符表 IDT 来协助和管理中断的。

1. 中断描述符

在保护方式下，用中断描述符全面描述中断服务程序入口地址、特权等级及存在性等特性。每个中断类型号对应一个中断描述符，通常在 80X86 中形象地称中断描述符为中断门/异常门，中断门对应于外部硬件中断，异常门对应于内部异常。通过中断门或异常门的转移，只能使程序转移到当前任务的中断处理程序，而使程序转移到不同任务的处理程序是通过另外一个门来实现的，称为任务门。

中断描述符由 8 个字节组成。

(1) 0、1 字节：32 位偏移地址的低 16 位。

(2) 6、7 字节：32 位偏移地址的高 16 位(80286 只有 24 位偏移地址，第 7 字节保留)。

(3) 2、3 字节：中断/异常中断服务程序代码段的选择子，间接指向可执行代码段的基地址。

以上 6 个字节决定了中断服务程序的入口地址。

(4) 4 字节：保留。

(5) 5 字节：属性字节。用来表示描述符所描述的存储区是否装入物理存储器，该中断服务程序的特权等级以及该中断服务程序属于哪一个门。

CPU 用"门"来控制从一段程序到另一段程序的转换，或从一个任务到另一个任务的转换，得到目的程序的入口地址，并在此过程中自动进行保护性检查。

中断门和异常门的区别是：如果由中断门进入中断服务程序，则中断允许标志 IF＝0，禁止可屏蔽中断请求 INTR；如果由异常门进入中断服务程序，则 IF 不变。

2. 中断描述符表

在实地址方式下，中断处理的过程比较简单，仅用中断向量即可找到中断服务程序入口。但是在保护方式下，对存储器实现分段、分页管理以及特权保护。于是仅用中断向量描述中断服务程序的属性是不够的，为了管理各种中断，80X86 设立了一个中断描述符表 IDT。

与中断向量表相似，中断描述符表最多可包含 256 个中断描述符，对应于 256 个不同类型的中断，每个描述符由 8 字节组成，显然中断描述符表占 2KB 的存储空间。

但在保护方式下，IDT 可以在整个物理地址空间浮动，它在内存中的基地址放在 CPU 内部的中断描述符表寄存器 IDTR 中，IDTR 用于存放 IDT 在内存中的 32 位起始地址和 16 位的界限值。根据 IDT 在内存的起始地址和中断类型号，便可找到对应的中断描述符。

图 8.9 表示保护方式下中断/异常处理程序进入过程的示意图，说明如下。

(1) 依据系统设定的 IDTR，在内存的指定区域建立 IDT。

(2) CPU 从中断控制器中取得中断类型号 n。

(3) 根据中断类型号从 IDT 中查找中断描述符。

中断描述符在 IDT 中的起始地址＝$n×8$＋IDT 基地址

(4) 通过中断描述符中的选择子从 GDT 或 LDT 中找出段描述符。

如第三章所述，段描述符的起始地址=索引值×8＋GDT/LDT 基地址

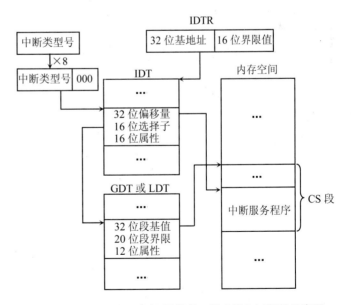

图 8.9　保护方式下中断/异常处理程序进入过程的示意图

(5) 根据段描述符提供的段基地址和中断描述符提供的偏移地址合成中断服务程序入口地址。

8.4.3 80X86 新增的保留中断

从 8086 到 Pentium 的整个 Intel 微处理器家族成员中，前 5 种中断类型是完全相同的，其他存在于保留中断的中断类型从 80286 到 80386、80486 以及 Pentium 微处理器被不断改进功能和扩充类型，并且保持向上的兼容性。Intel 微处理器保留了前 32 个中断类型，并应用到各种不同的微处理器中，最后的 224 个中断类型可供用户使用。

80X86 新增的 5～18 保留的异常中断列举如下。

类型 5　边界检查故障。若传递给 BOUND 指令的操作数表明给定的索引指针要落到可能的数组边界以外时，便发生边界检查错误。

类型 6　无效代码故障。当一个未定义的代码在程序中出现就会发生。

类型 7　协处理器不存在故障。如果在执行 ESC 或 WAIT 指令期间，协处理器在系统中没有被找到(在 CR0 中 EM＝1)就会发生该故障。

类型 8　双重故障。在系统出现两种相同情况的严重问题时激活。如正通知给系统一个段或页故障时，又检测到一个段故障等等。

类型 9　协处理器段溢出异常。发生在浮点指令数超出段界限时。

类型 10　无效的任务状态 TSS 段异常。如果新任务的 TSS 是一个非法的任务状态段(即发生除不存在异常以外的段异常时)，便会产生无效 TSS 故障。

类型 11　段不存在异常。当 CPU 访问除 SS 以外的段时，若段不存在或无效时产生。

类型 12　堆栈段溢出故障。如果堆栈段没有装入物理存储空间或堆栈段超出界限将会发生。

类型 13　一般性保护错。它是一种没有预先分类的段异常，包含除已定义异常之外的所有异常。例如，切换到正忙的任务，试图对只读代码段进行写操作，超出处理器指令长度限制等等。

类型 14　页故障。在 80386/80486 和 Pentium 微处理器中若从线性地址到物理地址的转换过程中，检测到错误便产生页故障。

类型 15　协处理器出错。当 CR0 中 EM＝0 时，并且协处理器发生了上溢出或下溢出的数字错误，此时若执行 ESC 协处理器指令或 WAIT 指令将会产生协处理器出错异常。

类型 16　对准检查中断。这个中断在 80486 和 Pentium 微处理器中起作用，用于检查字和双字数据在内存中是否对准存放。

类型 17　机器检测异常。在 Pentium 微处理器中用于激活一个系统内存管理方式中断。

8.5　可编程中断控制器 8259A

8259A 是 Intel 公司生产的专为 8086 CPU 配套的可编程中断控制器(Programmable Interrupt Controller, PIC)，又称为优先级控制器。它可以管理 8 级具有优先权的中断源并且可以以级联的方式扩展到 64 级优先级；可以给每个中断源提供中断类型号及固定或可变的优先级；当中断被响应后，能及时清除中断标志，以供别的中断源申请中断；能够提供8259A 与 80X86 的接口电路；能够屏蔽无关的中断源；以及能够以查询方式管理多于 64种中断源等等。正因为它功能强大，所以编程结构比较复杂。

8.5.1 8259A 的内部结构和引脚

1. 内部结构

8259A 的内部结构如图 8.10 所示。它由中断请求寄存器、中断服务寄存器、中断屏蔽寄存器、中断优先级判别器、级联缓冲/比较器、读写控制逻辑、控制电路、数据总线缓冲器组成。

1) 中断请求寄存器 (Interrupt Request Register, IRR)

中断请求寄存器是一个 8 位寄存器, 用来存放由

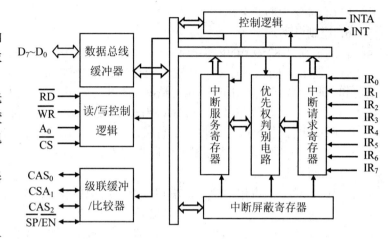

图 8.10 8259A 结构框图及引脚分布图

外部中断源输入的中断请求信号 $IR_0 \sim IR_7$, 当某个输入端为高电平时, 该寄存器的相应位置 1。允许 8 个中断请求信号同时进入, 此时 IRR 寄存器被置成全 1。当某个中断请求被响应时, IRR 中的相应位被自动复位, 并且该中断输入线上的中断请求应及时撤销, 否则在中断服务程序处理完后, 该中断输入线上的高电平可能会引起又一次中断服务。

2) 中断服务寄存器(In-service Register, ISR)

中断服务寄存器是一个 8 位寄存器, 用来保存、记录所有正在处理中的中断请求。当任何一级中断被响应, CPU 要去执行它的中断服务程序时, ISR 相应位被置 1, 当中断嵌套时, ISR 中可有多位被置 1。当 8259A 收到"中断结束"命令时, ISR 中的相应位会被清除。当 8259A 采用中断自动结束方式时, ISR 中刚被置 1 的位在中断响应结束时被自动复位。

3) 中断优先级判别器

对保存在中断请求寄存器 IRR 中的中断请求进行优先级识别, 判别哪个中断请求具有最高优先级, 并在接收到中断响应脉冲 $\overline{INTA}$ 期间送出最高级别的中断请求到 ISR 中; 当出现多重中断时, 中断优先级判别器还可以判定是否允许所出现的中断申请去打断正在被处理的中断。

4) 中断屏蔽寄存器(Interrupt Mask Register, IMR)

中断屏蔽寄存器也是一个 8 位寄存器, 用来存放对各级中断请求的屏蔽信息, 实现对各级中断的有选择的屏蔽。当用软件编程使中断屏蔽寄存器 IMR 中某位被清零时, 就表示允许中断请求寄存器 IRR 中相应位的中断请求进入中断优先级判别器。当 IMR 中某位被置 1, 则此位的中断请求被屏蔽, 表示禁止这一级中断请求进入系统。中断屏蔽寄存器中的各屏蔽位是独立的, 屏蔽了优先级高的中断源并不影响其他较低优先级的中断请求被允许。

5) 级联缓冲/比较器(Priority Register, PR)

这部分电路主要用于 8259A 的级联结构。级联时, 8259A 有主片和从片之分, 主片 8259A 的级联缓冲/比较器可在 $CAS_2 \sim CAS_0$ 上输出代码, 从片 8259A 的级联缓冲/比较器可通过这三条引脚接收主片发来的 $CAS_2 \sim CAS_0$ 代码并和 ICW3(初始化命令字)中的标识码进行比较。

此时，主 8259A 的 SP/EN 端接高电平(非缓冲)或作为输出引脚(缓冲)，从 8259A 的 SP/EN 端接低电平，且从 8259A 的 INT 输出接到主片的中断输入端 IR 上，因而最多可接 8 个从片，管理 64 级中断。

6) 控制电路

控制电路是 8259A 的内部控制器，当某个中断源向 8259A 送上中断请求信号时，中断请求寄存器 IRR 的相应位就会被置 1，此时控制电路将根据中断请求寄存器 IRR 中的置位情况和中断屏蔽寄存器 IMR 的设置情况，通过优先级判别器判定该中断源是否是当前最高优先级。如果是最高优先级，控制电路将向 8259A 内部及其他部件发出控制信号并且向 CPU 发出中断请求信号 INT，当接收到中断应答信号 INTA 后就可使 ISR 的相应位置 1，并使 IRR 的相应位清零，同时将该中断源的中断类型号送上数据线。

7) 读写控制逻辑

一片 8259A 只占用两个 I/O 端口地址，用地址线 A_0 来选择端口，端口地址的高位由片选信号端 $\overline{CS}$ 输入，由 $\overline{RD}$ 或 $\overline{WR}$ 控制数据线的传输方向，即写入控制命令和读出内部寄存器的内容。

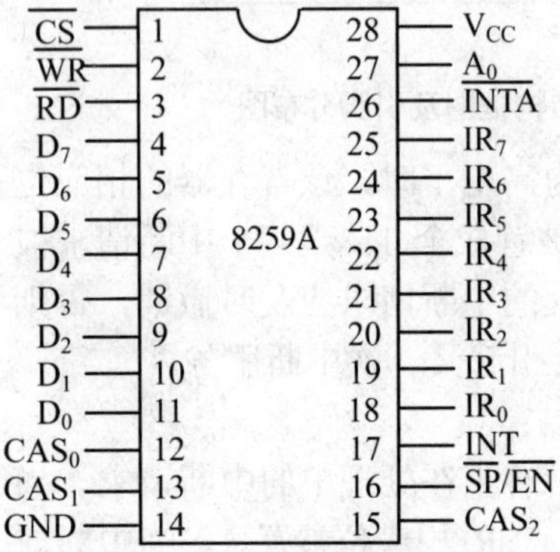

8) 数据总线缓冲器

数据总线缓冲器是双向 8 位的三态缓冲器，用于与系统数据总线进行接口，通常连接低 8 位数据线。8259A 与 CPU 通过数据总线缓冲器进行交换的信息包括写入 8259A 的编程控制字、8259A 状态信息的读出以及中断响应时 8259A 送出的中断类型号。

2. 8259A 的引脚功能

8259A 是 28 引脚的双列直插式封装芯片，如图 8.11 所示。其外部引脚信号的含义如下。

图 8.11 8259A 的外部引脚图

1) 与 CPU 连接部分

$D_0 \sim D_7$：双向三态 8 位数据线，在系统中与数据总线相连，实现与 CPU 的数据交换。

INT：中断请求信号线，输出，高电平有效。与 CPU 的 INTR 引脚相连，用于向 CPU 发送中断请求。

$\overline{INTA}$：中断响应信号，输入，低电平有效。与 CPU 的 $\overline{INTA}$ 引脚相连，用于接收来自 CPU 的中断应答信号。8259A 要求中断应答信号由两个负脉冲组成，第一个负脉冲作为中断响应信号，第二个负脉冲将中断类型号送上数据总线。

$\overline{RD}$：读控制信号，输入，低电平有效。用来通知 8259A 将某个内部寄存器的内容送上数据总线。

$\overline{WR}$：写控制信号，输入，低电平有效。用来通知 8259A 从数据总线上接收 CPU 发送的控制命令字。

$\overline{CS}$：芯片选择信号线，输入，低电平有效。通过地址译码电路与地址总线相连。

A_0：端口选择信号线，输入，高电平有效。用来指出当前 8259A 的哪个端口被选中，当 $A_0=0$ 时，选中低端口地址(偶地址)；当 $A_0=1$ 时，选中高端口地址(奇地址)。

在 8086 系统中，数据总线是 16 位，而 8259A 的数据线只有 8 根，通常 8259A 都是连接在数据总线的低 8 位上。为使所有的数据传输都是利用数据总线的低 8 位，必须将系统

地址总线的 A_1 与 8259A 的端口选择信号线 A_0 相连，而使系统地址总线的 A_0 位总是为 0。这是因为在 8086 系统中约定，偶存储体和偶地址端口总是和数据总线的低 8 位相联系，而奇存储体和奇地址端口总是和数据总线的高 8 位相联系，因此 8086 CPU 与偶地址端口交换数据时和与偶存储体交换字节数据一样，总是通过低 8 根数据线进行传输。在这种情况下，从 CPU 这边来说，是对两个相邻的偶地址端口寻址(A_0=0、A_1=1 或 0)，从 8259A 这边来说，只有地址总线的 A_1 和 8259A 的 A_0 相连，因此仍然是一个低端口地址(偶地址)和一个高端口地址(奇地址)。

2) 与外设连接的信号

$IR_0 \sim IR_7$(Interrupt Requests)：8 个外部中断请求信号，输入，高电平或上升沿有效。系统默认的优先级为 IR_0 最高，IR_7 最低，依次类推。

3) 用于多片级联的信号

$CAS_0 \sim CAS_2$(Cascade Lines)：级联控制信号，双向。如果 8259A 为主片，则这 3 条引脚为输出线；如果 8259A 为从片，则为输入线，作为从片标识码进入从片。即主片和所有从片的这 3 条线互连。当某从片 8259A 提出中断请求时，主片 8259A 通过 $CAS_0 \sim CAS_2$ 送出相应的标识码给从片，使该从片知道刚送出的中断请求已被响应。

$\overline{SP}/\overline{EN}$ (Slave Program/Enable Buffer)：级联/缓冲允许双功能信号，双向。当 8259A 工作在缓冲方式下，主片该引脚输出，控制数据总线缓冲器启动，从片输入，接低电平；当 8259A 工作在非缓冲方式下，该引脚输入，用于规定 8259A 是主片还是从片，主片接高电平，从片接低电平，在没有级联的系统中，该信号接高电平。

以单片 8259A 连接系统为例，说明 8259A 内部各功能部件与外部引脚是如何配合工作的。

中断请求寄存器 IRR 接收外部的中断请求，IRR 有 8 位，它们分别和引脚 $IR_0 \sim IR_7$ 相对应，接收来自某一引脚的中断请求后，IRR 寄存器中的对应位便置 1，也就是将这一中断请求锁存。锁存之后，逻辑电路根据中断屏蔽寄存器 IMR(即 OCW1)中的对应位决定是否让此请求通过。如果 IMR 中的对应位为 0，则表示对此中断未屏蔽，所以让它通过而进入中断优先级判别器中作裁决；相反，如果 IMR 中的对应位为 1，则说明此中断当前是受到屏蔽的，所以对它进行封锁，而不让进入中断优先级判别器。中断优先级判别器把新进入的中断请求和当前正在处理的中断进行比较，从而决定哪一个优先权更高。而当前中断服务寄存器 ISR 就是用来存放现在正在处理的中断请求的。如果判断出新进入的中断请求具有足够高的优先级，那么，中断优先级判别器就会通过相应的逻辑电路使 8259A 的输出端 INT 为 1，从而向 CPU 发出一个中断请求。

如果 CPU 的中断允许标志 IF=1，那么，CPU 执行完当前指令后，就可以响应中断。这时，CPU 从 $\overline{INTA}$ 引脚上往 8259A 回送两个负脉冲。

第一个负脉冲到达时，8259A 完成以下 3 个操作。

(1) 使 IRR 的锁存功能失效。这样，在 $IR_0 \sim IR_7$ 线上的中断请求信号就不予接收，直到第二个负脉冲到达时，才又使 IRR 的锁存功能有效。

(2) 使当前中断服务寄存器 ISR 中的相应位置 1，以便为中断优先级判别器以后的工作提供判断依据。

(3) 使 IRR 寄存器中的相应位(即刚才设置的位)清零。

第二个负脉冲到达时，8259A 完成下列两个操作。

(1) 将中断类型寄存器 ICW2 中的内容与 $IR_0 \sim IR_7$ 的一个编码(被响应的中断请求引脚)组合成中断类型号送到数据总线的 $D_0 \sim D_7$，CPU 将自动从数据总线的低 8 位上读取中断类型号。

(2) 如果方式控制字 ICW4 中的中断自动结束位为 1，那么，在第二个 $\overline{INTA}$ 脉冲结束时，8259A 会将第一个 INTA 脉冲到来时设置的当前中断服务寄存器 ISR 的相应位清零。

8.5.2　8259A 的工作方式

8259A 具有非常灵活的中断管理方式，可满足使用者的各种不同要求，并且这些工作方式都可以通过编程来设置。由于 8259A 的工作方式比较多，在讲述编程之前，首先要了解 8259A 的各种工作方式。

1. 中断优先级方式

8259A 设置中断请求的优先级别有 4 种方式，即全嵌套方式、自动循环方式、特殊循环方式、特殊全嵌套方式。

1) 完全嵌套方式

这是 8259A 的默认方式，也是最基本最常用的中断优先级工作方式，当初始化没有设置其他优先级的方式时，就自动进入完全嵌套方式。该方式下 8259A 的中断请求输入端引入的中断源具有固定的优先级序列，实现完全嵌套，即优先级按 IR_0 到 IR_7 依次降低，其中 IR_0 的优先级最高，IR_7 的优先级最低。从高到低的优先级的次序为 $IR_0 > IR_1 > IR_2 > IR_3 > IR_4 > IR5 > IR6 > IR7$。

例如，当 8259A 工作在完全嵌套方式下，CPU 允许中断嵌套，此时一个中断请求被响应后，8259A 中的 ISR 相应位置 1，中断类型号送上数据总线，并禁止同级与低级中断请求进入，出现中断嵌套时，ISR 可多位被置 1，若为 8 级嵌套，ISR 的内容为 0FFH，达到完全嵌套。

2) 自动循环方式

在这种方式下，中断源的优先级队列随时发生变化，从 IR_0 到 IR_7 引入的中断源轮流具有最高优先级。当某个中断源的中断请求得到 CPU 响应后，其中断请求输入端的优先级自动降为最低，原来比它低一级的中断请求输入端则自动升为最高优先级。在初始状态下，优先级队列规定为 $IR_0 > IR_1 > IR_2 > IR_3 > IR_4 > IR_5 > IR_6 > IR_7$。

例如，当前 8259A 的中断请求输入端 IR_3 有中断请求，若此时没有其他高优先级的中断正在被服务和中断请求，则响应 IR_3 的中断请求，处理完 IR_3 的中断服务后，IR_3 被置为最低优先级，IR_4 自动成为最高优先级。

3) 特殊循环方式

这种方式的循环原理与自动循环方式相同，即当某个外设的中断请求得到 CPU 响应后，其中断请求输入端的优先级自动降为最低，它的下一级中断请求输入端则自动升为最高优先级。它与自动循环方式的区别是特殊循环方式下的初始优先级队列由编程决定，可任意指定一个初始最低优先级，以后再循环。

例如，当在程序中设置优先级为特殊循环方式时，可同时指定 $IR_i(i=0\sim7$，为 7 时是自动循环方式)为最低优先级，则 IR_{i+1} 为最高优先级，其他依次类推。

4) 特殊全嵌套方式

这种工作方式与完全嵌套方式基本相同，即具有固定的优先级序列，从高到低的优先级次序为 $IR_0>IR_1>IR_2>IR_3>IR_4>IR_5>IR_6>IR_7$。区别在于特殊全嵌套方式下中断正被处理时，允许同级或更高优先级的事件可以打断当前的中断处理过程而被服务。此方式主要用于多片 8259A 级联时主片 8259A 的优先级设置。

例如，当主片的某个中断请求输入端接入一个从片的中断请求输出端时，对从片 8259A 来说，中断优先级方式可在前 3 种中任意选择设置，此时 8 个中断请求输入端所接入的 8 个中断源是具有中断优先级别的，并且允许中断嵌套。设有一个中断请求通过从片某个输入端引入，首先由从片向主片提出中断申请，然后由主片向 CPU 申请中断，该中断请求被响应并服务时，从片又有一个更高优先级别的中断请求输入端申请中断，并由从片再次向主片发出申请。对主片 8259A 而言，前后两次中断请求是从同一个输入端引入的，对应的中断级别是同一级，要想继续向 CPU 申请中断，就必须设置允许同级嵌套的特殊全嵌套方式。

2. 固定优先级中断结束方式

如前所述，当 8259A 响应某一级中断而为其服务时，中断服务寄存器 ISR 的相应位置 1，当有更高级的中断申请进入时，ISR 的相应位又要置 1，因而 ISR 中可有多位同时置 1。在中断服务程序结束时，ISR 中的相应位应清零，以便再次接收同级别的中断。中断结束的管理就是用不同的方式使 ISR 中相应位清零，什么时刻使 ISR 中相应位清零，就产生了不同的中断结束方式，同时还可确定下面的优先排队。要注意的是，这里的中断结束是指 8259A 结束中断的处理，而不是 CPU 结束执行中断服务程序。

在这里首先介绍在固定优先级方式中对中断结束的处理。

1) 普通结束方式(End of Interrupt, EOI)

8259A 每得到一次 EOI 命令，就将 ISR 中已置 1 的位中优先级最高的位复位。在完全嵌套工作方式下，任何一级中断处理结束返回上一级程序前，CPU 向 8259A 传送 EOI 结束命令字，8259A 收到 EOI 结束命令后，自动将 ISR 寄存器中级别最高的置 1 位清零。EOI 结束命令字必须放在中断返回指令 IRET 之前，若没有 EOI 结束命令字，ISR 中对应位仍为 1，即使中断服务程序已执行完，还在继续屏蔽同级或低级的中断请求；若 EOI 结束命令字放在中断服务程序中的其他位置，会引起同级或低级中断在本次中断未处理完前进入，容易产生嵌套错误。

2) 特殊结束方式(Special End of Interrupt, SEOI)

该方式的特殊性在于除了普通 EOI 方式的功能外，将明确指明本次复位的 ISR 位。由于中断优先级方式在程序中被多次修改，虽然当前的优先级方式为固定优先级，但已无法根据中断服务寄存器 ISR 的内容确定哪一级中断为最后响应和处理的，这时就要采用特殊 SEOI 结束命令方式。CPU 向 8259A 发出 SEOI 结束命令字，在命令字中将当前要清除的中断级别也传送给 8259A，此时 8259A 将 ISR 中指定级别的对应位清零。

3) 自动结束方式(Automatically End of Interrupt, AEOI)

自动 EOI 方式是利用响应中断时最后一个响应脉冲的后沿执行一次普通 EOI，而不需要 CPU 向 8259A 发送 EOI 命令字。在自动结束方式下，任何一级中断被响应后，ISR 对应位置 1，但在 CPU 进入中断响应周期发送第二个 $\overline{\text{INTA}}$ 脉冲后，8259A 自动将 ISR 中对应位清零，这种方式简单，但在进行中断服务时，ISR 中没有标志，低级中断申请时，可打断高级中断，产生重复嵌套，嵌套深度也无法控制，容易产生错误。通常在只用一片 8259A 时，多个中断不会在嵌套下使用。

在级联方式下，一般使用非自动结束方式，无论用普通 EOI 结束方式还是特殊 EOI 结束方式，中断处理结束时，发两次中断结束命令，一次是对主片发送，另一次是对从片发送。

3. 循环优先级中断结束方式

在循环优先级方式中，与中断结束方式联合，有 3 种循环结束，结束时并确定下面的优先权排队。

1) 普通 EOI 循环方式

这种方式是指不但要通知 8259A 中断结束，应该清除 ISR 中对应位，而且要 8259A 重新排列优先级别。在主程序或中断服务程序中设置为自动循环方式，当任何一级中断被处理完后，使 CPU 向 8259A 发送普通 EOI 循环命令，8259A 收到中断结束循环命令后，将 ISR 中最高优先级的置 1 位清零，并赋给它最低优先级，将最高优先级赋给它的下一级，其他依次类推。

例如，表 8.2 是普通循环结束处理过程。

表 8.2　普通 EOI 循环处理表

	ISR 内容	IR$_7$	IR$_6$	IR$_5$	IR$_4$	IR$_3$	IR$_2$	IR$_1$	IR$_0$
原始状态		0	0	1	0	0	1	0	0
	优先级	7	6	5	4	3	2	1	0
	优先级	4	3	2	1	0	7	6	5
处理完 IR$_5$	ISR 内容	0	0	0	0	0	0	0	0
	优先级	1	0	7	6	5	4	3	2

(1) 首先设置自动循环方式，优先级别由高到低排列为 IR$_0$>IR$_1$>IR$_2$>IR$_3$>IR$_4$>IR$_5$>IR$_6$>IR$_7$。由表 8.2 可知，在原始状态下，IR$_5$ 的中断处理程序被 IR$_2$ 中断嵌套，当前正在执行 IR$_2$ 中断处理程序。

(2) 当处理完 IR$_2$ 后，CPU 向 8259A 发送普通 EOI 循环命令，由于 IR$_2$ 的优先级高于 IR$_5$，则 ISR 中对应 IR$_2$ 的位被自动清零，同时优先级被置为最低，IR$_3$ 的优先级为最高，依次类推。

(3) 当处理完 IR$_5$ 后，CPU 向 8259A 发送普通 EOI 循环命令，ISR 中对应 IR$_5$ 的位被自动清零，同时优先级被置为最低，IR$_6$ 的优先级为最高，依次类推。

2) 特殊 EOI 循环方式

这种方式与普通 EOI 循环方式基本相同，区别在于通知 8259A 中断结束的命令中要指定将 ISR 中哪一位清除。当在程序中多次设置特殊循环方式时，8259A 已无法判断当前正在被服务的一些中断中哪一个级别最高，因此当某个中断处理结束时，CPU 在发送中断结束循环命令的同时还要将当前要清除的中断级别也传送给 8259A，8259A 收到此命令后，首先将 ISR 中被指定的置 1 位清零，然后将该位对应的输入端优先级别置为最低，并将它的下一级优先级别置为最高，依次类推。

例如，表 8.3 是特殊循环结束处理过程。

(1) 首先设置自动循环方式，优先级别由高到低排列为 $IR_0 > IR_1 > IR_2 > IR_3 > IR_4 > IR_5 > IR_6 > IR_7$。由表 8.3 可知，在原始状态下，$IR_6$ 的中断处理程序被 IR_2 中断嵌套，当前正在执行 IR_2 中断处理程序。

(2) 在 IR_2 中断服务程序中安排了设置特殊循环方式，将最低优先级赋给 IR_3，同时 IR_4 的优先级就自动升为最高(见表 8.3)。

(3)当处理完 IR_2 后，如果 CPU 向 8259A 发送普通 EOI 循环命令，由于当前 IR_6 的优先级高于 IR_2，则 ISR 中对应 IR_6 的位就会被自动清零，这显然是错误的。因此 CPU 应向 8259A 发送特殊 EOI 循环命令，即在命令中指定将 IR_2 对应在 ISR 中的置 1 位清除，同时将 IR_2 的中断优先级别置为最低，IR_3 的优先级别置为最高，依次类推。

表 8.3　特殊 EOI 循环处理表

	ISR 内容	IR$_7$	IR$_6$	IR$_5$	IR$_4$	IR$_3$	IR$_2$	IR$_1$	IR$_0$
原始状态	ISR 内容	0	1	0	0	0	1	0	0
	优先级	7	6	5	4	3	2	1	0
执行置位优先权	ISR 内容	0	1	0	0	0	1	0	0
	优先级	3	2	1	0	7	6	5	4
处理完 IR$_2$	ISR 内容	0	1	0	0	0	0	0	0
	优先级	4	3	2	1	0	7	6	5

3) 自动 EOI 循环方式

在自动 EOI 循环方式中，任何一级中断被响应后，中断响应总线周期中第二个 $\overline{INTA}$ 信号的后沿自动将 ISR 相应位清零，并立即改变各级中断的优先级别，改变方式与普通 EOI 循环方式相同，但要防止重复嵌套产生。

4. 中断源屏蔽方式

CPU 由 CLI 指令禁止所有可屏蔽中断进入，中断控制器 8259A 通过对中断屏蔽寄存器的操作可以对中断请求单独屏蔽或允许。通常有两种屏蔽方式。

1) 普通屏蔽方式

将中断屏蔽寄存器 IMR 中某位或某几位置 1，即可将对应位的中断请求屏蔽。这种操作是通过操作命令字 OCW_1 写入来实现的。如对 OCW_1 写入 35H(00110101B)，则相应屏蔽了从 IR_0、IR_2、IR_4、IR_5 引入的 4 个中断源。

2) 特殊屏蔽方式

这是在中断处理程序中使用的一种屏蔽中断源方式。在某些场合，希望一个中断服务程序能动态地改变系统地优先级结构。例如，在某个中断服务程序中要求其执行过程的某一部分禁止较低优先级中断请求，而在其他部分则允许这些请求。由于在中断服务程序执行中，不能用中断结束命令使它的 ISR 相应位复位。而在普通屏蔽方式下也不能使 ISR 相应位复位，因此普通屏蔽方式不能达到这种特殊要求。此时可采用特殊屏蔽方式，它总是在中断服务程序中使用，能对本级中断进行屏蔽，而允许优先级比它高或低的中断进入。

例如，当前正在执行 IR_2 的中断服务程序，设置了特殊屏蔽方式后，再对 OCW_1 写入命令使 IMR 中的第 2 位置 1，就会在屏蔽 IR_2 的同时使当前中断服务寄存器 ISR 中对应位自动清零，这样可屏蔽当前正在处理的中断，又开放了较低级别的中断，即系统可以响应任何未被屏蔽的中断请求，就像优先级规则不起作用一样。待中断服务程序结束前，应将 IMR 中的第 2 位复位，并撤销特殊屏蔽方式。

5. 中断请求引入方式

外部中断源接入 8259A 有两种信号形式即边沿触发方式和电平触发方式，另外当 CPU 的 IF 标志复位，禁止可屏蔽中断请求进入时，CPU 还可通过查询方式获得中断请求信号。

1) 边沿触发方式

利用 IR 输入信号由低电平跳向高电平时触发。当 IR 产生上升沿后，应保持高电平直到中断被响应为止。

2) 电平触发方式

8259A 依靠 IR 引脚上的有效高电平信号来触发，而与有效电平出现的方式和时间无关。当中断得到响应后，中断请求输入端必须及时撤销高电平，否则在 CPU 进入中断处理过程后，并且在开中断的情况下，原中断请求的高电平会引起第二次中断的错误。

3) 中断查询方式

允许 8259A 不工作于中断方式，而是以查询方式工作。当在程序中设置 CPU 的中断允许标志 IF=0 时，表示禁止 8259A 对 CPU 的中断请求，CPU 只能使用中断查询方式利用软件查询来确定中断源，实现对外设的中断服务。因此中断查询方式既有中断的特点，又有查询的特点。

6. 连接系统总线的方式

8259A 有两种连接系统总线的方式，一种是缓冲方式，另一种是非缓冲方式。

1) 缓冲方式

一般在多片 8259A 级联系统中，8259A 通过数据总线缓冲器 Intel 8286 与系统数据总线相连，而不是直接与系统数据总线相连，这就是缓冲方式。在此方式下，8259A 使用 SP/EN 引脚的 EN 使能功能作为输出端，输出低电平允许信号，用以锁存或开启数据总线缓冲器。

2) 非缓冲方式

当系统中只有一片 8259A 或少量几片 8259A 级联时，一般将它直接与系统数据总线相连，这就是非缓冲方式。

8.5.3　8259A 的编程

在使用 8259A 时，除按各引脚规定的信号接好电路外，还必须用程序选定其工作状态，如各中断请求信号的优先级分配、中断屏蔽、中断类型号及中断的触发方式等等。每一种状态都由一个命令字或一个命令字的某些位来规定，8259A 的命令字分为初始化命令字 ICW(Initialization Command Word)和操作命令字 OCW(Operation Command Word)两种，因此 8259A 的编程也分为初始化编程和操作编程两种。

系统复位后，应进行初始化编程，严格按次序并只能写一次；以设定中断触发方式、缓冲方式、中断类型号基值、优先级方式、结束方式。

初始化后，在任何位置可操作编程，没有严格顺序，允许重置，以动态改变 8259A 的操作与控制。

1. 初始化编程

功能：①设定中断请求信号触发方式，即边沿或电平触发方式；②设定 8259A 工作方式，即缓冲与非缓冲方式；③设定 8259A 中断类型号基值，对应 IR_0 的类型号；④设定优先级方式，即完全嵌套或特殊全嵌套方式；⑤设定中断处理结束方式，即自动或非自动 EOI 方式。

对 8259A 编程初始化命令字共预置 4 个命令字：ICW_1、ICW_2、ICW_3、ICW_4，但并不是任何情况下都要预置这 4 个命令字，用户可根据具体使用情况而定，如图 8.12 所示。由于 ICW_1 必须写入低地址端口 $A_0=0$(偶端口)，ICW_2、ICW_3、ICW_4 必须写入高地址端口 $A_0=1$(奇端口)，那么如何区分到底写入的是哪个寄存器？为此 8259A 在进行初始化时，利用写入的顺序来区分不同的寄存器，即必须严格地按图 8.12 所规定的初始化顺序依次写入。

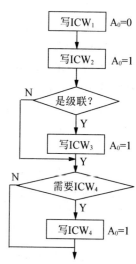

图 8.12 初始化流程图

1) 芯片初始化命令字 ICW_1

8 位 ICW_1 命令字的格式如图 8.13 所示，其中 A_7、A_6、A_5、ADI 仅对 8080/8085 等 8 位 CPU 有意义，在 8086 及以上系列 CPU 中不使用，可为任意值。$D_4=1$ 为 ICW_1 的特征位(标志位)，用来与写入同一地址的 OCW_2、OCW_3 区别。其他命令字的含义如图 8.13 所示。

IC4：指示初始化时是否需要 ICW_4，在 80X86 系统中该位应设为 1，即需要 ICW_4。

SNGL：单片/级联方式设置，指示初始化时是否需要 ICW_3。该位为 1 时，表示系统中只有一片 8259A，初始化时不需对 ICW_3 写入；为 0 时，表示系统有多片 8259A 级联，初始化时需要对 ICW_3 写入，以对级联状态进行设置。

LTIM：中断输入信号的触发方式设置。

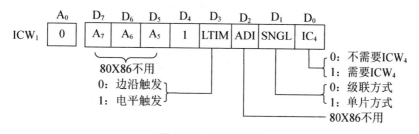

图 8.13 ICW_1 格式

例如要求上升沿触发、单片 8259A、写 ICW_4，则 $ICW_1=00010011B=13H$。

2) 中断类型号初始化命令字 ICW_2

8 位 ICW_2 命令字的格式如图 8.14 所示，$T_7 \sim T_3$ 为决定中断类型号的高 5 位，$D_2 \sim D_0$ 不需编程通常为全 0，表示中断请求输入端 IR_0 的中断类型号，在中断响应时由中断源的序号 $000 \sim 111$ 自动填入相应值，因此用一个初始化命令字 ICW_2 就可决定 8 个中断源的中断类型号，ICW_2 也可以称为中断类型号基值寄存器。

若 $ICW_2=60H$，则 $IR_0 \sim IR_7$ 的中断类型号分别为 60H、61H、62H、…、67H。

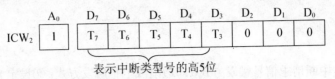

图 8.14 ICW$_2$ 格式

3) 标识主/从片初始化命令字 ICW$_3$

8 位 ICW$_3$ 命令字的格式如图 8.15 所示，是 8259A 的级联命令字，用来设置级联方式，即当 ICW$_1$ 中的 $D_1=0$ 时，才要写入 ICW$_3$。对主片、从片分别写入 ICW$_3$，对主片写入是为确定哪个中断请求输入端接的是从片，由于一片 8259A 有 8 个中断请求输入端，因此最多可接 8 个从片；对从片写入是为确定该从片的中断请求输出端接入主片的哪个输入端。

图 8.15(a)表示若主片 8259A 某根 IR$_i$ 引脚上接有从片，则 ICW$_3$ 的相应位应写成 1，否则写 0。例如，主片 ICW$_3$=50H(01010000B)，则说明主片的 IR$_6$ 和 IR$_4$ 引脚上接有从片。

在图 8.15(b)中，ID$_2 \sim$ ID$_0$ 表示从片标识码，它的 8 种译码状态分别代表该从片是接在主片的哪个中断请求输入端上。例如，当从片 ICW$_3$=03H(00000011B)，则说明该从片接在主片 IR$_3$ 引脚上。

4) 方式控制初始化命令字 ICW$_4$

8 位 ICW$_4$ 命令字的格式如图 8.16 所示，在 ICW$_1$ 中，若 $D_0=1$ 才要写入 ICW$_4$，用来指定中断嵌套方式及缓冲方式，对 80X86(包括 8086)系统必须预置 ICW$_4$。

μPM：表示 CPU 类型。

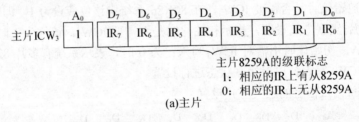

(a)主片

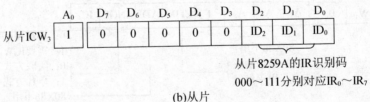

(b)从片

图 8.15 ICW$_3$ 格式

AEOI：指示是否为自动结束方式。

M/S：主从片选择，该位决定是主片还是从片。

BUF：指示 8259A 是否工作在缓冲方式以决定引脚 SP/EN 的功能。

SFNM：决定 8259A 在级联时是否工作于特殊全嵌套方式。

D_5、D_6、D_7 三位无意义，可任意设置，通常写入 0。

ICW$_4$ 各位具体设置如图 8.16 所示。

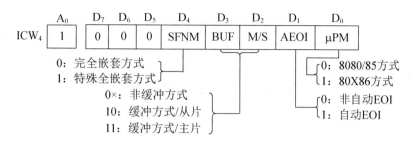

图 8.16　ICW₄ 格式

2. 操作编程

8259A 经初始化编程后,已进入初始化状态,可接收来自中断请求输入端 IR_i 的中断申请,并自动进入操作命令状态,接收 CPU 写入 8259A 的操作命令。

8259A 的操作命令字有 3 个即 OCW_1、OCW_2、OCW_3,分别写入两个端口中,OCW_1 必须写入高地址端口 $A_0=1$(奇端口),OCW_2、OCW_3 必须写入低地址端口 $A_0=0$(偶端口)。OCW_2 和 OCW_3 可根据各自的特征位来区别,因此对写入的顺序没有要求。在系统工作过程中,某些操作命令字可能需要重复多次地写入,并且即可在主程序中也可在中断服务程序中设置。

1) 中断屏蔽命令字 OCW_1

OCW_1 用于向中断屏蔽寄存器 IMR 写入屏蔽信息,初始时为全 0(开放所有中断请求输入端)。其格式如图 8.17 所示。

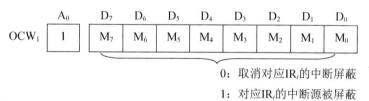

图 8.17　OCW_1 格式

例如,若向 OCW_1 写入 34H(00110100B),即 IMR=34H,则该 8259A 的 IR_2、IR_4 和 IR_5 中断请求输入端被屏蔽。

任何时刻,CPU 通过输入指令对 8259A 高地址端口($A_0=1$)执行读操作,可以读入中断屏蔽寄存器 IMR 的内容。

2) 中断模式设置命令字 OCW_2

OCW_2 用于对 8259A 设置中断结束命令以及确定优先级循环的方式。其格式如图 8.18 所示。

$D_4=0$、$D_3=0$ 为 OCW_2 的特征位(标志位),用来与写入同一地址的 ICW_1 和 OCW_3 区别。

R:表示中断优先级循环位。

SL:表示选择指定的 IR_i 级别位,即 SL=1 时,L_2、L_1、L_0 有效,代表对应的译码结果 IR_i。

EOI:中断结束命令位,在初始化命令字 ICW_4 中定义为非自动中断结束方式下,该位用来给 8259A 送中断结束命令。若 ICW_4 中的 AEOI＝1,设置为自动结束方式,此时该位应为 0。

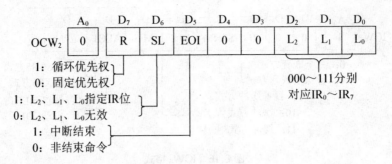

图 8.18　OCW₂ 格式

各位的具体设置如图 8.18 所示。R、SL、EOI 三位的组合功能见表 8.4。总之，OCW₂ 命令字共包括 7 条具体命令，由 D₅～D₇ 的不同组合决定，各组合的具体含义已在前面的工作方式中介绍。

表 8.4　R、SL、EOI 组合功能

R	SL	EOI	功　能
0	0	1	普通 EOI 结束
0	1	1	特殊 EOI 结束，由 L₂～L₀ 指定结束 IRi
1	0	1	普通 EOI 循环
1	0	0	设置自动循环
0	0	0	取消自动循环，转入固定优先权
1	1	1	特殊 EOI 循环，由 L₂～L₀ 指定结束 IRi 位并置最低优先级
1	1	0	设置特殊循环，由 L₂～L₀ 设定最低优先级
0	1	0	无操作

3) 特殊屏蔽和查询命令字 OCW₃

图 8.19　OCW₃ 格式

OCW₃ 命令字格式如图 8.19 所示。OCW₃ 命令字有 3 个功能：①设置或撤销特殊屏蔽方式；②设置中断查询方式；③设置读 8259A 内部寄存器方式。

ESMM：允许或禁止 SMM 位起作用的控制位。ESMM 为 1 时允许 SMM 位起作用，为 0 时禁止 SMM 位起作用。

SMM：设置特殊屏蔽方式选择位。与 ESMM 位共同起作用，如图 8.19 所示。

P：查询命令位。P=1 时，向 8259A 发送查询命令；P=0 时，不处于查询方式。OCW₃ 设置查询方式以后，随后 CPU 对同一个地址(A₀=0)执行读操作，就得到该片 8259A 的一个中断查询状态字，如图 8.20 所示。

IR	—	—	—	—	W_2	W_1	W_0

图 8.20   中断查询字

其中 IR=1 表示该 8259A 芯片 $IR_0 \sim IR_7$ 中发生了有效的中断请求，$W_2 \sim W_0$ 表明了请求服务的最高优先权编码。IR=0 则表示无请求。CPU 可以反复对 8259A 查询，但每次查询前都应先送一次 $D_2=1$ 的 OCW_3。

RR：读寄存器命令位。RR=1 时允许读 IRR 或 ISR，RR=0 时禁止读这两个寄存器。

RIS：读 IRR 或 ISR 选择位。与 RR 位共同起作用，如图 8.19 所示。

3. 8259A 寄存器的读写

如前所述，对于 8259A 内部的各个寄存器，除在编程时 CPU 可用输出指令对它们逐一地写入外，在查询状态时还可用输入指令将其内容读出。为了寻址各寄存器，除了用地址信号 A_0 进行端口选择外，还需要用这些命令字的某些位作为访问某个寄存器的特征位，或者按写入的先后顺序来进行区别。表 8.5 列出了对 8259A 各寄存器读写时的信号关系。

表 8.5   8259A 寄存器的读写

$\overline{CS}$	A_0	$\overline{RD}$	$\overline{WR}$	D_4	D_3	读 写 操 作
0	0	1	0	0	0	写 OCW_2
0	0	1	0	0	1	写 OCW_3
0	0	1	0	1	×	写 ICW_1
0	1	1	0	×	×	写 ICW_2、ICW_3、ICW_4、OCW_1
0	0	0	1			读 IRR、ISR、中断查询字
0	1	0	1			读 IMR

8.5.4   8259A 的中断级联

一片 8259A 管理 8 级中断，当申请中断的外设多于 8 级时，可以将多片 8259A 级联使用，在级联系统中，只能有一片 8259A 作为主片，其余的 8259A 均作为从片。主片和从片都要设置初始化命令字进行初始化，设置主片初始化命令字与无级联单片 8259A 初始化不同之处有以下几点。

(1) 级联时，ICW_1 中 SNGL=0，单片时 SNGL=1。

(2) 级联时，要求设置 ICW_3，若某个 IR_i 引脚上连有从片，主片 ICW_3 的对应位设为 1，未连从片的对应位设为 0，单片不要设置 ICW_3。

(3) 级联时，可设置为特殊全嵌套工作方式，此时，ICW_4 中 SFNM=1。

设置从片初始化命令字时，要注意以下几点。

(1) 从片的 ICW_1 中 SNGL=0。

(2) 从片必须设置 ICW_3，由 ICW_3 中 3 个最低有效位 $ID_2 \sim ID_0$ 的组合来标记此从片连到主片哪个 IR_i 引脚上。

8086 中使用一片 8259A 芯片支持 8 个外部中断源，在 80286 中使用主从两片 8259A 芯片连接，主 8259A 的 IR_2 输入作为级联中断请求，用于传送从 8259A 的中断请求信号 INT，

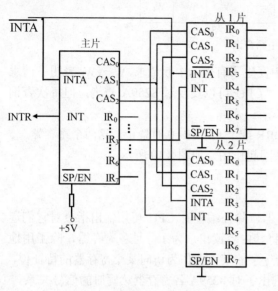

图 8.21 8259A 级联示意图

这样可管理 15 个外部中断。80386/80486 中使用多功能 I/O 模块 82380，它相当于 3 个比 8259A 功能强的可编程高级中断控制器。

例如，一个 8259A 主片，连接两片 8259A 从片，从片分别经主片的 IR_3(从 1 片) 及 IR_6(从 2 片) 引脚接入，如图 8.21 所示，主片 8259A 的 3 条级联信号线 $CAS_2 \sim CAS_0$ 作为输出线连接到每个从片的 $CAS_2 \sim CAS_0$ 的输入端。每个从片的中断请求输出线 INT，连接到主片的中断请求输入端，主片的中断请求输出线 INT 连接到 CPU 的中断请求输入端 INTR，CPU 的中断响应输出线 $\overline{INTA}$ 连接到所有 8259A 的中断响应输入端 $\overline{INTA}$。则系统中优先级排列次序为：

主片 IR_0、IR_1、IR_2
从 1 片 IR_0、IR_1、$\cdots$、IR_7
主片 IR_4、IR_5
从 2 片 IR_0、IR_1、$\cdots$、IR_7
主片 IR_7

当某从片的中断处理结束时，CPU 应发出两个 EOI 结束命令字，一个送给主 8259A，另一个送从 8259A，使 8259A 主片和从片的 ISR 寄存器相应位清零，这样一次中断处理过程结束。

下面举例说明在中断级联方式下，特殊全嵌套的中断过程。

初始化时主 8259A 设置为特殊全嵌套工作方式，当从 2 片的 IR_5 引脚收到一个中断请求时，此时从 2 片的中断请求寄存器 IRR 置成状态为 20H(00100000B)。经内部中断优先级判别电路裁决后，产生从 2 片的中断请求信号 INT，同时向主片 IR_6 申请中断，若主片的中断屏蔽寄存器 IMR 对此从片连接的 IR_6 位未屏蔽，此时主片的 IRR 置成状态为 40H(01000000B)。

经过主片的优先权判别电路判决后，当前从 2 片 8259A 的中断请求为最高优先级，则从 2 片的 INT 请求就通过主片 INT 向 CPU 申请中断。当 CPU 响应中断，主片在接到第一个中断响应信号后，通过 3 条级联信号 $CAS_2 \sim CAS_0$ 输出被响应的从片标识码(从 2 片连接到主片的 IR_6 端，标识码为 110)，通知从 2 片刚才的中断请求已被响应。从 2 片将中断服务寄存器 ISR 置成状态为 20H，同时主片将 ISR 置成状态为 40H。且主片和从 2 片的 IRR 寄存器相应位清零，当 CPU 发送第二个中断响应脉冲时，从 2 片将中断类型号送到数据总线上，CPU 自动从 $D_0 \sim D_7$ 上获得中断类型号，转到执行相应的中断服务程序。

当 CPU 正在执行中断服务程序时，从 2 片又收到由 IR_1 引入的中断请求，同上面过程，从 2 片的 IRR 状态为 02H(00000010B)。因为 IR_1 的优先级大于 IR_5，因此再次通过 INT 向主 8259A 的 IR_6 输入端申请中断。由于主片 8259A 采用特殊全嵌套方式，因此允许同级中断参加优先级判别，确定为当前最高优先级，并再次向 CPU 发送中断申请，同样 CPU 响应中断后，主片 ISR 的状态仍为 40H，从 2 片的 ISR 状态为 02H。清除主片和从 2 片的 IRR

寄存器相应位后，CPU 暂停执行原来的中断服务程序转去执行更高级的中断服务程序，实现中断级联方式的特殊全嵌套过程。

8.5.5 8259A 的应用实例

【例 8.1】在实际应用中，为了运行某个应用程序，通常采用替代原来的中断服务程序的办法。为此，应先保存好原中断向量的内容，将其置于代码可寻址的变量中。然后，接管中断向量使其指向编制的新中断服务程序。最后，在应用程序终止退出前，从变量中获取原中断向量恢复到中断向量表中。具体程序如下：

```
STACK      SEGMENT STACK 'STACK'
           DW 128 DUP(0)
STACK      ENDS
            ⋮
DATA       SEGMENT
           OLD_SEG DW ?                    ;定义变量，以保存中断向量段基值
           OLD OFF DW ?                    ;定义变量，以保存中断向量偏移地址
DATA       ENDS
            ⋮
CODE       SEGMENT
ASSUME     CS: CODE , DS: DATA , SS: STACK
START:     MOV AX, DATA
           MOV DS, AX
           MOV AL, N1                      ;N1 为指定中断类型号
           MOV AH, 35H                     ;获取中断向量
           INT 21H
           MOV OLD_SEG, ES                 ;保存中断向量段基值
           MOV OLD_OFF, BX                 ;保存中断向量偏移地址
           CLI
           MOV AL, N2                      ;N2 为新中断类型号
           MOV AH, 25H                     ;中断向量装入
           MOV DX, SEG NEW_PR
           MOV DS, DX                      ;DS 指向新中断向量段基值
           MOV DX, OFFSET NEW_PR           ;DX 指向新中断向量偏移地址
     INT 21H
           MOV AX, DATA
           MOV DS , AX                     ;恢复原数据段基值
           STI
            ⋮                              ;主程序主体(略)
           CLI
           MOV AL, N1                      ;N1 为指定中断类型号
           MOV AH, 25H                     ;恢复原中断向量
           MOV DX, OLD_OFF                 ;DX 指向原中断向量偏移地址
           MOV BX, OLD_SEG
           MOV DS, BX                      ;DS 指向新中断向量段基值
           INT 21H
           STI
           MOV AX, 4C00H                   ;主程序终止退出，返回 DOS
           INT 21H
```

```
        ⋮
NEW_PR  PROC FAR                    ;新中断服务程序
        STI                        ;入口处开中断
        PUSH…                      ;保护现场
        ⋮
        PUSH
        ⋮
        中断服务程序主体(略)
        ⋮
        POP                        ;恢复现场
        ⋮
        POP
        MOV AL, 20H                ;发送中断结束命令
        OUT 20H, AL
        IRET                       ;中断返回
INT_PR  ENDP                       ;中断程序结束
CODE    ENDS
        END START                  ;源程序结束
```

【例 8.2】设某 8086 最小模式系统与 8259A 的接口如图 8.22 所示，中断类型号为 0C0H～0C7H，采用边沿触发，非缓冲方式，写出 8259A 初始化程序。

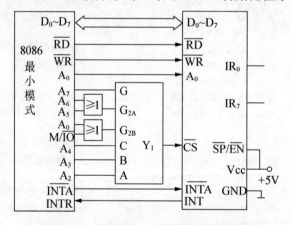

图 8.22 8086 最小模式与 8259A 的连接电路图

如图 8.22 所示，8259A 的两个端口地址为 84H 和 86H，是连续的两个偶地址。

(1) 初始化程序。

```
CLI                  ;关中断
MOV AL,13H           ;ICW1：边沿触发、单片、需要 ICW4
OUT 84H, AL
MOV AL, 0C0H         ;ICW2：中断类型号的 D7～D3 位为 11000
OUT 86H, AL
MOV AL, 01H          ;ICW4：全嵌套、非缓冲、非自动 EOI、8086
OUT 86H, AL
STI                  ;开中断
    ⋮
```

(2) 若要读 IRR 的内容。

```
MOV AL, 0AH                      ;OCW3: 00001010B
OUT 84H, AL
NOP
IN AL, 84H
```

(3) 若要读 ISR 的内容。

```
MOV AL, 0BH                      ;OCW3: 00001011B
OUT 84H, AL
NOP
IN AL, 84H
```

(4) 若要读 IMR 的内容,可直接从高地址读入。

```
IN AL, 86H
```

(5) 若中断是关闭的,可采用查询方式,看是否有中断。

设在数据段中做如下定义:

```
TAB  DW  IRQ0, IRQ1, IRQ2, …
DW  IRQ6, IRQ7                   ;8 个中断服务程序入口偏移地址
```

则查询程序段为:

```
LEA BX, TAB
NEXT: MOV  AL , 0CH; OCW3: 00001100B
OUT 84H, AL
NOP
IN AL, 84H
TEST AL, 80H
JZ NEXT
AND AX, 0007H
SHL AX, 1
ADD BX, AX
JMP [BX]
      ⋮
```

【例8.3】设某 8086 最小模式系统中有两片 8259A,从片接主片的 IR_4,主片 IR_2、IR_5 有外部中断引入,类型号分别为 62H、65H;从片 IR_0、IR_3 有外部中断引入,类型号分别为 40H、43H。设主片的一个端口地址为 82H,从片的一个端口地址为 84H,分别进行初始化编程,具体要求如下。

(1) 主从片的中断请求信号均采用边沿触发。

(2) 采用非缓冲方式。

(3) 主片采用特殊全嵌套,从片采用完全嵌套方式。

根据上述要求,首先分析主从 8259A 的端口地址。

主片的一个端口地址为 82H=10000010B,由于在 8086 系统中,端口地址是两个连续偶地址,即 $A_0=0$,当 A_1 接 8259A 的 A_0 时,得到主片的另一个端口地址为 80H=10000000B。如前分析,从片的一个端口地址为 84H=10000100B,则另一个端口地址为 86H=10000110B。系统硬件连接图略。

```
;初始化 8259A 主片
MOV AL, 11H                  ;边沿触发级联
OUT 80H, AL
MOV AL, 60H                  ;类型号基值
OUT 82H, AL
MOV AL, 00010000B
OUT 82H, AL
MOV AL, 11H                  ;特殊嵌套 非缓冲 非自动结束 8086
OUT 82H, AL
MOV AL, 11001011B            ;屏蔽 IR₀、IR₁、IR₃、IR₆、IR₇
OUT 82H, AL
;初始化 8259A 从片
MOV AL, 11H                  ;边沿触发级联
OUT 84H, AL
MOV AL, 40H                  ;类型号基值
OUT 86H, AL
MOV AL, 00000100B
OUT 86H, AL
MOV AL, 11H                  ;完全嵌套 非缓冲 非自动结束 8086
OUT 86H, AL
MOV AL, 11110110B            ;屏蔽 IR₁、IR₂、IR₄、IR₅、IR₆、IR₇
OUT 86H, AL
```

总之，在使用 8259A 及编写中断服务程序时应注意以下问题。

(1) 若 8259A 工作在级联方式，则主从片的中断类型号及端口地址不能重复。

(2) 对 8259A 芯片的初始化过程，是按 ICW_1~ICW_4 的顺序写入初始化控制字。ICW_3 和 ICW_4 两个控制字，根据实际应用情况可决定是否写入，在 8086 及以上系列 CPU 中应写入 ICW_4。

(3) 操作命令字 OCW_1~OCW_3 在一个程序中可以被多次设置。

(4) 当读取 IMR 的内容时，由于是 CPU 唯一对奇地址端口进行的读入操作，可随时在需要的时候读取。当要求读取 IRR 的内容时，需设置 OCW_3 中的 RR=1、RIS=0，发出读 IRR 中内容的命令；当要求读取 ISR 的内容时，需设置 OCW_3 中的 RR=1、RIS=1，发出读 ISR 中内容的命令；当要读取中断查询字时，需设置 OCW_3 中的 P=1；然后从同一端口(偶地址端口)执行读入操作。

(5) 开中断或关中断指令的合理使用。一种情况是 CPU 对 8259A 写入控制字之前要关中断，8259A 控制字写入后再开中断；另一种情况是当进入级别不是最高级的中断源的中断服务程序时，若有高级别中断源提出中断申请，CPU 要响应此中断请求，必须先开中断。

(6) 中断结束命令要合理使用。若在 ICW_4 中设置为非自动结束方式，那么中断结束命令应放在中断返回指令 IRET 之前。在级联方式下，对从片的中断服务程序，CPU 应发出两个中断结束命令，使 8259A 主片和从片的 ISR 寄存器相应位清零，这样一次中断处理过程结束。

本章小结

本章主要介绍了微机中断系统的功能、中断过程、中断管理以及80X86(包括8086)的中断系统，还详细介绍了可编程中断控制器8259A的工作原理及应用。

计算机在执行程序的过程中，由于发生了某些"紧急事件"或由于程序运行的要求暂停正在执行的程序，转去执行专门的例行服务程序，处理完后返回到程序被中止处继续运行，这一过程称为中断。中断可以解决下列3个问题：分时处理、实时控制、故障处理。在8086及以上所有Intel系列的微处理器中，共可处理256种不同类型的中断，包括内部中断和外部中断。80286及以上系列CPU不仅具有8086所有中断类型，并且对内部中断的功能及相应的处理方法进行了扩充。

中断向量使中断服务程序的入口地址。实现中断处理的关键是当CPU接收到中断请求后，如何将中断服务程序的入口地址送往CS:IP寄存器，实现程序的转移。8086以及80286以上微处理器在实方式下的中断系统是将00000H～0033FFH区域作为中断向量表，根据中断源的类型号乘4以后指示中断向量指针，可获得中断服务程序的入口地址。在保护方式下，中断向量表改称中断描述符表IDT，并可放置在贮存任何位置，而不像8086那样只能固定在内存的最低端，因此对IDT定位需设置专门的指针。系统用中断描述符表IDTR存放IDT的基地址，将中断类型号乘8作为对应中断描述符在IDT中的偏移量。二者合成便可找到中断描述符，并转入相应的中断服务程序。

8259A可编程中断控制器给微处理器增加了8个向量优先级编码中断。它将中断源优先级排队、识别中断源、实现对中断的屏蔽与开放、实现对中断源的服务以及提供中断类型号的电路集于一片中，因此无须附加任何电路，只需对8259A进行编程，就可以管理8级中断，并选择优先模式和中断请求方式，即中断结构可以由用户编程来设定。同时，在不需增加其他电路的情况下，通过多片8259A的级联，能构成多达64级的向量中断系统。因此，CPU可以借助8259A对可屏蔽中断进行管理，本章还通过几个具体的实例来介绍8259A的应用方法。

思考题与习题

8-1 什么是外部中断？什么是内部中断？简述中断的处理过程。

8-2 设某系统中CPU的寄存器和存储区的一段内容如下：

(20H)=3CH、(21H)=00H、(22H)=86H、(23H)=0EH、CS=2000H、IP=0010H、SS=1000H、SP=0100H、FLAGS=0240H

这时执行INT 8指令

(1) 程序转向何处执行？

(2) 堆栈栈顶6个内存单元的地址及内容分别是什么？

8-3 什么是中断向量？什么是中断向量表？若某外部可屏蔽中断的类型号为30H，它的中断服务程序的入口地址为1020H：3040H，用8086汇编语言编程实现将该中断服务程序的入口地址装入中断向量表中。

8-4　单片 8259A 能够管理多少级可屏蔽中断源？若用 4 片级联能管理多少级可屏蔽中断源？

8-5　对 8259A 初始化有什么规定和要求？

8-6　中断结束命令安排在程序的什么地方？在什么情况下要求发中断结束命令？为什么？

8-7　若某 8086 系统采用单片 8259A 管理外部中断，其中的一个中断类型号为 0DH，则它的中断向量地址指针是多少？这个中断源应接在 8259A 的哪个输入端上？若该中断服务程序的入口地址为 D000H：3200H，则其向量区对应 4 个单元的数值依次是多少？

8-8　编写一段将 8259A 中的 IRR、ISR、IMR 的内容读出，存放到 BUFFER 开始的数据缓冲区的程序段，设 8259A 的端口地址为 30H、31H。

8-9　CPU 正在处理由 8259A IR_4 引入的中断服务时，应如何来紧急处理比它优先级别低的中断？编写相关程序段。

8-10　设目前系统的最高优先级为 IR_5，若执行 OCW_2 命令，且命令中 EOI=1、R=1、SL=0，试指出 OCW_2 命令执行后，8259A 的优先级排队顺序。若执行 OCW_2 命令，且命令中 EOI=1、R=1、SL=1，$L_2L_1L_0$=011，则 OCW_2 命令执行后，8259A 的优先级排队顺序又是什么？

8-11　某 8086 最小系统中有两片 8259A 级联，主片 8259A 的一个端口地址为 22H，中断类型号为 08H～0FH。从片 8259A 的一个端口地址为 A0H，中断类型号为 70H～77H。主片的 IR_2 引脚连接从片的 INT 引脚。采用非自动结束和非缓冲方式，中断请求信号都为电平触发。主片屏蔽 IR_2、IR_4 和 IR_5 以外的中断源，从片屏蔽 IR_0、IR_3 和 IR_6 以外的中断源。画出硬件连接图并分别编写主片 8259A 和从片 8259A 的初始化程序。

第9章　可编程接口芯片

微型计算机的接口一般可分为并行接口和串行接口，从微机的输入/输出接口可以得知，具备并行接口的外设通常需要通过并行接口与微机系统相连，在实际应用中如 Intel 公司的 8155、8156、8255A 等。而具备串行接口的外设通常需要通过串行接口与微机系统相连，常用的串行接口芯片如 Intel 公司的 8250、8251 以及美国国家半导体公司的 16550 等。

在微机系统中，除了输入/输出接口外，往往还需要一些专业功能的接口芯片，用以增强系统的综合处理能力。例如，用于定时、对脉冲信号(或开关信号)进行计数及作为串行通信波特率发生器的定时/计数器，如 Intel 8253/8254；用于中断源管理和控制的中断控制器 8259A；在不需要处理器干预情况下，用于存储器和接口之间直接进行数据传输管理的 DMA 控制器 8237 等。

本章将重点介绍可编程接口电路，主要有并行输入/输出接口 8255A、定时/计数器 8253 与 8254、DMA 控制器 8237A、串行通信接口 8251A。要应用这些电路的功能，必须通过程序设计者具体编程才能实现，通过这些专用电路，计算机能完成各种复杂的功能，如工业、国防、航天航空、各种大型控制系统等。通过对上述可编程接口的讨论，读者能够对微机接口芯片及接口技术有一个比较清晰的认识，为将来应用于实际打下良好的基础。

9.1　并行输入/输出接口 8255A

在计算机进行数据信息传输过程中，并行传输是指通过多根数据线同时进行多位数据的传输，并行接口是指传输并行数据的接口。如常见的并行打印机接口、多路开关量接口、并行 A/D、D/A 转换器接口等。在并行接口中，通常 8 位或 16 位数据是一起传输的，即使在接口电路与外部设备交换数据时，只需要用到其中的一位，也是一次传输 8 位或 16 位。并行通信相对于串行通信而言，传输速度较快，一般适用于近距离传输的场合。

从并行接口的结构来分，有可编程和不可编程两种形式。不可编程并行接口的工作方式及功能由硬件的固定连线来确定，不能通过软件编程来设定；而可编程并行接口的工作方式及功能则可以在不改变硬件连接的情况下，通过编程即可实现。

通常所说的可编程，是用编写程序的方法进行选择的。例如，选择芯片中的哪一位或哪几位数据端口与外部设备连接；选择端口中的哪一位或哪几位作输入、哪几位作输出；选择端口与 CPU 之间采用什么方式传输数据等，均可以在程序中写入相应的方式字或控制字来设定。由此看来，可编程接口具有广泛的适应性以及可靠的灵活性，在微机系统中得到了广泛的应用。8255A 就是一种典型的并行输入/输出接口电路芯片。

9.1.1　8255A 的内部结构和引脚

8255A 是一种可编程的 I/O 并行接口芯片，在诸多的电子产品控制板上均可发现，主要用来控制外部设备的输入/输出。由于 8255A 可以方便地工作在各种类型的微处理机上，如 6501、Z80、8088、8048、8051 等，因此有时称之为通用型多功能的可编程 I/O 接口控制芯片。

1. 内部逻辑结构

图 9.1 为 8255A 内部结构原理图。8255A 有 3 个可编程控制的 8 位并行 I/O 端口，共提供 24 条 I/O 控制引脚。一般情况下端口 A 或 B 作为 I/O 的数据端口，而端口 C 则作为控制或状态信息的端口，C 口在方式字的控制下，可分成两个 4 位端口，每个端口包含一个 4 位锁存器，分别与端口 A 和 B 配合使用，可用作控制信号的输出，或作为状态信号的输入。A 组控制电路控制端口 A 和端口 C 的上半部($PC_7 \sim PC_4$)，B 组控制电路控制端口 B 和端口 C 的下半部($PC_3 \sim PC_0$)。

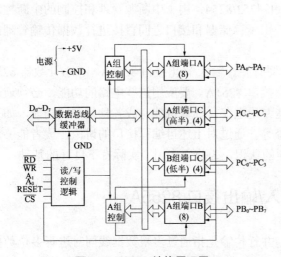

图 9.1 8255A 结构原理图

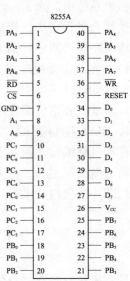

图 9.2 8255A 的引脚图

双向三态的 8 位数据缓冲器实现 8255A 与 CPU 之间的数据传输接口。CPU 执行输出指令时，可将控制字或数据通过该缓冲器送给 8255A 的控制口或数据口；CPU 执行输入指令时，8255A 可将数据端口的状态信息或数据通过它传送给 CPU。因此，数据缓冲器是 CPU 与 8255A 交换信息的必经之路。

8255A 的读/写控制电路接收来自 CPU 的控制命令，并根据命令向片内各功能部件发出操作命令。例如片选信号 $\overline{CS}$ 为低电平时，表示 8255A 芯片被选中，该片选信号是由 CPU 的地址线通过译码器译码产生的。读/写信号 $\overline{RD}$ 和 $\overline{WR}$ 控制 8255A 与 CPU 之间的数据或信息传输方向。端口选择控制则由 A_1、A_0 的组合状态提供，由这两个控制信号可提供 4 个端口地址，即 A、B、C 3 个端口地址及一个控制口地址。8255A 可用 RESET 控制信号复位，当该控制信号有效时，清除 8255A 所有控制寄存器中的内容，并将各端口置成输入方式。

2. 8255A 外部引脚

8255A 为 40 引脚，双列直插式封装结构，其引脚如图 9.2 所示，各引脚功能如下。

(1) $D_0 \sim D_7$：8 位双向数据总线。

(2) $PA_0 \sim PA_7$ (Port A)：端口 A 的 I/O 引线。

(3) $PB_0 \sim PB_7$ (Port B)：端口 B 的 I/O 引线。

(4) $PC_0 \sim PC_3$ (Port C)：端口 C 的低 4 位 I/O 引线。

(5) $PC_4 \sim PC_7$ (Port C)：端口 C 的高 4 位 I/O 引线。

(6) A_1、A_0：地址引线。

(7) RESET：复位输入信号。高电平有效，复位时清除内部控制寄存器，同时将 3 个 I/O 口全部设为输入状态。

(8) $\overline{CS}$：片选信号。$\overline{CS} = 0$ 时将内部数据总线与系统总线相连，该芯片被选中，允许工作。

(9) $\overline{RD}$：读输入控制信号。$\overline{RD} = 0$ 时，配合 $\overline{CS}$ 信号读取 8255A 内部寄存器的信息。

(10) $\overline{WR}$：写输出控制信号。$\overline{WR} = 0$ 时，配合 $\overline{CS}$ 信号将 CPU 中的数据写入 8255A。

(11) V_{CC}：电源，+5V 电源输入。

(12) GND：电源接地端。

8255A 的 3 个数据端口与外部设备相连接的管脚共有 24 位。其中 C 口的 8 个 I/O 引脚 ($PC_0 \sim PC_7$)有用于联络信号或状态信号，其具体定义与端口的工作方式有关，可将工作方式控制字写入控制端口进行定义。

8255A 与 CPU 连接的管脚有数据总线 $D_0 \sim D_7$，读写控制线 $\overline{RD}$ 和 $\overline{WR}$，复位线 RESET，片选信号线 $\overline{CS}$，端口地址控制线 A_1、A_0。

一般情况下，CPU 的数据总线及其读写控制线直接和 8255A 的 $D_0 \sim D_7$ 及 $\overline{RD}$ 和 $\overline{WR}$ 相连接。RESET 线为高电平有效，因 8086 CPU 也是高电平复位，所以可以直接和 8086 CPU 的复位线相连。当然，有时为了便于调试，8255A 复位电路与 8086 CPU 的复位电路是分开控制的。

3. 端口地址

8255A 中有 3 个 I/O 端口和一个控制字寄存器，用地址总线中 A_1、A_0 进行寻址，A_1、A_0 和 $\overline{RD}$、$\overline{WR}$ 及 $\overline{CS}$ 组合可实现的各种功能见表 9.1。$\overline{CS}$ 为 1 或 $\overline{RD}$、$\overline{WR}$ 同时为 1 时，所有数据口为高阻状态。

表 9.1 8255A 端口地址

A_1	A_0	$\overline{RD}$	$\overline{WR}$	所选端口	地址	功能
0	0	0	1	A	X0H	读端口 A
0	1	0	1	B	X1H	读端口 B
1	0	0	1	C	X2H	读端口 C
1	1	0	1	非法		
0	0	1	0	A	X0H	写端口 A
0	1	1	0	B	X1H	写端口 B
1	0	1	0	C	X2H	写端口 C
1	1	1	0	控制寄存器	X3H	写控制字

9.1.2 8255A 的工作方式字

8255A 有 3 种工作方式。

(1) 方式 0，又称基本输入/输出方式。在这种工作方式下，A、B、C 3 个端口都可用作输入/输出，但不能既作输入又作输出。端口 C 分为两部分，即高 4 位和低 4 位，用来设置传输方向。

(2) 方式 1，又称选通输入/输出方式。只有端口 A、端口 B 可工作于此方式，端口 C 用于提供联络信号。

(3) 方式 2，又称双向传输方式。只有端口 A 可编程为双向传输方式。通过 C 口的高 5 位进行控制，此时 A 口既可作输入也可作输出，而 $PC_0 \sim PC_2$ 及 B 口可工作于方式 0。具体操作可由适当的工作命令字来进行设定。

图 9.3 为 8255A 控制字示意图。此外，8255A 对端口 C 具有置位/复位功能，只要使用一个输出控制指令便可完成位控，可以设置对象的状态。控制字组的 D_7 为 0 时端口 C 具有位处理功能，具体设置如图 9.4 所示。

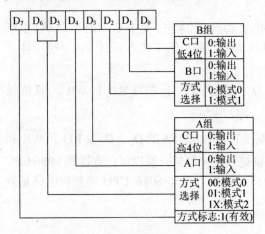

图 9.3　8255A 控制字示意图

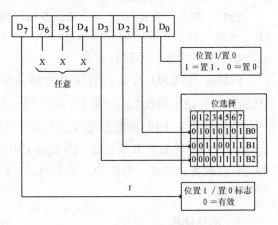

图 9.4　C 口置 1/置 0 控制字格式

9.1.3 8255A 的编程控制字

1. 方式 0

方式 0 主要工作在无条件的输入/输出方式下，在这种工作方式下，不需要联络信号。A 口、B 口、C 口均可工作在此方式下。C 口的输出位可由用户直接独立设置"0"或"1"。此时，各个端口的功能是固定不变的，不能用程序来设定，控制字格式参如图 9.3 及图 9.4 所示。

例如，当 8255A 的各个端口都处于方式 0，若将端口 A 作为输入，端口 B 作为输出，端口 C 的高 4 位作为输入，端口 C 的低 4 位作为输出，则其方式控制字为 10011000(98H)。

2. 方式 1

方式 1 主要工作在异步或条件传输方式(需要先检查状态，然后才能传输数据)下。在这种工作方式下，仅有 A 口、B 口可工作在此方式。由于条件传输需要联络线，所以在方式 1 下 C 口的某些位分别为 A 口和 B 口提供 3 根联络线。此时 8255A 输入组态如图 9.5 所示。

方式 1 输入时，8255A 各控制信号的意义如下。

$\overline{STB}$：选通输入，低电平有效，这是由外设提供的输入信号，当其有效时，由外设来的数据将送入端口的输入锁存器。

IBF (Input Buffer Full)：输入缓冲器满信号，高电平有效。这是由 8255A 输出的状态信号。当其有效时，表明数据已输入至锁存器。

INTR：中断请求信号，高电平有效。当某输入设备请求服务时，8255A 就由 INTR 输出端输出高电平，向 CPU 提供中断请求信号，用来请求 CPU 为其服务。当 $\overline{STB}$、IBF 和 INTE 都为高电平时，INTR 输出才为高电平。

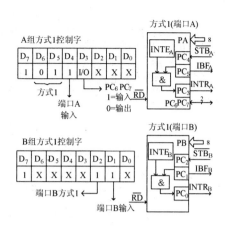

图 9.5　8255A 方式 1 下输入组态

INTE$_A$ (Interrupt Enable A)：端口 A 中断允许信号。由 PC$_4$ 的置位/复位来控制，PC$_4$=1 时，允许端口 A 中断。

INTE$_B$ (Interrupt Enable B)：端口 B 中断允许信号。由 PC$_2$ 的置位/复位来控制，PC$_2$=1 时，允许端口 B 中断。在方式 1 输入时，端口 C 的 PC$_6$ 和 PC$_7$ 两位是空闲的，如果要利用它们，可用方式控制字中的 D$_3$ 来设定。

方式 1 输出时，8255A 输出组态见图 9.6，其各控制信号的意义如下。

$\overline{OBF}$ (Output Buffer Full)：输出缓冲器满信号，低电平有效。这是由 8255A 输出给外设的一个控制信号。当其有效时，表明 CPU 已经将数据输出到指定的端口，外设可以把数据取走。

$\overline{ACK}$：响应信号，低电平有效。这是来自外设的响应信号，告诉 CPU 输出给 8255A 的数据已经被外设接收。

INTR：中断请求信号，高电平有效。当某输出设备已经接收了 CPU 输出的数据后，8255A 就用 INTR 输出端向 CPU 发出中断请求信号，要求 CPU 继续输出数据。当 $\overline{ACK}$、$\overline{OBF}$ 和 INTE 都为高电平时，INTR 才被置为高电平。

INTE$_A$ 由 PC$_6$ 的置位/复位来控制。INTE$_B$ 由 PC$_2$ 的置位/复位来控制。在输出方式中，端口 C 的 PC$_4$ 和 PC$_5$ 是空闲的，如果要利用它们，可用方式控制字中的 D$_3$ 来设定。

3．方式 2

双向传输方式是指在同一端口内分别进行输入/输出操作。8255A 中只有 A 口可工作在此种方式下，当 A 口工作在方式 2 时，需要 5 个控制信号进行联络，这 5 个信号由 C 口提供。所以此时 B 口只能工作在方式 0 或方式 1 下。当 B 口工作在方式 1 时，又需要 3 根联络线。故当 A 口工作在方式 2、B 口工作在方式 1 时，8255A 的 C 口 8 根线将全部作为联络线使用。8255A 方式 2 的组态，如图 9.7 所示。

选通双向操作时，8255A 各控制信号的含义如下。

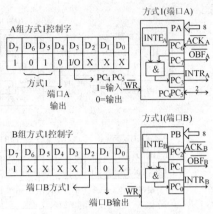

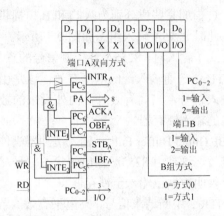

图 9.6 8255A 方式 1 下输出组态　　　　图 9.7 8255A 方式 2 组态

INTR：中断请求信号，高电平有效。在输入和输出时，都可以用来作为对 CPU 的中断请求信号。

$\overline{OBF}$：输出缓冲器满信号，低电平有效。它可以作为对外设的选通信号。当其有效时，表明 CPU 已经将数据输出到端口 A，外设可以把数据取走。

$\overline{ACK}$：响应信号，低电平有效。当其有效时，启动端口 A 的三态输出缓冲器送出数据，否则输出缓冲器处于高阻状态。

$INTE_1$：与 $\overline{OBF}$ 有关的中断触发器，它由 PC_6 置位/复位控制。

$\overline{STB}$：选通输入，低电平有效，这是由外设提供给 8255A 的选通信号，当其有效时将输入数据选通输入锁存器。

IBF：输入缓冲器满，高电平有效. 这是一种状态信息，当其有效时，表示数据已进入输入锁存器。

$INTE_2$：与 IBF 有关的中断触发器，它由 PC_4 置位/复位控制。

方式 2 的 I/O 操作相当于方式 1 的输入和输出的组合。其输出过程为：CPU 响应中断信号后，用输出指令向 8255A 的 A 口写入一新的数据，并利用写脉冲 $\overline{WR}$ 同时清除中断请求信号 $INTR_A$，同时使 A 口输出缓冲器满信号 $\overline{OBF}$ 变为有效低电平，以通知外设取走数据。外设取走数据后返回响应信号 $\overline{ACK}$ 以清除 $\overline{OBF}$ 有效信号，并置位 $INTR_A$ 以向 CPU 再次申请中断，重新开始下一个数据传输过程。

方式 2 的输入过程与输出过程类似，当外设向 8255A 的 A 口传送来数据时，选通信号 $\overline{STB}$ 同时有效，使数据锁存在 8255A 的 A 口输入缓冲器中，并置输入缓冲器满信号 IBF 为有效高电平，以通知外设暂停传送数据和撤销 $\overline{STB}$ 有效信号。一旦 $\overline{STB}$ 信号消失后即向 CPU 申请中断。CPU 响应中断进行读操作时，将 8255A 的 A 口输入数据读入到 CPU 中，并利用 $\overline{RD}$ 信号使输入缓冲器满信号 IBF 变为无效(低电平)，同时复位中断请求信号 INTR，完成一次输入过程，然后等待新的中断请求。

9.1.4 8255A 的应用实例

【例 9.1】图 9.8 为一个并行打印机接口，要求采用查询方式通过 8255A 接口把数据缓冲区中的 ASCII 码字符打印出来。

分析：按照打印机接口标准定义，其最基本的信号线包括 8 根数据线、1 根控制线 $\overline{STB}$，1 根状态线 $\overline{ACK}$/BUSY 和 1 根公共地线，采用 8255A 作为打印接口的电路原理图如图 9.8 所示。图中选用 8255A 的 PA 口作为数据口，输出 8 位打印数据，工作方式设置为方式 0。PC_6 作为控制信号，产生并输出 1 个负脉冲作为数据选通信号 $\overline{STB}$，由此可以将数据线上的数据传输到打印机的数据缓冲器中；PC_1 作为状态信号，可以用来接收打印机的"忙"信号。

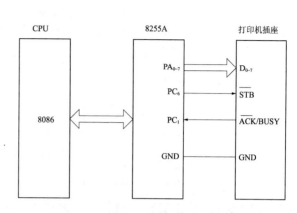

图 9.8　8255A 并行打印接口电路原理图

值得强调的是，在本例中根据被控对象(打印机接口)的要求，在设计中使用了两根联络线，即 $\overline{STB}$ 和 $\overline{ACK}$/BUSY，并选定 8255A 的 PC_6 和 PC_1 两个引脚分别与上述两个联络信号相连。但是并不是非选 PC_6 和 PC_1 不可，也可以选择 PC 口的其他引脚作联络信号使用。

按照题意，使用查询方式时，打印机与 CPU 之间传送数据的过程如下。

(1) CPU 首先查询 $\overline{ACK}$/BUSY 信号，如果 $\overline{ACK}$/BUSY =1，则表示打印机处于"忙"状态；如果 $\overline{ACK}$/BUSY =0，则表示打印机不"忙"，可以传送数据。

(2) 通过 8255A 接口，把待打印的数据传输到打印机端。

(3) 通过程序设置 $\overline{STB}$ =0(置低电平)，使上述数据锁存在打印机的缓冲器中。

(4) 打印机接收到数据后，回送"忙"信号($\overline{ACK}$/BUSY =1)，表示打印机正在处理刚送入的数据，正处于工作状态。

(5) 打印机处理完数据后，设置 $\overline{ACK}$/BUSY =0，表示打印机不"忙"，同时完成一个字符的打印操作。

参考程序如下：

```
        A-PORT      EQU 8030H           ;定义端口地址
        B-PORT      EQU 8032H
        C-PORT      EQU 8034H
        CTRL-PORT   EQU 8026H
            MOV     DX, CTRL-PORT       ;8255A 控制端口
            MOV     AL, 10000001B       ;方式控制字
            OUT     DX, AL              ;PA 方式 0 输出；PC4~7 输出，PC0~3 输入
            MOV     AL, 00001101B       ;PC6 置高 (STB =1)
            OUT     DX, AL
            MOV     SI, OFFSET  BUF     ;数据缓冲区首址
            MOV     CX, NUMBER          ;待打印的字符个数
LOOP:       MOV     DX, C-PORT          ;PC 端口地址
            IN      AL, DX              ;PC1=0 ? (ACK / BUSY =0 ？)
            AND     AL, 02H
            JNZ     LOOP
            MOV     DX, A-PORT          ;PA 口地址
            MOV     AL, [SI]            ;取数据
```

```
OUT      DX, AL              ;数据送 PA 口
MOV      DX, CTRL-PORT       ;8255A 控制端口
MOV      AL, 00001100B       ;PC₆置低 (STB̄=0)
OUT      DX, AL
NOP
NOP                          ;延时产生负脉冲
NOP
MOV      AL, 00001101B       ;PC₆置高 (STB̄=1)
OUT      DX, AL
INC      SI                  ;内存地址加 1
DEC      CX                  ;字符个数减 1
JNZ      LOOP                ;未传送完,继续
```

【例 9.2】利用 8255A 设计一个键盘/数码显示接口电路,要求键盘为 4×4 的矩阵(共 16 个按键),显示部分为 8 个八段数码管。试根据按键所处的位置对键盘进行编码,当有按键按下时,将数码管原来显示的内容依次左移,并将相应的按键编码显示在最右边的数码管上。

分析: 在键盘设计电路中,其按键的连接有线性连接和矩阵连接两种方式,线性连接中,每个按键需要占用一根 I/O 端口,根据端口的状态("0"或"1")可以判断按键是否按下,如按此种方式连接,16 个按键就需要 16 个 I/O 端口。而矩阵连接方式中,I/O 引脚数就是矩阵的行数和列数之和,由此可见 4×4 矩阵键盘只需要占用 8 个 I/O 引脚。

在数码管设计电路中,其连接方式有静态连接和动态连接两种,在静态连接方式中 8 个数码管需要占用 8×8=64 个 I/O 引脚。而动态连接方式中,因采用矩阵扫描电路,8 个数码管共占用 I/O 引脚数为 8+8=16 个。考虑到 8255A 共有 3 个 8 位 I/O 引脚,因此本例键盘连接采用矩阵扫描方式,数码管采用动态连接方式。电路连接如图 9.9 所示,PA 口作为数码管的位码控制,PB 口作为数码管的段码控制,PC 口作为键盘接口。

矩阵键盘采用常见的扫描法,其识别闭合键的原理是:首先使得第 0 行为低电平,其余行为高电平,然后查询列线的电平状态,如果有某一列

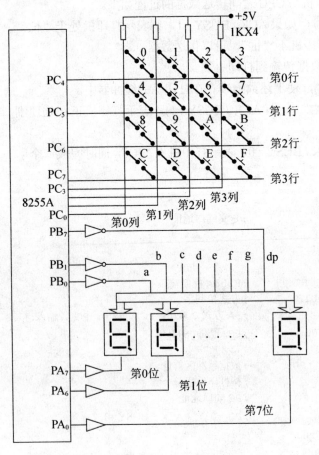

图 9.9 键盘/数码显示接口电路图

线变为低电平，则表示第 0 行和此列线相交位置上的按键被按下；如果此时所有的列线都为高电平，则就说明第 0 行上没有按键按下。接着，再将第 1 行输出为低电平而其他行输出为高电平，并检查列线中是否有电平产生。按照此法逐行向下扫描，直到最后一行。在扫描过程中，当发现某一行有按键闭合时，也就是说列线中有一位为"0"时，程序才退出扫描，并将按键的输入值进行处理，从而确定闭合键所在的位置。

在图 9.9 电路结构中，PA 口、PB 口和 PC 口的上半部分需要设置为输出，而 PC 口的下半部分需要设置为输入，所以端口的工作方式可设置为方式 0，因此 8255A 的初始化程序设计如下：

```
A-PORT      EQU     8030H             ;定义端口地址
B-PORT      EQU     8032H
C-PORT      EQU     8034H
CTRL-PORT   EQU     8026H
            MOV     DX, CTRL-PORT     ;8255A 控制端口
            MOV     AL, 10000001B     ;PA 口、PB 口和 PC 口的上半部分
            MOV     DX, AL            ;为输出，PC 口的下半部分为输入
```

对于键盘扫描，实际应用中，一般先快速确定是否有键按下，然后再具体分析判断是哪个键。键盘扫描参考程序如下：

```
KEY-IN:  MOV     AL, 00H       ;行线输出为"0"（PC4～PC7）
         MOV     DX, C-PORT    ;8255A PC 口地址
         OUT     DX, AL        ;
         IN      AL, DX        ;读列线的电平状态（PC0～PC3）
         AND     AL, 0FH
         CMP     AL, 0FH       ;判断是否有列线处于低电平
         JZ      KEY-IN        ;没有键闭合继续判断
LOOP:    CALL    DELAY         ;有键闭合，延时 20ms 消除按键抖动
```

键盘扫描开始时，设置键号寄存器清零，计数器 DL 为键盘行的数目。CL 中的扫描初值设为 11111110B，此时，$D_0=0$ 使得第 0 行为低电平，而其他行为高电平。输出初始值后，读取列线的值，若无低电平产生，则表示无键按下。扫描值循环左移一位变为 11111101B，使得第一行为低电平，同时键号为 4，从第一行第一个键开始。依次循环下去，直到计数器为 0。

在扫描过程中，如果查询到某一列处于低电平，则将列数保留并向右移一位，通过进位依次检查第 0 列、第一列等的状态，即可查询交叉点的键值。

确定键值的参考程序如下：

```
         MOV     BL, 0         ;键号初值为 0
         MOV     CL, 0EFH      ;扫描初始值为 11101111B
         MOV     DL, 4         ;计数值，扫描行数
KEY:     MOV     AL, CL        ;开始扫描一行
         MOV     DX, C-PORT    ;8255A PC 口地址
         OUT     DX, AL        ;输出扫描码
         ROL     AL, 1         ;修改扫描行
         MOV     CL, AL
         IN      AL, DX        ;读列线
         AND     AL, 0FH
```

```
        CMP     AL, 0FH         ;判断列线状态
        JNZ     KEYCL           ;若有列线为"0"，则转
        ADD     BL, 4           ;若没有，
                                ;则(键号值+列数)→键号寄存器
        DEC     DL
        JNZ     KEY             ;行未扫描完，则继续扫描
        JMP     KEYCL1          ;扫描全部结束，转键处理
KEYCL:  OR      AL, 0F0H        ;高位置"1"
        RCR     AL, 1
        JNC     KEYCL1          ;此列为"0"，确定键值，转键处理
        INC     BL              ;无列线为"0"，键号+1
        JMP     KEYCL           ;继续查找下一列
KEYCL1:
```

在本例中 8255A 的端口 PA 用来控制 LED 的显示位，即位控端口。端口 PB 用来输出显示字符，即为段控端口。软件通过扫描法逐个接通八段数码管，将 PB 端口的数据送到相应的显示位显示。虽然 8255A 的 PB 端口送出的代码所有的数码管都收到了，但由于端口 PA 只有一位输出高电平，所以只有一个数码管的相应段导通，其他数码管都不发亮。这样以来，端口 PB 依次输出代码，端口 PA 依次选通其中一位数码管，就可以在各位数码管上显示不同的数字和符号。利用视觉暂留现象，当采用一定的频率不断地扫描输出时，就可以得到稳定的数码显示。

显示参考程序如下：

```
        MOV DI, OFFSET  BUFER   ;显示缓冲区首地址
        MOV CL, 80H             ;左边第一位数码管亮
DISP:   MOV AL, [DI]            ;读取待显示的数据
        MOV BX, OFFSET  TABLE   ;段码表首地址
        XLAT                    ;段码转换
        MOV DX, B-PORT          ;8255A 端口 PB(段控)
        OUT DX, AL              ;送段码
        MOV AL, CL              ;移位扫描码
        MOV DX, A-PORT          ;8255A 端口 PA(位控)
        OUT DX, AL              ;传送位码
        CALL    DELAY           ;延时
        CMP CL, 01              ;扫描到最右边吗?
        JZ      QQLOOP          ;若是，则结束
        INC     DI              ;修改缓冲区地址指针
        SHR     CL, 1           ;修改位码
        JMP     DISP            ;循环
QQLOOP: RET
TABLE   DB 0C0H, 0F9H, 0A4H, 0B0H, 99H, 0FFH
                                ;扫描码
BUFFER  DB xxH, xxH, xxH, xxH   ;待显示的数据
```

9.2 定时器/计数器 8253/8254

8255A 并行接口主要用于并行数据的传输，例如打印机的并行接口、A/D 转换器、D/A 转换器等外部设备，传输的信息通常是二进制代码或开关量。在实际应用中，当然还存在

其他类型的传输信息及其相应的处理方式。如在工业控制现场，常常要求有实时时钟用于实现定时或延时控制，比如定时中断、定时检测、定时扫描等定时处理事件。如有时要求对脉冲信号或电平信号进行处理，即利用计数器对外部事件进行计数、统计事件发生频率等。

1. 软件定时

在计算机应用技术中，实现定时或延时有两种基本办法：利用软件定时或使用可编程硬件芯片。前者常用于延时精度要求不高的场合，后者则用于延时精度要求较高的场合。

软件定时的原理比较简单，即让机器执行一段程序，这段程序本身没有具体的执行目的，只是由于计算机执行每条指令，CPU 都要花费时间，因而执行一个程序段就有一个固定的时间。调整程序执行次数多少就可以用来实现定时的长短，这种方法容易实现，定时时间调整也方便，但不能做到很精确的定时。时间调整以一条指令执行时间为基准，而且占用 CPU 资源，降低了 CPU 的利用率。利用软件延时的例子如：LED、LCD 扫描显示延时；按键"去抖"延时；A/D 转换等待转换结束时的延时；某些芯片初始化时的延时等。

2. 外部事件计数

外部事件计数就是对外部脉冲信号计数。根据脉冲信号的变化来判断外部事件是否发生，由此进行计数。

在计算机应用技术中，实现外部事件计数同样也有两种基本办法：一是利用软件进行计数，二是使用可编程计数器。

利用软件进行计数的方法就是外部脉冲通过某一并口 I/O 线送入计算机，软件不断地检测这根线的状态。当检测到其逻辑电平发生变化时，就认为有一次外部事件发生。这种方法的特点是要求 CPU 始终查询输入线的状态，否则就有可能"少计"几次外部事件。由此可见，这种方案占用了 CPU 的大量资源。

使用可编程计数器芯片，其脉冲记录方式和计数"溢出"方式都可以通过编程设定。外部脉冲输入到计数器进行计数时，CPU 可以在任何时刻通过并行口访问这个计数器，读取已经记录的数据。其特点是编程灵活，完全可以代替软件计数，减轻了 CPU 的负担。

综上所述，采用软件计数形式虽然简单，但占用了 CPU 的大量资源，用并行口通过CPU 进行检测计数的方法也许是可行的，但不是最好的办法。理想的方案还是采用可编程的定时/计数器。

常用的定时/计数器芯片有 Intel 8253、Intel 8254、Zilog 公司的 CTC 等。

9.2.1 8253 的内部结构和引脚

Intel 8253 就是一种常用的可编程定时/计数芯片，工作频率最高为 2.6MHz，改良的兼容计数芯片 8254 则可工作至 10MHz。其本身具有 3 组完全独立操作的 16 位计数器，每一组计数器可以使用软件加以设定内部 6 种特定的工作方式。一旦 8253 设定某种工作方式并设定计数器值后，便能够独立工作。计数完后自动产生输出信号，完全不需要 CPU 作附加控制。

8253 具有 3 个功能相同的 16 位减法计数器 0 号、1 号和 2 号，可进行二进制或二进码十进数(BCD)计数或定时操作。采用二进制时，最大计数值为 0FFFFH；采用 BCD 码计数

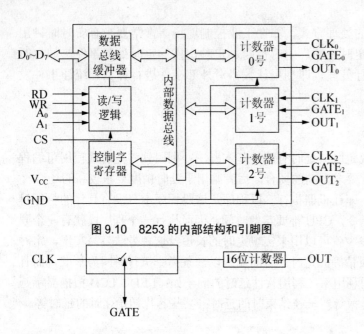

图 9.10　8253 的内部结构和引脚图

时，最大计数值为 9999。工作方式和计数常数可由软件编程来选择，可以方便地与 PC 总线连接，其内部结构和外部引脚如图 9.10 所示。每个计数器有 3 个引脚：CLK 为时钟输入线，在计数方式时是计数脉冲输入端；OUT 为计数器输出端，当计数器减为零时，根据所置的工作方式输出相应信号；GATE 为门控信号，用于启动或禁止计数器操作；控制字寄存器用来寄存工作方式控制字，只能写入不能读出。CLK、GATE 和 OUT 信号与计数器 8253 的逻辑关系如图 9.11 所示。

图 9.11　CLK、GATE 和 OUT 信号与计数器 8253 的逻辑关系图

1. 面向 CPU 的引脚信号

可编程定时/计数接口芯片 8253 与 PC 总线的接口线共有 13 根，其计数通道及操作地址分配见表 9.2。

(1) $D_0 \sim D_7$：8 位双向三态数据总线，是 PC 总线与 8253 之间的数据传输线。

(2) $\overline{RD}$：读控制信号。$\overline{RD} = 0$ 时，配合 $\overline{CS}$ 信号读取 8253 内部计数器的值。

(3) $\overline{WR}$：写控制信号。$\overline{WR} = 0$ 时，配合 $\overline{CS}$ 信号将计数常数写入 8253 计数器内。

(4) $\overline{CS}$：片选信号。通常接地址译码器输出。$\overline{CS} = 0$ 时将 8253 内部数据总线与系统总线连接在一起，该芯片被选中，允许工作。

(5) A_1、A_0：地址选择线，4 种组合分别选择 3 个计数器和控制字寄存器。

表 9.2　计数通道及操作地址分配表

$\overline{CS}$	$\overline{RD}$	$\overline{WR}$	A_1	A_0	操　作
0	0	1	0	0	读计数器 0
0	0	1	0	1	读计数器 1
0	0	1	1	0	读计数器 2
0	0	1	1	1	无操作(禁止读)
0	1	0	0	0	计数常数写入计数器 0
0	1	0	0	1	计数常数写入计数器 1
0	1	0	1	0	计数常数写入计数器 2
0	1	0	1	1	写入方式控制字
1	×	×	×	×	禁止(数据口高阻状态)
0	1	1	×	×	不操作

2. 面向 I/O 的信号

(1) CLK_0、CLK_1、CLK_2：计数器时钟输入信号。该引脚每接收一个脉冲信号，计数器的计数值就减 1。输入的脉冲信号可以是连续、断续、均匀和不均匀的，在用作定时器时，其周期可以是精确的或不精确的。

(2) $GATE_0$、$GATE_1$、$GATE_2$：门控选通输入信号。该信号的作用是用来禁止、允许或开始计数。如果该信号设置为"禁止"状态，即使计数器的输入端有时钟信号输入，计数器也不能计数器。

(3) OUT_0、OUT_1、OUT_2：输出定时/计数"已到"的指示信号。在允许计数的情况下，每输入一个脉冲信号，计数器就减 1，等逐步减到 0 时，该引脚就会输出电平或脉冲信号。OUT 引脚的输出可设置为方波、电平信号、单个脉冲或连续脉冲几种工作方式。

9.2.2 8253 的工作方式

8253 的工作方式是由其控制字所决定的。将设定的工作方式控制字写入控制寄存器，就可以使 8253 按照给定的方式工作。控制字的定义如图 9.12 所示。

8253 控制字寄存器是 8 位的。最高两位 SC_1 和 SC_2 用于选择哪个计数器。因为 3 个计数器是完全独立的，所以需要有 3 个控制字寄存器来存放。但是控制字寄存器地址是唯一的，即 $A_1A_0 =11$ 对应的地址。因此 SC_1 和 SC_2 一方面选择了当前计数器，同时也指明了该控制字将写入所选择的计数器的控制寄存器中。

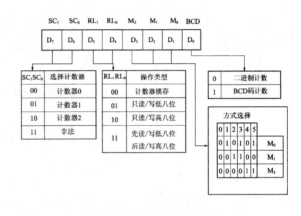

图 9.12　8253 控制字定义

操作类型位(RL_1、RL_0)，规定 8253 的数据读/写格式。当 RL_1RL_0 =00 时，是将计数器的计数值锁存操作，在计数过程中读计数值时，先送出锁存命令锁存计数值，再读取计数值。其他 3 组合规定了读/写格式。工作方式位(M_2、M_1、M_0)用来指定所选择计数器的工作方式。定时/计数器 8253 共有 6 种工作方式，分别介绍如下。

1. 式 0(计数结束中断方式)

8253 采用方式 0 时，当计数器逐渐减为 0 后，使输出端 OUT 变为高电平，向 CPU 发出中断请求。在这种方式下，计数初值为一次性使用有效。当再次向 8253 写入控制字和新的计数初值后，可重新开始定时或计数。在计数过程中，可以通过 GATE 信号，允许或禁止计数。GATE 信号为低电平时，计数器停止计数，当 GATE 变高时，则继续计数。

1) 8253 方式 0 的特点

(1) 门控信号 GATE 为"1"时，计数器才能计数。

(2) 计数器计数时，输出端 OUT 始终保持为"0"。

(3) 计数器计数到"0"后，OUT 由"0"变"1"，同时计数器停止工作。

图 9.13 为 8253 方式 0 的时序图。图中 $\overline{WR}$ 的第一个负脉冲代表向控制器寄存器写入控制字 CW = 10H，第二个负脉冲代表写入低八位计数初值 4。如果在上述计数过程中，GATE 信号为低电平时，则计数器停止计数，如果 GATE 信号再次为高电平时，则计数器继续计数，如图 9.14 所示。

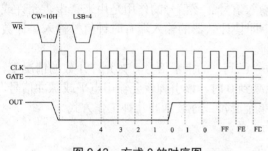

图 9.13　方式 0 的时序图　　　　　　　图 9.14　方式 0 的时序图(GATE 信号变化)

2) 8253 方式 0 的应用

【例 9.3】假设定时/计数器 8253 计数器 0 工作于方式 0，8 位二进制计数，计数初值为 10。设 8253 的端口地址为 50H～53H。试写出初始化程序。

解： 参考程序如下：

```
MOV   AL, 10H      ;计数器 0 工作于方式 0
OUT   53H, AL      ;写入控制寄存器
MOV   AL, 10       ;设置计数器计数初值
OUT   50H , AL     ;写入计数初值
```

2. 方式 1 (可编程的单脉冲发生器)

方式 1 不同于方式 0 的软件触发(写入初值就启动计数器开始计数)，该方式由硬件触发，即由门控信号 GATE 的正脉冲启动定时或计数过程。

(1) 当定时/计数器 8253 写入控制字后，OUT 为高电平。计数器写入计数初值后，计数

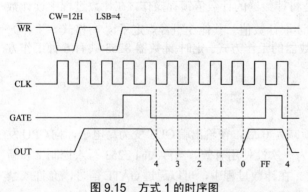

图 9.15　方式 1 的时序图

器并不立即开始计数，而是等到门控信号 GATE 有效(变为高电平)之后的一个时钟周期的下降沿才开始计数，OUT 输出为低电平。计数器在计数过程中，OUT 输出一直为低电平。等到计数初值减到 0 值时 OUT 才输出高电平，单脉冲结束。再次门控信号 GATE 的正脉冲触发后，OUT 输出才重新变为低电平，下一个单脉冲开始。方式 1 的波形变化如图 9.15 所示。

(2) 定时/计数器 8253 在计数期间，当 GATE 又出现上升沿时，若计数器重新装入原计数值，即可重新触发定时/计数，在此期间 OUT 的输出状态一直保持低电平，其变化波形如图 9.16 所示。

(3) 定时/计数器 8253 在计数过程中，如果重新装入新的计数初值，并不影响当前的计数状态。其响应过程是等本次计数结束、下一个 GATE 正脉冲触发信号到来时，才会将新的计数初值装入计数器中，使得计数器准备从新的计数初值开始计数，其波形如图 9.17 所示。

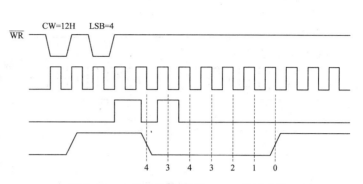

图 9.16　方式 1 的时序图(GATE 信号变化)

【例 9.4】 假设定时/计数器 8253 计数器 1 工作于方式 1，按 BCD 码计数，计数值为 3000。设 8253 的端口地址为 50H～53H。试写出初始化程序。

分析：定时/计数器 8253 计数器 1 工作于方式 1 并按 BCD 码计数，那么其控制字为 01100011B，初始值为 3000H，它虽然是 16 位的计数初值，但由于计数值低 8 位为 0，所以设定读/写操作只写高 8 位。

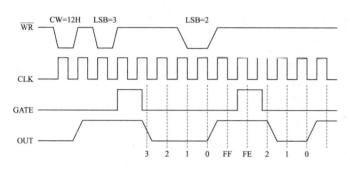

图 9.17 方式 1 下计数过程中改变计数值

参考程序如下：

```
MOV   AL, 63H    ;计数器 1 工作于方式 1
OUT   53H, AL    ;写入控制寄存器
MOV   AL, 30H    ;设置计数器计数初值 3000H(高 8 位)
OUT   51H, AL    ;写入计数初值
```

3. 方式 2(分频器)

方式 2 下，OUT 输出是输入时钟被计数值 N 分频后的连续脉冲，由此可见方式 2 可用作脉冲速率发生器或用于产生实时时钟中断(应用于"万年历")。

(1) 当定时/计数器 8253 写入控制字后，OUT 为高电平。计数器写入计数初值后，若 GATE 为高电平，则开始减 1 计数，计数期间，OUT 输出保持高电平。计数器减到 1 时，OUT 输出低电平。值得注意的是该低电平仅维持一个 CLK 脉冲宽度。之后，计数器又自动重新装入原来的计数初值，重新开始计数。方式 2 的波形如图 9.18 所示。

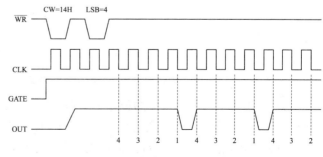

图 9.18　方式 2 的操作时序图

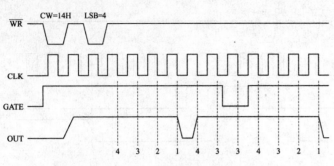

图 9.19 方式 2 的时序图(GATE 信号变化)

(2) 定时/计数器 8253 在写入初值或计数期间，当GATE变成低电平时，则不进行计数，计数器保持当前值不变。当GATE再次变成高电平时，计数器会重新装入原计数值，并重新开始计数。在方式 2 下，GATE 信号的作用如上所述，其变化波形如图 9.19 所示。

(3) 定时/计数器 8253 在计数过程中，如果重新装入新的计数初值，并不影响当前的计数状态。其响应过程是等本次计数结束时，才会将新的计数初值装入计数器中，使得计数器从新的计数初值开始计数，其波形如图9.20所示。

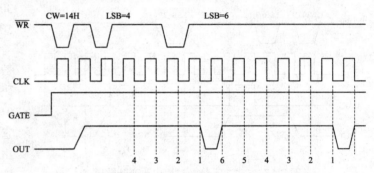

图 9.20 在方式 2 计数过程中改变计数值

4. 方式 3(方波发生器)

方式 3 与方式 2 类似，采用方式 3 时，OUT 输出是方波，当计数值 N 为偶数，则输出的方波是对称的，前 $N/2$ 计数期间 OUT 输出是高电平，后 $N/2$ 计数期间 OUT 输出是低电平；当 N 为奇数，则前 $(N+1)/2$ 计数期间 OUT 输出是高电平；后 $(N-1)/2$ 计数期间 OUT 输出是低电平。

(1) 当定时/计数器 8253 写入控制字后，OUT 为高电平。计数器写入计数初值后，则计数器立即开始对 CLK 脉冲计数，计数期间，OUT 输出保持高电平。当计数器计数到一半时，计数器改变输出状态，OUT 输出低电平，直到计数任务全部完成为止，OUT 输出恢复为高电平，然后重复上述过程。方式 3 的波形如图 9.21 所示。

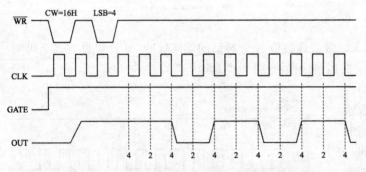

图 9.21 方式 3 下计数值为偶数时的操作时序图

(2) 方式 3 在对奇偶初值的处理上有所不同，计数初值为偶数时，写入控制字后 OUT 输出立即变为高电平。写入初值后的第一个 CLK 下降沿到来时，初值装入计数器。此后每一个 CLK 下降沿到来时，计数值都减 2，直到减到 0 时，OUT 输出变为低电平，同时重新装入初值。之后，计数器又从初值开始，每来一次 CLK 下降沿计数都减 2，直到减到 0 时，OUT 输出变为高电平，如此循环反复。由此可见，当初值 N 为偶数时，OUT 输出占空比为 1∶1 的方波，高、低电平的宽度都是 N/2 个 CLK 脉冲宽度。其变化波形如图 9.21 所示。

(3) 定时/计数器 8253 在方式 3 下，当计数初值为奇数时，计数值写入后的第一个 CLK 脉冲使得计数值减 1，其后每个 CLK 下降沿到来时，计数均减 2，直到 0。以后的过程与初始值为偶数时相同。即当 N 为奇数，方式 3 的输出波形在一个周期内有(N+1)/2 个 CLK 脉冲宽度的高电平；(N-1)/2 个 CLK 脉冲宽度的低电平。其波形如图 9.22 所示。

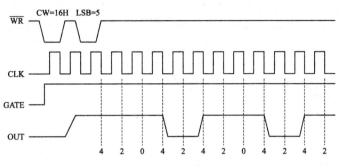

图 9.22　方式 3 下计数值为奇数时的操作时序图

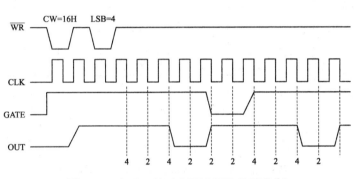

图 9.23　方式 3 的时序图(GATE 信号变化)

(4) 定时/计数器 8253 在计数过程中，如果 GATE 信号变为低电平时，计数器则停止计数。若在 OUT 输出为低电平期间 GATE =0，则 OUT 输出立即变为低电平。当 GATE 信号恢复高电平后的第一个下降沿到来时，计数器初值被重新装入，并从初值重新开始计数器。其波形如图 9.23 所示。

5. 方式 4 (软件触发的选通信号发生器)

当方式 4 控制字写入 8253 后，OUT 输出 1 立即变为高电平，写入计数值后开始计数(相当于软件触发)，当计数器计数至 0 时，输出一个时钟周期的负脉冲，计数器停止计数。这种方式计数是一次性的。只有输入新的计数值时才开始新的计数。

(1) 当定时/计数器 8253 写入控制字后，OUT 为高电平。计数器写入计数初值后，则计数器立即开始对 CLK 脉冲计数，计数期间，OUT 输出保持高电平。当计数器计数到 0 时，计数器改变输出状态，OUT 输出低电平，持续一个 CLK 脉冲宽度的时间后变为高电平。方式 4 的波形如图 9.24 所示。

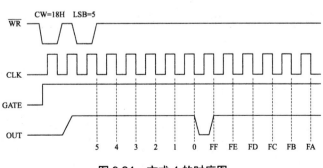

图 9.24　方式 4 的时序图

(2) 定时/计数器 8253 在采用方式 4 计数过程中，如果 GATE 信号变为低电平时，对计数器有直接影响，但并不改变 OUT 的输出。GATE 信号为高电平时，计数器正常工作，GATE 信号为低电平时，计数器停止工作并维持原计数值。当 GATE 信号恢复高电平后的第一个下降沿到来时，计数器才恢复工作。其波形如图 9.25 所示。

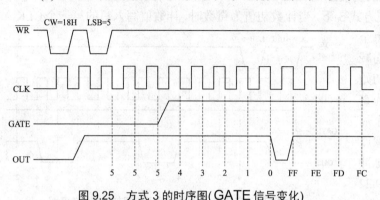

图 9.25　方式 3 的时序图(GATE 信号变化)

(3) 定时/计数器 8253 在采用方式 4 计数过程中，如果重新装入新的计数初值，改变初值后的第一个 CLK 下降沿到来时，新的计数初值将立即被装入，使得计数器从新的计数初值开始计数，其波形如图 9.26 所示。

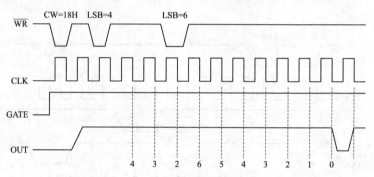

图 9.26　方式 4 下计数过程中改变计数值

6. 方式 5 (硬件触发方式)

方式 5 像方式 1 一样，都是由硬件触发的，即由门控信号 GATE 的正脉冲启动定时或计数过程。

(1) 当定时/计数器 8253 写入方式 5 控制字后，OUT 输出为高电平。计数器写入计数初值后，计数器并不立即开始计数，而是等到门控信号 GATE 有效(变为高电平)之后的一个时钟周期的下降沿才开始计数，OUT 输出一个 CLK 脉冲宽度的负脉冲。然后 OUT 恢复高电平输出。方式 4 的波形变化如图 9.27 所示。

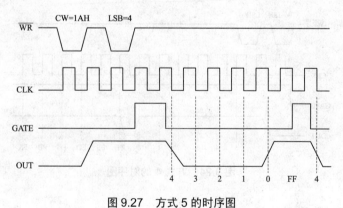

图 9.27　方式 5 的时序图

(2) 定时/计数器 8253 在采用方式 5 计数期间，允许当前计数未完时的多次触发。GATE 的再触发信号不会改变 OUT 的输出状态，但是，当 GATE 又出现上升沿之后的第一个 CLK 下降沿时，计数器会重新装入原计数值，

并从初值开始计数,而不管原来的计数值为多少,即在每次触发之后, OUT 的输出会保持

N+1 个 CLK 脉冲宽度的高电平,然后输出一个 CLK 脉冲宽度的负脉冲。其变化波形如图 9.28 所示。

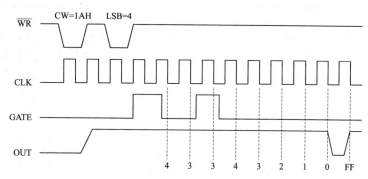

图 9.28 方式 5 的时序图(GATE 信号变化)

(3) 定时/计数器 8253 在采用方式 5 计数过程中,如果重新装入新的计数初值,并不影响当前的计数状态。但是,如果在新的初值

写入后并且计数器计数到 0 之前有一个 GATE 信号触发,那么下一个 CLK 脉冲将使得新初值装入,开始新的计数,其波形如图 9.29 所示。

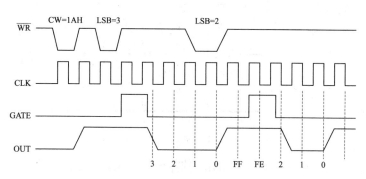

图 9.29 方式 5 下计数过程中改变计数值

7. 定时/计数器 8253 六种工作方式的比较

(1) 方式 0 与方式 4 都属于软件触发计数,无自动重新装入计数初值的能力,除非重新写入初值。门控信号 GATE 用于开始计数控制,当 GATE =1 时,计数减 1,当 GATE=0 时,计数停止。

两种方式的区别主要在于 OUT 的输出波形。方式 0 的 OUT 在计数过程输出低电平,计数结束时变为高电平。方式 4 的 OUT 在计数过程输出高电平,而在计数结束时输出 1 个 CLK 脉冲宽度的负脉冲。

(2) 方式 1 与方式 5 都属于硬件触发计数,计数器写入初值后并不马上开始计数,必须在门控信号 GATE 的触发下,使得计数器装入初值并开始计数。GATE 的信号只是上升沿起作用。

两种方式的区别主要在于 OUT 的输出波形不同:方式 1 的 OUT 在计数过程输出低电平并维持 *N* 个 CLK 脉冲宽度,计数结束时变为高电平,形成了一个单负脉冲;方式 5 的 OUT 在计数过程输出高电平,而在计数结束时输出 1 个 CLK 脉冲宽度的负脉冲。

(3) 方式 2 与方式 3 的共同点就是具有自动重新装入计数初值的能力,即当计数器计数减为 0 时,计数器的内容会自动将初值装入并继续计数。由此可见,方式 2 与方式 3 的输出都是连续波形。

两种方式的区别主要在于方式 2 每当计数值为 0 时,输出 1 个 CLK 脉冲宽度的负脉冲;方式 3 则输出方波信号(或近似方波)。

由以上分析总结如下:方式 0、1、4 和方式 5 作计数器用(输出一个电平或脉冲),而方式 2 和方式 3 可以作定时器用。表 9.3 为各种工作方式的对比。

表 9.3 各种工作方式下 GATE 信号的控制作用及输出状态

工作方式	GATE 引脚输入状态所引起的作用				OUT 输出状态
	GATE =0	下降沿	上升沿	GATE =1	
0	禁止计数	暂停计数	设置初值后，由 $\overline{\text{WR}}$ 上升沿开始计数，GATE 上升沿继续计数	允许计数	计数过程输出低电平，计数至 0 时，输出高电平(1 次有效)
1	不影响计数	不影响计数	设置初值后，GATE 上升沿触发计数或重新计数	不影响计数	输出宽度为 N 个 CLK 的低电平(1 次有效)
2	禁止计数	停止计数	设置初值后，由 $\overline{\text{WR}}$ 上升沿开始计数，GATE 上升沿重新开始计数	允许计数	输出周期为 N 个 CLK、宽度为 1 个 CLK 的负脉冲(重复波形)
3	禁止计数	停止计数	设置初值后，由 $\overline{\text{WR}}$ 上升沿开始计数，GATE 上升沿重新开始计数	允许计数	输出周期为 N 个 CLK 方波(重复波形)
4	禁止计数	停止计数	设置初值后，由 $\overline{\text{WR}}$ 上升沿开始计数，GATE 上升沿继续计数	允许计数	计数至 0 时，输出宽度为 1 个 CLK 的负脉冲(1 次有效)
5	不影响计数	不影响计数	设置初值后，GATE 上升沿触发计数或重新计数	不影响计数	计数至 0 时，输出宽度为 1 个 CLK 的负脉冲(1 次有效)

9.2.3 8253 的编程

8253 在正常工作之前，必须设置相关参数对其初始化，具体编程应包括以下两个方面。

(1) 通过 8253 的控制端口向控制寄存器写入相应计数器的控制字，一般情况下，控制字应包括：指定计数器的工作方式(6 种工作方式之一)、对计数器的读写方式(是读写高/低 8 位数据，还是 16 位数据)、计数器计数时所采用的计数数制(BCD/二进制)。

(2) 通过 8253 的端口向相应的通道计数器写入计数值初值。如果在控制字中已经确立为 16 位的控制方式，则应分两次对通道端口进行写操作，先写入初始值的低 8 位，再写入初始值的高 8 位。

8253 可以作为实时时钟，为"万年历"中的秒、分、时、日、月和年提供准确的基准，也可用作串行通信接口的波特率发生器，为电路提供单脉冲信号或提供固定延时的脉冲信号波形，也可以作为驱动扬声器的不同频率的脉冲信号发生器等。

【例 9.5】利用 8253 做一个秒信号发生器，其输出接一个发光二极管，要求发光二极管以 0.5 秒点亮、0.5 秒熄灭的方式闪烁指示。假设已有一个高精度晶体振荡电路，输出信号为脉冲波，频率为1MHz，8253 的端口地址为 50H～56H(偶地址)。试写出初始化程序。

分析：由题意知，本例要求用定时/计数器 8253 设计一个分频电路，且输出应为方波(否则发光二极管不会以 0.5 秒点亮、0.5 秒熄灭的方式闪烁指示)。

当频率为1Hz 时，即 $f = 1\text{Hz}$

$$周期为 T = \frac{1}{f} = 1\text{s}$$

当频率为 1MHz 时，即 $f = 1\text{MHz}$

$$周期为 T = \frac{1}{f} = 1\mu s$$

那么分频系数 N 可由下式计算

$$N = \frac{1\text{s}}{1\mu s} = \frac{1000000\mu s}{1\mu s} = 1000000$$

因为 8253 一个通道计数器最大的计数值为 65 535(2^{16})，所以对于 $N = 1000000$ 这样的数，一个通道计数器是不可能完成的上述分频任务的。因为

$$N = 1000000 = 1000 \times 1000 = N_1 \times N_2$$

所以可以设想用两级通道计数器级联的方法来实现分频系数超过 2^{16} 的分频要求。其通道计数器级联示意图如图 9.30 所示。

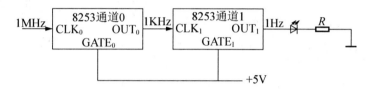

图 9.30　8253 通道级联示意图

由图 9.30 可以看出，首先计数器 0 把 1MHz 信号 1000 分频，得到 1kHz 的信号，然后通道 1 再把 1kHz 信号 1000 分频，最后得到 1Hz 信号。

下面分析计数器 0 和计数器 1 的工作方式问题。由上述分析得知计数器 1 要输出方波信号来驱动发光二极管，所以计数器 1 应选方式 3。对于计数器 0，由于它只起分频作用，对输出波形不作要求，所以方式 2 和方式 3 都可以选用。

由分析结果，我们对计数器 0 采取工作方式 2，BCD 计数；对计数器 2 采取工作方式 3，BCD 计数(也可以二进制计数)。当然，在方式 2 和方式 3 中，GATE 要保持高电平。

参考程序如下：

```
MOV   AL, 35H      ;计数器 0 工作于方式 2，16 位计数(按 BCD 计数)
OUT   86H, AL      ;写入控制寄存器
MOV   AL, 00H      ;计数器 0 初始计数值(低 8 位)
OUT   80H, AL      ;
MOV   AL, 10H      ;计数器 0 初始计数值(高 8 位)
OUT   80H, AL      ;
MOV   AL, 75H      ;计数器 1 工作于方式 2，16 位计数(按 BCD 计数)
OUT   86H, AL      ;写入控制寄存器
MOV   AL, 00H      ;计数器 1 初始计数值(低 8 位)
OUT   80H, AL      ;
MOV   AL, 10H      ;计数器 1 初始计数值(高 8 位)
OUT   80H, AL      ;
```

9.2.4　8254 与 8253 的区别

一般情况下，产品的升级换代都是向上兼容的，8253 和 8254 也是如此。也就是说，8254 的引脚和 8253 的引脚是完全相同的，凡是使用 8253 的系统，均可由 8254 来取代。但反过来说，用 8253 完全代替 8254 则有一定的局限性。二者的明显区别在于 8254 的工作频率比 8253 高，另外其控制命令功能也有差别。8254 除了包含 8253 的全部控制命令外，

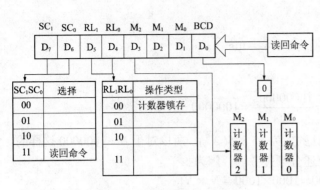

图 9.31　8254 读回命令格式

还具有读回命令(Read_Back Command)，使用的端口地址仍然是控制口地址。该命令用于控制计数值和状态寄存器的状态信息获取，其格式如图 9.31 所示。

在上面我们介绍 8253 的控制字格式中，$D_7 D_6$ 为 "11" 时为非法选择，而 8254 在 $D_7 D_6$ 为 "11" 时为读回命令。$D_3 \sim D_1$ 的内容取决于读回命令对哪个计数器有效，任何位为 "1" 时，将指定该位对应的计数器的计数值或状态信息锁存。$D_3 \sim D_1$ 三个位中也可以有两个以上的位同时为 "1"，也就是说可以同时设置两个以上的计数器进行相同的 "读回命令" 操作。在读回命令格式中 $D_0 = 0$，这一位的状态是恒定不变的。

D_5 位是计数值锁存控制位，当 $D_5 = 0$ 时，由 $D_3 \sim D_1$ 选择的计数器的计数值分别锁存在对应的计数器内，读取之前该值是不变的。对指定的计数器进行读取操作时，其他锁定的计数器内容是不会受到影响的。此外，如果在已经锁定的计数器未开锁前再次写入读回命令，后一个新读回命令不会影响该计数器的锁存值，也就是说，在写入读回命令时，被写入的计数器必须是解锁状态。

D_4 位是计数器状态信息锁存控制位，当 $D_4 = 0$ 时，通过读操作可以获得一个字节的状态信息。状态字节格式如图 9.32 所示。

D_7 位表示计数器

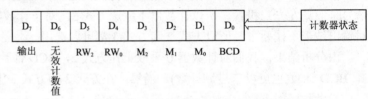

图 9.32　计数器状态寄存器格式

OUT 的输出状态，当 $D_7 = 1$ 时，表示输出引脚为高电平，当 $D_7 = 0$ 时，表示输出引脚为低电平。D_6 位表明计数器初值是否已经装入，如果在发读回命令时，计数器的初值还没有装入，则读回的状态字节 $D_6 = 1$，此时读入的计数值是没有意义的。所以，在读入计数器计数值之前，应保证 $D_6 = 0$。$D_5 \sim D_0$ 写入的是控制寄存器的原值。

在读回命令中允许 D_5 和 D_4 都为 0，也就是说计数值和状态信息可以一起读出。但由于计数值和状态信息都对应于计数器地址，所以用指令读入的顺序为：先用 IN 指令读入状态信息，再读入计数值。

9.2.5　8253/8254 的应用实例

8253/8254 都属于可编程芯片，因此在实际应用中要使用它们，必须首先对其进行初始化编程。

初始化编程一般需要以下环节：对某一计数器写入控制字，设定其工作方式；向使用的计数器写入初值。

初始化程序运行后，8253/8254 就在门控信号 GATE 的控制下或者写入计数值后，开始计数工作。在初始化编程时，某一计数器的控制字和计数值是通过两个不同的端口地址写入的。任一通道的控制字都写入到控制寄存器中(地址总线低两位 $A_1A_0=11$)，由控制字中的 D_7D_6 两位确定是对 8253/8254 中 3 个计数器中的哪一个计数器设置其控制字，而计数值是由各个计数器的端口地址写入的。初始化编程的步骤分为两步。

(1) 写入计数器控制字，设定计数器的工作方式。

(2) 写入计数初值：依据相应控制字中 D_5D_4 编码向该计数器写入计数值。如果规定只写低 8 位，则写入计数值的低 8 位，高 8 位自动置 0。如果规定只写高 8 位，则写入计数值的高 8 位，低 8 位自动置 0。如果是 16 位计数值，则计数器的计数值分两次写入，先写入计数值的低 8 位，再写入计数值高 8 位。

值得注意的是，实际初始化时，由于 8253/8254 每个计数器都有自己独立的地址，在控制字中又有两位来指定计数器，所以使得 8253/8254 的初始化编程十分灵活方便，对计数器的编程不必一定按照计数器 0、计数器 1、计数器 2 的顺序来编程，实际使用时经常采用以下两种初始化顺序。

(1) 对 3 个计数器逐个初始化。在初始化编程时，对某个计数器必须先写入方式控制字，接着才能写入计数初值。

(2) 先写入所以计数器的方式控制字，然后再装入各个计数器的计数值。

1. 8253/8254 在 IBM PC 系列微机上的应用

PC 系列微机通常使用一片 8253/8254，其 3 个计数通道分别用于时钟计时、DRAM 刷新定时和扬声器发声声调的控制等。其连接图如图 9.33 所示。

图 9.33 为 8253/8254 在 PC 系列微机系统中的典型应用电路图。1.193182 MHz 的周期信号同时送到 3 个定时/计数器的时钟输入端 $CLK_0 \sim CLK_2$。定时器 0 和定时器 1 的门控信号一直有效，而定时器 2 的门控信号受系统中 8255 的端口 B 的最低位 PB_0 控制。定时器 0 的输出连接系统硬中断 IRQ_0，定时器 1 的输出经 74LS74 后作为 DMA 控制器 8237A 通道

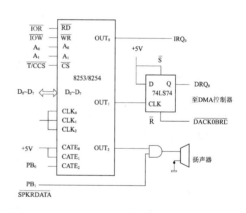

图 9.33 8253/8254 在 PC 系列微机中的应用电路图

0 的 DMA 服务请求信号 DRQ_0，用于定时启动刷新 DRAM，定时器 2 的输出与 8255 端口 B 的次低位 PB_1 相与后驱动扬声器发声。从电路结构分析可知，只有 $PB_0=1$ 且 $PB_1=1$ 时，扬声器才可能发声，发声频率由定时器 2 输出的脉冲信号的频率决定。

【例 9.6】如图 9.33 所示电路，设置定时/计数器，使得 IRQ_0 输出周期为 8 ms 的脉冲信号。假设 8253/8254 的端口地址为 80H～83H，试根据题意写出 8253/8254 通道 0 的初始化程序。

分析：定时/计数器 8253 通道 0 工作于方式 2，若按二进制计数，16 位读写方式，那么其控制字为 00110100B。

通道 0 的分频系数为

$$N_0 = \frac{8 \times 10^{-3}}{1.19318 \times 10^{-6}} = 67059(1A31H)$$

参考程序如下：

```
MOV    AL, 00110100B    ;通道0工作于方式2，二进制计数，16位读写
OUT    83H, AL          ;写入控制寄存器
MOV    AL, 31H          ;计数器计数初值低8位
OUT    40H , AL         ;写入计数初值低8位
MOV    AL, 1AH          ;计数器计数初值高8位
OUT    40H , AL         ;写入计数初值高8位
```

2. 扩充定时/计数器的应用

由以上介绍可知，系统将8253/8254的3个计数器都占用了，所以有时需要扩充定时/计数器芯片。下面介绍扩充定时/计数器的应用实例。

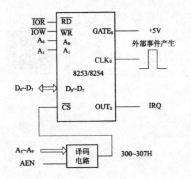

图9.34 扩充定时/计数器的应用实例

【例9.7】如图9.34所示电路，通过PC系列微机的系统总线扩充一个定时/计数器8253芯片，利用其计数器0记录外部事件的发生次数，每输入一个高脉冲表示发生一次事件。当发生100次事件后向CPU提出中断请求。假设8253/8254的端口地址为300H~307H，则3个计数器和控制I/O地址依次为300H(或304H)、301H(或305H)、302H(或306H)、303H(或307H)。试根据题意写出8253/8254初始化程序。

分析：定时/计数器8253计数器0工作于方式2，若按二进制计数，只写低字节，那么其控制字为00010000B。

参考程序如下：

```
MOV    DX, 303H         ;设置方式控制字
MOV    AL, 00110100B    ;通道0工作于方式2，二进制计数，只写低字节
OUT    DX, AL           ;写入控制寄存器
MOV    DX, 300H         ;
MOV    AL, 64H          ;设置计数器计数初值100
OUT    DX , AL          ;写入计数初值
```

3. 在A/D转换中的应用

8253/8254计数器还可以为A/D转换电路提供可编程的采样信号，不但可以设置采用频率，还可以设置采样信号的持续宽度，如图9.35所示。

【例9.8】假设8253/8254的端口地址为300H~307H，则3个计数器和控制I/O地址依次为

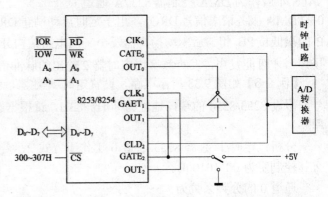

图9.35 8253为A/D转换电路提供采样信号电路图

300H(或 304H)、301H(或 305H)、302H(或 306H)、303H(或 307H)。

若让计数器 0 工作于方式 2，计数器 1 工作于方式 1，计数器 2 工作于方式 3。3 个计数器的计数初值分别为 CINT0、CINT1、CINT2，且都小于 256。设时钟频率为 F，由图 9.35 知，由于将 OUT_2 输出作为 CLK_1 的输入时钟，所以 CLK_1 的频率为 F/CINT2；输出 OUT_1 的脉冲周期为(CINT1×CINT2)；输出 OUT_0 的脉冲频率为 F/CINT0，门控信号 $CATE_0$ 又受 OUT_1 控制。当设置好 3 个计数器后，将手动开关(继电器触点)从低电平转至高电平+5V，计数器开始工作，输出 OUT_0 送至 A/D 转换电路。A/D 转换器即按 F/CINT0 的采样频率进行工作，每次采样的持续时间为(CINT1×CINT2)/F。

参考程序如下：

```
MOV   DX, 303H        ;设置方式控制字
MOV   AL, 00010100B   ;通道 0 工作于方式 2
OUT   DX, AL          ;写入控制寄存器
MOV   DX, 300H        ;
MOV   AL, CINT0       ;设置计数器计数初值
OUT   DX , AL         ;写入计数初值
MOV   DX, 303H        ;设置方式控制字

MOV   AL, 01010010B   ;通道 1 工作于方式 1
OUT   DX, AL          ;写入控制寄存器
MOV   DX, 301H        ;
MOV   AL, CINT1       ;设置计数器计数初值
OUT   DX , AL         ;写入计数初值

MOV   AL, 10010110B   ;通道 2 工作于方式 3
OUT   DX, AL          ;写入控制寄存器
MOV   DX, 302H        ;
MOV   AL, CINT2       ;设置计数器计数初值
OUT   DX , AL         ;写入计数初值
```

9.3　DMA 控制器 8237A

DMA 控制器是作为两种存储实体之间实现高速数据传送而设计的专用芯片。直接存储器存取 DMA 是一种外部设备与存储器之间直接传输数据的方法，适用于需要高速大量传输数据的场合。DMA 数据传输是利用 DMA 控制器进行控制的，不需要 CPU 直接参与。但芯片在取得总线控制权之前，又与其他接口芯片一样，受 CPU 的控制。因此 DMA 控制器在微机系统中有两种工作状态：主动态和被动态。在主动态时，DMA 控制器取代 CPU 而获得了对系统数据、控制和状态总线的控制权，成为系统的主控者，向存储器和外部设备下达控制命令；在被动态时，DMA 接受 CPU 对它的控制和指挥，例如 CPU 对 DMA 控制器的初始化编程和内部状态的读取，可能包括通道的选择、DMA 操作类型及方式、内存首地址和传送的字节数等。在上电和手动复位时，DMA 控制器自动设置为被动状态。

Intel 8237A 是一种高性能的可编程 DMA 控制器芯片，在 5MHz 时钟频率下，其传达速率可达每秒 1.6MB；一片 8237A 芯片有 4 个独立的 DMA 通道，即有 4 个 DMA 控制器(DMAC)。每个 DMA 通道具有不同的优先权，都可以分别设置为允许和禁止。每个通道有 4 种工作方

式，一次传送的最大长度可达 64KB；多个 8237A 芯片可以级连，任意扩展通道数。

9.3.1　8237A 的引脚和内部结构

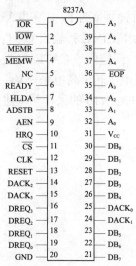

图 9.36　8237A 引脚图

8237A 芯片要在 KMA 传送期间作为系统的控制器件，可以推测，它的内部结构和外部引脚都相对比较复杂。从应用角度看，其内部结构主要由两类寄存器组成。一类是通道寄存器，即每个通道都有的现行地址寄存器、现行字节数寄存器和基地址寄存器、基字节数寄存器，它们都是 16 位寄存器。另一类是控制和状态寄存器，它们是方式寄存器(4 个通道都有一个，6 位寄存器)、命令寄存器(8 位)、状态寄存器(8 位)，屏蔽寄存器(4 位)，请求寄存器(4 位)、临时寄存器(8 位)。

8237A 芯片通常为 DIP40 封装，其引脚图如图 9.36 所示。

1.　数据地址线

$A_0 \sim A_3$：低 4 位地址线，三态双向传输。在被动状态下为输入，作为 CPU 对 8237 内部寄存器寻址用，8237 端口地址分配见表 9.4。在主动状态下为输出，作为最低 4 位地址线，在此状态下 8237 作为控制者。

表 9.4　8237 端口地址分配表

$A_3 A_2 A_1 A_0$				通道号	读操作的对象	写操作的对象
0	0	0	0	0	当前地址寄存器	基址地址与当前地址寄存器
0	0	0	1		当前字节数计数寄存器	基字节数与当前字节计数寄存器
0	0	1	0	1	当前地址寄存器	基址地址与当前地址寄存器
0	0	1	1		当前字节数计数寄存器	基字节数与当前字节计数寄存器
0	1	0	0	2	当前地址寄存器	基址地址与当前地址寄存器
0	1	0	1		当前字节数计数寄存器	基字节数与当前字节计数寄存器
0	1	1	0	3	当前地址寄存器	基址地址与当前地址寄存器
0	1	1	1		当前字节数计数寄存器	基字节数与当前字节计数寄存器
1	0	0	0	公 共	状态寄存器	命令寄存器
1	0	0	1		无效	请求寄存器
1	0	1	0		无效	单个通道屏蔽
1	0	1	1		无效	方式寄存器
1	1	0	0		无效	先/后触发命令(清除)
1	1	0	1	公 共	暂存寄存器	复位芯片
1	1	1	0		无效	主屏蔽寄存器(清除)
1	1	1	1		无效	主屏蔽寄存器

$A_4 \sim A_7$：高 4 位地址线，三态双向传输。在主动状态下为输出，作为低 8 位地址线中的低 4 位地址线，在此状态下 8237 作为控制者。

$DB_0 \sim DB_7$：8 位三态双向总线。在被动状态下为数据线，作为 CPU 对 8237 的初始化控制命令或状态读取。在主动状态下，作为访问存储器的高 8 位地址和数据线的复用线。

2. 控制逻辑与时序信号

在可编程 DMA 控制器芯片 8237 中，控制逻辑与时序部分主要用于接收外部时钟、读/写控制信号与片选信号，以产生芯片内部时钟控制、读/写控制信号及地址输出信号。

CLK：时钟信号输入，用于控制芯片内部的操作和数据传输速率。

$\overline{CS}$：片选信号，输入低电平有效。

RESET：复位信号，输入高电平有效。系统复位后，除屏蔽寄存器被置位外，其余寄存器全部被清除。

READY：系统准备好信号，输入高电平有效。在 DMA 传送的第 3 个时钟周期S_3的下降沿检测到 READY 线为低电平时，则插入等待状态S_W，直到 READY 为高电平时才进入第 4 个时钟周期S_4。

AEN：地址允许，高 8 位地址锁存器输出允许信号。输出高电平有效，将锁存的高 8 位地址送入系统总线，与芯片此时输出的低 8 位地址组成 16 位存储器地址。AEN 在 DMA 传送时也可以用来屏蔽其他的系统总线驱动器。

ADSTB (Address Strobe)：地址选通。在 DMA 传送开始时，此信号输出高电平有效，把$DB_0 \sim DB_7$上输出的高 8 位地址锁存在外部锁存器中。

$\overline{MWMR}$：三态输出信号，低电平有效。$\overline{MWMR}=0$ 时，将数据从存储器读出。

$\overline{MEMW}$：三态输出信号，低电平有效。$\overline{MEMW}=0$ 时，将数据写入存储器。

$\overline{IOR}$：三态输出信号，低电平有效。在芯片空闲期间，作为输入控制信号，用于 CPU 读内部寄存器；在 DMA 写操作期间，作为输出控制信号，从 I/O 端口读取数据准备写入存储器。

$\overline{IOW}$：三态输出信号，低电平有效。在芯片空闲期间，作为输出控制信号，用于 CPU 对内部寄存器的操作；在 DMA 读操作期间，作为输出控制信号，将存储器读出的数据送到 I/O 端口。

$\overline{EOP}$ (End of Process)：过程结束信号，双向，低电平有效。在 DMA 传送时，当字节数寄存器的计数值从 0 减到 FFFF H 时(即内部 DMA 过程结束)，在$\overline{EOP}$引脚上输出一个低有效脉冲。若由外边输入一个信号使$\overline{EOP}$变低，则外部信号终结 DMA 传送。不论是内部还是外部产生有效的$\overline{EOP}$信号，都会终止 DMA 传送。

3. 优先编码逻辑信号

在可编程 DMA 控制器芯片 8237 中，优先编码部分对同时提出 DMA 请求的多个通道进行优先级排队判优，具有固定优先级和循环优先级两种方式。

$DREQ_3 \sim DREQ_0$ (DMA Request)：4 个通道的请求信号，是由申请 DMA 服务的设备发出的。复位时 4 个信号都为低电平。在固定优先编码中，$DREQ_0$的优先级最高，$DREQ_3$的优先级最低。其有效电平是通过编程来选择的。

HRQ (Hold Request)：总线请求信号，该信号为输出信号，高电平有效。由可编程 DMA

控制器芯片 8237 向 CPU 发出要求接管总线的请求信号。通常情况下，任意一个 DREQ 被设置成有效电平时，且相应通道的屏蔽位被清除时，都可以使芯片输出有效电平。

HLDA：总线保持响应信号，该信号位输入信号，高电平有效。当可编程 DMA 控制器芯片 8237 向 CPU 发总线的请求信号 HRQ 时，至少在一个时钟周期之后，接收来自 CPU 的响应信号 HLDA，表示 8237 取得总线的控制权，处于主动地位。

DACK$_3$ ～ DACK$_0$(DMA Acknowlege)：4 个通道的 DMA 应答信号。当芯片一旦获得 HLDA 有效信号，即将请求服务的通道产生相应的 DMA 应答信号用来通知外部设备。应答信号的有效电平是由编程选择的。复位时应答信号的端口电平为高电平。

当可编程 DMA 控制器芯片 8237 收到一个从外设发来的 DREQ 请求 DMA 传送时，该 DMAC 经过判优和屏蔽处理后，向总线控制器送出总线请求 HRQ 信号要求使用总线。DMAC 接管总线控制权后，由被动状态进入主动状态，成为系统主控者，并向 I/O 设备发出 DMA 应答信号 DACK，向存储器发出地址信号和读写信号，开始 DMA 传送，成为系统的主宰者。

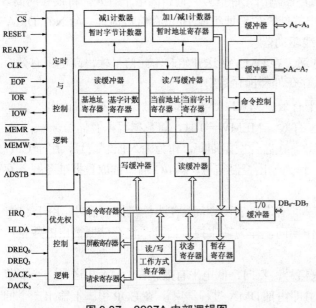

图 9.37　8237A 内部逻辑图

4. 8237 内部结构

在可编程 DMA 控制器芯片 8237 的内部，包含有定时与控制逻辑、命令控制逻辑、优先级控制逻辑、寄存器组、地址/数据缓冲器等部分，如图 9.37 所示。4 个通道都有自己的寄存器(基地址寄存器、当前地址寄存器、基字节计数寄存器、当前字节计数寄存器)，此外还有各个通道公用的寄存器(工作方式寄存器、命令寄存器、状态寄存器、屏蔽寄存器、请求寄存器和暂存寄存器等)。通过对上述寄存器的编程可以实现 3 种 DMA 操作类型、3 种操作方式、两种工作时序、两种优先级排队、自动设置传送地址和字节数，以及实现存储器与存储器之间的传输等一系列操作。

9.3.2　8237A 的工作周期

可编程 DMA 控制器芯片 8237 有被动工作方式和主动工作方式两种状态，从工作时序分析，可分别看成是空闲周期和 DMA 有效周期以及从空闲周期到有效周期之间的过渡状态。共产生 7 种状态周期：S_i、S_0、S_1、S_2、S_3、S_4 和 S_W，如图 9.38 所示。

1. DMA 空闲周期 S_i

DMA 控制器芯片 8237 在上电后，首先进入被动工作状态的空闲周期，当片选信号 $\overline{CS}$

有效且无外设提出 DMA 请求、DREQ 无效时，则可以认为是 CPU 对 8237 进行的初始化编程或者读取状态的操作。

2. 过渡周期 S_0

8237 进行初始化之后，如果检测到 DREQ 请求有效，则表示外设要求 DMA 传送，此时 8237 向 CPU 发出总线请求信号 HRQ。同时时序从 S_i 状态进入 S_0 状态，并且重复执行 S_0 状态，直至收到 CPU 的应答信号 HLDA 后，才结束 S_0 状态，进入 S_1 状态，开始 DMA 传送周期。由此可见，S_0 是 8237 送出 HRQ 信号到收到有效的 HLDA 信号之间的状态周期，也就是说是从被动方式转到主动方式的过渡周期。

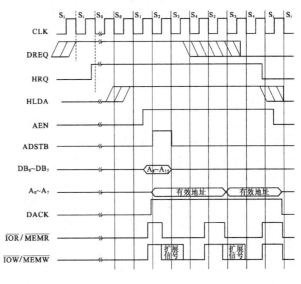

图 9.38　8237A 时序图

3. DMA 周期

8237 的一个完整的 DMA 传送周期包括 S_1、S_2、S_3 和 S_4 四个状态，有时，如果存储器或外部设备的速度慢，与 DMAC 的速度不协调，则可以在 S_3 和 S_4 之间插入等待周期 S_W，用以保证存储器或外部设备与 DMAC 的传送。

(1) 在 S_1 状态，发出 AEN 信号，假如需要对地址锁存器中的高 8 位地址 $A_8 \sim A_{15}$ 进行更新，应将其送到 $DB_0 \sim DB_7$，并发出地址选通信号 ADSTD。这里应该注意的是：S_1 状态只是在需要更新高 8 位地址时才出现的，因此，在 256 次以内的数据传送中可能只有一个 DMA 周期中有 S_1。图 9.38 表示连续传送 2 个字节的 DMA 时序，可以看出，在第二个字节传送时，由于高 8 位地址没有变，所以没有 S_1 状态。

(2) 在 S_2 状态，输出 16 位地址到读/写存储器 RAM，其中，高 8 位地址是由 $DB_0 \sim DB_7$ 输出的，并由 ADSTB 下降沿锁存，低 8 位地址线由 $A_0 \sim A_7$ 输出，同时 8237 向申请 DMA 请求的外部设备发送 DACK 应答信号。

(3) 在 S_3 状态，DMA 读时发 $\overline{MEMR}$ 信号，DMA 写时发 $\overline{IOR}$ 信号，把从内存或 I/O 接口读取的 8 位数据放到数据总线 $DB_0 \sim DB_7$ 上，准备进行数据传输。

(4) 在 S_4 状态，DMA 写时发 $\overline{MEMW}$ 信号，DMA 读时发 $\overline{IOW}$ 信号，把 S_3 状态保存在数据线上的数据写入 RAM 或 I/O 接口，至此完成一个字节的传送。

在扩展写方式时是采用提前写，S_3 状态同时发出 $\overline{MEMW}$（DMA 写）或 $\overline{IOW}$（DMA 读）信号，即把写周期提前到与读周期同时从 S_3 开始，或者说写和读同样扩展为 2 个周期。

如果采用压缩时序，则去掉 S_3 状态，将读周期压缩到写周期，即同为 S_4。所以在成组数据连续传送而不更新高 8 位地址的情况下，一次 DMA 传送周期可压缩到 2 个时钟周期，即只有 S_2 和 S_4 状态。

9.3.3 8237A 的工作模式

8237A 有 4 种 DMA 传送方式，3 种 DMA 传送类型，并可以实现存储器至存储器之间的数据传送。

1. DMA 的传送方式

8237A 在有效周期内进行 DMA 传送有 4 种工作方式(也称作工作模式)。

1) 单字节传送方式

单字节传送方式是每次 DMA 传送时只传送一个字节。传送一个字节后，字节数寄存器减 1，地址寄存器加 1 或减 1，HRQ 变为无效。这样一来，8237A 释放系统总线，将控制权交还给 CPU。如果传送后使字节数从 0 减至 FFFF H，终止计数，则系统终结 DMA 传送或重新初始化。

一般情况下，在 DACK 成为有效之前，DREQ 必须保持有效。如果在整个数据传送过程中，DREQ 一直保持有效，HRQ 也会变成无效，在传送一个字节后释放系统总线。之后，HRQ 很快再次变为有效，在 8237A 接收到新的 HLDA 有效信号后，又开始下一个字节的传送。

单字节传送方式的特点是一次只传送一个字节，效率较低。但是，它会保证在两次 DMA 传送之间 CPU 有机会重新获取总线控制权，执行一个 CPU 总线周期，控制数据的有效传送。

2) 数据块传送方式

在这种方式下，8237A 是由 DREQ 启动的，连续地传送数据，直到字节数寄存器从 0 减至 FFFF H 终止计数过程，或者由外部输入有效的 $\overline{EOP}$ 信号终止 DMA 传送。在此过程中，DREQ 只需维持有效到 DACK 有效。

数据块传送方式的特点是一次请求传送一个数据块，数据传送效率高。但是，在整个 DMA 传送期间 CPU 长时间无法控制系统总线，当然也就不能响应其他的 DMA 请求，无法处理中断等过程。

3) 请求传送方式

在此种方式下，DREQ 信号有效，8237A 处于连续传送数据状态；但当 DREQ 信号无效时，DMA 传送被暂时终止，8237A 释放系统总线，CPU 取得控制权，可继续进行操作。此时，DMA 通道的地址和字节数被暂时保存在相应通道的现行地址和现行字节数寄存器中。当外部设备又准备好进行数据传送，可使 DREQ 信号再次有效，DMA 传送就能继续进行。

还有一种情况，如果字节数寄存器从 0 减至 FFFF H，或者从外部设备送来一个有效的 $\overline{EOP}$ 信号，同样可以终止计数器计数。

请求传送方式的特点是 DMA 操作可以由外部设备利用 DREQ 信号控制数据传送的速率。

4) 级联方式

这种方式用于通过多个 8237A 级联来扩展通道。在具体连接中，第二级的 HRQ 信号和 HLDA 信号连到第一级某个通道的 DREQ 和 DACK 上。第二级芯片的优先级等级与所连接的通道相对应。在这种情况下，第一级只起优先权网络的作用。在应用中，第一级除了向 CPU 输出 HRQ 信号外，并不输出其他信号。实际的操作是由第二级芯片完成的。当然，如果有需要还可由第二级扩展到第三级等。

2.　DMA 传送类型

在上述前 3 种工作方式下，DMA 传送有 3 种类型：DMA 读、DMA 写与 DMA 校验。

1) DMA 读

将数据由存储器传送到外部设备。当 $\overline{MEMR}$ 有效时，从存储器读出数据，当 $\overline{IOW}$ 有效时，把这一数据写入外部设备。

2) DMA 写

将外部输入的数写入存储器。当 $\overline{IOR}$ 有效时，从外部设备输入数据，当 $\overline{MEMW}$ 有效时，把这一数据写入存储器。

3) DMA 校验

这是一种空操作。8237A 并不进行任何校验，而只是像 DMA 读或 DMA 写传送数据一样产生时序、产生地址信号，但是，此时存储器和 I/O 控制线保持无效，所以不能进行传送，而外部设备可以利用这样的时序进行 DMA 校验。

3.　存储器至存储器的传送

DMA 控制器芯片 8237A 还可以编程为存储器至存储器传送的工作方式。

在上述工作方式下，8237A 要固定使用通道 0 和通道 1。通道 0 的地址寄存器保存源区地址，通道 1 的地址寄存器保存目的区地址，通道 1 的字节数寄存器保存传送的字节数。传送由设置通道 0 的软件请求启动，8237A 按正常方式向 CPU 发出 HRQ 的请求信号，等 HLDA 响应后传送就可以开始。在传送过程中，每传送一字节需要 8 个时钟周期，前 4 个时钟周期用通道 0 地址寄存器的地址从源区读出数据送入 8237A 的临时寄存器；后 4 个时钟周期用通道 1 地址寄存器的地址把临时寄存器中的数据写入目的区。每传送一个字节，源地址和目的地址都要修改，字节数减 1。数据传送一直进行到通道 1 的字节数寄存器从 0 减至 FFFF H，终止计数后在 $\overline{EOP}$ 端输出一个脉冲。存储器至存储器传送也允许由外部送来一个 $\overline{EOP}$ 信号停止数据传送过程。

4.　通道的优先权方式

DMA 控制器芯片 8237A 有 4 个 DMA 通道，它们有两种方式的优先权。在使用过程中，不论采用哪种优先权方式，某个通道获得此服务后，其他通道无论其优先权高低，都会被禁止，直到已服务的通道结束传送为止。DMA 传送不能嵌套，也就是说，在一个 DMA 传送过程中不能嵌入另一个 DMA 传送。

1) 固定优先权方式

DMA 控制器芯片 8237A 4 个 DMA 通道的优先权是固定的，即优先级最高至优先级最低，依次排队为：通道 0、通道 1、通道 2、通道 3。

2) 循环优先权方式

DMA 控制器芯片 8237A 4 个 DMA 通道的优先权是循环变化的，最近依次服务的通道在下次循环中其优先权变成最低优先级，其他通道依次轮流相应的优先权。

5.　自动初始化方式

DMA 控制器芯片 8237A 4 个 DMA 通道中的某个 DMA 通道设置为自动初始化方式

时，此时，每当DMA过程结束$\overline{EOP}$信号产生时，都用基地址寄存器和基字节数寄存器的内容，使得相应的现行寄存器恢复为初始值，包括恢复屏蔽位、允许DMA请求。依此就作好了下一次DMA传送的准备。

9.3.4 8237A的寄存器组和编程控制字

1. 8237A的寄存器组

8237A的寄存器组包括：现行地址寄存器、现行字节数寄存器、基地址寄存器、基字节数寄存器、模式寄存器、命令寄存器、请求寄存器、屏蔽寄存器、状态寄存器、临时寄存器。

1) 现行地址寄存器

保存DMA传送的当前地址值，每次传送后该寄存器的值自动加1或减1。该寄存器的值可由CPU写入和读出。

2) 现行字节数寄存器

保存DMA传送的当前剩余字节数，每次传送后该寄存器的值自动减1。该寄存器的值可由CPU写入和读出。该寄存器的值从0减至FFFFH时，终止计数。

3) 基地址寄存器

存放着与现行地址寄存器相联系的初始值。CPU同时写入基地址寄存器和现行地址寄存器。但是，基地址寄存器不会自动修改，而且不能读出。

4) 基字节数寄存器

存放着与现行字节数寄存器相联系的初始值，CPU同时写入基字节数寄存器和现行字节数寄存器。但是基字节数寄存器不会自动修改其数值，而且不能读出。

由于字节数寄存器从0减至FFFFH时，计数才终止；所以，实际传送的字节数要比写入字节数寄存器的值多1。因此，如果需要传送N个字节，初始化编程时写入字节数寄存器的值应为$N-1$。

8237A的地址和字节数寄存器都是16位的，那么利用8位数据线如何读写呢?在8237A内部有一个高/低触发器，它控制读写16位寄存器的高字节或低字节。触发器为0时，则操作的是低字节；触发器为1时，则为高字节；软、硬件复位之后，此触发器被清零。每当16位通道寄存器进行一次操作(读/写8位)，则该触发器自动改变状态；因此，对16位寄存器的读出或写入可分两次连续进行。

5) 模式寄存器

该寄存器存放相应通道的方式控制字。方式控制字的格式如图9.39所示，该方式控制字选择某个DMA通道的工作方式，最低两位选择哪个DMA通道。地址增量指的是一个数据传送完毕后，现行地址寄存器的值(即DMA传送时输出的存储器地址)加1；地址减量则是减1。

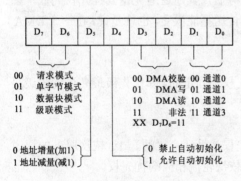

图9.39 方式控制字格式

308

6) 命令寄存器

命令寄存器存放 8237A 的命令字。命令字格式如图 9.40 所示,该格式设置 8237A 芯片的操作方式,影响每个 DMA 通道,复位时命令寄存器处于"清零"状态。注意:当设置 $D_4 = 1$ 时,8237A 才可以作为 DMA 控制器进行 DMA 传送,否则 8237A 将不能进行 DMA 传送。

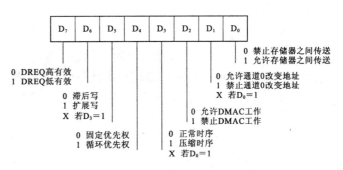

图 9.40　命令字格式

在图 9.40 中,当 $D_0 = 0$ 时,将选择存储器到存储器的传送方式。此时,通道 0 的地址寄存器存放源地址。若 D_1 也置位,则整个存储器到存储器的传送过程始终保持同一个源地址,以便实现将一个目的存储区域设置为同一个值。

在系统性能允许的范围内,为获得较高的传输效率,8237A 能将每次传输时间从正常时序的 3 个时钟周期变为压缩时序的两个时钟周期。在正常时序时,命令字的 D_5 选择滞后写或扩展写。不同之处是写信号是滞后在 S_4 状态有效(滞后写),还是扩展到 S_3 状态有效(扩展写)。

7) 请求寄存器

除了可以利用硬件 DREQ 信号提出 DMA 请求外,当工作在数据块传送方式时也可以通过软件发出 DMA 请求。另外,若是存储器到存储器传送,则必须由软件请求启动通道 0。

请求寄存器存放软件 DMA 请求状态。CPU 通过请求字写入请求寄存器,如图 9.41 所示,其中 $D_1 D_0$ 位决定写入的通道,D_2 位决定是置位(请求)还是复位。每个通道的软件请求位分别设置,是非屏蔽的。它们的优先权同样受优先权逻辑的控制。它们可由内部 TC(终止计数)或外部的 $\overline{\text{EOP}}$ 信号复位, RESET 复位信号使整个寄存器清除。

8) 屏蔽寄存器

屏蔽寄存器控制外部设备通过 DREQ 发出的硬件 DMA 请求是否被响应(为 0 时,允许;为 1 时,禁止),各个通道是相互独立的。对屏蔽寄存器的写入有 3 种方法。

(1) 单通道屏蔽字($A_3 A_2 A_1 A_0 = 1010$):只对一个 DMA 通道屏蔽位进行设置,如图 9.42 所示。

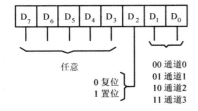

图 9.41　请求字格式

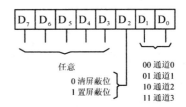

图 9.42　单通道屏蔽字格式

(2) 主屏蔽字($A_3 A_2 A_1 A_0 = 1111$):对 4 个 DMA 通道屏蔽位同时进行设置,如图 9.43 所示。

(3) 清屏蔽寄存器命令($A_3 A_2 A_1 A_0 = 1110$):对 4 个 DMA 通道屏蔽位同时进行清零,

都被允许 DMA 请求。

9) 状态寄存器

8237A 中有一个可由 CPU 读取的状态寄存器。其低 4 位反映读命令这个瞬间每个通道是否产生 TC(为 1 时，表示该通道传送结束)，高 4 位反映每个通道的 DMA 请求状况(为 1 时，表示该通道有请求)，如图 9.44 所示。这些状态位在复位或被读出后，均被自动清零。

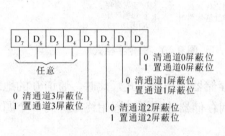

图 9.43　主屏蔽字格式　　　　　　　图 9.44　状态字格式

10) 临时寄存器

在存储器到存储器的传送方式下，临时寄存器保存从源存储单元读出的数据，该数据又被写入到目的存储单元。传送完成后，临时寄存器只会保留最后一个字节，可由 CPU 读出。复位使临时寄存器内容为零。

9.3.5　8237A 的软件命令

所谓 8237A 的"软命令"是指不需要通过数据总线写入控制字而直接由地址和控制信号译码实现的操作指令。也就是说，只要对端口地址进行写操作(即让 $\overline{CS}$、内部寄存器地址和 $\overline{IOW}$ 信号同时有效)，而不要求写入的内容是何值，命令都生效。8237A 共有 3 个软命令，分别为先清/后触发器命令、总清除命令和清除主屏蔽寄存器命令。

在实际应用时，向 16 位地址寄存器和字节计数器寄存器写入操作时，要分两次进行。先清/后触发器是用来控制写入次序的，为 0 时，写入低 8 位，并自动反转为 1；为 1 时，写入高 8 位，并自动反转为 0。所以在写入基地址和基计数器寄存器之前，需要确认触发器的状态指向，避免写入错误。下面的程序是将先/后触发命令寄存器复位的程序：

```
MOV     AL,0FFH        ;可设置为任意值
OUT     0CH,AL         ;写入后复位触发寄存器
```

总清除命令与硬件复位 RESET 信号作用相同，也就是软件复位命令。8237A 的清除高/低触发器软件命令($A_3A_2A_1A_0$=1100)将使高/低触发器清零。另外，主清除命令($A_3A_2A_1A_0$=1101)也使得高/低触发器清零；同时该软件命令还使命令、状态、请求、临时寄存器清零，使屏蔽寄存器置为全 1(即屏蔽状态)，使 8237A 处于空闲周期。

9.3.6　8237A 的应用实例

在早期的 8086 微机系统中，采用 8237 作 DMA 控制器。在 80286 微机系统中，采用两片 8237 级联，构成 7 个通道的 DMA 控制器。80386 微机系统采用与 8237 兼容，支持 16 位、32 位数据传输的 82C206 和 82380 等 DMA 控制器。目前微机系统的 DMA 控制器

已经集成在芯片组中，但其仍然与 8237 兼容。

8237A 的编程包括初始化编程和数据传送两部分。初始化编程包括对 8237A 的通道、操作类型、传送方式、传送数据的地址和字节数等参数进行设置。只要写入命令寄存器即可，必要时可以输出主清除命令对 8237A 进行软件复位，然后输入命令字；DMA 传送编程需要多个写入操作。

(1) 将存储器起始地址写入地址寄存器(如果采用地址减量进行工作，则存储器起始地址为结尾地址)。

(2) 将本次 DMA 传送的数据个数写入字节数寄存器。

(3) 确定通道的工作方式，写入方式寄存器。

(4) 写入屏蔽寄存器使通道屏蔽位复位，允许 DMA 请求。

在编程过程中，若不是软件请求，则在完成编程后，可在通道引脚端口输入有效的 DREQ 信号，启动 DMA 传送过程。若用软件请求，需要再次写入请求寄存器，就可以开始 DMA 传送。DMA 传送过程中是不需要软件编程的，其过程完全由 DMA 控制器 8237A 采用硬件控制来实现。

【例 9.9】编写对 8237A 进行测试的程序。假设起始端口地址为 PORT，试根据题意写出其汇编程序。

分析：芯片的测试实际上就是对芯片中的寄存器进行测试，即对相应的寄存器写入特定的数值，再从寄存器中读出数据进行比较，如果前后数据一致，则芯片测试成功。为了提高测试的可靠性，通常需要写入不同的数据进行比较，另外，通常采用全部写完后再依次读出比较的做法，而不是写入后立即读出进行比较。

参考程序如下：

```
            MOV     AL, 04H          ;设置禁止 8237A 进行工作控制字
            OUT     PORT+08H, AL     ;送命令端口
            OUT     PORT+0DH, AL     ;总清除端口(对写入数据无要求)
            MOV     AL, 0FFH         ;写入初值
    LOP0:   MOV     BL, AL           ;暂存
            MOV     CX, 8            ;测试 8 个寄存器
            MOV DX, PORT                      ;DMA 通道的起始端口地址
    LOP1:   OUT     DX, AL           ;写低 8 位
            OUT     DX, AL           ;写高 8 位
            INC     DX               ;端口地址+1
            LOOP    LOP1             ;循环写
            MOV     CX, 8
            MOV DX, PORT                      ;DMA 通道的起始端口地址
    LOP2:   IN      AL, DX           ;读低 8 位
            CMP     AL, BL           ;比较
            JE      HIGH             ;相等则继续
    ER:     HLT                      ;不相等则停机
    HIGH:   IN      AL, DX           ;读高 8 位
            CMP     AL, BL           ;比较
            JNE     HIGH             ;不相等则停机
            INC     DX               ;相等，端口地址+1
            LOOP    LOP2             ;循环读，完成 8 个寄存器测试
            INC     AL               ;改变测试值
```

```
        LOOP    LOP0                        ;继续测试
```

【例 9.10】利用通道 2 从外设输入 32*KB* 的数据块到 3456H 开始的存储器中(按增量传送)，利用块传输，DREQ 和 DACK 都为低电平，传送完毕后不自动初始化。假设起始端口地址为 PORT，试根据题意写出其汇编程序。

分析：根据题意，可以得到 8237A 芯片 DMA 传送的方式控制字、通道屏蔽字、命令字分别为：

(1) 方式控制字为 10000110B

(2) 通道 2 的屏蔽字为 00000010B

(3) 命令字为 01100000B

参考程序如下：

```
        MOV     DX, PORT            ;起始端口地址
        OUT     PORT+0DH, AL        ;主清除命令
        MOV     AL, 56H             ;基地址和当前地址的低 8 位
        OUT     PORT, AL
        MOV     AL, 34H             ;基地址和当前地址的高 8 位
        OUT     PORT, AL
        MOV     AL, 00H             ;基字节数计数和当前字节数计数寄存器低 8 位
        OUT     DX+1, AL
        MOV     AL, 80H             ;基字节数计数和当前字节数计数寄存器高 8 位
        OUT     PORT+1, AL
        MOV     AL, 86H             ;方式控制字，端口 0BH；块传送 10H，增量 0，
        OUT     PORT+0BH, AL        ;禁止自动预置 0，写传送 01H，2 通道 10H
        MOV     AL, 02H             ;单通道屏蔽，地址 0AH；清屏蔽 0，2 通道 02H
        OUT     PORT+0AH, AL
        MOV     AL, 60H             ;DACK 为低电平 0，DREQ 为低电平 1，
                                    ;扩展时序 1，固定优先级 0，正常时序 0.
                                    ;允许工作 0，无关 0，非存储器间传送 0
        OUT     PORT+08H, AL        ;命令寄存器端口 (08H)
```

9.4 串行通信接口 8251A

串行通信接口 8251A 是可编程串行接口的一种，它是 Intel 公司生产的产品。常见的还有 Motorola 公司生产的 6850、6952、8654，ZILOG 公司生产的 SIO 及 INS 公司生产的 8250 等。这些芯片的结构和工作原理基本一致，下面以 Intel 公司生产的 8251A 为例介绍可编程串行通信接口的基本工作原理、编程结构、编程方法及应用实例。

9.4.1 串行通信的基本概念

串行通信是在单根导线上将二进制数一位一位地顺序传输的过程。串行通信与并行通信相比较，虽然传输速度较低，但可以节约大量的线路成本，非常适合远距离数据传输。微型计算机在作远距离数据通信时，往往要求 I/O 设备以串行方式来工作，即要求具备串行通信接口。在实际应用中，通信设备一般都配有这种接口。此外，有些计算机外设，如盒式磁带机、串行硬盘、CRT 显示器终端等，也要求采用串行接口。

1. 串行通信的方式

在串行通信中，有 3 种基本的传输方式：单工、半双工和全双工。图 9.45(a) 为单工传输方式：设备 A 总是发送数据，设备 B 总是接收数据，任何时刻数据只能在一个方向上传输。图 9.45(b) 为半双工传输方式：设备 A 和设备 B 都可以发送和接收，但它们不能同时发送或接收。图 9.45(c) 为全双工方式：两个设备能同时发送和接收数据。图 9.45(d) 为多双工传输方式：多个设备能共用一条线路轮流发送和接收数据。

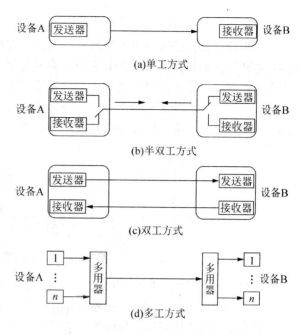

图 9.45　串行通信的方式

目前在工程应用中，多采用半双工和全双工通信方式，而单工已经很少采用。半双工传输方式只要一根传输线，通信系统每一端的发送器和接收器，是通过收、发开关连接至通信线上的，需要进行方向切换，所以会产生时间延迟。收发开关实际上是由软件控制的电子开关。目前多数终端和串行接口都是由半双工提供换向功能。全双工不需方向切换，因此不会因切换操作而产生时间延迟，对于不能有时间延迟的交互场合，就必须采用全双工通信。

2. 异步通信与同步通信

在串行通信中，通信双方收发数据序列必须在时间上取得一致，这样才能保证接收数据的正确性。按照通信双方发送和接收数据序列在时间上取得一致的方法不同，串行通信可分为异步串行通信和同步串行通信两大类。

异步通信中，在发送端是以固定的字符格式发送数据的，如图 9.46 所示，每个字符包括 1 个起始位、5～8 个数据位，1 个奇偶校验位(它是为避免长距离通信中出现差错而设置的查错冗余位，也可不设)和 1～2 个停止位。每个字符的传输均以起始位为开始标志，紧接着的是要传输的数据(低位在前)，然后是奇偶校验位，最后为停止位。两个相邻字符之间的间隔(即空闲时间)可以任意长。在不发送数据期间，通信线上固定为高电平，所以总可以用低电平表示数据传输的开始。由此可见，通信双方在通信之前必须进行约定。

1) 字符格式

一个字符内包含多少位数据位、停止位以及采用何种校验形式。

2) 波特率

数据传输速率，指单位时间内通信线路上传输数据的位数，单位是比特/秒。尽管波特率在理论上可以是任意的，但考虑到接口的标准性，国际上还是规定了标准的波特率系列。常用的波特率有 50、110、300、600、1200、2400、4800、9600 和 19200。大多数接口的接收波特率是可以分别设置的，它们可以分别由编程来设定。当然在一个串行通信系统中，应该设定接收方和发送方的波特率相同。

异步通信是以字符为单位的通信,当接收方收到起始位后,只要在一个字符的传输时间内能和发送器保持同步,能够完全正确地接收。如果接收器和发送器的时钟略有误差,两个字符之间的停止间隔将为这种误差提供缓冲。因此,异步通信方式允许有一定的频率误差,对时钟同步的要求不严格,这是异步通信的突出优点。加之异步通信要求每个字符都有起始位和停止位,使控制信息占总信息有一定的比例,所以异步通信效率较差。

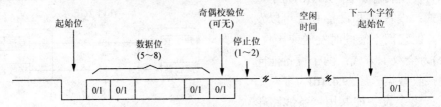

图9.46　异步串行通信字符格式

异步通信是采用数据块成帧方式实现的。图 9.47 为常见同步串行通信帧的格式。在格式开头有同步字符 SYN (Synchronization),同步字符的格式和同步字符的个数可根据需要确定。同步字符的作用是通知接收器"消息到达",让接收器开始与发送器同步。同步字符后的第一个字符是消息头,它包含有助于接收器处理信息的控制信息(如一帧内的字符个数等),其后是以字符或比特为单位的消息编码,最后是校验字符。常用 CRC (Cyclic Redundancy Check)循环冗余校验码,校验码的作用是检测数据块在传输过程中是否有差错。

显而易见,数据传输效率高是同步传输的优点,但同步传输不仅要保持每个字符内各位以固定的时钟频率传输,而且还要管理字符间的定时。因此,收发双方时钟同步的要求特别高,必须配备专用的硬件电路获得同步时钟。硬件电路复杂是同步通信的缺点。

SYN	SYN	SYN	消息头	消息	CRC

图9.47　同步串行通信帧格式

3. 调制解调器

在串行通信中,由于线路分布电容的影响,一个方波传输一段距离以后,逐渐被"平滑",最后难以分辨上升沿和下降沿,同时非常容易受干扰。而正弦波在长距离传输后,仍然是正弦波,只是幅度变小而已,通过放大器可以恢复。因此,数据在长距离传输时需要调制解调器(MODEM)。调制解调器是利用模拟通信线路进行长距离数据通信中的重要设备。长距离通信时,通常需要利用电话线路,调制解调器的作用就是先将数字信号转换为适合电话线路上传的模拟信号,经过电话线路传输后,再将模拟信号还原成数字信号。图 9.48 是应用调制解调器的一个典型例子。图中调制解调器把从终端接收到的二进制电信号转换成可在公用电话系统上发送的音频信号(称为调制)。同时它也把从远方调制解调器发出的通过电话系统的音频信号转化为二进制电信号发往终端(称为解调)。

依传输速率分, MODEM 可分为低速、中速和高速三类。低速 MODEM 一般用于传输波特率在 2000 波特以下的异步通信;传输波特率高于 9600 波特的同步通信,则要采用中速甚至高速的 MODEM。通常使用 RS－232 标准串行接口，来实现计算机与调制解调器之间通信。

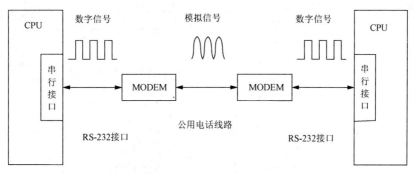

图 9.48　调制与解调应用实例

9.4.2　串行接口的基本功能和硬件支持

1.　串行接口的基本功能

串行通信是逐位传输数据的，所以多位数据需要多次传输。例如，一个字节数据至少需要 8 次传输。串行通信具有以下特点。

1）速度较慢

如果并行通信一次可以传输一个 8 位数据，则对于相同的数据在相同的数据传输速率下，串行通信只有并行通信的八分之一速度。

2）引线少

如果不考虑地线，单向串行通信用一根线就可以实现数据传输，当串行通信为双向通信时，则两根线就满足了。常用符号 TxD (Transmit Data)表示数据的发送线，RxD (Receive Data)表示数据的接收线，所以当两台计算机通过串行线相连时，TxD 线和 RxD 线要交叉相连，硬件连接非常简单，如图 9.49 所示。

3）距离长

由于串行通信硬件占有端口很少，所以分布电容对通信速度的影响很小，再加上有效的驱动电路作保障，从而使得通信距离大大高于并行数据传输。

2.　串行通信的硬件支持

串行通信实际上是把数据一位一位地发送和接收，这是依赖于计算机和串行接口有机配合来完成的。通常计算机处理数据是并行的，它要传输的数据也是并行的，因此这就需要一个部件把并行数据与串行数据进行转换。如图 9.50 所示，对于发送数据端来说，这个部件就是并行输入串行输出移位寄存器，计算机 CPU 通过对相应端口的写操作，把要传输的数据写入这个并入串出移位寄存器中，然后移位寄存器在同步时钟的作用下，把数据逐位移出，发送给接收端；对于接收端来说，相应的部件是串行输入并行输出移位寄存器，在同步脉冲的作用下，发送端送来的数据逐位移入这个串入并出寄存器中，然后 CPU 对相应的端口进行读操作，把串入并出移位寄存器的数据读入 CPU 中。

综上所述，串行通信在硬件上的核心部件是移位寄存器，其中在发送端要有一个并入串出移位寄存器，在接收端要有一个串入并出移位寄存器。

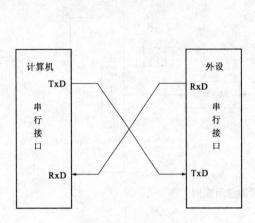

图 9.49　串行通信

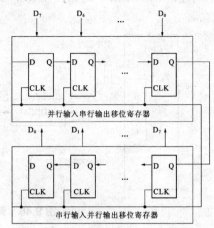

图 9.50　串行通信的基本硬件结构图

9.4.3　8251A 的结构和引脚

8251A 芯片是 Intel 公司生产的大规模集成电路芯片，是与 Intel 系列 CPU 兼容的可编程的串行通信接口。虽然 8251A 功能较强，但是它需要外部时钟电路。为了构造一个串行通信系统，采用 8251A 作为接口电路时需要比较复杂的外围电路。目前流行的单片机如 MCS51 系列，CPU 内部就集成了串行接口部件及定时器/计数器，几乎不需要外围辅助电路，使用非常简单，性价比很高。所以，越来越多的数字化仪器仪表电路中不再采用 8251A，而是使用单片机作为串行通信接口。下面不详细介绍 8251A 芯片的细节，只介绍其寄存器功能和接口地址，了解了这些内容，就可以编程使用计算机串行通信功能了。

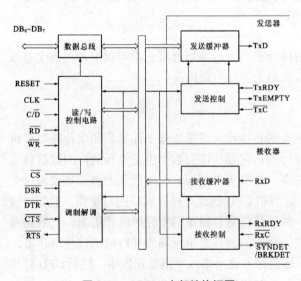

图 9.51　8251A 内部结构框图

1. 8251A 的结构

8251A 的内部结构如图 9.51 所示，由发送器、接收器、数据总线缓冲器、读/写控制电路及调制解调控制电路等 5 部分组成。

1) 数据发送和接收寄存器

(1) 数据发送部分可分为数据发送保持寄存器和发送移位寄存器。数据输出以字符为单位首先送到数据发送保持寄存器中，再进入发送移位寄存器，以上过程都是在 8251A 的内部并行传输的。在发送移位寄存器中，按照事先和接收方约定的字符传输格式，再加上起始位，奇偶校验和停止位，然后再以约定的波特率先低位后高位地输出。

数据发送保持寄存器在将数据传给发送移位寄存器后,CPU 即可对其写入下一个字符,而发送移位寄存器送出第一个字符各位后，又立即接收第二个字符，开始第二个字符的发送。8251A 内部寄存器地址见表 9.5。

表 9.5　8251A 的内部寄存器的地址

地址信号			标志位	COM₁	COM₂	寄存器
A_2	A_1	A_0	DLAB	地址(H)	地址(H)	
0	0	0	0	3F8	2F8	写发送接收寄存器
0	0	0	1	3F8	2F8	除数寄存器低字节
0	0	1	1	3F9	2F9	除数寄存器高字节
0	0	1	0	3F9	2F9	中断允许
0	1	0	X	3FA	2FA	中断识别
0	1	1	X	3FB	2FB	线路控制
1	0	0	X	3FC	2FC	MODEM 控制
0	0	1	X	3FD	2FD	线路状态
1	1	0	X	3FE	2FE	MODEM 状态
1	1	1	X	3FF	2FF	不用

(2) 数据接收部分包括接收移位寄存器和数据接收缓冲寄存器。串行数据逐位进入接收移位寄存器时，首先寻找起始位，然后才读入数据位。

接收电路始终用接收时钟 CLK 选通采样串行输入数据的状态，每 16 个 CLK 脉冲对应一个数据位。在检测到由 1 到 0 的变化时，若连续采样 8 次，数据一直都为低电平，则认定是数据的起始位；否则认为是干扰信号，将重新采样。以后每隔 16 个 CLK 周期读取一次数据位(正好在数据的中间点)，读至停止位，一个字符接收完毕，然后开始寻找第二个字符的起始位。这样安排的好处是可以减少误判起始信号，允许发送时钟和接收时钟的频率有少许误差，每个字符单独起始又避免了时钟误差的积累。

接收移位寄存器接收到一个字符后，首先要进行格式检查，若不正确，则通过线路状态寄存器设置出错标志；若格式正确则将真正的数据位保留并传送给数据接收缓冲器，然后线路状态寄存器中的"接收数据可用"位置 1，CPU 可以通过查询或中断方式取走这个字符，清除"接收数据可用"位，接着再接收下一个字符。在数据接收过程中，若接收的前一个字符在数据接收缓冲寄存器中尚未被 CPU 取走，后一个字符经接收移位寄存器接收完毕又要送至接收缓冲寄存器，就会丢失字符，这种情况称为"溢出错"，在线路状态寄存器中也有相应位记录。

2) 线路控制及状态部分

(1) CPU 用 OUT 指令将一个 8 位控制字写入通信线路控制寄存器，以决定通信中字符的格式。控制寄存器的内容也可以用 IN 指令读出。

(2) CPU 读入通信线路的状态寄存器，即可了解数据发送和接收的情况。

3) 波特率控制部分

波特率控制部分的可编程寄存器就是除数寄存器,实际上就是分频系数。在 PC/XT 系列微机中，输入的时钟频率为 1.8432MHz，该频率除以除数寄存器中的双字节后，得到是数据发送器的工作频率，再除以 16，才是真正的发送波特率。

依此得出 PC/XT 系列微机的最高波特率为 115200bps，计算公式如下：

$$B_1 = \frac{1843200}{1} = 1843200$$

$$B = \frac{1843200}{16} = 115200$$

式中 B_1 为数据发送器的工作频率；B 为波特率。

对于 PC/XT 系列微机的 RS232C 接口，最高波特率为 115200bps 时，对应的除数为 1。在 PC/XT 系列微机中，波特率和除数之间的对应关系参见表 9.6。

表 9.6　除数和波特率的对应关系

波特率/bps	除数		波特率/bps	除数	
	高字节	低字节		高字节	低字节
50	09	00	300	01	80
75	06	00	600	00	C0
110	04	17	1200	00	60
134.5	03	59	1800	00	40
150	03	00	1986	00	3A
2400	00	30	7200	00	10
3600	00	20	9600	00	0C
4800	00	18	19200	00	06

4) MODEM 控制与状态

该模块实现通信过程中的联络功能，包括联络信号的生成与检测。

(1) MODEM 控制寄存器的定义如图 9.52 所示。该寄存器的高 3 位没有定义，D_4 决定串行接口控制器的 UART 的工作方式：D_4=0，UART 处于正常工作状态；D_4=1，UART 处于自检状态，可以用自发自收的方式来检查芯片。其工作原理是：UART 数据输入端与外部断开，而在芯片内部与数据输出接通，同时 4 个输入信号与 4 个输出信号相连。

(2) MODEM 状态寄存器的定义如图 9.53 所示，其高 4 位就是 4 个外部输入信号的状态，而低 4 位则记录高 4 位的变化。计算机在每次读 MODEM 状态寄存器时，低 4 位被清零。以后若高 4 位中有某位状态发生变化时，则低 4 位的相应位就置 1，这些状态位的变化，除了可以让 CPU 的输入指令查询外，也可以引起中断。

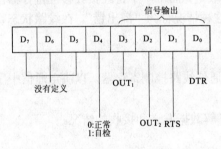

图 9.52　MODEM 控制寄存器的定义

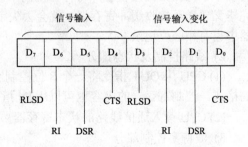

图 9.53　MODEM 状态寄存器的定义

5) 中断的允许与识别

UART 具有很强的可编程中断管理功能，用户可以通过对中断允许寄存器及中断识别寄存器的读/写操作来设置及应用。

(1) 中断允许寄存器。

UATR 将芯片内的中断源分为 4 类，用中断允许寄存器的低 4 位来对各类中断源设置允许或屏蔽控制。其对应关系如图 9.54 所示。

中断允许寄存器的高 4 位固定为 0，没有定义。

若 $D_3 = 1$，则 MODEM 状态寄存器的高 4 位状态发生改变时，允许发出中断请求信号，若 $D_3 = 0$，则 MODEM 状态寄存器的高 4 位状态发生改变时，屏蔽中断请求。

$D_0 \sim D_2$ 的取值决定状态寄存器引起的中断是否允许，高电平时，允许中断，低电平时，屏蔽中断。其中 D_2 位对应接收数据错(包括溢出错、奇偶错及帧格式错)及中止符检测中断。

(2) 中断识别寄存器。

UART 对内部 4 类中断源是以 3 位二进制编码写入中断识别寄存器的 D_2D_1 位中的，当然写入中断识别码的前提是在中断允许的情况下进行的，同时中断指示位也相应置 0，表示有中断请求，4 类中断源具有不同的中断优先权。当不同级别的中断源同时申请中断时，仅将最高优先权的识别码写入中断识别寄存器中。中断识别寄存器的定义如图 9.55 所示，图中接收数据错的中断优先权最高，其他逐级降低。

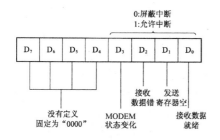

图 9.54　中断允许寄存器的定义　　图 9.55　中断识别寄存器的定义

中断识别寄存器的内容只可读出，其 $D_2D_1D_0$ 实时反映中断的发生情况，而高 5 位始终固定为 0。

2. 8251A 的引脚

8251A 是一个 28 个管脚的双列直插式大规模集成电路芯片，根据其内部结构，其管脚分别介绍如下，其管脚封装图如图 9.56 所示。

8251A 的数据总线是 8 位的，分别为 $D_0 \sim D_7$，它们是三态双向的，CPU 通过数据总线并行传送命令，交换数据及检测状态。

1) 控制信号管脚

(1) CLK：时钟输入端口，产生 8251A 的内部时序。

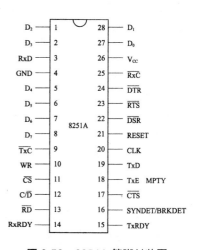

图 9.56　8251A 管脚封装图

一般情况下，CLK 的输入频率在同步方式工作时，必须大于接收器和发送器输入时钟频率的 30 倍；在异步方式工作时，必须大于接收和发送器输入时钟频率的 4.5 倍。

(2) $\overline{CS}$：片选信号，通常由 CPU 的高位地址信号和 $M/\overline{IO}$ 控制信号译码后提供，产生 8251A 端口地址的高地址部分。

(3) $C/\overline{D}$ (Control/Data)：控制/数据端，$C/\overline{D}=1$ 时，则数据总线上的信息是状态信息或命令信息；$C/\overline{D}=0$ 时，则数据总线上的信息是数据信息。一般由 CPU 低位地址线提供，产生 8251A 端口地址的低地址部分。

(4) RESET：复位信号，高电平有效。RESET $=1$ 时，8251A 的收发线路处于空闲状态，等待 CPU 执行其初始化程序。

(5) $\overline{WR}$、$\overline{RD}$：读、写控制信号，低电平有效，其功能参见表 9.7。

表 9.7　8251A 读、写功能表

$\overline{CS}$	$C/\overline{D}$	$\overline{RD}$	$\overline{WR}$	功　　能
0	0	0	1	CPU 从 8251A 读数据
0	1	0	1	CPU 从 8251A 读状态
0	0	1	0	CPU 给 8251A 写数据
0	1	1	0	CPU 给 8251A 写命令
1	X	X	X	无操作

2) 发送器部分管脚

(1) TxD：数据发送引脚。从此线逐位输出的是并行数据转换成串行格式后的数据。

(2) TxRDY (Transmitter Ready)：发送器准备好信号。若该信号有效，则 CPU 向 8251A 写入待发送的数据，8251A 将从 CPU 送来的并行数据锁存在数据发送缓冲器中。

(3) TxEMPY (Transmitter Empty)：发送器空信号。若该信号有效，表示发送移位寄存器已空，此时发送缓冲器的数据就可以送入发送移位寄存器中，然后逐位输出。

(4) $\overline{TxC}$ (Transmitter Clock)：由外部输入的发送器时钟。$\overline{TxC}$ 确定 8251A 的发送速率。在同步方式时，$\overline{TxC}$ 端输入的时钟频率应等于发送数据波特率。在异步方式时，可以由软件定义发送时钟是发送波特率的 1 倍、16 倍或 64 倍(发送波特因子的倍数)。

3) 接收器部分管脚

(1) RxD：数据接收引脚。外部串行数据通过该管脚逐位移入接收移位寄存器中，转换成并行格式后送入接收数据缓冲器，等待 CPU 取走数据。

(2) RxRDY (Receiver Ready)：接收器准备好信号，高电平有效。接收缓冲器收到一个数据字符，则 RxRDY 信号有效，通知 CPU 接收数据，若 8251A 采用中断方式与 CPU 交换数据，则 RxRDY 信号可用作向 CPU 发出的中断请求信号。CPU 取走接收缓冲器的数据后，RxRDY 变为低电平。

(3) SYNDET/BRKDET (SYNC Detect/Break Detect)：此管脚具有双功能，高电平有效。

(4) $\overline{RxC}$ (Receiver Clock)：由外部输入的接收器时钟。$\overline{RxC}$ 确定 8251A 的接收速率。在同步方式时，$\overline{RxC}$ 端输入的时钟频率应等于接收数据波特率。在异步方式时，可以由软件定义接收器时钟为接收波特率的 1 倍、16 倍或 64 倍(接收波特因子的倍数)。

当 8251A 工作在异步方式时，SYNDET/BRKDET 功能为断缺检测端 BRKDET。如果在起始位之后，从 RxD 端上连续收到 8 个 "0" 信号，则输出端 BRKDET 为高电平，表示当前处于数据断缺状态，没有数据可以接收。如果从 RxD 端上接收到 "1" 信号，则输出端 BRKDET 为低电平。

当 8251A 工作在同步方式时，SYNDET/BRKDET 功能为同步检测端 SYNDET。如果采用同步方式，则 SYNDET 为输出端，高电平有效。当从 RxD 端上检测到一个(单同步)或两个(双同步)同步字符时，SYNDET 输出高电平有效信号，表示接收数据已处于同步状态，其后接收到的是有效数据。如果采用外同步，则 SYNDET 为输入端，外部同步字符从该端输入。SYNDET 为高电平输入有效信号，表示已达到同步，接收器可以开始接收数据。

4) 调制解调接口控制管脚

(1) $\overline{DTR}$ (Data Terminal Ready)：数据终端准备好信号，该引脚向调制解调器输出信号，低电平有效。CPU 准备好接收数据后，若欲使 $\overline{DTR}$ 成为有效，可以将控制字的 DTR 位设置为 "1" 后输出该有效信号。

(2) $\overline{DSR}$ (Data Set Ready)：数据装置准备好信号，该信号由调制解调器输出，低电平有效。当调制解调器已经作好发送数据准备时，就发出 $\overline{DSR}$ 信号，CPU 可以用 IN 指令读入 8251A 的状态寄存器，检测 DSR 位，当 DSR 位为 "1" 时，表示 $\overline{DSR}$ 信号有效。该信号实际上是对 $\overline{DTR}$ 信号的应答，一般情况下是用来接收数据的。

(3) $\overline{RTS}$ (Request to Send)：请求发送信号，向调制解调器输出的低电平有效信号，当 CPU 准备好发送数据时，由软件定义，设置控制字中的 RTS 位为 "1"，则 $\overline{RTS}$ 输出低电平有效信号。

(4) $\overline{CTS}$ (Clear to Send)：准许发送信号，由调制解调器输入的信号，低电平有效。这是对 $\overline{RTS}$ 的应答信号，实际应用中，可将控制字中 TxEN 位置 "1"，则 $\overline{CTS}$ 为低电平有效，发送器可串行发送数据。在数据发送过程中，如果使 $\overline{CTS}$ 无效，或控制字中的 TxEN 位为 "0"，发送器将正在发送的字符结束后停止发送。

9.4.4 8251A 的内部寄存器及初始化编程

8251A 是一个可编程的多功能串行通信接口芯片，在实际使用前必须对它初始化，用来确定其工作方式、传输速率、字符格式以及停止位长度等。8251A 有 3 种控制字，分别为方式选择字、操作命令字和状态字。

1. 方式选择字

8251A 方式选择字的格式如图 9.57 所示。在控制字中 D_1D_0 有 4 中组合，当 D_1D_0=00 时，8251A 选择为同步方式工作；否则，8251A 选择为异步方式工作。在异步方式下，输入的时钟和波特率之间的系数可由 D_1D_0 的其他 3 种组合规定。D_3D_2 是用来确定字符长度的。D_5D_4 可以用来确定是否需要奇偶校验，是奇校验还是偶校验。D_7D_6 的定义分为两种情况：在同步工作时，设置选用的是内同步还是外同步以及同步的个数；在同步工作时，设置停止位的长度。

2. 操作命令控制字

操作命令字可以使 8251A 处于预先规定(初始化设置)的工作状态，操作命令控制字的

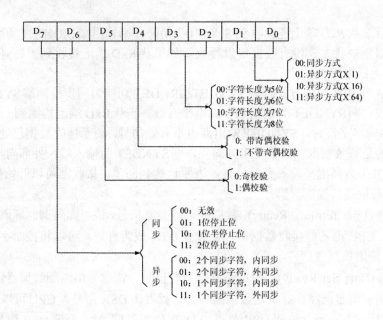

图 9.57　8251A 方式控制字格式

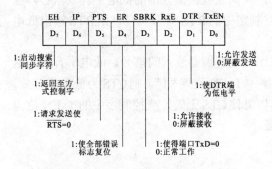

图 9.58　8251A 操作命令控制字格式

格式如图 9.58 所示。

操作命令字中，每位的定义说明如下。

(1) TxEN (Transmit Enable)：允许发送/屏蔽发送的控制端。TxEN =1 时，发送器才能通过 TxD 管脚向外部串行发送数据。

(2) DTR：DTR 位置 1，表示 CPU 已经准备好接收数据，此时，8251A 的 $\overline{\text{DTR}}$ 引脚向调制解调器输出低电平有效信号。

(3) RxE (Receive Enable)：允许接收/屏蔽接收的控制端。RxE =1 时，接收器才能通过 RxD 管脚接收外部串行数据。

(4) SBRK (Send Break)：该位发送断缺字符，SBRK =1 时，迫使 TxD 管脚处于低电平，发送 "0" 信号。在正常通信过程中，SBRK 应保持为 0。

(5) ER (Error Reset)：ER =1 时，则清除奇偶出错标志(PE)、溢出错误标志(OE)和帧校验出错标志(FE)。

(6) RTS：该位是请求发送信号。RTS =1，迫使 $\overline{\text{RTS}}$ 管脚输出低电平，表示 CPU 已经作好了发送数据的准备。

(7) IR (Internal Reset)：该位为内部复位信号，IR =1，迫使 8251A 回到方式选择控制字状态。通常用户有两种方法复位 8251A：一种是硬件复 1 位，即通过引脚 RESET =1 使得 8251A 进入复位状态；另一种是软件复位，即通过 IR 位置 1，使得 8251A 进入方式选择控制字状态，重新选择其工作方式。

(8) EH (Enter Hunt Mode)：该位只对同步方式有效。EH =1 时，表示开始搜索同步字符。所以，对同步方式来讲，一旦允许接收(RxE =1)，必须同时使得 EH =1 和 ER =1，清除全部错误标志后，才能开始搜索同步字符。

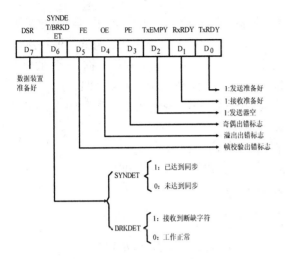

图 9.59　8251A 状态控制字格式

3. 状态控制字

在 8251A 工作过程中，CPU 随时可以用 IN 指令读取当前 8251A 的状态控制字，了解 8251A 的工作情况。状态控制字的格式如图 9.59 所示。

(1) TxRDY：该位是发送准备好标志表示当前发送缓冲器已空。即一旦发送缓冲器已空，该位就置 1，它只表示一种 8251A 当前的工作状态。TxRDY 引脚要为高电平必须满足其他两个条件：一是要对 8251A 发操作命令，使其允许发送，TxEN =1；二是 8251A 要从调制解调器输入一低电平使 $\overline{CTS}$ 引脚为低电平有效。在数据发送过程中，TxRDY 状态和 TxRDY 引脚信号总是相同的。

(2) RxRDY、TxEMPY、SYNDET/ BRKDET：3 个位状态的定义与其相应的引脚定义相同，可以供 CPU 随时查询。

(3) DSR：该状态位为 1 时，表示外设或调制解调器已经作好发送数据的准备，同时发出低电平使 8251A 的 DSR 引脚为低电平有效信号。

(4) PE(Parity Error)：为奇偶错标志位。*PE* 为高电平表示当前发生了奇偶错误，但不影响 8251A 正常工作。

(5) OE (Overrun Error)：该位为溢出错标志位。当当前字符从 RxD 端输入，而 CPU 还没有来得及读取上一个字符时，上一个字符将被丢失，此时置位 OE (OE =1)，但不影响8251A 正常工作。

(6) FE (Framing Error)：该位为帧校验错标志。当在字符的结尾没有检测到规定的停止位时，该标志置位(FE =1)，FE 只对异步工作方式有效，不影响 8251A 正常工作。

(7) PE、OE、FE 这 3 个标志可由操作命令字的 ER 位为 1 来全部复位。

4. 8251A 初始化编程

对 8251A 进行初始化编程时，必须在系统复位之后(RESET 引脚为高电平)，使得收发引脚处于空闲状态、各个寄存器处于复位状态的情况下，进行编程。通常 8251A 的初始化编程过程是先使用方式控制字设置其工作方式。若设置 8251A 在异步方式下工作，必须紧接操作命令字进行定义，然后才可以开始传输数据。在数据传输过程中，还可以使用操作命令字重新定义，或使用状态控制字读入 8251A 的状态。在设置新的工作方式时，必须用操作命令字将 IR 位置 1，以便使其返回到方式控制字，接收新的方式选择命令，从而改变工作方式，使 8251A 按新的工作方式工作。

8251A 初始化编程框图可以用图 9.60 来描述。

9.4.5 8251A 的应用实例

【例 9.11】试编写一段通过 8251A 采用异步方式接收数据的程序。设置 8251A 为异步传送方式,波特系数为 64,采用偶校验,2 位停止位,6 位数据。(设 8251A 数据口地址为 0880H,控制口地址为 0882H。)

分析:根据题意,可以得到 8251A 芯片的方式控制字、操作命令控制字为:

(1) 方式控制字为 11110111B。

(2) 操作命令控制字为 00010100B。

参考程序如下:

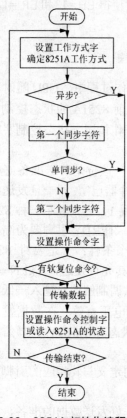

图 9.60 8251A 初始化编程框图

```
        MOV DX, 0882H    ;控制端口地址
        MOV AL, 0F7H
        OUT DX, AL       ;写工作方式控制字
        MOV AL, 14H
        OUT DX, AL       ;写操作命令控制字
LOP:    IN  AL, DX       ;读入状态控制字
        AND AL, 02H
        JZ  LOP          ;检测 RxRDY 是否为 1
        MOV DX, 0880H
        IN  AL, DX       ;输入数据
```

【例 9.12】试编写一段通过 8251A 采用异步方式发送数据的程序。设置 8251A 为异步传送方式,波特系数为 64,采用偶校验,2 位停止位,6 位数据。(设 8251A 与外设之间有握手信号联系,数据口地址为 0880H,控制口地址为 0882H。)

分析:根据题意,可以得到 8251A 芯片的方式控制字、操作命令控制字为:

(1) 方式控制字为 11110111B。

(2) 操作命令控制字为 00110001B。

参考程序如下:

```
        MOV DX, 0882H        ;控制端口地址
        MOV AL, 0F7H
        OUT DX, AL           ;写工作方式控制字
        MOV AL, 31H
        OUT DX, AL           ;写操作命令控制字
LOP:    IN  AL, DX           ;读入状态控制字
        AND AL, 01H
        JZ  LOP              ;检测 TxRDY 是否为 1
        MOV DX, 0880H
        MOV AL, XX           ;输入数据
        OUT DX, AL
```

【例 9.13】试编写 8251A 接收数据的初始化程序。要求 8251A 为同步传送方式,2 个

同步字符、内同步、奇校验、8 位数据、同步字符为 18H。(设 8251A 与外设之间有握手信号联系,数据口地址为 0880H,控制口地址为 0882H。)

分析:根据题意,可以得到 8251A 芯片的方式控制字、操作命令控制字为:

(1) 方式控制字为 00011100B。

(2) 操作命令控制字为 10010110B。

参考程序如下:

```
MOV    DX, 0882H              ;控制端口地址
MOV    AL, 1CH
OUT    DX, AL                 ;写工作方式控制字
MOV    AL, 18H                ;同步字符送 AL
OUT    DX, AL
OUT    DX, AL                 ;输入两个同步字符
MOV    AL, 961H
OUT    DX, AL                 ;写操作命令控制字
```

 本章小结

本章介绍了并行输入/输出接口 8255A、定时/计数器 8253 与 8254、DMA 控制器 8237A、串行通信接口 8251A 等可编程接口电路。对于诸多的可编程电路,从内部结构和引脚入手,重点介绍了芯片的工作方式、编程控制字及应用实例。

8255A 有 3 个可编程控制的 8 位并行 I/O 接口,共可提供 24 条 I/O 控制引脚。一般情况下端口 A 或 B 作为 I/O 的数据端口,而端口 C 则作为控制或状态信息的端口,C 口在"方式字"的控制下,可分成两个 4 位端口,每个端口包含一个 4 位锁存器,分别与端口 A 和 B 配合使用,可用作控引信号的输出,或作为状态信号的输入。8255A 有 3 种工作方式:方式 0 为基本输入/输出方式;方式 1 为选通输入/输出方式;方式 3 为双向传输方式。

Intel 8253 是一种常用的可编程定时/计数芯片,工作频率最高为 2.6MHz,改良的兼容计数芯片 8254 则可工作至 10MHz。其本身具有 3 组完全独立操作的 16 位计数器,每一组计数器可以使用软件加以设定内部 6 种特定的工作方式。一旦 8253 设定某种工作方式并设定计数器值后,便能够独立工作。计数完后自动产生输出信号,完全不必要 CPU 作附加控制。

8253 具有 3 个功能相同的 16 位减法计数器 0 号、1 号和 2 号,可进行二进制或二—十进制(BCD)计数或定时操作。采用二进制时,最大计数值为 0FFFFH;采用 BCD 码计数时,最大计数值为 9999。工作方式和计数常数可由软件编程来选择,可以方便地与 PC 总线连接,定时/计数器 8253 共有 6 种工作方式,方式 0 为计数结束中断方式;方式 1 为可编程的单脉冲发生器;方式 2 为分频器;方式 3 为方波发生器;方式 4 为软件触发的选通信号发生器;方式 5 为硬件触发方式;8254 的引脚和 8253 的引脚是完全相同的,凡是使用 8253 的系统,均可由 8254 来取代。但反过来说,用 8253 完全代替 8254 则有一定的局限性。二者的明显区别在于 8254 的工作频率比 8253 高,另外

其控制命令功能也有差别。8254 除了包含 8253 的全部控制命令外，还具有读回命令 (Read_Back Command)，使用的端口地址仍然是控制口地址，该命令用于控制计数值和状态寄存器的状态信息获取。

Intel 8237A 是一种高性能的可编程 DMA 控制器芯片，在 5MHz 时钟频率下，其传输速率可达每秒 1.6MB；一片 8237A 芯片有 4 个独立的 DMA 通道，即有 4 个 DMA 控制器(DMAC)。每个 DMA 通道具有不同的优先权，都可以分别设置为允许和禁止。每个通道有 4 种工作方式，一次传送的最大长度可达 64KB；多个 8237A 芯片可以级连，任意扩展通道数。可编程 DMA 控制器芯片 8237 有被动工作方式和主动工作方式两种状态，从工作时序分析，可分别看成是空闲周期和 DMA 有效周期以及从空闲周期到有效周期之间的过渡状态。共产生 7 种状态周期：S_i、S_0、S_1、S_2、S_3、S_4 和 S_W；8237A 有 4 种 DMA 传送方式，3 种 DMA 传送类型，并可以实现存储器至存储器之间的数据传送。

8251A 是一个 28 个管脚的双列直插式大规模集成电路芯片，其数据总线是 8 位的，分别为 $D_0 \sim D_7$，它们是三态双向的，CPU 通过数据总线并行传送命令，交换数据及检测状态。8251A 的内部结构由发送器、接收器、数据总线缓冲器、读/写控制电路及调制解调控制电路 5 部分组成。

思考题与习题

9-1　什么叫并行接口与串行接口？它们各有什么作用？

9-2　8255 有几种工作方式？各有何特点？

9-3　试画出 8255 与 8086 CPU 的连接图，并加以说明。

9-4　8253 与 8254 定时/计数器有何异同？

9-5　试说明 8253 有哪几种工作方式？比较各种工作方式的特点。

9-6　8253 每个通道的最大定时值是多少？如果定时值超过最大值时，应该如何应用？

9-7　采用 DMA 方式能实现高速数据传输的原因是什么？

9-8　采用 DMA 方式实现内存与 I/O 设备之间传送数据时，DMA 控制器 8237 如何实现对 I/O 设备的寻址？

9-9　什么叫同步通信方式？什么叫异步通信方式？各有什么优缺点？

9-10　什么叫波特率因子？什么叫波特率？波特率与接收时钟频率关系如何？

9-11　什么叫异步工作方式？什么叫同步工作方式？

9-12　两台 PC 通过 COM_1 端口进行串行通信，试设计电路图并编写汇编语言程序。

第10章 总线技术

　　总线(Bus)是一种数据通道，是由系统中各部件所共享的。或者说，总线是在部件与部件之间、设备与设备之间传送信息的一组公用信号线。总线的最大特点在于其公用性，即它可同时挂接多个部件或设备。所以总线是连接计算机硬件系统内多种设备的通信线路。总线的一个很重要的特征是被传输媒质由总线上的所有部件所共享，可以将计算机系统内的多种部件连接到总线上。

　　计算机系统中含有多种总线，计算机系统内各个层次之间的信息传送就是由总线来完成的。本章介绍几种比较常见的总线，在系统总线方面介绍 ISA 总线与 PCI 总线的标准、引脚定义及总线的典型操作时序；在通信总线方面介绍 RS-232C 总线的电器特性及接口信号，并对其应用实例给予了编程方法。同时对 USB 总线的特点、编码、传输方式作了简单的介绍。

10.1　总线概述

　　总线是微型计算机芯片之间、各电气部件之间和外部设备之间相互进行信息和数据交换的标准通道。微型计算机的各种操作，就是由于计算机内部定向的信息流和数据流在总线中流动的结果。

10.1.1　总线的分类

　　总线按其规模、功能和所处的位置可分为 4 大类：片内总线、芯片总线、系统内总线和外总线。

　　1) 片内部总线

　　片内部总线是大规模集成电路和超大规模集成电路内部各寄存器或功能单元之间的信息、数据交换通道，取决于集成电路的生产厂家。

　　2) 芯片总线

　　芯片总线又称元件级总线，是指系统内或插件板内各元件之间所采用的总线。

　　3) 系统内总线

　　系统内总线又称插板级总线或者是系统内总线，它是指微型计算机系统内连接各插件板的总线。如 IBM PC/XT 总线、ISA 总线、PCI 总线以及 AGP 总线等。

　　4) 外总线

　　外总线又称为通信总线，它是指用于完成计算机系统与系统之间、计算机与外部设备之间通信的一类总线，如 IEEE−488 并行标准总线，RS−232 串行标准总线，RS−422 串行标准总线等。

　　总线按其通信本质来分，可分为并行总线和串行总线两大类，这两类总线各有其优缺点，各有其独特的生命力。

并行总线的主要特点是高速、高效，但通信距离短；串行通信的特点是通信距离远，接口简单，但速度慢。

由于并行总线速度高，通常主要以内部总线的形式用于微机内部的高速通信；而串行总线信号线少且适合于远距离通信，因此主要用于微机的远程通信及由微机组成的系统或网络。

不论是并行总线还是串行总线，按数据传送的方式又可分为同步传输方式、异步传输方式。

总线按通用性和兼容性又可分为标准总线和非标准总线。标准总线又可分为国际标准总线(如 IEEE 标准、ICE 标准等)、国家标准总线和企业标准总线等，在企业标准总线中，因企业在该技术行业的垄断或领导作用而成为事实上的国际标准，如 IBM PC/XT 总线和 IBM PC/AT 总线。有的非标准总线，是由生产厂家自己确定的，并不对外公开。一般复杂的系统应采用标准总线，并且最好采用国际标准，以寻求最佳标准的通用兼容性，实现最大限度的资源利用。

在应用系统中，采用通用标准总线具有如下优点：硬件设计比较简单；系统容易扩充、更新，在重新组合时也比较方便；插件具有兼容性，产品互换性好。

10.1.2 总线规范及主要性能指标

在总线应用中，各功能插座之间采用总线连接，最好具有通用性，以便于相同系统的各个功能板可以插在任何一个插座上，为用户的安装和使用带来方便。实际上，微型计算机制造厂商在设计一个系统时，为了得到广泛的市场，常常使系统总线设计成能够连接尽可能多的设备，希望与其他生产厂家生产的同类产品能够相互替换。根据此类需要，就产生了一个规格化的可通用的总线，这种总线的设计涉及一个统一的标准，一般包括如下内容。

(1) 机械结构规范：模块的外型尺寸、总线插头与模板边缘的距离等。

(2) 功能规范：各模板插头引脚的名称及功能、各引脚之间信号相互作用的协议。

(3) 电气规范：信号工作时的工作电压、高低电平、动态转换时间、负载能力等。

(4) 定时规范：对扩展的存储器和 I/O 设备的读写操作，规定其总线信号时序，以保证各功能板的兼容性。

各类总线在设计上各有异同，但总的原则必须解决诸如信号分类、传输应答、同步控制以及资源的共享和分配等问题。总线能否保证模块间的通信通畅是衡量总线性能的重要指标，保证数据能在总线上高速、可靠地传输是系统总线最基本的任务。

总线的性能指标主要有以下几个方面。

1) 总线宽度

总线宽度是指数据线的数量，也就是数据线的根数。并行总线的信号线的根数是总线的重要参数之一，如总线宽度有 8 位总线、16 位总线、32 位总线和 64 位总线。

2) 总线定时协定

总线定时协议指的是采用同步定时还是异步定时。这取决于传输数据的两个模块(源模块和目的模块)间的约定。

3) 总线传输率

总线传输率是系统在给定工作方式下所能达到的数据传输率，也就是在给定方式下单位时间内能够传输数据的字节数。

4) 总线频宽

总线频宽是指总线本身所能达到的最高传输率，又称为标准传输率或最大传输率。

总线的性能指标除了上述介绍的几种之外，还有一些其他的参数与总线的性能有关。例如，数据线、地址线是否复用；负载能力；总线控制方式；电源电压；是否可扩展等，这里不再赘述。

10.2 系 统 总 线

伴随着计算机技术的迅速发展和广泛应用，计算机系统总线也在不断地发展之中。常见的系统总线标准有 S-100 、STD 、ISA 、PCI 、USB 等总线。S-100 总线是最早推出的标准化微型计算机总线，它共有 100 个引脚，最初是以 8080 微处理器设计的。TP801 单板机就是采用的 S-100 总线结构。由于 S-100 采用的大板结构，抗冲击和抗震动能力差，加上引脚多、可靠性相对较差，现在这种总线已经很少有人使用了。

10.2.1 ISA 总线

ISA 总线是 8 位/16 位数据传送总线的工业标准。最早是 IBM PC 为方便系统扩充而提供的开放式系统总线插槽，这些插槽就是输入/输出通道(I/O 通道)，也就是系统总线的延伸，是将系统总线进行重新驱动后连接至扩展槽上的。I/O 通道上各个信号的电气性能及信号引脚在插线板上的位置都经过了规范化，具有统一的定义，用户可以方便地通过扩展槽完成接口卡与系统的连接。IBM PC 数据宽度为 8 位的 ISA 总线由 62 根信号线组成，通常称为 PC 总线或者 XT 总线。扩展槽使用 62 芯双面插槽，引脚分别为 $A_1 \sim A_{31}$ 和 $B_1 \sim B_{31}$ ，A 面是元件面，B 面是焊接面，引脚信号定义见表 10.1。16 位 ISA 总线是在 PC/AT 机上推出的，在 PC 总线的基础上增加了 36 根信号线，通常称 AT 总线，对应 36 芯双面插槽，其中 C 面是元件面，对应排列为 $C_1 \sim C_{18}$ ，D 面是焊接面，对应排列为 $D_1 \sim D_{18}$ 。

1. ISA 总线的主要特点

16 位 ISA 总线的主要有以下特点。

(1) 总线支持力强，支持 1KB 的 I/O 地址空间、24 位存储器地址、8 位/16 位数据存取、15 级硬件中断、7 级 DMA 通道等。

(2) 16 位 ISA 总线是一种多主控总线。可以通过总线中的 $\overline{\text{MASTER}}$ 信号，除了主 CPU 外，使 DMA 控制器、DRAM 刷新控制器和带处理器的智能接口控制卡等成为 ISA 总线的主控设备。

(3) 支持 8 种类型的总线周期。

① 8 位/16 位的存储器读周期。

② 8 位/16 位的存储器写周期。

③ 8 位/16 位的 I/O 存储器读周期。

④ 8 位/16 位的 I/O 存储器写周期。

⑤ 中断请求和中断响应周期。

⑥ DMA 周期。

⑦ 存储器刷新周期。

⑧ 总线仲裁周期。

2. ISA 总线信号

ISA 总线是在原 XT 总线(62 线)的基础上扩充 36 线而成的,共有 88 根信号线。其扩充卡插头插槽也由两部分组成:一部分是原 XT 总线的 62 线插头插槽(A、B 两面,每面 31 线);另一部分是增加的 36 线插头插槽(C、D 两面,每面 18 线),增加的 36 线与原有 62 线之间有一凹槽隔开,这样以来,原 36 线的总线也可以单独使用。

1) ISA 总线引脚信号定义

ISA 总线引脚信号定义见表 10.1。

表 10.1　ISA 总线信号定义

引　脚	信　号	I/O	引　脚	信　号	I/O
A_1	$\overline{I/OCHCK}$	I	B_1	GND	—
A_2	SD_7	I/O	B_2	RESET DRV	O
A_3	SD_6	I/O	B_3	+5V DC	—
A_4	SD_5	I/O	B_4	DRQ_9	I
A_5	SD_4	I/O	B_5	−5V DC	—
A_6	SD_3	I/O	B_6	IRQ_2	I
A_7	SD_2	I/O	B_7	−12V DC	—
A_8	SD_1	I/O	B_8	OWS	I
A_9	SD_0	I/O	B_9	+12V DC	—
A_{10}	I/OCHRDY	I	B_{10}	GND	—
A_{11}	AEN	O	B_{11}	$\overline{SWEMW}$	O
A_{12}	SA_{19}	I/O	B_{12}	$\overline{SMEMR}$	O
A_{13}	SA_{18}	I/O	B_{13}	$\overline{I/OW}$	O
A_{14}	SA_{17}	I/O	B_{14}	$\overline{I/OR}$	I/O
A_{15}	SA_{16}	I/O	B_{15}	$\overline{DACK_3}$	I/O
A_{16}	SA_{15}	I/O	B_{16}	DRQ_3	O
A_{17}	SA_{14}	I/O	B_{17}	$\overline{DACK_1}$	I
A_{18}	SA_{13}	I/O	B_{18}	DRQ_1	I
A_{19}	SA_{12}	I/O	B_{19}	$\overline{REFRESH}$	I/O
A_{20}	SA_{11}	I/O	B_{20}	CLK	O
A_{21}	SA_{10}	I/O	B_{21}	IRQ_7	I
A_{22}	SA_9	I/O	B_{22}	IRQ_6	I
A_{23}	SA_8	I/O	B_{23}	IRQ_5	I
A_{24}	SA_7	I/O	B_{24}	IRQ_4	I

引　脚	信　号	I/O	引　脚	信　号	I/O
A_{25}	SA_6	I/O	B_{25}	IRQ_3	I
A_{26}	SA_5	I/O	B_{26}	$\overline{DACK_2}$	I
A_{27}	SA_4	I/O	B_{27}	T/C	O
A_{28}	SA_3	I/O	B_{28}	BALE	O
A_{29}	SA_2	I/O	B_{29}	+5V　DC	—
A_{30}	SA_1	I/O	B_{30}	OSC	O
A_{31}	SA_0	I/O	B_{31}	GND	—
C_1	SBHE	I/O	D_1	$\overline{MEMCS_{16}}$	I
C_2	LA_{23}	I/O	D_2	$\overline{I/OCS_{16}}$	I
C_3	LA_{22}	I/O	D_3	IRQ_{10}	I
C_4	LA_{21}	I/O	D_4	IRQ_{11}	I
C_5	LA_{20}	I/O	D_5	IRQ_{12}	I
C_6	LA_{19}	I/O	D_6	IRQ_{13}	I
C_7	LA_{18}	I/O	D_7	IRQ_{14}	I
C_8	LA_{17}	I/O	D_8	$\overline{DACK_0}$	O
C_9	$\overline{MEMR}$	I/O	D_9	DRQ_0	I
C_{10}	$\overline{MEMW}$	I/O	D_{10}	$\overline{DACK_5}$	O
C_{11}	SD_8	I/O	D_{11}	DRQ_5	I
C_{12}	SD_9	I/O	D_{12}	$\overline{DACK_6}$	O
C_{13}	SD_{10}	I/O	D_{13}	DRQ_6	I
C_{14}	SD_{11}	I/O	D_{14}	$\overline{DACK_7}$	O
C_{15}	SD_{12}	I/O	D_{15}	DRQ_7	O
C_{16}	SD_{13}	I/O	D_{16}	−5V　DC	—
C_{17}	SD_{14}	I/O	D_{17}	$\overline{MASTER}$	I
C_{18}	SD_{15}	I/O	D_{18}	GND	—

2) ISA 总线信号说明

ISA 总线的所有信号都是 TTL 电平，信号线说明如下。

(1) CLK：时钟输出信号，输出 8MHz 的 AT 系统时钟。

(2) RESET　DRV (Reset Drive)：复位驱动输出信号，高电平有效，通常在加电时复位系统。

(3) $SA_0 \sim SA_{19}$ (20-bit System Address Bus)：输入/输出信号，系统地址总线，用于系统内存储器和 I/O 设备的寻址，这 20 根地址线与 $LA_{17} \sim LA_{23}$，可以使寻址达到 16 MB 的存储空间。

(4) $LA_{17} \sim LA_{23}$ (7-bit Latchable Address Bus)：输入/输出信号，为非锁定的地址信号，其中 $LA_{17} \sim LA_{18}$ 是 $SA_{17} \sim SA_{18}$ 的非锁定信号。这些信号给系统提供 16 MB 的寻址能力，在 " BALE " 处于高电平时有效。

(5) $SD_0 \sim SD_{15}$ (16-bit System Data Bus)：输入/输出信号，系统数据总线信号。该 16

根线提供处理器、存储器和 I/O 设备之间的数据传输。

(6) BALE (Bus Address Latch Enable)：缓冲的地址锁存允许输出信号，用来在下降沿时锁存地址信号 $SA_0 \sim SA_{19}$。在 DMA 周期中，BALE 被设置为高电平。

(7) $\overline{I/OCHCK}$ (I/O Channel Check)：I/O 通道校验输入信号。该信号低电平有效，当为低电平时，表示 I/O 通道上的设备出现奇偶错误。

(8) I/OCHRDY (I/O Channel Ready)：I/O 通道准备好输入信号。可由存储器或 I/O 设备将该信号拉至低电平，用以延长存储器或 I/O 的读写周期。

(9) $IRQ_3 \sim IRQ_7$、$IRQ_9 \sim IRQ_{12}$、$IRQ_{14} \sim IRQ_{15}$：中断请求信号，高电平有效。是 I/O 设备向 *CPU* 发出的中断请求信号。其优先级顺序为：(最低)7、6、5、4、3、15、14、13、12、11、10、9(最高)。

(10) $\overline{I/OR}$ (I/O Read)：I/O 读信号，低电平有效。

(11) $\overline{I/OW}$ (I/O Write)：I/O 写信号，低电平有效。

(12) $\overline{SMEMR}$ (System Memory Read Command)：系统存储器读信号，为输出信号，低电平有效。该信号只有在存储器地址空间最低 1MB 范围内才有效。

(13) $\overline{MEMR}$：存储器读信号，为输入/输出信号，低电平有效。

(14) $\overline{SMEMW}$ (System Memory Write Command)：该信号为输出信号，为系统存储器写信号，低电平有效。该信号只有在存储器地址空间最低 1*MB* 范围内才有效。

(15) $\overline{MEMW}$：该信号为输入/输出信号，为存储器写信号，低电平有效。此信号把数据总线上的数据存入存储单元，在整个存储器读周期都是有效的。

(16) $DRQ_0 \sim DRQ_3$、$DRQ_5 \sim DRQ_7$：DMA 请求输入信号，高电平有效。$DRQ_0 \sim DRQ_3$ 用于 8 位数据传输，$DRQ_5 \sim DRQ_7$ 用于 16 位数据传输，DRQ_4 是用于系统板上的信号，其优先级顺序为：(最低)7、6、5、3、2、1、0(最高)。

(17) $\overline{DACK_0} \sim \overline{DACK_3}$、$\overline{DACK_5} \sim \overline{DACK_7}$：DMA 响应输出信号，低电平有效，这些信号是对 $DRQ_0 \sim DRQ_3$、$DRQ_5 \sim DRQ_7$ 的响应信号。

(18) AEN：DMA 地址允许输出信号，由 DMA 控制器控制地址总线、存储器和 I/O 读写命令线。

(19) $\overline{REFRESH}$：存储器刷新信号，低电平有效，用来指示存储器刷新周期。

(20) T/C (Terminal Count)：计数结束输出信号。当 DMA 通道的计数器计数结束时发出一个脉冲。

(21) SBHE (System Byte High Enable)：系统总线高字节允许输入信号，信号有效时，表示数据总线 $SD_8 \sim SD_{15}$ 正在进行高字节传送。

(22) $\overline{MASTER}$：主控输入信号，低电平有效。由 I/O 通道上的处理器控制的 DRQ 线一起使用，对系统进行控制。该信号保持低电平的时间不应超过 15 μs，否则系统存储器可能会由于缺少刷新而失去信息。

(23) $\overline{MEMCS_{16}}$ (Memory 16-bit Chip Select)：存储器 16 位片选信号，低电平有效。该信号有效时，表示当前要传输的数据是有一个等待状态的 16 位存储周期。

(24) $\overline{I/OCS_{16}}$ (I/O 16-bit Chip Select)：16 位 I/O 片选信号，低电平有效。该信号有效时，表示当前要传输的数据是有一个等待状态的 16 位 I/O 周期。

(25) OSC (Oscillator)：为 14.31818 MHz 的振荡器输出信号。

(26) OWS (Zero Wait State)：零等待状态输入信号，通知 CPU 可以完成当前的总线周期，无需再插入附加的等待周期。

3. ISA 总线的电源规格

ISA 总线提供有 4 种电源：+12V、−12V、+5V、−5V，这些电源是有一定的电流电压规格的，ISA 总线提供的电源规格见表 10.2。

表 10.2　ISA 总线的电源规格

总线电源	电压 V		电流最大值 A		最小测量电压 V	峰/峰噪声最大值	保护槽电流 A
	最小值	最大值	8 位最大值	16 位最小值			
+12V ± 5%	11.4	12.6	1.5	1.5	10.8	120 mV	2.0
−12V ± 10%	−10.8	−13.2	0.3	0.3	−10.2	120 mV	2.0
+5V ± 5%	4.5	5.25	3.0	4.5	4.5	50 mV	2.0
−5V ± 10%	−4.5	−5.5	0.2	0.2	−4.3	50 mV	2.0

4. ISA 总线的典型操作时序

ISA 总线的典型操作时序主要有 8 位/16 位存储器读/写周期、8 位/16 位 I/O 读/写周期、DMA 周期、中断请求与中断响应周期等。

1) 8 位存储器读/写周期

8 位存储器读/写周期需要 4 个时钟周期(不插入等待状态)。读周期时 $\overline{\text{MEMR}}$ 信号有效，写周期时 $\overline{\text{MEMW}}$ 信号有效。访问空间如果在 1MB 存储范围以外，则 $\text{LA}_{17} \sim \text{LA}_{23}$ 有效。

2) 8 位 I/O 读/写周期

8 位 I/O 读/写周期需要 5 个时钟周期，因为此期间系统总是自动插入一个等待周期。读操作时 $\overline{\text{IOR}}$ 信号有效，写操作时 $\overline{\text{IOW}}$ 信号有效。其余等待周期是通过 I/OCHRDY 在 T_2 结束时为低电平时插入，但最多只能插入 5 个等待周期。

3) 16 位存储器读/写周期

16 位存储器读/写周期通常需要 5 个时钟周期，因为此期间系统总是自动插入一个等待周期。读周期时 $\overline{\text{MEMR}}$ 信号有效，写周期时 $\overline{\text{MEMR}}$ 信号有效。等待周期是通过 I/OCHRDY 在 T_2 结束且为低电平时插入，但最多只能插入 5 个等待周期。

访问空间如果在 1MB 存储范围以外，则 $\text{LA}_{17} \sim \text{LA}_{23}$ 有效，$\overline{\text{MEMCS}_{16}}$ 有效时代表 16 位存储器读/写操作。

4) 16 位 I/O 读/写周期

16 位 I/O 读/写周期需要 6 个时钟周期，因为此期间系统总是自动插入两个等待周期。读操作时 $\overline{\text{IOR}}$ 信号有效，写操作时 $\overline{\text{IOW}}$ 信号有效。其余等待周期是通过 I/OCHRDY 在 T_2 结束且为低电平时插入，但最多只能插入 4 个等待周期。$\overline{I/OCS_{16}}$ 有效时代表 16 位 I/O 读/写操作。

5) DMA 启动存储器读 I/O 写周期

DMA 启动存储器读、I/O 写周期需要 5 个 DMA 时钟周期。$\overline{SMEMR}$ 在 $\overline{IOW}$ 之前有效，$\overline{DACKX}$ 为 DMA 的第 X 个通道的 DMA 应答信号(X 为 0～7)。等待周期可在 S_3 结束时通过 I/OCHRDY 为低电平时插入，但最多只能插入 5 个等待周期。

6) DMA 启动 I/O 读存储器写周期

DMA 启动 I/O 读、存储器写周期需要 5 个 DMA 时钟周期。$\overline{IOR}$ 在 $\overline{SEMEW}$ 之前有效，$\overline{DACKX}$ 为 DMA 的第 X 个通道的 DMA 应答信号(X 为 0～7)。等待周期可在 S_3 结束时通过 I/OCHRDY 为低电平时插入，但最多只能插入 5 个等待周期。

7) 中断响应周期

在中断过程中，接口设备发出中断请求 IRQX 后，8259 将产生 INTR 信号通知 CPU，CPU 通过 2 个中断响应周期响应当前中断。

在第一个中断响应周期，SD_0～SD_7 处于高阻状态，与此同时 CPU 产生第一个中断响应信号 $\overline{INTA}$，启动输出 $\overline{LOCK}$ 总线锁定信号，在中断响应过程中封锁总线，任何处理机均不能对总线进行存取操作。在第二个中断响应周期，CPU 再次产生中断响应信号 $\overline{INTA}$，8259 收到信号后，将中断类型码送至数据总线，CPU 依据此类型码，转入相应中断服务程序，完成中断响应过程。

10.2.2 PCI 总线

PCI 总线是一种即插即用的总线标准，是 Intel 公司于 1991 年提出并于 1993 年正式推出的，该总线得到了 IBM、Compaq、AST、HP 等 100 多家大型计算机公司的一致认可，在实际应用中得到了广泛的应用。

PCI 总线最大允许 64 位并行数据传输，采用地址/数据总线复用方式，最高总线时钟 66 MHz。PCI 总线通过桥接技术保持与传统总线如 ISA、EISA、VESA、MCA 等标准的兼容性，使得高性能的 PCI 总线与已经大量使用的传统总线技术并存。

由于 PCI 总线高性能的数据传输能力，使 PC 对高速外部设备的支持能力极大提高，它是目前各种总线标准中定义最完善、性价比最高的一种总线标准。

1. PCI 总线的特点

PCI 总线由于采用地址/数据总线复用方式，因此在总线规模较小的前提下，很好地保证了总线的高性能。一般的 PCI 接口应用只需 48 根接口线，比我们前面接触的 ISA 总线的总线数还要少。PCI 总线支持各种中高速的外部设备接口，如网卡、硬盘卡、图形显示卡等，总线的适应能力很强，是一种可自动配置的总线，也就是具有完善的即插即用功能。

PCI 总线独立于 CPU 的局部总线，PCI 总线具有自己的总线标准，用户在进行 PCI 总线接口的开发与应用时，只需按照 PCI 总线标准设计即可。PCI 总线具有以下特点。

1) 线性突发传输

PCI 总线的数据传输是一种线性突发传输模式，也就是数据帧的传输模式，保证总线不断满载数据，使 PCI 总线达到其峰值传输速度。PCI 总线每启动一次数据传输都是以数据帧为基础的。在 PCI 总线上虽然没有 DMA 方式，但线性突发的数据传输模式可以达到与 ISA 总线上的 DMA 方式相同的效果。

2) 同步总线操作

PCI 总线是一种同步总线，除了中断等少数几个信号外，其他信号与总线时钟的上升沿同步。PCI 总线时钟的工作范围是由主板决定的(多为 33 MHz)，实际应用时其范围可以很宽。PCI 总线有多种方式申请等待周期，设计应用时灵活性很高。

3) 多总线主控

所谓多总线主控就是在 PCI 总线上可存在多个具有总线管理控制能力的主控设备，PCI 总线的主控方式可以实现比 ISA 总线的 DMA 操作方式更强的总线管理控制能力。当一个具有总线管理控制能力的外围设备有数据传输任务需要暂时接管总线时，可向 PCI 总线申请总线请求且经响应后获得总线控制权。

4) 不受处理器限制

PCI 总线将中央处理器自系统与外围设备分开，这是它通过 CPU 的局部总线至 PCI 总线之间的桥接器形成的中间缓冲器设计方式，使得 PCI 总线具有独特的独立于处理器的结构特点。通常情况下，在中央处理器总线上增加过多的设备或部件会降低系统的性能和可靠性。但是如果有了缓冲器的设计方式，用户就可以随意添加外围设备以扩展计算机系统，而不需要担心系统性能的降低。

5) 适应于各种计算机机型

PCI 总线不仅为标准的台式电脑提供优化合理的局部总线，而且也适应于笔记本电脑、服务器和小型工作站。它为笔记本电脑提供了台式电脑具备的图形处理功能，支持 3.3 V 电源环境。

6) 兼容性强

目前，计算机系统是通过 PCI / ISA 总线桥实现 PCI 总线与 ISA 总线的完全兼容，保证了通用的 ISA 总线技术到高性能的 PCI 总线的平稳过渡，PCI 总线具有强大生命力的原因就基于此。PCI 总线通过专用桥接器还可保证与 EISA 、VESA 、MCA 等标准总线的兼容性，实现了不同总线之间的联系。

7) 预留了发展空间

PCI 总线标准在设计时预留了充足的发展空间。如 64 位地址/数据线多路复用，使总线由 32 位扩展到 64 位，最高总线时钟可达 66 MHz ，为今后计算机接口技术的发展和应用预留了充足的发展空间。PCI 总线除了支持 5V 接口标准外还支持 3.3V 接口标准，方便地使 PCI 总线应用于台式计算机、笔记本电脑等诸多计算机系统中。

8) 自动配置功能

PCI 总线标准为 PCI 接口提供了完整的自动配置功能，使得 PCI 接口所需要的各种硬件资源通过即插即用的 BIOS 系统在计算机启动时进行自动配置，以达到计算机资源的优化使用与合理配置，因此 PCI 接口是真正的即插即用接口。

9) 编码总线命令

一般的总线接口都有读/写控制线，PCI 总线则不同，没有读/写等控制线，总线命令由 4 根(32 位总线)信号线编码表示，可表示 16 种操作，依此可代表总线的操作状态。

10) 地址/数据总线复用

PCI 总线上的地址总线与数据总线是复用的，工作是分时进行的，具体是在每个总线操作的第一个周期传送地址，之后接着传送数据。这种复用方式与非复用方式相比总线性能基本相同，PCI 总线就是通过这种方式达到总线规模最小前提下性价比高的目的。

11) 总线错误监视

当 PCI 总线上传输的地址或数据出现错误时，该总线专门设有两根信号线对总线上的数据及相关工作及时指出并纠正错误。

12) 性价比高

PCI 总线的接口芯片采用集成电路，节省了逻辑电路，缩小了电路板空间，使得成本大大降低。加上 PCI 总线采用地址/数据总线复用方式，使得 PCI 总线上的接口引脚数大大减少。

2. PCI 总线信号定义

PCI 总线包括数据线、地址线、接口控制线、仲裁及系统线等。PCI 接口对单个设备至少需要 47 根信号线，对主控设备至少需要 49 个信号线。图 10.1 为 PCI 总线的定义与分类。

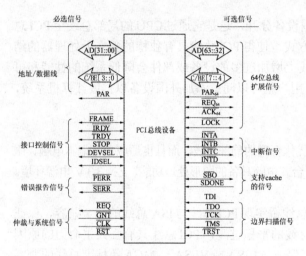

图 10.1　PCI 总线的定义与分类图

1) 概念及常用信号

(1) 主控：在 PCI 总线中，"主控"是指总线上的设备取得了总线的控制权，也称为"主设备"或"主控设备"。只有取得总线管理控制能力的设备才能成为总线的主控，且总线上任一时刻只能有一个主控在工作。总线上具有主控能力的 PCI 设备若想使用总线，必须向 PCI 总线提出总线请求，经响应允许后才能占用总线而成为主控。

(2) 目标：在 PCI 总线中，"目标"是在 PCI 总线上被主控选中而进行通信的设备，也称为"从设备"或"目标设备"。目标响应主控发出的信息，被寻址后依总线命令状态从总线上获得或输出接口信息，达到与主控之间的信息传输。

主控和目标这两个比较关键的概念，在 PCI 总线标准中经常用到，为了便于以下对总线信号的特点加以说明，介绍几种在 PCI 总线中的常用信号。

① IN：表示输入信号。

② OUT：表示输出信号。

③ T/S：表示双向的三态输入/输出信号。

④ S/T/S：表示持续的其低电平有效的三态信号。该信号在从低电平变为高阻状态之前，必须保证至少具有一个时钟周期的高电平。若其他主设备欲想驱动它，至少要等待该信号的原驱动者将其释放一个时钟周期之后才能驱动。

⑤ OD：表示漏极开路，以线或方式允许多个设备共享。

2) PCI 总线信号

PCI 总线标准的完整信号线共有 100 条，但是，一般的 PCI 接口只需不到 50 条的信号线。通常将 PCI 总线的全部信号线分为必备信号和可选信号两大类,必备信号线是 32 位 PCI 接口所必不可少的,通过这些信号线可以实现完整的 PCI 接口功能,例如数据传输、接口控制、总线仲裁等。对于目标设备,必备的信号线为 47 条,对于主控设备,则为 48 条。可选的信号线为高性能 PCI 接口进行功能与性能方面的扩展时使用,例如 64 位地址/数据、中断信号、66 MHz 主频等信号线。

3) PCI 总线信号定义

(1) 系统信号。

① CLK:总线时钟输入信号,其大小决定 PCI 总线的工作频率。PCI 的其他信号在 CLK 的上升沿同步,$\overline{RST}$ (Reset)、$\overline{INTA} \sim \overline{INTD}$ (Interrupt A~D)信号除外。

② $\overline{RST}$:复位输入信号,复位 PCI 总线上的接口设备。对于 PCI 配置寄存器,其复位状态是由 PCI 标准规定的。当总线复位时,PCI 的全部输出信号一般都为"高阻"状态或"低电平"状态。如 $\overline{SERR}$ (System Error)信号为高阻状态,$\overline{SBD}$ (Snoop Backoff)、SDONE (Snoop Done)驱动为低电平,$\overline{REQ}$ 和 $\overline{GNT}$ (Grant)同时驱动到"高阻"(二者不能在复位期间为高或为低),AD、$\overline{C/BE}$ (Bus Command and Byte Enables)及 PAR (Parity)驱动到低电平。当设备请求引导系统时,将响应复位,复位后响应系统引导,启动计算机系统。

(2) 地址与数据信号。

① AD[31::00]:它们是一组 32 位的地址/数据复用双向三态(T/S)信号。AD[31::00] 传输 32 位地址,是在 $\overline{FRAME}$ 有效后的第一个时钟周期传输的,称为地址期;AD[31::00] 传输 32 位数据,是在 $\overline{IRDY}$、$\overline{TRDY}$ 同时有效时传输的,称为数据期。一个 PCI 总线的传输中包含一个地址期和接着一个(单次读/写)或多个数据期。地址期为一个时钟周期;在数据期,AD[07::00] 为低字节,AD[31::24] 为高字节。"写数据"稳定有效的前提是 $\overline{IRDY}$ (Initiator Ready)有效,"读数据"稳定有效的前提是 $\overline{TRDY}$ (Target Ready)有效,在时钟的上升沿对数据进行锁存,二者均无效时为等待周期。

② $\overline{C/BE}$[3::0]:32 位总线命令与字节使能多路复用三态(T/S)信号。在地址期中,4 条线传输的是总线命令,可表示 16 种不同的总线命令。在数据期内,该信号线传输字节使能方式一次可传输任意字节的数据。

(3) 接口控制信号。

① $\overline{FRAME}$:是当前主控驱动的帧周期信号,表示一次数据帧访问的开始和持续时间,为 S/T/S 信号。当 $\overline{FRAME}$ 信号有效总线传输开始时,第一个时钟周期为地址期,随后为数据期。在 $\overline{FRAME}$ 有效期间,数据传输继续进行,$\overline{FRAME}$ 信号失效后,还有最后一个数据周期。

② $\overline{IRDY}$:主控设备准备好信号,为 S/T/S 信号。该信号有效,表示发起本次数据传输的主控已经准备好,否则为等待周期。在读周期,该信号有效表明主控已经做好接收数据的准备;在写周期,该信号有效表明数据已经存在于 AD[31::00] 中且稳定有效。

③ $\overline{TRDY}$:目标设备准备好信号,为 S/T/S 信号。信号有效,表示目标设备已经做好完成当前数据传输的准备工作,可以进行相应的数据传送了。该信号要与 $\overline{IRDY}$ 信号同时有效,才能完整地传输数据。在读周期,该信号有效表明目标已经将有效数据提交至 AD[31::00] 中;在写周期,该信号有效表明目标已经做好接收数据的准备。$\overline{IRDY}$ 与 $\overline{TRDY}$ 中有一个无效时,都为等待周期。

④ $\overline{STOP}$：停止数据传送信号，为S/T/S信号。该信号有效表明从设备要求主设备终止当前的数据传送。

⑤ $\overline{LOCK}$：总线锁定信号，为S/T/S信号。该信号的控制是由PCI总线上发起数据传输的设备结合$\overline{GNT}$信号来完成的，$\overline{LOCK}$信号的控制权只属于一个主控，如果某一设备具有可执行存储器，那么它必须能实现对总线的锁定，用来使主控实现对该存储器的完全独占性访问。

⑥ IDSEL (Initialization Device Select)：初始化设备选择信号，为IN信号。在PCI接口配置参数读写传输期间作为片选信号，一般采用高地址线实现，系统上电时驱动，以实现对PCI接口的自动配置。

(4) 总线仲裁信号。

① $\overline{REQ}$：总线占用请求信号，为T/S信号。该信号有效表明驱动它的设备要求使用总线。

② $\overline{GNT}$：总线占用允许信号，为T/S信号。该信号有效表明用来申请占用总线的设备已经获得批准，可以立即使用总线。

(5) 错误报告信号。

PCI总线上数据传输是否可靠、完整，是由所有在线设备的错误报告线反映出来的，根据错误报告的状态就可以判断数据传输的正确性。

① $\overline{PERR}$ (Parity Error)：数据奇偶校验错误报告信号，为S/T/S信号。该错误报告信号是在设备响应其设备选择信号$\overline{DEVSEL}$ (Device Select)和完成数据期之后才报告的，比实际数据传输晚一个时钟周期。该信号的持续时间与数据期的多少有关，如果只有一个数据期，那么最少持续时间为一个时钟周期；如果是一组数据期且每个数据期都有错，那么$\overline{PERR}$的持续时间将多于一个时钟周期。该信号在使用前必须先驱动为高电平，因为该信号是持续的三态信号。

② $\overline{SERR}$：系统错误报告信号，为OD信号。该信号报告在特殊周期中的地址数据奇偶错以及其他可能引起灾难后果的系统错误。

(6) 中断信号。

中断在PCI总线中并不一定必须具有，它是可选项，中断信号低电平有效，使用漏极开路(OD)方式驱动。中断信号的建立与撤销不一定与时钟信号同步，对于单一功能设备，只有一条中断线，而多功能设备最多可有4条中断线。

PCI局部总线中共有4条中断线，分别为：$\overline{INTA}$、$\overline{INTB}$、$\overline{INTC}$与$\overline{INTD}$，均为OD信号。它们的作用是实现中断请求，后3条线应用于多功能设备。如果一个设备要实现中断，就定义为$\overline{INTA}$；要实现两个中断就定义$\overline{INTA}$与$\overline{INTB}$，依次类推。

(7) 其他可选信号。

为了使具有缓存功能的PCI卡上的存储器能与写穿式或回写式的cache配合工作，可缓存的PCI卡上的存储器应能实现两条高速缓存支持信号作为输入。

① $\overline{SBO}$：试探返回信号，为I/O信号，反映试探的结果。

② $\overline{SDONE}$：监听完成信号，为I/O信号，表示当前监听的状态。该信号有效时，表示监听已经完成，否则表示监听仍在进行。

在PCI总线中，如果要进行64位扩展，以下信号都要使用，现分别介绍如下。

① AD[63::32]：扩展的32位地址与数据多路复用线，为T/S信号。在地址期，若使

用双地址周期命令且 $\overline{REQ_{64}}$ (Request 64-bit Transfer)有效时，这 32 条线上含有 64 位地址的高 32 位；在数据期，当 $\overline{REQ_{64}}$ 与 $\overline{ACK_{64}}$ (Acknowledge 64-bit Transfer)同时有效时，这 32 条线上含有 32 位数据。

② $\overline{C/BE[7::4]}$：总线命令与字节使能多路复用信号线，为 T/S 信号。在数据期，如果 $\overline{REQ_{64}}$ 与 $\overline{ACK_{64}}$ 同时有效时，该 4 条线上传输的是字节使能信号；在地址期，若使用双地址周期命令且 $\overline{REQ_{64}}$ 信号有效时，则表明 $\overline{C/BE[7::4]}$ 上传输的是总线命令。

③ $\overline{REQ_{64}}$：64 位传输请求信号，为 S/T/S 信号。该信号有效时，表示由当前主设备驱动的设备要求采用 64 位通道传输数据。

④ $\overline{ACK_{64}}$：64 位传输认可信号，为 S/T/S 信号。该信号有效时，表示从设备将采用 64 位传输方式。

⑤ PAR_{64} (Parity Upper Dword)：奇偶双字校验，是 AD[63::32]与 $\overline{C/BE[7::4]}$ 的校验位，为 T/S 信号。当 $\overline{REQ_{64}}$ 有效且 $\overline{C/BE[3::0]}$ 上是 DAC 命令时，该信号将在初始地址期之后一个时钟周期有效，并在 DAC 命令的第二个地址期过后的一个时钟处失去作用。

除了上述介绍的信号外，还有 TDI (Test Data Input)、TDO (Test Data Output)、TCK、TMS (Test Mode Select)、$\overline{TRST}$ (Test Reset)信号，这些都为边界扫描信号。$\overline{PRSNT_1}$ (Present Signals)与 $\overline{PRSNT_2}$ 为判断 PCI 插槽上是否有接口卡存在的信号。

3. PCI 总线命令

为了规定主从设备之间信息的传输类型，总线命令出现在地址期的 $\overline{C/BE[3::0]}$ 总线上。该主设备(或主控)是指通过仲裁而获得总线控制权的设备；从设备(或目标)是指在 $\overline{C/BE[3::0]}$ 上出现命令的同时，被 AD[31::00]总线上的地址所选中的设备。

1) 总线命令编码

总线命令用地址期间 $\overline{C/BE[3::0]}$ 总线上的信号表示，一共有 16 种，表 10.3 给出了总线命令的编码及类型说明。

表 10.3　总线命令编码及类型说明表

$\overline{C/BE[3::0]}$	命令类型说明	$\overline{C/BE[3::0]}$	命令类型说明
0 0 0 0	中断应答(中断识别)	1 0 0 0	保留
0 0 0 1	特殊周期	1 0 0 1	保留
0 0 1 0	I/O 读	1 0 1 0	配置读
0 0 1 1	I/O 写	1 0 1 1	配置写
0 1 0 0	保留	1 1 0 0	存储器多行读
0 1 0 1	保留	1 1 0 1	双地址周期
0 1 1 0	存储器读	1 1 1 0	存储器一行读
0 1 1 1	存储器写	1 1 1 1	存储器写并无效

2) 中断应答命令

中断应答相当于一个读命令，对中断控制器的寻址采用隐含方式，也就是说，该地址为逻辑地址但不明显地出现在地址期。

在中断响应期间的地址期中，尽管 AD[31::00] 中不含有效地址，但是主控必须将它们驱动至稳定状态。

3) 特殊周期命令

该命令的作用是为 PCI 提供一个简单的信息广播机制。期间既能报告处理机的状态，而且可以用来作为 PCI 设备间逻辑的侧面连接信号。

一般情况下，特殊周期命令不包含目标地址，而是以广播的形式发向所有设备。在特殊周期命令期，不允许 PCI 设备发出 $\overline{\text{DEVSEL}}$ (Device Select)信号，即广播的消息不需要目标设备的应答，同时不能跨桥传播特殊周期命令。

一般 PCI 接口设备可以不响应特殊周期命令。只有当特殊周期命令对接口功能的实现很有必要时，PCI 接口设备才有必要响应特殊周期命令。

4) I/O 读命令

对于 PCI 总线来说，I/O 地址是 32 位的，并且 32 位 I/O 地址能精确地寻址一个字节的 I/O 数据，在 32 位数据总线上由 $\overline{\text{C}/\text{BE}}$[3::0] 指示每次 I/O 操作字节数据的位置，并且必须与 I/O 操作地址周期中最低两位地址 AD[1::00] 一一对应。

在 I/O 访问中，当目标设备被 I/O 地址译码选中后，目标设备的 $\overline{\text{DEVSEL}}$ 信号输出低电平作为响应信号，告之主控总线上有设备被选中，并且通过 $\overline{\text{TRDY}}$ 完成一次 I/O 操作。

5) 保留命令

PCI 总线共有 4 条保留命令，它是为将来预留的。任何设备都不允许对保留命令作出反应，任何设备都不能挪为己用。

6) I/O 写命令

I/O 写命令的使用要求、方法和操作时序与 I/O 读命令完全相同，读者可参考 I/O 读命令。

7) 存储器读命令

当 CPU 通过主控发出一次 PCI 存储器读命令时，在 $\overline{\text{FRAME}}$ 有效的同时，主控就将 32 位地址通过 AD[31::00] 输出，与此同时 $\overline{\text{C}/\text{BE}}$ 总线上输出存储器读命令(在总线时钟上升沿处有效)。然后，当主控准备好接收数据时，$\overline{\text{IRDY}}$ 有效。期间，被 32 位存储器地址寻址选中的目标设备必须以 $\overline{\text{DEVSEL}}$ 有效来响应本次存储器读命令过程，同时经过一个过渡周期后，目标设备将多字节数据输出到 AD[31::00]，其有效字节的位置由 C/BE 总线相应位指出，并激活 $\overline{\text{TRDY}}$ 有效表示目标数据已经准备好，此时主控将在时钟上升沿处将数据读入，完成一次存储器读过程。

8) 存储器写命令

存储器写命令与读命令的要求、特点、使用方法及操作时序完全相同。

9) 配置读命令

配置读命令用来从目标设备的配置空间读取数据。在配置读命令的地址期内，AD[7::2] 从每个设备的配置空间中的 64 个双字寄存器中选中一个，其中，AD[31::11] 没有意义，AD[10::8] 表示一个多功能设备的哪个功能设备被选中。进行读写时，AD[1::0] 必须为 00，否则该命令无效。

10) 配置写命令

配置写命令与配置读命令基本相同。只是 IDSEL 信号有效且 AD[1::0] 为 00 时，设备才被选中。

11) 存储器多行读命令

在高速 cache 与内存之间进行大批连续数据传输时，多利用存储器多行读命令。存储器多行读命令的时序与存储器(突发)读时序基本相同，只是多了两个信号 SDONE 与 $\overline{SBO}$ 。

12) 双地址周期命令

双地址周期命令用来向支持 64 位寻址的设备发送 64 位地址，发送过程需要两个时钟周期。

13) 存储器一行读命令

存储器一行读命令是从 PCI 内存中读取一行 cache 数据至主板高速 cache 中。与存储器读命令一样，存储器一行读命令启动一次存储器突发传输过程，所不同的是一行读命令一直要读到 cache 行的边界，而存储器多行读命令读取的数据长度可任意长。

14) 存储器写并无效命令

存储器写并无效命令在语义上与存储器写命令相同，不同的一点是它要保证最小的传输单位是一个高速缓存(cache)的行。

15) 命令使用规则

配置读命令与配置写命令要求所有的 PCI 设备都以目标设备的形式给予响应，其他所有命令都为可选项。在 PCI 总线上执行 I/O 读写命令时，要保证其执行顺序。

对于系统存储器的块数据读写，在主设备支持的情况下尽量采用存储器写并无效命令和存储器行读命令。对于使用存储器读命令的主设备，所有命令都可以进行任意长度的访问。

4. PCI 总线协议

突发分组传输是 PCI 的基本总线传输机制。一个突发分组由一个地址期和一个(多个)数据期组成。 PCI 支持存储器空间和 I/O 空间的突发传输。

1) PCI 总线的传输控制

PCI 总线上所有的数据传输基本上都是由以下 3 条信号线控制。

(1) $\overline{FRAME}$ ：指明一次传输的起始和结束，由主设备驱动。

(2) $\overline{IRDY}$ ：允许插入等待周期，由主设备驱动。

(3) $\overline{TRDY}$ ：允许插入等待周期，由从设备驱动。

PCI 总线的传输一般遵循以下管理原则。

(1) $\overline{FRAME}$ 与 $\overline{IRDY}$ 定义总线的忙/闲状态。当其中一个有效时，总线处于"忙"状态，两个都无效时，总线处于"闲"状态。

(2) 在传输过程中，一旦 $\overline{IRDY}$ 信号被设置为"无效"，在同一传输期间不能重新设置。

(3) 主设备一旦设置了 $\overline{IRDY}$ 信号，直到当前数据期结束为止，主设备不能改变 $\overline{IRDY}$ 信号和 $\overline{FRAME}$ 信号状态。

2) PCI 的物理地址空间

I/O 地址空间、内存地址空间、配置地址空间是 PCI 总线定义的 3 个物理空间。

(1) I/O 地址空间

在 I/O 地址空间中，全部 32 位地址总线都被用来提供一个完整的地址编码(字节地址)，这样就使得要求地址精确到字节水平的设备不需要多等一个周期就可完成地址译码(产生

$\overline{DEVSEL}$ 信号),也使负的地址译码节省了一个时钟周期。在 I/O 访问中,AD[1::0]2 位表示传输涉及的最低有效字节,并且要与 $\overline{C/BE[3::0]}$ 相互配合。

(2) 内存地址空间

在存储器访问中,地址为双字节地址只用 AD[31::02],AD[1::0]用作特殊用途,所有的目标设备都要检查 AD[1::0],提供要求的突发传输顺序或执行目标设备断开操作。

(3) 配置地址空间

在配置的地址空间中,用 AD[7::2] 将访问落实到一个 DWORD 地址,配置空间共 64 双字。一个设备收到配置命令时,若 IDSEL 信号成立且 AD[1::0] = 00,则该设备即被选中为访问的目标。

3) 字节校正

所谓"字节校正"是指在每个数据期内,可以自由改变字节使能,使之对传输数据的实际含义和有效部分进行界定。

对于一个不支持高速缓存但支持预取的目标设备,只要不会引起数据破坏或状态改变,也可回送全部字节而不受字节使能信号的控制。

PCI 总线允许字节使能信号以相邻的形式进行组合。对于从设备(目标设备),即使没有字节使能信号,也必须通过发出 $\overline{TRDY}$ 信号使数据传输得到完成。

4) 总线的驱动与过渡

在总线驱动过程中,为了避免多个设备同时驱动一个 PCI 总线而产生竞争,在一个设备驱动到另一个设备驱动之间设置了一个过渡期,又称为交换周期。

在每个地址期与数据期中,所有的 AD 线都必须被驱动到稳定状态,即使是在当前数据传输中未涉及的字节所对应的 AD 线也不例外。

10.3 通 信 总 线

在计算机与外部信息交换过程中,有两种信息交换方式,一种是并行通信方式,另一种是串行通信方式。并行通信时,数据的各位同时进行传输;而串行通信时,数据与控制信息是一位接一位进行传输的。在两种信息交换方式中,串行通信虽然传输速度会慢一些,但传输距离比并行传输长,硬件电路也相应简单些。

最近几年,串行接口的发展逐渐出现了 USB 接口总线。最新的 USB 串行接口标准是由 Microsoft、Intel、Compaq、IBM 等大公司共同推出的,它提供机箱外的即插即用连接,用户在连接外设时不用再关闭电源、打开机箱,而是采用 USB 集线器(Hub)方式。USB 能够智能识别 USB 链上外围设备的插入或拆卸。

由于串行通信技术的发展,特别是 USB 技术的日益成熟和接口电路更加简单,数据传输速度的大幅度提高,串行通信取代并行通信已经指日可待了。

10.3.1 RS-232C 总线

串行通信接口标准经过近几年的使用和发展,目前已经衍生了好几种,但都是在 RS − 232 标准的基础上经过改进而形成的。RS − 232C 标准是美国 EIA 与 Bell 等公司一起开发的 1969 年公布的通信协议,全称是 EIA − RS − 232C 标准。由于通用设备厂商都生产与 RS－232C 制式兼容的通信设备,因此作为一种标准,RS－232C 已经在微机通信接口中广泛采用。目前,PC 上的两个串口 COM₁、COM₂ 接口即为 RS－232C 接口。

1. RS-232C 电器特性及接口信号

1)电气特性

目前较为常用的 RS－232C 串口有 9 针串口(DB9)和 25 针串口(DB25),如图 10.2 所示。其规定如下。

在数据线 TxD 和 RxD 上:

  逻辑 1:$-3V \sim -15V$

  逻辑 0:$+3V \sim +15V$

在控制线与状态线 RTS、CTS、DSR、DTR、DCD 上:

  信号有效:$+3V \sim +15V$

  信号无效:$-3V \sim -15V$

2) RS-232C 与 TTL 转换

RS－232C 是用正负电压来表示逻辑状态的,与 TTL 以高低电平表示逻辑状态的规定不同,因此,要实现串行接口与终端的 TTL 器件连接,必须在它们之间进行电平与逻辑关系的变换。一般有 3 种接口电路:图 10.3(a) 使用 ±12V 电压,功耗较大,不适宜在低功耗的系统中使用;图 10.3(b) 采用 MAX232 接口。MAX232 电路包括两路驱动器和接收器。芯片内有一个电压转换器,可把输入的 +5V 电压转换为 RS－232C 接口所需的电压(±10V),适用于没有 ±12V 的单电源系统,具有功耗低、价格低廉、外围电路简单等优点;图 10.3(c) 为采用分离元件实现 RS－232C 与 TTL 转换的典型电路。

3) RS-232C 的接口信号

RS－232C 标准接口有 25 条线,包括 4 条数据线、11 条控制线、3 条定时线、7 条备用和未定义线,见表 10.4。

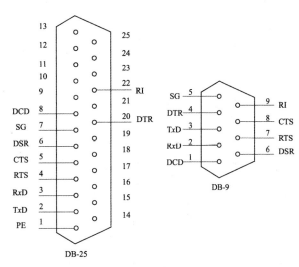

图 10.2   RS－232C 串口示意图

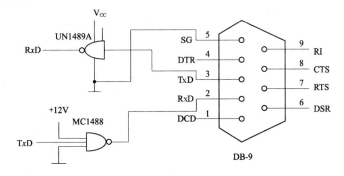

图 10.3(a)   采用 MC1488 、UN1489A 转换电路图

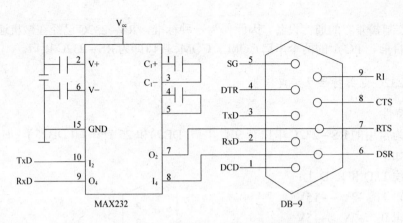

图 10.3(b) 采用 MAX232 的转换电路图

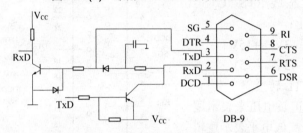

图 10.3(c) 采用分离元件的转换电路图

表 10.4 RS - 232C 信号线

9 针串口(DB - 9)			25 针串口(DB - 25)		
帧号	功能	缩写	帧号	功能	缩写
1	数据载波检测	DCD	2	发送数据	TxD
2	接收数据	RxD	3	接收数据	RxD
3	发送数据	TxD	4	请求发送	RTS
4	数据终端准备好	DTR	5	清除发送	CTS
5	信号地	GND	6	数据终端准备好	DSR
6	数据设备准备好	DSR	7	信号地	GND
7	请求发送	RTS	8	数据载波检测	DCD
8	清除发送	CTS	20	数据设备准备好	DTR
9	振铃指示	RI	22	振铃指示	RI

2. RS-232C 应用举例

1) RS-232C 串行通信接线方法(三线制)

虽然 RS-232C 信号线较多，但由于它是全双工通信，在时间应用时，采用三线制就可以了。三线制是指发送数据线 TxD、接收数据线 TxD 及信号地线 GND。例如 PC 与 MCS51 单片机相连，如图 10.4 所示。

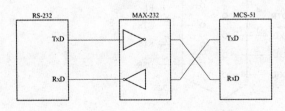

图 10.4 PC 与 MCS51 单片机通信示意图

2) BIOS 串行通信口功能

IBM PC 及其兼容机提供了比较灵活的关于串行通信口的 BIOS 中断调用方法, 也就是通过 "INT 14H" 调用 ROM BIOS 串行通信口程序。下面介绍 "INT 14H" 中断调用功能。

(1) 初始化串行通信口(AH = 0)。

调用参数: AL = 初始化参数

　　　　　DX = 通信口号, 0 : COM1, 1 : COM2

返回参数: AH = 通信口状态

　　　　　AL = 调制解调器状态

初始化参数字格式如图 10.5 所示。

例如要求串行口的传输率为 4800 波特, 字长为 7 位, 1 位停止位, 无奇偶校验。编写程序如下:

```
MOV     AH, 0
MOV     AL, 11000010B
MOV     DX, 0
INT     14H
```

通信口状态格式如图 10.6 所示。

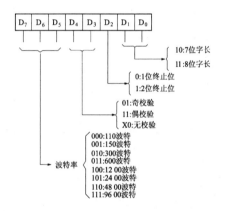
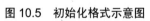
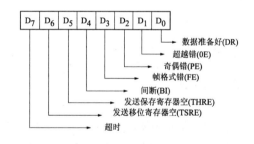

图 10.5　初始化格式示意图　　　　图 10.6　通信口状态格式图

(2) 向串行通信口写字符(AH = 1)。

输入参数: AL = 所写字符

　　　　　DX = 通信口号　0 : COM1, 1 : COM2

输出参数: 写字符成功: AH.7 = 0, AL = 已写入的字符

　　　　　写字符失败: AH.7 = 1, AH.0 ~ 6 = 通信口状态

(3) 从串行通信口读字符(AH = 2)。

输入参数: DX = 通信口号　0 : COM1, 1 : COM2

输出参数: 读字符成功: AH.7 = 0, AL = 字符

　　　　　读字符失败: AH.7 = 1, AH.0 ~ 6 = 通信口状态

(4) 取通信口状态。

输入参数: DX = 通信口号　0 : COM1, 1 : COM2

输出参数： AH = 通信口状态， AL = 调制解调器状态

10.3.2 USB 总线

1. USB 的定义

USB 是 Universal Serial Bus 的缩写，即"通用串行总线"，是连接具有 USB 接口的计算机外围设备到计算机的一种计算机外部总线结构。确切地说，USB 是一个通信协议，用来支持计算机与 USB 接口的串行数据传输。图 10.7 为串行接口与 USB 接口的信号连接图。对于 USB 接口而言，若 D⁺ 接上拉电阻，则为全速传输，此时传输速度为 12 Mbps；若 D⁻ 接上拉电阻，则为低速传输，此时传输速度为 1.5 Mbps。

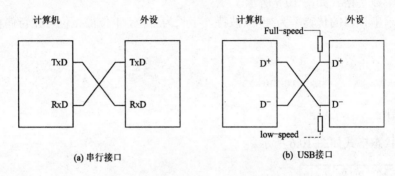

图 10.7 串行接口与 UBS 接口的信号连接图

2. USB 的发展

USB 共经历了以下几次重大变革。

(1) 0.7 版：1994 年 11 月 11 日发布。

(2) 1.0 版：1995 年 11 月 13 日制定，规定 USB 具有两种传输速度：1.5 Mbps (低速)与 12 Mbps (全速)。

(3) 1.1 版：1998 年 9 月 23 日制定，改进兼容性及传输效率，速度不变。

(4) 2.0 草案版本：1999 年 10 月 5 日发布，制定了 High-speed 的概念、规格。

(5) 2.0 版本：2000 年 4 月 27 日制定，规定有 3 种速度：Hi-speed，480 Mbps；Low-speed，1.5 Mbps；Full-speed，12 Mbps，于 2001 年 6 月 21 日测试完成。

3. USB 的特点

USB 作为通用串行总线，具有以下优点。

(1) 与外设单一连接，易于操作，简化了 USB 外设的设计。

(2) 减少了硬件的复杂性和对端口的占用，节省了系统资源。

(3) 支持热插拔(hotplug)。即 PC 在不断电的情况下，可以安全地插上或断开 USB 设备。

(4) 支持即插即用(pnp)。当插入 USB 设备时，计算机系统检测该外设，并自动加载相关的驱动程序，使其正常工作。

(5) 在供电方面提供了灵活性。可以通过 USB 电缆供电，也可以采用自供电方式。当使用 USB 电缆供电时，USB 总线可为连接在其上的设备提供 5V 电压、100～500mA 的电流。

(6) USB 提供 3 种速度：Hi-speed，480 Mbps (USB 2.0 标准)；Low-speed，1.5 Mbps；

Full-speed，12 Mbps。

(7) 为了适应各种不同外围设备的要求，USB 提供 4 种不同的数据传输类型：控制传输、Bulk 数据传输、中断数据传输与同步数据传输。

(8) USB 端口具有灵活的扩展性。一个 USB 端口接入一个 USB Hub，就可以扩展为多个 USB 端口。

4. USB 的 NRZI 编码

USB 接口与其他串行接口不同，在其数据总线上不直接用电平代表逻辑"0"或"1"来传输数据。而是对在其总线上传输的数据进行 NRZI 编码，以确保数据传输的完整性。另外，这种编码方式不需要单独的时钟信号和数据一起发送。

NRZI 编码中数据总线有两种状态，"J"状态和"K"状态，由 D^+ 与 D^- 线上出现的电平组合来表示。具体对应关系见表 10.5。

表 10.5 NRZI 编码

	全速 12Mbps		低速 1.5Mbps	
"J"状态	$D^+=1$	$D^-=0$	$D^+=0$	$D^-=1$
"K"状态	$D^+=0$	$D^-=1$	$D^+=1$	$D^-=0$

NRZI 编码用状态的转变代表"0"，无状态转变代表"1"，如图 10.8 所示。

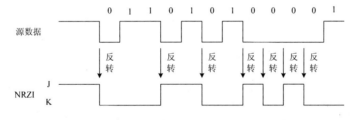

图 10.8 **NRZI** 编码举例示意图

由图 10.8 可以看出，NRZI 编码是用其数据流中的跳变表示同步信号，只要传输数据"0"，就可以保证接收方和发送方的同步。但是，如果源数据中出现连续多个"1"，就会导致无电平跳变，从而引起接收方失去填补信号。为了避免此类情况发生，USB 使用了位填充机制。具体做法是如果传输的源数据中有连续 6 个"1"，那么发送方会在 6 个"1"后填充一个"0"，保证在 7 个位时间里至少有一个跳变。数据接收方在检测到 6 个连续的"1"之后，会把第 7 位的"0"丢掉。

5. USB 的 4 种传输方式

1) 同步传输方式(Isochronous)
同步传输提供了确定的带宽、准确的间隔时间及固定的传输速率，在数据传输发生错误时，USB 并不处理这种错误，而是继续传输新的数据。对于同步传输来说，即时的数据传输比完美的精度和数据的完整性更显得重要。该方式被应用于时间严格并且具有较强容错性的数据流传输，或者用于要求恒定的数据传输率的即时传输应用中。

2) 中断传输方式(Interrupt)

该方式适宜于数据传输量小、数据又需要及时处理的实时传输系统。中断传输方式是单方向的。

3) 控制传输方式(Control)

控制传输方式是双方向的，数据量通常较小。此方式依据"先进先出"的原则处理数据。控制传输方式可以包括8、16、32与64字节的数据，具体依赖于设备和传输速度。

4) 批传输方式(BULK)

该传输方式主要应用于大量传输数据的场合，同时又无带宽和间隔时间限制的情况下，要求传输数据准确无误。

6. USB设备类型

常见的USB设备类型见表10.6。

表 10.6 常见 USB 的设备分类

设备类型 (device·class)	设备举例	类型常量 (class·constant)
音频(audio)	扬声器	USB_DEVICE_CLASS_AUDIO
通信	MODEM	USB_DEVICE_CLASS_COMMUNICATIONS
HID	键盘、鼠标	USB_DEVICE_CLASS_HUMAN_INTERFACE
图像	摄像机、扫描仪	USB_DEVICE_CLASS_IMAGE
显示	监视器	USB_DEVICE_CLASS_MONITOR
物理回应设备	回馈式游戏操纵杆	USB_DEVICE_CLASS_PHYSICAL_INTERFACE
电源	不间断电源	USB_DEVICE_CLASS_POWER
打印机		USB_DEVICE_CLASS_PRINTER
Bulk 存储器	硬盘	USB_DEVICE_CLASS_STORAGE
Hub		USB_DEVICE_CLASS_HUB

 本章小结

　　总线按其规模、功能和所处的位置可分为 4 大类：片内总线、芯片总线、系统内总线和外总线；总线按其通信本质来分，可分为并行总线和串行总线两大类；不论是并行总线和串行总线，按数据传送的方式又可分为同步传输方式、异步传输方式。目前常见的系统总线标准有 ISA、PCI、USB 等总线。

　　ISA 总线是 8 位/16 位数据传送总线的工业标准。最早是 IBM PC 为方便系统扩充而提供的开放式系统总线插槽，这些插槽就是输入/输出通道(I/O 通道)，也就是系统总线的延伸，是将系统总线进行重新驱动后连接至扩展槽上的。I/O 通道上各个信号的电气性能及信号引脚在插线板上的位置都经过了规范化，具有统一的定义，用户可以方便地通过扩展槽完成接口卡与系统的连接。IBM PC 数据宽度为 8 位的 ISA 总线由 62 根信号线组成，通常称为 PC 总线或者 XT 总线。扩展槽使用 62 芯双面插槽，引

脚分别为 $A_1 \sim A_{31}$ 和 $B_1 \sim B_{31}$。16 位 ISA 总线是在 PC/AT 上推出的，在 PC 总线的基础上增加了 36 根信号线，通常称 AT 总线，对应 36 芯双面插槽。ISA 总线的典型操作时序主要有：8 位/16 位存储器读/写周期、8 位/16 位 I/O 读/写周期、DMA 周期、中断请求与中断响应周期等。

　　PCI 总线是一种即插即用的总线标准，是 Intel 公司于 1991 年提出并于 1993 年正式推出的，该总线得到了 IBM、Compaq、AST、HP 等 100 多家大型计算机公司的一致认可，在实际应用中得到了广泛的应用；PCI 总线最大允许 64 位并行数据传输，采用地址/数据总线复用方式，最高总线时钟 66 MHz。PCI 总线通过桥接技术保持与传统总线如 ISA、EISA、VESA、MCA 等标准的兼容性，使得高性能的 PCI 总线与已经大量使用的传统总线技术并存；PCI 总线包括数据线、地址线、接口控制线、仲裁及系统线等。PCI 接口对单个设备至少需要 47 根信号线，对主控设备至少需要 49 个信号线；突发分组传输是 PCI 的基本总线传输机制。一个突发分组由一个地址期和一个(多个)数据期组成。PCI 支持存储器空间和 I/O 空间的突发传输。

　　RS-232C 标准是美国 EIA 与 Bell 等公司一起开发的 1969 年公布的通信协议，全称是 EIA-RS-232C 标准。由于通用设备厂商都生产与 RS-232C 制式兼容的通信设备，因此作为一种标准，RS-232C 已经在微机通信接口中广泛采用。目前，PC 上的两个串口 COM1、COM2 接口即为 RS-232C 接口；RS-232C 标准接口有 25 条线，包括 4 条数据线、11 条控制线、3 条定时线、7 条备用和未定义线。

思考题与习题

10-1　什么是总线？总线的主要性能指标有哪些？

10-2　总线按其通信本质来分，可分为几类？具体是什么？

10-3　ISA 总线的主要特点是什么？

10-4　PCI 总线的主要特点是什么？

10-5　在 PCI 总线中，什么是"主控"？什么是"目标"？

10-6　目前常见的 RS-232C 串口有几种？

10-7　RS-232C 与 TTL 转换电路一般有几种？试画出其中的一种。

10-8　USB 作为通用串行总线的优点有哪些？试列举出 5 点。

第 11 章　数/模转换与模/数转换接口

数/模(Digital/Analog，D/A)转换与模/数(Analog/Digital)转换是开发微机应用系统常用的接口。本章将重点介绍数/模转换器(Digital to Analog Converter，DAC)与模/数转换器(Analog to Digital Converter，ADC)与微型计算机之间的接口设计。首先介绍数/模转换与模/数转换的基本原理和主要性能参数，然后举例详细介绍几种常用的数/模转换器与模/数转换器芯片，及其与 CPU 或者系统总线的硬件接口和程序设计。

11.1　概　　述

在实际生产过程中，需要测量和控制的通常是一些连续变化的模拟量，如电流、电压、温度、压力、流量、位移、速度、光亮度等。由于计算机本身只能识别和处理数字量(由 0 和 1 构成的二进制数)，因此，实际生产过程中的模拟量必须经过模/数转换器，才能输入到计算机，通过计算机以二进制形式进行分析、计算、存储、显示等。同理，如果计算机要把数字量转换为模拟量输出，以便控制以模拟电流或电压量作为输入的执行机构，就必须经过数/模转换器才能实现。基本的计算机控制系统组成如图 11.1 所示，可见 A/D、D/A 转换器已成为计算机接口技术中最常用的芯片之一，应用非常广泛。

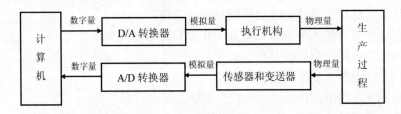

图 11.1　计算机控制系统组成框图

11.2　数/模转换器的工作原理

实现数/模转换的基本方法是将数字量的每一位代码，按其权值的大小转换为相应的模拟量，然后将代表各位的模拟量相加，所得的总和就是与数字量成正比的模拟量，根据这个转换原理，可设计出多种数/模转换器。

11.2.1　权电阻网络 D/A 转换器

图 11.2 为一个 4 位权电阻 D/A 转换器，它包括参考电压 V_{REF}、电子开关、权电阻网络、运算放大器 4 个部分。电子开关 S_3、S_2、S_1、S_0 分别由 4 位二进制代码 d_3、d_2、d_1、d_0 控

制，比如 d_0 为 1 时，表示 S_3 与 V_{REF} 接通，d_0 为 0 时，表示 S_3 与地接通。

设运算放大器为理想运算放大器，则由图 11.2 可知其输出 V_0 为：

$$V_0 = -R_F i_z = -R_F(I_3 + I_2 + I_1 + I_0)$$

其中：$I_3 = \dfrac{V_{REF}}{R}d_3$，$R$ 为权电阻，$d_3=1$ 时 $I_3 = \dfrac{V_{REF}}{R}$，$d_3=0$ 时 $I_3=0$。$I_2 = \dfrac{V_{REF}}{2^1 R}d_2$，$I_1 = \dfrac{V_{REF}}{2^2 R}d_1$，$I_0 = \dfrac{V_{REF}}{2^3 R}d_0$，$R_F$ 为反馈电阻。

当 $R_F=R/2$ 时，则

$$V_0 = -\frac{V_{REF}}{2^4}(d_3 2^3 + d_2 2^2 + d_1 2^1 + d_0 2^0)$$

对于 n 位的权电阻网络 D/A 转换器，输出电压可按下式计算：

$$V_0 = -\frac{V_{REF}}{2^n}(d_{n-1}2^{n-1} + d_{n-2}2^{n-2} + \cdots + d_1 2^1 + d_0 2^0) = -\frac{V_{REF}}{2^n}D_n$$

上式表明，输出模拟量 V_0 与输入的数字量 D_n 成正比，从而实现了数字量到模拟量的转换。当 $D_n=0$ 时，$V_0=0$；当 $d_{n-1},d_{n-2},\cdots,d_1,d_0$ 均为 1 时，即 $D_n = 2^{n-1} + 2^{n-2} + \cdots + 2^1 + 2^0 = 2^n - 1$，则 $V_0 = -\dfrac{2^n - 1}{2^n}V_{REF}$。因此输出电压 V_0 的变化范围是 $0 \sim -\dfrac{2^n - 1}{2^n}V_{REF}$，$V_{REF}$ 为正电压时 V_0 为负值，V_{REF} 取负电压时 V_0 为正电压。

权电阻网络 D/A 转换器的转换精度与基准电压 V_{REF}、权电阻的精度和数字量的位数有关。显然，位数越多，转换精度就越高，但同时权电阻的种类就越多。由于在集成电路中制作高阻值的精密电阻比较困难，所以常用"R-2R"T 型电阻网络来代替权电阻网络。

11.2.2　T 型电阻网络 D/A 转换器

图 11.3 为 4 位 T 型电阻网络 D/A 转换器的基本原理图，该转换器用 R 和 2R 两种阻值的电阻连接成 T 型结构，所以叫 T 型电阻网络，该电路在集成电路中易实现，精度也容易保证，因此得到了更广泛的应用。由 4 位二进制代码 d_3、d_2、d_1、d_0 分别控制电子开关 S_3、S_2、S_1、S_0 连接运算放大器的反相输入端或接地，比如 d_3 为 1 时，S_3 与运算放大器的反相输入端接通，d_3 为 0 时，S_3 与地接通。因为理想运算放大器的同相端和反相端是虚短的，在图 11.3 中，相当于均接地，所以不论 4 位二进制代码 d_3、d_2、d_1、d_0 是 1 或是 0，流过

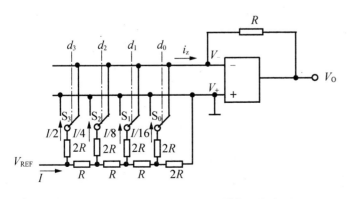

图 11.3　4 位 T 型电阻网络 D/A 转换器原理图

每条支路的电流都是不变的，分别为 $I/2$、$I/4$、$I/8$、$I/16$，并依次减半。从参考电压端输出的总电流是固定的，其大小为

$$I = \frac{V_{\mathrm{REF}}}{R}$$

但电流 i_z 的大小取决于二进制代码 d_3、d_2、d_1、d_0 是 1 或是 0，其大小为

$$i_z = \frac{I}{2}d_3 + \frac{I}{4}d_2 + \frac{I}{8}d_1 + \frac{I}{16}d_0$$

输出电压 V_0 为

$$V_0 = -i_z R$$

$$V_0 = -IR\left(\frac{1}{2}d_3 + \frac{1}{4}d_2 + \frac{1}{8}d_1 + \frac{1}{16}d_0\right)$$

$$V_0 = -\frac{V_{\mathrm{REF}}}{2^4}(2^3 d_3 + 2^2 d_2 + 2^1 d_1 + 2^0 d_0)$$

11.3 D/A 转换器的主要性能参数

1. 分辨率

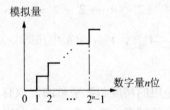

图 11.4 D/A 转换器输出的阶梯波电压(数字量增加或者减少时)

分辨率是 D/A 转换器对数字输入量变化的敏感程度的度量。由于数字量 D 是不连续的，当数字增加或者减少时，模拟量为阶梯形电压，如图 11.4 所示，阶梯形每一级增量对应于输入数字量的最低数位 1。把阶梯形每一级增量与最大模拟量的比值称为分辨率。分辨率=$\frac{1}{2^n - 1}$。比如，8 位 D/A 转换器，其分辨率为 $\frac{1}{2^8 - 1} \approx 0.39\%$。通常在工程中，直接以 DAC 能转换的二进制位数表示分辨率，如 8、10、12、14、16 位 DAC。

2. 转换精度

转换精度表示由于 D/A 转换器的引入而使输出和输入之间产生的误差。可用绝对转换精度和相对转换精度来表示。绝对转换精度是指实际输出值与理论值之间的误差，它与 D/A 转换器的参考电压和权电阻的精度等有关。相对转换精度是绝对转换精度与满量程输出之比乘以百分之百，是常用的描述输出电压接近理想值程度的物理量，更具有实用性。例如，一个 D/A 转换器的绝对转换精度是±0.02V，输出满刻度值为 5V 时，则其相对转换精度为±0.4%。

3. 转换速率

当 D/A 转换器输入的数字量发生变化时，输出的模拟量并不能立即达到所对应的量值，它需要一段时间。通常用建立时间和转换速率两个参数来描述 D/A 转换器的转换速度。

建立时间指输入数字量变化时，输出电压变化到相应稳定电压值所需要时间。一般用 D/A 转换器输入的数字量从全 0 变为全 1 时，输出电压达到规定的误差范围时所需时间表

示。D/A 转换器的建立时间较快，单片集成 D/A 转换器建立时间最短可达 0.1μs 以内。

转换速率用大信号工作状态下(输入信号由全 1 到全 0 或由全 0 到全 1)模拟电压的变化率表示。一般集成 D/A 转换器在不包含外接参考电压源和运算放大器时，转换速率比较高。实际应用中，要实现快速 D/A 转换不仅要求 D/A 转换器有较高的转换速率，而且还应选用转换速率较高的集成运算放大器。

11.4   数/模转换器芯片与微处理器的接口

11.4.1   D/A 转换器与 CPU 接口的基本原理

D/A 转换器的种类繁多，在目前常用的 D/A 芯片中，从数码位数上看，有 8 位、10 位、12 位、16 位等；在输出形式上，有电流输出和电压输出。从内部结构上，又可分为含数据输入寄存器和不含数据输入寄存器两类。对内部不含数据输入寄存器的芯片，亦即不具备数据的锁存能力，是不能直接与系统总线连接的。因为对 D/A 转换器来讲，当有数字量输入时，其输出端随之有模拟电流或电压信号建立；而当输入端数字量消失时，输出模拟量也随之消失。另外，为实现对某个对象的控制，要求输出模拟量要能够保持一段时间。在微机系统中，D/A 转换器的输入数据来自 CPU，8086 CPU 在执行输出指令时，数据在数据总线上只能维持两个时钟周期，这使得转换后的模拟量在输出保持时间太短，无法满足实际系统的要求。所以，在这类芯片(如 AD7520，AD7521 等)与 CPU 连接时，要在其与 CPU 之间增加数据锁存器(如 74LS273)。而内部已包含数据输入寄存器的 D/A 转换器芯片可直接与系统总线相连，常见的有 DAC0832、AD7524 等。

11.4.2   D/A 转换器与 CPU 的接口实例

1. 8 位 D/A 转换器 DAC0832 与 CPU 的接口设计

DAC0832 是应用较广泛的 8 位 D/A 转换芯片，转换时间 1μs。其内部结构如图 11.5 所示，主要包括一个 T 形电阻网络的 8 位 D/A 转换器和两级锁存器，第一级锁存器是 8 位的数据输入寄存器，由控制信号 ILE(Input Latch Enable)、$\overline{CS}$ 和 $\overline{WR_1}$ 控制；第二级锁存器是 8 位的 DAC 寄存器，由控制信号 $\overline{WR_2}$ 和 $\overline{XFER}$ (Transfer Control Signal)控制。DAC0832 的模拟输出为差动电流信号，因此，要想得到模拟电压输出，必须外接运算放大器。

1) DAC0832 的引脚及功能

DAC0832 是 20 个引脚的双列直插式芯片，其引脚图如图 11.6 所示。各引脚功能介绍如下。

$DI_0 \sim DI_7$(Digital Inputs)：8 位数据输入端。

$\overline{CS}$：片选信号，低电平有效。

ILE：输入寄存器选通命令，它与 $\overline{CS}$、$\overline{WR_1}$ 一起将要转换的数据送入输入寄存器。

$\overline{WR_1}$：输入寄存器的写入控制，低电平有效。

$\overline{WR_2}$：数据变换(DAC)寄存器写入控制，低电平有效。

$\overline{XFER}$：传送控制信号，低电平有效。它与 $\overline{WR_2}$ 一起把输入寄存器的数据装入到数据变换寄存器。

I_{OUT1}(DAC Current Output))：模拟电流输出端，当 DAC 寄存器中内容为 FFH 时，I_{OUT1} 电流最大；当 DAC 寄存器中内容为 00H 时，I_{OUT1} 电流最小；

I_{OUT2}：模拟电流输出端。DAC0832 为差动电流输出，一般情况下 I_{OUT1}+ I_{OUT2}=常数。

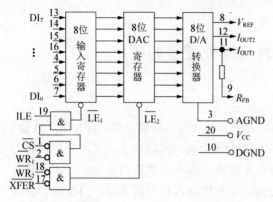

图 11.5　DAC0832 的内部结构框图

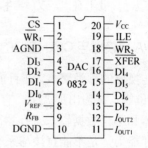

图 11.6　DAC0832 的引脚图

R_{FB}(Feedback Resistor)：反馈电阻引出端，接运算放大器的输出。

V_{REF}(Reference Voltage Input))：参考电压输入端，要求其电压值要相当稳定，一般在 -10V～+10V 之间。

V_{CC}：芯片的电源电压，可为+5V 或者+15V。

AGND(Analog Ground)：模拟信号地。

DGND(Digital)：数字信号地。

另外，在 DAC0832 的内部结构图中，当锁存允许 $\overline{LE_1} = 1$ 时，8 位输入寄存器的输出随输入变化，当 $\overline{LE_1} = 0$ 时，数据锁存在寄存器中，不再随输入的变化而变化。当 $\overline{LE_2} = 1$ 时，8 位 DAC 寄存器的输出随输入变化，当 $\overline{LE_2} = 0$ 时，数据锁存在寄存器中，不再随输入的变化而变化。

2) DAC0832 的工作方式

DAC0832 有 3 种工作方式。第一种是单缓冲工作方式，即输入寄存器或者 DAC 寄存器中的任意一个工作在直通状态，而另一个工作在受控锁存状态。例如，使 DAC 寄存器一直处于直通状态，即 $\overline{LE_2}$ 一直为高电平，此时 $\overline{WR_2}$ = $\overline{XFER}$ =0 即可；使输入寄存器处于受控状态，即 $\overline{LE_1}$ 先为高电平，输入待转换的 8 位数字量后，再把 $\overline{LE_1}$ 变为低电平，D/A 转换器即可对 8 位数字量进行 D/A 转换。硬件连接方法是将 $\overline{WR_2}$ 和 $\overline{XFER}$ 接数字地，ILE 接 +5V；可将 $\overline{CS}$ 接端口地址译码器输出，低电平有效，$\overline{WR_1}$ 接 $\overline{IOW}$ 信号。执行 OUT 指令可使 $\overline{IOW}$ 由低电平变为高电平，控制 $\overline{LE_1}$ 由高电平变为低电平，实现输入寄存器对 8 位数字量的锁存。具体的编程指令例子如下：

```
MOV  AL, 72H        ;72H 为待转换的 8 位数字量
MOV  DX, 306H       ;306H 为分配给 DAC0832 的端口地址
OUT  DX, AL
```

8 位数字量 72H 经过 DAC0832 转换后的模拟电压信号应等于 72H×5V/256≈2.23V。

第二种是双缓冲工作方式。与单双缓冲工作方式不同的是，输入寄存器和 DAC 寄存器均处于受控锁存状态。操作的基本思路是给 DAC0832 分配两个端口地址 $PORT_1$ 和 $PORT_2$，与单缓冲工作方式一样，先通过端口地址 $PORT_1$ 控制 $\overline{LE_1}$ (由高电平变为低电平，而 $\overline{LE_2}$ =0) 对输入到输入寄存器的待转换数据进行锁存；再通过端口地址 $PORT_2$ 控制 $\overline{LE_2}$ (由高电平变为低电平，而 $\overline{LE_1}$ =0) 对输入到 DAC 寄存器的待转换数据(输入寄存器的输出数据)进行锁存，D/A 转换器同时进行转换。其硬件连接方法是将 ILE 固定接+5V，$\overline{WR_1}$、$\overline{WR_2}$ 均接 $\overline{IOW}$，而 $\overline{CS}$ 和 $\overline{XFER}$ 分别接到两个端口的地址译码信号线。双缓冲工作方式的优点是数据接收和启动转换可以异步进行，可以在 D/A 转换的同时接收下一个数据，提高了数/模转换的速率。它还可用于多个通道同时进行 D/A 转换的场合。

由于在这种工作方式中要求先使数据锁存到输入寄存器，之后再使数据进入 DAC 寄存器进行数/模转换。所以，在程序中需要安排两条 OUT 指令。双缓冲方式的程序段例子如下：

```
MOV  AL，73H        ;73H 为待转换的 8 位数字量
MOV  DX，306H       ;输入端口地址 PORT1=306H 送 DX
OUT  DX，AL         ;数据送输入寄存器，IOW 信号控制 WR1 (XFER =1 无效，
                     此时 CS =0 有效)
MOV  DX，307H       ;DAC 寄存器端口地址 PORT2=307H 送 DX
OUT  DX，AL         ;数据送 DAC 寄存器并启动转换，AL 中数可为任意值，主要用
                     执行该 OUT 指令产生有效的 IOW 信号控制 WR2 (XFER =0 有
                     效，此时 CS =1 无效)
```

第三种是直通工作方式。这种工作方式是将 $\overline{CS}$、$\overline{WR_1}$、$\overline{WR_2}$、$\overline{XFER}$ 均接数字地，ILE 接+5V，DAC0832 的输入寄存器和 DAC 寄存器均处于直通状态。此时 DAC0832 就一直处于 D/A 转换状态，即模拟输出端始终跟踪输入端 $DI_0 \sim DI_7$ 的变化。

3) DAC0832 的应用实例

单缓冲工作方式是 DAC0832 较典型的应用方式，由前述可知，DAC0832 在单缓冲方式下可以直接与系统总线相连，可将它看作一个输出端口。每向该端口送一个 8 位数据，其输出端就会有相应的输出电压。可以通过编写程序，利用 D/A 转换器产生各种不同的输出波形，如锯齿波、三角波、方波、正弦波等。

【例 11.1】根据图 11.7 的电路连接，编写一个输出锯齿波的程序，周期任意，DAC0832 工作在单缓冲方式，端口地址为 270H。V_1 为负电压，经运算放大器反向后 V_{OUT} 为正电压。

编程思路：正向锯齿波的规律是电压从最小值开始逐渐上升，上升到最大值时立刻跳变为最小值，如此反复(反向锯齿波正好相反，先从最小值跳变为最大值，然后逐渐下降到最小值)。所以只要从 0 开始往 DAC0832 输出数据，每次加 1，直到最大值 FFH，然后从 0 开始下一个周期。这个过程的循环执行即可在 DAC0832 输出端得到一个正向锯齿波。下面是一个产生反向锯齿波的程序段，这里使用了一个技巧，用 0 减 1 直接得到最大值 FFH，这样在锯齿波的齿根部可以少做一次判断。

```
        MOV  DX，270H     ;端口地址 270H 送 DX
        MOV  AL，0        ;初始值送 AL
NEXT:   OUT  DX，AL       ;输出数字量到 D/A 转换器 DAC0832
```

```
DEC  AL              ;数字量减 1
JMP  NEXT            ;循环
```

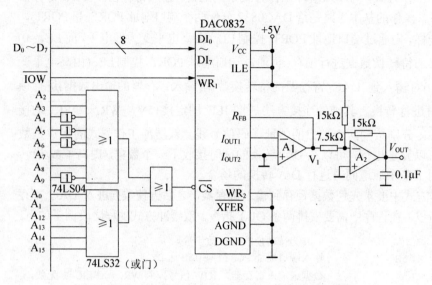

图 11.7　DAC0832 与 8086 微型机系统的硬件连接图

程序产生的锯齿波不是平滑的波形，而是有 255 个小台阶，通过加滤波电路可以得到较平滑的锯齿波输出，还可以通过软件实现对输出波形周期和幅度的调整。

【例 11.2】已知 DAC0832 输出电压 V_{OUT} 的范围为 0～5V，现希望输出 1～4V，周期任意的正向锯齿波。

编程思路：已知当输出为 5V 时，输入数字量为最大值 255，则

$$1V 电压对应的数字量 = 1 \times 255/5 = 51 = 33H$$

$$4V 电压对应的数字量 = 4 \times 255/5 = 204 = CDH$$

程序段为

```
        MOV  DX, 270H        ;DAC0832 的端口地址 270H 送 DX
NEXT1:  MOV  AL, 33H         ;最低输出电压对应的数字量送 AL
NEXT2:  OUT  DX, AL          ;输出数字量到 DAC0832
        INC  AL              ;数字量加 1
        CALL DELAY           ;调用延时子程序
        CMP  AL, 0CDH        ;到最大值 (输出 4V 电压) 否?
        JNA  NEXT 2          ;若没有到最大值继续输出
        JMP  NEXT1           ;达到最大输出则重新开始下一个周期
DELAY:  MOV  CX, 100         ;延时子程序, 延时常数可修改
DELAY1: LOOP DELAY1
        RET
```

本设计中，不仅实现了波形幅度的调整，通过延时子程序中设置不同的延时常数，还可以实现输出信号周期的调整。

2. 12 位 D/A 转换器 DAC1210 与 CPU 的接口设计

1) DAC1210 的内部结构及引脚功能

DAC1210 是一个 12 位 D/A 转换芯片，其内部结构和引脚如图 11.8 所示，主要包括了一个 8 位输入锁存器、一个 4 位输入锁存器、一个 12 位 DAC 寄存器、一个 12 位 D/A 转换器和逻辑控制电路。当 $\overline{LE}$ =1 时，锁存器输出随输入而变化；当 $\overline{LE}$ =0 时，数据被锁存

在输出端。DAC1210 是 24 个引脚的双列直插式芯片，$DI_0 \sim DI_{11}$ 为 12 位数字量输入端。除 $BYTE_1/\overline{BYTE_2}$ 引脚外，DAC1210 的其他引脚 $\overline{CS}$、$\overline{WR_1}$、$\overline{WR_2}$、$\overline{XFER}$、I_{OUT1}、I_{OUT2}、R_{FB}、V_{REF}、V_{CC}、AGND、DGND 的功能与 DAC0832 对应的引脚功能相同。

$BYTE_1/\overline{BYTE_2}$ 引脚的功能介绍如下。

第一种情况：如果 DAC1210 的 12 位数据线 $DI_0 \sim DI_{11}$ 与微机系统总线的 12 位数据线 $D_0 \sim D_{11}$ 对应连接时，那么 $BYTE_1/\overline{BYTE_2}$ 直

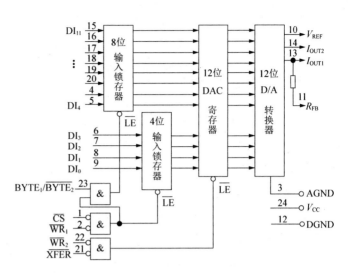

图 11.8　DAC1210 的内部结构框图及引脚图

接高电平，通过控制 DAC1210 的 $\overline{CS}$ 和 $\overline{WR_1}$ 引脚，由 8 位输入锁存器和 4 位输入锁存器同时完成 12 位数据的第一级锁存，再通过控制 DAC1210 的 $\overline{WR_2}$、$\overline{XFER}$ 引脚，由 12 位 DAC 寄存器完成 12 位数据的第二级锁存，并开始 D/A 转换。这与 DAC0832 的双缓冲工作方式相同，也可实现单缓冲工作方式和直通工作方式。

第二种情况：如果微机系统的数据总线 $D_0 \sim D_7$ 为 8 位，那么 DAC1210 的数据线与系统数据总线的连接如图 11.9 所示。微机系统的数据总线 $D_0 \sim D_9$ 与 DAC1210 的高 8 位数据线 $DI_4 \sim DI_{11}$ 对应连接，即 D_0 与 DI_4 连接，D_1 与 DI_5 连接，D_2 与 DI_6 连接，依次类推；同时系统数据总线的低 4 位 $D_0 \sim D_3$ 与 DAC1210 的低 4 位数据线 $DI_0 \sim DI_3$ 对应连接，即 D_0 与 DI_0 连接，D_1 与 DI_1 连接，D_2 与 DI_2 连接，D_3 与 DI_3 连接。采用 $BYTE_1/\overline{BYTE_2}$ 来控制 12 位数据的传输，具体分 3 步进行，第一步先使 $BYTE_1/\overline{BYTE_2}$ =1，通过执行 OUT 命令并送出 12 位数据的高 8 位，控制 $\overline{CS}$ 或者 $\overline{WR_1}$ 由低电平变为高电平，使 8 位输入锁存器和 4 位输入锁存器的 $\overline{LE}$ 由高电平变为低电平，则 8 位输入锁存器锁存 12 位数据的高 8 位，

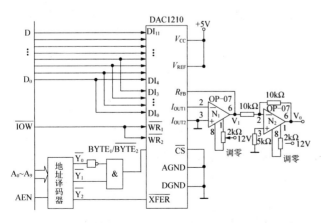

图 11.9　DAC1210 与 8088/8086 微机系统的硬件连接图

同时 4 位输入锁存器锁存高 8 位数据中的低 4 位(该 4 位数据无效)；第二步使 $BYTE_1/\overline{BYTE_2}$ =0，则 8 位输入锁存器锁存的 12 位数据的高 8 位不再变化，通过执行 OUT 命令并送出 12 位数据的低 4 位，控制 $\overline{CS}$ 或者 $\overline{WR_1}$ 由低电平变为高电平，通过逻辑电路使 4 位输入锁存器的 $\overline{LE}$ 由高电平变为低电平，则 4 位输入锁存器锁存 12 位数据的低 4 位(替换了第一步中锁存的 4 位数据)，至此 8 位输入锁存器和 4 位输入锁存器分别锁

存了 12 位数据的高 8 位和低 4 位；第三步通过执行 OUT 命令控制 $\overline{WR_2}$ 或者 XFER 由低电平变为高电平，使 12 位 DAC 寄存器的 LE 由高电平变为低电平，同时锁存输出 12 位数据，并开始 D/A 转换，一段时间后输出模拟信号。

2) DAC1210 的应用举例

DAC1210 与 8086 微机系统的硬件连接如图 11.9 所示，由于 DAC1210 为电流输出，因此接运放 N_2 使之成为负电压输出，再加运放 N_3 进行极性变换，使之成为正向电压输出。$\overline{IOW}$ 同时接 $\overline{WR_1}$ 和 $\overline{WR_2}$，$\overline{CS}$ 接地，$\overline{XFER}$ 接 $\overline{Y_2}$。

该 D/A 转换电路的操作过程是：给 DAC1210 分配 3 个端口地址分别是 378H~37AH，对应译码器的有效信号分别是 $\overline{Y_0}$、$\overline{Y_1}$、$\overline{Y_2}$。执行 OUT 指令，当 $\overline{Y_0}$=0 时，$\overline{Y_1}$=$\overline{Y_2}$=1，$BYTE_1/\overline{BYTE_2}$=1，同时 $\overline{IOW}$ 有效，12 位数据的高 8 位数据被写入 DAC1210 的 8 位输入锁存器和低 4 位输入锁存器；当 $\overline{Y_1}$=0 时，$\overline{Y_0}$=$\overline{Y_2}$=1，$BYTE_1/\overline{BYTE_2}$=0，同时 $\overline{IOW}$ 有效，8 位输入锁存器锁存的高 8 位数据不变，12 位数据的低 4 位数据被写入 DAC1210 的 4 位输入锁存器，原来写入的内容被冲掉；当 $\overline{Y_2}$=0 时，$\overline{Y_0}$=$\overline{Y_1}$=1，使 12 位 DAC 寄存器的 LE 由高电平变为低电平，同时 $\overline{IOW}$ 有效，12 位 DAC 寄存器锁存输出 12 位数据，并开始 D/A 转换，一段时间后自动输出转换结果即模拟信号。

其程序如下：

```
        MOV  AX, 215H      ;设待转换的 12 位数据为 215H,可修改;
        MOV  BL, AL        ;保存低 4 位到 BL
        MOV  CL, 4
        SHR  AX, CL        ;把待转换的 12 位数据的高 8 位全部右移到 AL 中
        MOV  DX, 378H
        OUT  DX, AL        ;送出 12 位数据的高 8 位到 8 位输入锁存器并锁存
        MOV  AL, BL        ;取 12 位数据的低 4 位到 AL 中
        MOV  DX, 379H
        OUT  DX, AL        ;送出 12 位数据的低 4 位到 4 位输入锁存器并锁存
        MOV  DX, 37AH
        OUT  DX, AL        ;使 12 位 DAC 寄存器锁存 12 位数据并开始 D/A 转换
```

在 8086 实验板上运行上述程序，先使输出的 12 位数字量为 000H，用数字万用表检测运放 N_2 和 N_3 的输出端，若输出不为 0，则分别调节运放 N_2 和 N_3 的调零电位器；再使 12 位数字量为非零，用数字万用表测出运放 N_2 和 N_3 的输出端电压，并作记录，根据下面公式，检验是否是预期输出的模拟电压。运放 N_3 输出模拟电压 V_0(范围 0~5V)与计算机输出 12 位数字量 N 的对应公式为

$$V_0 = \frac{5V}{4095} \times N$$

若 N=800H=512，则 V_0=2.5V。

D/A 转换器也常用于调速系统和伺服控制系统中的电机转速控制，图 11.10 给出了一个直流伺服电机的脉宽调制(PWM)转速控制系统。CPU 发出的控制信号经锁存器到 D/A 转换器，转换后的模拟电压通过功率放大器，控制直流伺服电机的转速。速度传感器(如光电编码器等)将检测到的转速通过模拟量的输入通道反馈给微型机，形成闭环控制系统。

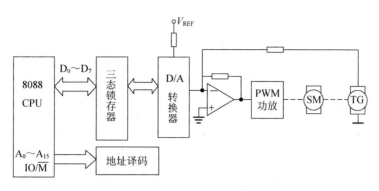

图 11.10   D/A 转换器在直流调速系统中的应用

11.5   A/D 转换器工作原理

A/D 转换器是将时间上连续的模拟信号(通常是电压信号)转换为 n 位二进制数字信号，以便于计算机进行处理。与 D/A 转换器一样，是计算机应用系统的重要接口，A/D 转换器常用于数据采集系统。

A/D 转换器按照输出二进制代码的有效位数通常有 8 位、10 位、12 位、14 位和 16 位等多种；按照转换时间(即进行一次 A/D 转换所需要的时间)可分为超高速(转换时间≤1ns)、高速(转换时间≤1μs)、中速(转换时间≤1ms)、低速(转换时间≤1s)等几种不同转换速度的芯片。

从 A/D 转换原理上，可分为两大类：直接 A/D 转换和间接 A/D 转换。直接 A/D 转换是将模拟电压直接转换成数字代码，这类中较常用的有逐次逼近式 A/D 转换、计数式 A/D 转换、并行转换式 A/D 转换等。间接 A/D 转换是将模拟电压先变成中间变量，如脉冲周期 T、脉冲频率 f、脉冲宽度 τ 等，再将中间变量变成数字代码。这类中较常用的有单积分式和双积分式 A/D 转换、电压/频率转换式 A/D 转换(即 V/F 转换器)等。上述种种 A/D 转换器各有优缺点。以计数式 A/D 转换最简单，但转换速度很慢。并行转换式 A/D 转换速度最快，但成本最高。逐次逼近式 A/D 转换的转换速度和精度都比较高，且比较简单，价格不高，所以在计算机应用系统中最常用。积分式特别是双积分式 A/D 转换的转换精度高，抗干扰能力强，但转换速度慢，一般应用在要求精度高速度不高的场合，例如测量仪表等。电压/频率转换式 A/D 转换在转换线性度、精度、抗干扰能力等方面有独特的优点，且接口简单，占用计算机资源少，缺点也是转换速度低，目前在一些输出信号动态范围较大或者传输距离较远的低速过程的模拟输入通道中，应用较广泛。本节主要介绍逐次逼近式 A/D 转换器和双积分式 A/D 转换器的工作原理。

A/D 转换的全过程通常分成 4 个步骤：采样、保持、量化和编码。现在大多数 A/D 转换器可完成上述四个步骤，操作十分方便。

11.5.1   采样和保持

采样是将一个时间上连续变化的模拟量转化为时间上断续变化的(离散的)模拟量，或者说是把一个时间上连续变化的模拟量转化为一个脉冲串，脉冲的幅度取决于输入模拟量的幅值。

保持是将采样得到的模拟量保持不变，使之等于采样控制脉冲存在的最后瞬间的采样值。

最基本的采样—保持电路如图 11.11 所示。它由 MOS 管采样开关、保持电容 C 和运放跟随器 3 部分组成。采样控制信号 S=1 时，T 导通，V_i 向 C 充电，V_c 和 V_o 跟踪 V_i 变化，即对 V_i 采样。S=0 时，T 截止，V_o 将保持前一瞬间采样的数值不变。只要 C 的漏电电阻、跟随器的输入电阻和 MOS 管 T 的截止电阻都足够大(可忽略 C 的放电电流)，V_o 就能在下次采样脉冲到来之前保持基本不变，采样、保持、量化和编码的示意图如图 11.12 所示。由图 11.12 可知，$V_a' = V_a$，$V_b' = V_b$，V_a' 在下次采样脉冲到来之前保持不变。实际中进行 A/D 转换时所用的输入电压，就是这种保持下来的采样电压，也就是每次采样结束时的输入电压。

为了使采样得到的信号能准确、真实地反映输入模拟信号，实际应用中必须对采样频率提出一定的要求。显然采样周期 T 越小，即采样频率越高，那么精确度越高，也就是说"越真"，当 $T \to 0$ 时，则数字系统变成连续系统，这时"全真"。事实上，T 过短，增加了不必要的计算负担，而 T 过长，会带来很大的误差。理论和实践都证明，只要满足采样定理即

$$f_s \geqslant 2f_{max}$$

式中：f_s 为采样频率；f_{max} 为输入信号 V_i 的最高次谐波分量的频率，那么采样保持得到的输出信号在经过信号处理后便可还原成原来的模拟输入信号。实际中采样频率 f_s 一般取输入信号 V_i 频率 f_{max} 的 4～5 倍，即

$$f_s = (4 \sim 5)f_{max}$$

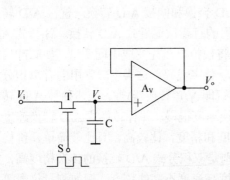

图 11.11 采样保持电路原理图

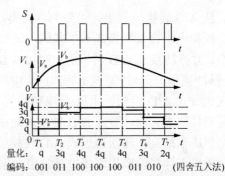

图 11.12 采样、保持、量化和编码示意图

11.5.2 量化和编码

所谓量化，就是用基本的量化电平 q 的个数来表示采样—保持电路得到的模拟电压值。这一过程实质上是把时间上离散而数值上连续的模拟量以一定的准确度变为时间上和数值上都是离散的等效数字量。量化的方法通常有只舍不入法和四舍五入法两种。

编码则是把已经量化的模拟量(它一定是量化电平的整数倍)用二进制数码、BCD 码或者其他码来表示。

图 11.12 反映了对模拟电压 V_i 进行采样、保持、量化、编码的全过程。从中可以看出，只有当电压数值正好等于量化电平 q 的整数倍时，量化后才是准确值，否则量化后的结果

都只能是输入模拟量的近似值。这种由于量化而产生的误差称为量化误差，这是由于量化电平的有限性造成的，属于原理性误差，因此只能减少，而无法消除。为减少量化误差，根本的办法是取小的量化电平。另外，在量化电平一定的情况下，采用四舍五入法也有利于减少量化误差。量化误差的计算在11.6节详细介绍。

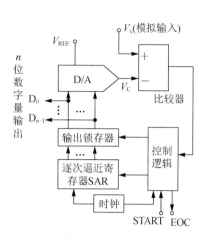

图 11.13　逐次逼近式 A/D 转换器的内部结构框图

11.5.3　逐次逼近式 A/D 转换器

逐次逼近式 A/D 转换器的内部结构框图如图 11.13 所示，它主要由逐次逼近寄存器 SAR、D/A 转换器、电压比较器、控制逻辑和时钟电路等组成。

逐次逼近式 A/D 转换器的工作原理非常类似于用天平称重。在转换开始前，先将 SAR 寄存器清零，然后设其最高位为 1(对 8 位来讲，即为 10000000B)——就像天平称重时先放上一个最重的砝码一样，SAR 中的数字量经过 D/A 转换器转换为相应的模拟电压 V_C，并与模拟输入电压 V_x 进行比较，若 $V_x \geqslant V_C$，则 SAR 寄存器中的最高位保留，否则就将最高位清零——若砝码比物体轻就要保留该砝码，否则就去掉该砝码。然后，再使次高位置 1，进行相同的操作直到 SAR 寄存器的所有位都被确定。转换过程结束后，SAR 寄存器中的二进制码就是 A/D 转换器的输出。

比如，一个 8 位 A/D 转换器，其输入模拟电压范围是 0～5V，则输出的对应数字量范围应是 00H～FFH，即共 256 个数字量，单位数字量表示的模拟电压值为 5V/256≈19.5mV，现假设输入的模拟电压为 4V，其转换过程见表 11.1。

表 11.1　逐次逼近式 8 位 A/D 转换器的转换过程

位序列	比较表达式		二进制值
D_7	$4.000V - 2^7 \times 19.5mV = +1.504V$	>0	1
D_6	$1.504V - 2^6 \times 19.5mV = +0.256V$	>0	1
D_5	$0.256V - 2^5 \times 19.5mV = -0.368V$	<0	0
D_4	$0.256V - 2^4 \times 19.5mV = -0.056V$	<0	0
D_3	$0.256V - 2^3 \times 19.5mV = +0.100V$	>0	1
D_2	$0.100V - 2^2 \times 19.5mV = +0.022V$	>0	1
D_1	$0.022V - 2^1 \times 19.5mV = -0.017V$	<0	0
D_0	$0.022V - 2^0 \times 19.5mV = +0.0025V$	>0	1

这样，就把 4V 的电压模拟量转换为数字量 11001101B(CDH)。

11.5.4　双积分式 A/D 转换器

双积分式 A/D 转换器是 V-T 变换型间接 A/D 转换器，首先把输入的模拟电压信号转换成与

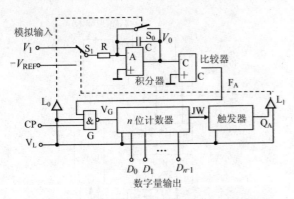

模拟输入
V_1
$-V_{REF}$
S_1 R
A
积分器
S_0 V_0
C
C
比较器
C
F_A
L_0
CP
V_L
&
G
V_G
n 位计数器
JW
触发器
Q_A
L_1
D_0 D_1 D_{n-1}
数字量输出

图 11.14 双积分式 A/D 转换器的工作原理图

之成正比的时间宽度信号，然后在这个时间宽度里对固定频率的时钟脉冲计数，计数的结果就是正比于输入模拟电压的数字信号。

双积分式 A/D 转换器工作过程如下：

转换开始前，由于转换控制信号 $V_L=0$，因而计数器和触发器 F_A 均被置 0，即 $Q_A=0$，同时开关 S_0 闭合，使积分电容 C 充分放电。

当 $V_L=1$ 以后，转换开始，S_0 断开，S_1 接到输入信号 V_1 一侧，积分器对 V_1 进行固定时间 T_1 的积分。积分结束时积分器的输出电压为

$$V_0 = \frac{1}{C} \int_0^{T_1} \left(-\frac{V_1}{R} \right) dt = -\frac{T_1}{RC} V_1$$

上式表明，在 T_1 固定时积分器的输出电压 V_0 与输入电压 V_1 成正比。因为积分过程中积分器的输出为负电压，所以比较器输出为高电平，将门 G 打开，计数器对 V_G 端的脉冲计数。

当计数器计满 2^n 个脉冲以后，自动返回全 0 状态，同时给 F_A 一个进位信号 JW，使 F_A 置 1，即 $Q_A=1$。于是 S_1 转接到 $-V_{REF}$ 一侧，开始进行反向积分。如果积分器的输出电压上升到零时所经过的积分时间为 T_2，则

$$V_0 = \frac{1}{C} \int_0^{T2} \left(\frac{V_{REF}}{R} \right) dt - \frac{T_1}{RC} V_1 = 0$$

$$\frac{T_2}{RC} V_{REF} = \frac{T_1}{RC} V_1$$

故可得

$$T_2 = \frac{T_1}{V_{REF}} V_1$$

可见，反向积分到 $V_0=0$ 的这段时间 T_2 与输入信号 V_1 成正比。令计数器在 T_2 这段时间里对固定频率 $f_c \left(f_c = \frac{1}{T_c} \right)$ 的时钟脉冲 CP 进行计数，则计数结果也一定与 V_1 成正比，即

$$D = \frac{T_2}{T_c} = \frac{T_1}{T_c V_{REF}} V_1$$

式中：D 表示计数结果的数字量。

若取 T_1 为 T_c 的整数倍，即 $T_1=NT_c$，则上式变为

$$D = \frac{N}{V_{REF}} V_1$$

待积分器的输出回到 0 以后，比较器的输出变为低电平，将门 G 封锁，至此转换结束。这时计数器中所存放的数字量就是转换结果。

因为 $T_1=2^n T_c$，即 $N=2^n$，故代入式(11.17)即 $D = \frac{N}{V_{REF}} V_1$，可得

$$D = \frac{2^n}{V_{REF}} V_1$$

例如，对于 8 位双积分式 A/D 转换器，若 V_{REF}=+5V，要转换的模拟输入电压 V_I=4.5V，则转换后的数字量 D 为

$$D = \frac{2^n}{V_{REF}} V_1 = \frac{2^8}{5V} \times 4.5V = 256 \times 0.9 \approx 11100110B = E6H$$

双积分式 A/D 转换器的优点是消除干扰及抗电源噪声能力强，精度高。缺点是转换速度慢。转换时间从几 ms 到几百 ms 不等，一般适用于对温度、压力、流量等缓变参数的检测。

11.6　A/D 转换器的主要性能参数

1. 模拟电压输入范围和分辨率

模拟电压输入范围也称量程，指能够转换的模拟输入电压的变化范围。A/D 转换器的模拟输入电压分为单极性和双极性两种。

单极性：模拟电压输入范围为 0～+5V，0～+10V 或 0～+20V。

双极性：模拟电压输入范围为–5V～+5V，–10V～+10V。

A/D 转换器的分辨率是指它能够分辨的最小输入信号，一般用 A/D 转换器能够转换成二进制数的位数来表示。A/D 转换器的分辨率一般有 8、10、12、14、16 位。

例如，8 位 A/D 转换器，单极性输入 0～5V，数字量为 0～255，它能分辨的最小输入信号是 5V/256≈20mV，分辨率为 8 位。12 位 ADC，双极性输入–5V～+5V，数字量为 0～4095，它能分辨的最小输入信号是 10V/4096≈2mV，分辨率为 12 位。

2. 转换时间

转换时间是指 A/D 转换器完成一次 A/D 转换所需要的时间，即从发出启动转换命令信号到转换结束信号有效之间的时间间隔。转换时间的倒数称为转换速率(或叫转换频率，即 1 秒时间内能完成转换的次数)。例如，ADC0809 的转换时间为 100μs，其转换频率为 10kHz。

3. 转换精度

A/D 转换器输出的实际数字量与理想数字量之间有一定误差，这种误差由量化误差、器件误差、其他误差 3 部分构成。

1) 量化误差。

量化误差是把连续的模拟量转换为离散的数字量时即量化过程中必然存在的，是无法消除的误差。量化间隔 Δ(前述的量化电平 q)定义为

$$\Delta = \frac{模拟输入满度电压值}{A/D \ 转换器的最大数字量输出}$$

对于 n 位的 A/D 转换器，其量化间隔 Δ 表示为

$$\Delta = \frac{V_{max}}{2^n - 1}$$

则，量化误差用绝对误差表示为

$$量化误差 = \frac{1}{2} \times 量化间隔 = \frac{V_{\max}}{2(2^n - 1)}$$

因此，一旦 A/D 转换器的位数和要转换的模拟输入满度电压值确定了，其量化间隔和量化误差也就确定了。

例如，8 位 ADC，单极性输入 0~5V，转换后对应数字量为 0~255，它能分辨的最小输入信号即量化间隔 Δ =5V/256≈20mV，比如，4.98~5.00V 输入对应的数字量均为 255，这是不可避免的。

2)器件误差。

器件误差是由于器件制造精度、温度漂移等造成的，可以通过提高产品质量来降低。

3)其他误差。

比如，电源波动引起的误差，参考电源误差等。

11.7 A/D 转换器芯片与微处理器的接口

11.7.1 A/D 转换器与 CPU 接口的基本设计方法

一般从以下几个方面考虑 A/D 转换器与 CPU 的接口设计。

1. A/D 转换器的外部连接特性

目前 A/D 转换芯片种类繁多，但从 A/D 转换器的外部连接线来看，一般都具有以下输入输出线。

(1) 模拟信号输入线。用来输入待转换的模拟量(一般是模拟电压)，有单通道和多通道之分。对于多个模拟通道，A/D 转换芯片提供了选择通道的地址线，一次只能转换一个通道输入的模拟信号。模拟电压输入信号的地线(比如 AGND)与数字地(DGND)一般短接使用。

(2) 数字量输出线。用来输出模拟量转换后的数字量，数字量输出线的根数表示该 A/D 转换芯片的分辨率。如果 A/D 转换芯片没有三态数据输出锁存器，那么需要在 A/D 转换器和 CPU 的数据总线之间增加三态锁存器(比如可用 8255、74LS244 等)才能连接；反之，可直接与 CPU 的数据总线连接。如果 A/D 转换器数字量输出线的宽度(比如 12 位)大于 CPU 的数据总线的宽度(比如 8 位)，那么 CPU 要分两次读取 A/D 转换后的数字量(比如先读 12 位的低 8 位，再读高 4 位)，然后把两次读取的数字量组合成一个数字量。

(3) 启动 A/D 转换输入线。分电平启动、脉冲上升沿启动和脉冲下降沿启动 3 种，只要每给一次有效的启动信号，就进行一次 A/D 转换，转换完毕采集一次数据。如果是电平启动，必须在整个 A/D 转换期间，保持有效启动电平不变，否则，不能得到正确的转换结果。

(4) 转换结束输出线。A/D 转换结束后，由转换结束输出线输出有效电平(高电平或者低电平，也就是在转换期间为低电平，转换结束就输出高电平，在转换期间为高电平，转换结束就输出低电平)，表示转换结束，CPU 可读取转换后的数字量。根据实际情况，对转换结束信号的检测和转换后数字量的读取一般可采用查询方式、中断方式和 DMA 方式等。

2. A/D 转换器接口的一般工作过程

第一步，模拟通道寻址。对于多个模拟输入通道的 A/D 转换器，首先需要送出 A/D 通

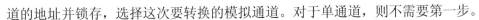

道的地址并锁存，选择这次要转换的模拟通道。对于单通道，则不需要第一步。

第二步，给出启动 A/D 转换信号。因为 A/D 转换何时开始，是由外部来控制，只有向 A/D 转换器发出启动转换命令后，才开始 A/D 转换。

第三步，检测 A/D 转换是否结束。当 A/D 转换结束时，A/D 转换器会发出转换结束信号，以便下一步读取转换后的数字量。

第四步，读取转换后的数字量。当检测到转换结束信号有效后，在查询或者中断方式下，CPU 执行读数据命令，把 A/D 转换后的数字量读入内存。如果用 DMA 方式，可直接把数据读入内存。

11.7.2 A/D 转换器与 CPU 的接口实例

1. 8 位 A/D 转换器 ADC0809 与 CPU 的接口设计

ADC0809 是逐次逼近型 8 位单片 A/D 转换芯片，转换时间 $100\mu s$。片内含 8 路模拟开关，可允许 8 个模拟量输入。另外片内带有三态输出缓冲器，因此可直接与系统总线相连。ADC0809 的转换精度和转换时间都不是很高，但其性能价格比有较明显的优势，是应用较广泛的芯片之一。

1) ADC0809 的引脚及功能

ADC0809 的外部引脚如图 11.15 所示。它是 28 个引脚的双列直插式芯片，其引脚功能如下。

$D_0 \sim D_7$(Digital Data Output)：输出数据线。

$IN_0 \sim IN_7$(Analog Input)：8 路模拟电压输入端，可连接 8 路模拟量输入。

ADDA、ADDB、ADDC(Address Input A\B\C)：三个引脚组合起来选择 8 路模拟量输入中的一路输入。ADDC 为最高位，ADDA 为最低位。表 11.2 表示模拟输入通道的选择情况，比如要选择通道 IN_0，使 ADDC=0、ADDB=0、ADDA=0 即可。

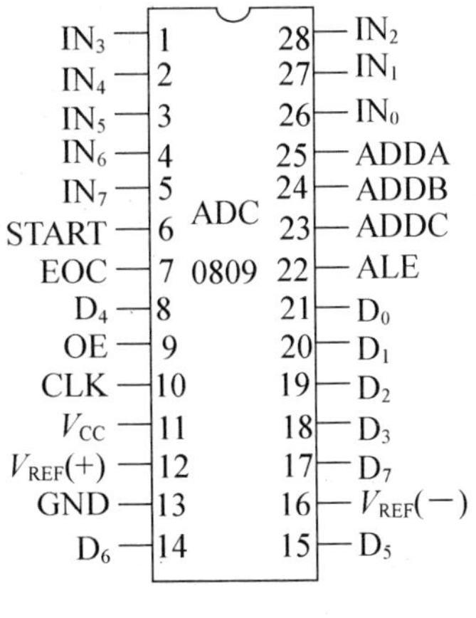

图 11.15 ADC0809 的引脚图

表 11.2 模拟输入通道的选择

模拟通道	ADDC	ADDB	ADDA
IN_0	0	0	0
IN_1	0	0	1
IN_2	0	1	0
IN_3	0	1	1
IN_4	1	0	0
IN_5	1	0	1
IN_6	1	1	0
IN_7	1	1	1

START：启动信号输入端，下降沿有效。在启动信号的下降沿，启动转换。

ALE：模拟通道地址锁存信号，用来锁存 ADDA、ADDB、ADDC 端的地址输入，上升沿有效。

EOC(End of Conversion)：A/D 转换结束状态信号。当该引脚输出低电平时表示正在转换，输出高电平时表示一次转换已结束。

OE：读允许信号，高电平有效。当 EOC=1 且 OE=1 时，CPU 可将转换后的数字量读入。

CLK：时钟输入端，作为 ADC0809 进行转换的时间基准，可输入频率范围 10kHz～1.2MHz，一般可取 500kHz。

V_{CC}：电源端，接+5V。

GND：电源地，也是模拟地和数字地。

$V_{REF}(+)$，$V_{REF}(-)$：参考电压输入端。一般 $V_{REF}(+)$接+5V 电源，$V_{REF}(-)$接地。

2) ADC0809 的内部结构

ADC0809 的内部结构框图如图 11.16 所示，它由模拟电压输入选择部分、转换器部分和输出部分组成。

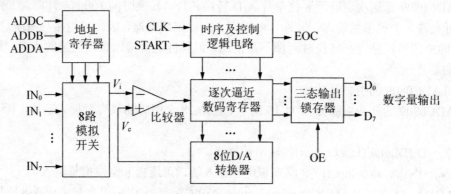

图 11.16　ADC0809 的内部结构框图

模拟电压输入选择部分包括一个 8 路模拟选择部分、地址锁存与译码电路。输入的三位通道地址信号由锁存器锁存，经译码电路译码后控制模拟开关选择相应的模拟输入。转换器部分主要包括比较器、8 位 D/A 转换器、逐次逼近数码寄存器以及时序控制逻辑电路等。输出部分包括一个 8 位三态输出锁存器。

3) ADC0809 的工作过程

ADC0809 的工作时序如图 11.17 所示，由时序图可以看出 ADC0809 的工作过程如下。

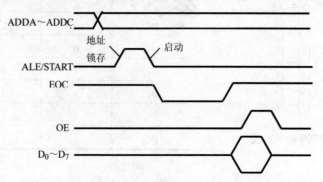

图 11.17　ADC0809 的工作时序图

(1) 首先 CPU 发出 3 位通道地址信号 ADDC、ADDB、ADDA。

(2) 在通道地址信号有效期间，使 ALE 引脚上产生一个由低到高的电平变化，即脉冲上升沿，它将输入的 3 位通道地址 ADDC、ADDB、ADDA 锁存到内部地址锁存器。ALE 的下降沿不影响地址锁存器原来锁存的数据。

(3) 然后给 START 引脚加上一个由高到低变化的电平，即脉冲下降沿，启动 A/D 转换；

(4) A/D 转换期间，输出引脚 EOC 呈现低电平，一旦转换结束，EOC 变为高电平；

(5) CPU 在检测到 EOC 变为高电平后，输出一个正脉冲到 OE 端，然后读取转换后的 8 位数字量。

另外，如果只用 0809 的一个模拟输入通道，ADDC、ADDB、ADDA 均直接接地(即接低电平)，固定使用通道 0(IN$_0$)。一般情况下 ALE 和 START 可短接使用，短接后先使该引脚为低电平，当通道地址 ADDC、ADDB、ADDA 信号输出后，CPU 往该引脚发送一个正脉冲，其上升沿锁存地址，下降沿启动转换。根据实际情况 CPU 可选择延时、查询、中断和 DMA 方式读取转换后的数字量，延时方式就是在启动 A/D 转换后等待一段时间(大于 A/D 转换时间)后，使 OE=1，然后直接读取转换后的数字量；查询方式就是在启动 A/D 转换后检测到 EOC 变为高电平后，使 OE=1，然后读取转换后的数字量；中断方式就是在启动 A/D 转换后由 EOC 由低电平变为高电平引起 CPU 的一个外部中断，然后由 CPU 的中断服务子程序来读取转换后的数字量。

4) ADC0809 的应用举例

ADC0809 主要用于数据采集系统中，可以实现对 8 路模拟输入信号的循环数据采集。以图 11.18 为例，编写 8 路模拟量的循环数据采集程序。设采集的 8 位数字量存放到 DATA 为首地址的内存单元中。

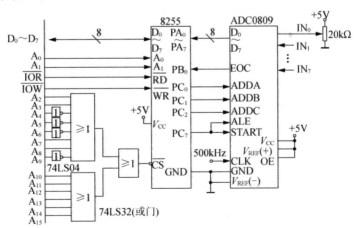

图 11.18　ADC0809 与 8088/8086 微型机系统的硬件连接图

由图 11.18 可知，8255 的地址为 270H～273H。A、B、C 三个端口均工作在方式 0，A 口 8 位输入，读入转换后的 8 位数字量；B 口输入，用 PB$_0$ 检测转换结束信号 EOC 的状态；C 口输出，PC$_2$、PC$_1$、PC$_0$ 分别连接 ADC0809 的模拟通道地址选择端 ADDC、ADDB、ADDA，PC$_7$ 连接 ADC0809 的地址锁存信号 ALE 和启动转换信号 START，按图 11.17 的时序进行工作。ADC0809 的读允许信号 OE 直接接高电平+5V，转换完毕即 EOC 由低电平变为高电平后，可直接读取转换后的 8 位数字量。CLK 时钟端输入 500kHz。实验时，可用一个 20kΩ

电位器连接在模拟信号输入端，若用万用表测得模拟通道 IN_0 的电压为 4V，则通过 ADC0809 采集到的数字量应该为 4V×255/5V=204=CCH。

在 8086 实验板上可运行的数据采集源程序如下：

```
DSEG SEGMENT
DATA DB 8 DUP(?)                ;存放采集数据的内存单元
DSEG ENDS
CSEG SEGMENT
ASSUME CS: CSEG, DSEG: DS        ;伪指令定义代码段和数据段
START:   MOV AX, DSEG
         MOV DS, AX              ;取段地址给 DS
         MOV SI, OFFSET DATA     ;取数据首单元 DATA 的偏移地址给 SI
         MOV AL, 92H             ;初始化 8255，A、B 口方式 0
         MOV DX, 273H            ;A 口和 B 口输入，C 口输出
         OUT DX, AL
         MOV BL, 0               ;模拟量通道号，开始指向第 0 路 IN0
         MOV CX, 8               ;共采集 8 个模拟量通道
AGAIN:   MOV AL, BL
         MOV DX, 272H
         OUT DX, AL              ;送模拟量通道地址，使 ALE=START=0
         MOV AL, 0FH             ;8255 的 PC7 位置 1，送 ALE 信号(上升沿)
         MOV DX, 273H            ;C 口的按位置位复位采用 8255 控制口
         OUT DX, AL
         MOV AL, 0EH             ;8255 的 PC7 位置 0，送 START 信号(下降沿)
         OUT DX, AL              ;启动 ADC0809 的 A/D 转换
         MOV DX, 271H
WAIT1:   IN AL, DX               ;读 8255 的 B 口
         AND AL, 01H             ;取 PB0，即取 ADC0809 的 EOC 状态
         JZ WAIT1                ;如果 EOC=0，转换未结束则等待
         MOV DX, 270H            ;如果 EOC=1，转换结束则从 A 口读数据
         IN AL, DX
         MOV [SI], AL            ;将转换后的数字量送存储器
         INC SI                  ;存储单元地址加 1
         INC BL                  ;模拟通道地址加 1
         LOOP AGAIN              ;若未采集完则再采集下一路数据
         HLT                     ;8 路数据采集完则暂停
CSEG     ENDS
         END START
```

上述程序每执行一次可对 ADC0809 的 8 路模拟通道进行数据采集，并依次存放到 DATA 开始的存储单元中。该程序是通过查询 EOC 的状态来判断 A/D 转换是否结束，中断或者延时的方法请读者自行设计。

2. 16 位 A/D 转换器 MAX1166 与 CPU 的接口设计

MAX1166 是美国 MAXIM 公司生产的逐次逼近型 16 位 A/D 转换器，该芯片除集成了逐次逼近寄存器 SAR、高精度比较器和控制逻辑外，还集成了时钟、4.096 V 精密参考源和接口电路，其内部结构框图如图 11.19 所示。MAX1166 的转换时间约 5μs，并行数据输出线 8 根，与 8 位微处理器连接非常方便。

1) MAX1166 的引脚及功能

MAX1166 共有 20 个引脚，如图 11.20 所示。

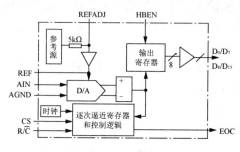

图 11.19 MAX1166 的内部结构框图

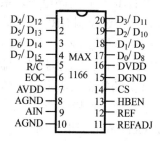

图 11.20 MAX1166 的引脚图

$D_0/D_8 \sim D_7/D_{15}$(Digital Data Output)：8 根数字量输出线，把转换后的 16 位数据分两次(两个字节)读出。

AIN(Analog Input)：模拟电压输入端。

$R/\bar{C}$ (Read/Convert)：读取结果/模数转换控制端，输入；$R/\bar{C}$=0 时，才能进行 A/D 转换，$R/\bar{C}$=1 时，才能读取 A/D 转换后的结果。

CS：转换启动端，输入；以脉冲下降沿启动；具体操作见工作时序。

EOC：转换结束输出端，当检测到 EOC=1 时，表示正在进行 A/D 转换；当检测到 EOC=0 时，表示本次 A/D 转换结束，可读取转换后的 16 位数字量。

HBEN(High-Byte Enable Input))：用来控制从 8 根数字量输出线读出的数据是转换结果(16 位数字量)的高 8 位还是低 8 位；控制 HBEN=1 时，读取的转换结果是高 8 位；控制 HBEN=0 时，读取的转换结果是低 8 位。

REFADJ(Reference Buffer Output)：参考电源选择端。选择内部参考电源模式时，该脚应通过 0.1μF 电容与模拟地相接；选择外部参考电源模式时，该脚应直接与模拟电源相接。

REF(Reference)：参考电源输入/输出端。选择内部参考电源时，该脚应通过 4.7μF 电容接模拟地；而选择外部参考电源时，该脚为外部参考电源输入端。

AVDD(Analog Supply Input)和 DVDD(Digital Supply Voltage)：模拟电源和数字电源，应分别通过 0.1μF 电容与模拟地和数字地相连接，一般接单电源+5V。而数字地 DGND 和两个模拟地 AGND 通常共地。

2) MAX1166 的工作时序

MAX1166 的工作时序如图 11.21 所示。其一次转换过程可分为 3 个阶段，即转换准备阶段、A/D 转换阶段和转换结果输出阶段。具体工作过程如下。

首先将 $R/\bar{C}$ 置 0，然后给 CS 输入脉冲信号，MAX1166 会在 CS 的第一个脉冲信号的下降沿进入工作状态；并在 CS 的第二个

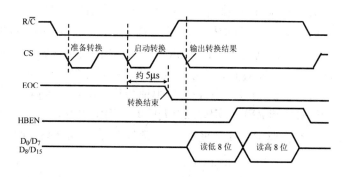

图 11.21 MAX1166 的工作时序图

脉冲信号下降沿启动 A/D 转换。此脉冲信号的宽度应大于 40ns。转换过程中，EOC 为高电平，并在经过约 5μs 后，转换结束，EOC 变为低电平，以指示转换结束。当 EOC 输出低电平时，若将 R/$\overline{C}$ 置为高电平，系统将在 CS 的第三个脉冲的下降沿把转换结果输出到数据总线上。再通过控制 HBEN 为高电平或者是低电平，CPU 可从 8 根数字量输出线上分别读取 16 位数字量的高 8 位或者低 8 位。

MAX1166 有两种工作模式，即稳定工作模式和低功耗工作模式。可由 R/$\overline{C}$ 在 CS 第二个脉冲下降沿的状态来决定选择哪种工作模式，R/$\overline{C}$=0 时，选择正常工作模式，R/$\overline{C}$=1 时，选择低功耗工作模式。

3) MAX1166 的应用举例

MAX1166 是一种 16 位的 A/D 转换器，它不仅具有分辨率高、转换速度快的特点，而且功耗低、体积小、接口方便、电路简单、动态特性良好，具有较广泛的用途。下面以 MAX1166 与 8086 微型机系统的接口为例，介绍 16 位 A/D 转换器的接口设计方法。硬件连接如图 11.22 所示。

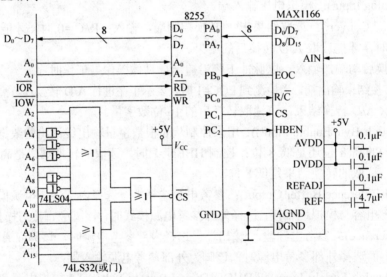

图 11.22　MAX1166 与 8088/8086 微型机系统的硬件连接图

由图 11.22 可见，8255 的端口地址为 370H～373H，设 A 口和 B 口工作在方式 0，A 口和 B 口输入，C 口输出。A 口 PA_0～PA_7 分别与 MAX1166 的 8 根数字量输出线 D_0/D_8～D_7/D_{15} 对应连接，用于读取转换结果；PB_0 与 EOC 连接，用于读取并检测 EOC 状态；PC_0 与 R/$\overline{C}$ 连接，用于控制 R/$\overline{C}$；PC_1 与 CS 连接，用于控制 CS，按 MAX1166 工作时序产生脉冲信号；PC_2 与 HBEN 连接，用于控制读取转换结果的高 8 位或者低 8 位；AVDD 和 DVDD 接+5V 电源，并通过 0.1μF 电容与模拟地和数字地相连接，DGND 和两个模拟地 AGND 共地连接；REFADJ 和 REF 分别通过 0.1μF 和 4.7μF 电容与接地，采用内部参考电源。

编程要求是连续采集 10 个数据存放到 DATA 为首的字单元中。程序如下：

```
DSEG SEGMENT
DATA DW 10 DUP(?)              ;存放采集数据的内存单元
DSEG ENDS
```

```
CSEG SEGMENT
ASSUME CS: CSEG, DSEG: DS        ;伪指令定义代码段和数据段
START: MOV  AX, DSEG
       MOV  DS, AX               ;取段地址给 DS
       MOV  SI, OFFSET DATA      ;取数据首单元 DATA 的偏移地址给 SI
       MOV  AL, 92H              ;初始化 8255，A、B 口方式 0
       MOV  DX, 373H             ;A 口和 B 口输入，C 口输出
       OUT  DX, AL
       MOV  CX, 10               ;共采集 10 次
AGAIN: MOV  AL, 04H
       MOV  DX, 373H
       OUT  DX, AL              ;使 $PC_2$=0，即 HBEN=0，先读低 8 位
       MOV  AL, 00H
       MOV  DX, 373H
       OUT  DX, AL              ;使 $PC_0$=0，即 R/$\overline{C}$ =0
       MOV  AL, 03H
       MOV  DX, 373H
       OUT  DX, AL              ;使 $PC_1$=1，即 CS=1
       NOP                      ;延时>40ns，使 CS 的脉冲宽度 40ns
       NOP
       NOP
       MOV  AL, 02H
       MOV  DX, 373H
       OUT  DX, AL              ;$PC_1$=CS=0，给 CS 第一个脉冲，下降沿有效，
                                准备转换
       NOP
       NOP
       NOP
       MOV  AL, 03H
       MOV  DX, 373H
       OUT  DX, AL              ;$PC_1$=1，即 CS=1
       NOP
       NOP
       NOP
       MOV  AL, 02H
       MOV  DX, 373H
       OUT  DX, AL              ;$PC_1$=CS=0，给 CS 第二个脉冲，下降沿有效，
                                启动转换
       MOV  DX, 371H
WAIT1: IN   AL, DX              ;读 $PB_0$，即读 EOC 状态
       AND  AL, 01H
       JNZ  WAIT1               ;若 EOC=1，则等待，若 EOC=0，则转换结束
       MOV  AL, 01H
       MOV  DX, 373H
       OUT  DX, AL              ;使 $PC_0$=1，即 R/$\overline{C}$ =1，准备读数据
       MOV  AL, 03H
       MOV  DX, 373H
       OUT  DX, AL              ;使 $PC_1$=1，即 CS=1
       NOP
       NOP
```

```
            NOP
            MOV  AL, 02H
            MOV  DX, 373H
            OUT  DX, AL           ;使 PC₁=CS=0，给 CS 第三个脉冲下降沿，
                                   输出转换结果
            MOV  DX, 370H
            IN   AL, DX           ;从 A 口读取低 8 位数据到 AL，因这时 HBEN=0
            MOV  BL, AL           ;暂存低 8 位数据到 BL
            MOV  AL, 05H
            MOV  DX, 373H
            OUT  DX, AL           ;PC₂=1，即 HBEN=1，再读高 8 位
            NOP
            NOP
            NOP
            MOV  DX, 370H
            IN   AL, DX           ;从 A 口读取高 8 位数据到 AL，因这时 HBEN=1
            MOV  BH, AL           ;暂存高 8 位数据到 BH
            MOV  [SI], BX         ;把转换结果 16 位数据送内存单元存放
            INC  SI               ;修改内存单元地址
            INC  SI
            LOOP AGAIN            ;共采集 10 次，若未完，则转 AGAIN 继续
            HLT                   ;10 个数据采集完则暂停
            CSEG ENDS
            END  START
```

 本章小结

数/模(D/A)转换器和模/数(A/D)转换器是计算机应用系统的重要部件，应用非常广泛。本章首先以权电阻网络 D/A 转换器和 T 型电阻网络 D/A 转换器为例，介绍了 D/A 转换器的工作原理；主要性能参数包括分辨率、转换精度和转换速率；重点介绍了 8 位 D/A 转换芯片 DAC0832 和 12 位 D/A 转换芯片 DAC1210 的内部结构、引脚功能、具体工作过程及其与 8086 微机系统的硬件连接和程序设计。本章还介绍了 A/D 转换的四个步骤：采样、保持、量化和编码；以逐次逼近式 A/D 转换器和双积分式 A/D 转换器为例，介绍了 A/D 转换器的工作原理；主要性能参数包括模拟信号输入范围和分辨率、转换时间和转换精度；A/D 转换器与 CPU 接口的基本设计方法；重点介绍了 8 位 A/D 转换芯片 ADC0809 和高分辨率 16 位 A/D 转换芯片 MAX1166 的内部结构、引脚功能、具体工作过程及其与 8086 微机系统的硬件连接和程序设计。

思考题与习题

11-1 D/A 转换器和 A/D 转换器的作用分别是什么？其主要性能参数有哪些？

11-2 对于一个 12 位的 D/A 转换器，如果它输出的电压范围是 0～5V，现在要求 D/A 转换器输出 3.6V 电压，那么 CPU 给 D/A 转换器输出的 12 位数字量为多少？

11-3 要求某计算机控制系统输出 0～5V 模拟电压对外部控制对象进行控制，输出的电压误差不超过 6mV，那么至少应该选用多少位的 D/A 转换器就能满足要求？

11-4 试采用 DAC0832 设计一个固定频率的正弦波信号发生器，画出与 8086 微型机系统总线的硬件连接图，说明设计思路并编写主要程序段。DAC0832 的端口地址自选。

11-5 对于 8 位、12 位和 16 位的 A/D 转换器，当输入电压范围为 0～5V 时，其量化间隔分别为多少？

11-6 要求某电子秤的称重范围为 0～500 克，测量误差小于 0.05 克，至少应该选用分辨率为多少位的 A/D 转换器？现有 8 位、10 位、12 位、14 位和 16 位可供选择。

11-7 某工业现场需要测量并显示 2 个油压信号、4 个温度信号和 1 个水流量信号，这 7 个信号分别经过相应的传感器检测和变送器处理后，得到 0～5V 的电压信号，并输入到 ADC0809 转换器，用计算机巡回测量这 7 个数据并显示。采用查询方式，试用 8086 汇编语言编写 ADC0809 采集这 7 个数据的程序，并分别存入 7 个字节单元 YY1、YY2、WD1、WD2、WD3、WD4 和 LL 中，再直接调用显示子程序 DISPLAY 显示这 7 个数据。ADC0809 可用的端口地址为 370H～377H。

11-8 利用一片 8255 设计一个 12 位 A/D 转换器与 8086 微型机系统总线的接口电路，画出硬件连线图(含译码电路)，说明设计思路，要求编写包括 8255 初始化程序的一次 A/D 转换程序，并把采集到的数据存入字单元 DATA 中。12 位 A/D 转换器的引脚和工作时序如图 11.23 所示，START 为启动 A/D 转换信号，下降沿有效；BUSY 为转换结束信号，当 BUSY=1 时，表示正在转换；当 BUSY=0 时，表示转换结束。OE=0 时，才能读取转换后的 12 位数字量。8255 的地址范围为 3F0H～3F3H。

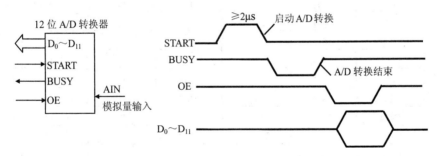

图 11.23 12 位 A/D 转换器的引脚和工作时序图

附录 A　ASCII 码表

ASCII 值	控制字符	ASCII 值	控制字符	ASCII 值	控制字符	ASCII 值	控制字符
00H	NUL	20H	Space	40H	@	60H	、
01H	SOH	21H	!	41H	A	61H	a
02H	STX	22H	"	42H	B	62H	b
03H	ETX	23H	#	43H	C	63H	c
04H	EOT	24H	$	44H	D	64H	d
05H	ENQ	25H	%	45H	E	65H	e
06H	ACK	26H	&	46H	F	66H	f
07H	BEL	27H	,	47H	G	67H	g
08H	BS	28H	(	48H	H	68H	h
09H	HT	29H	)	49H	I	69H	i
0AH	LF	2AH	*	4AH	J	6AH	j
0BH	VT	2BH	+	4BH	K	6BH	k
0CH	FF	2CH	,	4CH	L	6CH	l
0DH	CR	2DH	-	4DH	M	6DH	m
0EH	SO	2EH	.	4EH	N	6EH	n
0FH	SI	2FH	/	4FH	O	6FH	o
10H	DLE	30H	0	50H	P	70H	p
11H	DC1	31H	1	51H	Q	71H	q
12H	DC2	32H	2	52H	R	72H	r
13H	DC3	33H	3	53H	X	73H	s
14H	DC4	34H	4	54H	T	74H	t
15H	NAK	35H	5	55H	U	75H	u
16H	SYN	36H	6	56H	V	76H	v
17H	ETB	37H	7	57H	W	77H	w
18H	CAN	38H	8	58H	X	78H	x
19H	EM	39H	9	59H	Y	79H	y
1AH	SUB	3AH	:	5AH	Z	7AH	z
1BH	ESC	3BH	;	5BH	[	7BH	{
1CH	FS	3CH	<	5CH	\	7CH	|
1DH	GS	3DH	=	5DH	]	7DH	}
1EH	RS	3EH	>	5EH	^	7EH	~
1FH	US	3FH	?	5FH	—	7FH	DEL

注：表中的 0～1FH 以及 7FH 为控制符，不可显示；其余的为可显示字符。

ASCII 码表中控制符号的定义

NUL	Null	空白	VT	Vertical Tab	纵向制表	SYN	Synchronize	同步
SOH	Start Of Heading	标题开始	FF	Form eed	换页	ETB	End Of Transmitted Block	信息组结束
STX	Start Of Text	正文开始	CR	Carriage Return	回车	CAN	Cancel	作废
ETX	End Of Text	正文结束	SO	Shift Out	移出	EM	End Of Medium	纸尽
EOT	End Of Transmit	传输结束	SI	Shift In	移入	SUB	Substitute	换置
ENQ	Enquiry	询问字符	DLE	Date Line Escape	转义	ESC	Escape	换码
ACK	Acknowledge	承认	DC1	Device Control 1	设备控制1	FS	File Separator	文字分隔符
BEL	Bell	报警	DC2	Device Control 2	设备控制2	GS	Group Separator	组分隔符
BS	Backspace	退一格	DC3	Device Control 3	设备控制3	RS	Record Separator	记录分隔符
HT	Horizontal Tab	横向制表	DC4	Device Control 4	设备控制4	US	Unit Separator	单元分隔符
LF	Line Feed	换行	NAK	Negative Acknowledge	否定	DEL	Delete	删除

附录 B DOS 系统功能调用表 (INT 21H)

功能号(AH)	功能描述	入口参数	出口参数
00H	程序终止(同 INT 20H)	CS=程序段前缀 PSP	
01H	键盘输入并回显单字符		AL=读入字符的 ASCII
02H	单字符显示输出	DL=输出字符	
03H	COM1 输入		AL=输入字符
04H	COM1 输出	DL=输出字符	
05H	打印单字符	DL=输出字符	
06H	直接控制台 I/O	DL=FF(输入) DL=字符(输出)	AL=输入字符
07H	键盘输入无回显		AL=输入字符
08H	键盘输入无回显 处理 Ctrl–Break 或 Ctrl–C		AL=输入字符
09H	显示字符串	DS：DX=待输出串起始逻辑 地址字符串以 '$' 结束	
0AH	字符串输入到缓冲区	DS：DX=输入缓冲区逻辑 地址 首字节为最大允许按键数	缓冲区次字节为实际输入 字符数(串长) 然后是输入串
0BH	检查键盘状态		AL=0，有按键 AL=FF，键盘缓冲区已空
0CH	清除键盘缓冲区并执行 AL 指定的功能	AL=子功能号 (1，6，7，8，0A)	
0DH	磁盘复位		清除文件缓冲区
0EH	指定当前默认的磁盘驱 动器	DL=驱动器号 (0=A，1=B，…)	AL=系统中驱动器数
25H	设置中断向量	DS：DX=中断向量 AL=中断号	
26H	建立程序段前缀 PSP	DX=新 PSP 段地址	
2AH	取系统日期		CX=年(1980~2099) DH/DL=月/日
2BH	置系统日期	CX=年(1980~2099) DH/DL=月/日	AL=00H，成功 AL=FFH，日期无效
2CH	取系统时间		CH/CL=时/分 DH/DL=秒/百分秒

续表

功能号(AH)	功能描述	入口参数	出口参数
2DH	置系统时间	CH/CL=时/分 DH/DL=秒/百分秒	AL=00H，成功 AL=FFH，时间无效
2EH	设置磁盘检验标志	AL=00H，关闭检验 AL=FFH，打开检验	
2FH	取 DTA 地址		ES：BX=DTA 逻辑地址
30H	取 DOS 版本号		AH=发行号 AL=版号
31H	结束并驻留	AL=返回码 DX=驻留区长度	
32H	取驱动器参数块	DL=驱动器号	AL=FFH 驱动器无效 DS：BX=驱动器参数块地址
33H	Ctrl-Break 检测	AL=00H 取标志状态	DL=00H 关闭检测 DL=01H 开放检测
35H	取中断向量	AL=中断号	ES：BX=中断向量
36H	取空闲磁盘空间	DL=驱动器号 0=缺省，1=A，2=B	AX=每簇扇区数 BX=剩余簇数 CX=每扇区字节数 DX=总簇数
39H	建立子目录(MD)	DS：DX=子目录串首地址	AX=错误码
3AH	删除子目录(RD)	DS：DX=子目录串首地址	AX=错误码
3BH	改变当前目录(CD)	DS：DX=子目录串首地址	AX=错误码
3CH	建立文件	DS：DX=子目录串首地址 CX=文件属性	成功：AX=文件代号 失败：AX=错误码
3DH	打开文件	DS：DX=子目录说明串首地址 AL=打开方式	成功：AX=文件代号 失败：AX=错误码
3EH	关闭文件	BX=文件代号	失败：AX=错误码
3FH	读文件或设备	DS：DX=数据缓冲区地址 BX=文件代号	成功：AX=实际读入的字节数 失败：AX=错误码
40H	写文件或设备	DS：DX=缓冲区首地址 BX=文件代号 CX=待写入的字节数	成功：AX=实际读入字节数 失败：AX=错误码
41H	删除文件	DS：DX=缓冲区首地址	成功：AX=00 失败：AX=错误码
42H	移动文件指针	BX=文件代号 CX：DX=移动量 AL=移动方式	成功：DX：AX=新指针位置 失败：AX=错误码
43H	置/取文件属性	DS：DX=缓冲区首地址 AL=0，取文件属性 AL=1，置文件属性 CX=文件属性	成功：CX=文件属性 失败：AX=错误码

续表

功能号(AH)	功能描述	入口参数	出口参数
47H	取当前目录路径名	DL=驱动器号 DS：SI=缓冲区首地址	填充缓冲区 失败：AX=错误码
4CH	带返回码结束	AL=结束码	
4EH	查找第一个匹配文件	DS：DX=说明符号串首地址 CX=文件属性	失败：AX=错误码
4FH	查找下一个匹配文件	DS：DX=说明符号串首地址 CX=文件属性	失败：AX=错误码
56H	文件改名	DS：DX=原文件名符号串首 地址 ES：DI=新文件名符号串 首地址	失败：AX=错误码
57H	置/取文件时期和时间	BX=文件代号 AL=0，读 AL=1，置	DX：CX=日期和时间

注 1：DOS 系统功能调用的功能号排列为从 00H～6CH，此表中所列的为常用功能。

注 2：附录 C　8086/8088 汇编语言指令表和附录 D　8086/8088 伪操作指令表见二维码。

参 考 文 献

[1] 冯博琴，吴宁. 微型计算机原理与接口技术[M]. 北京：清华大学出版社，2002.

[2] 刘乐善，欧阳星明，刘学清. 微型计算机接口技术及应用[M]. 武汉：华中科技大学出版社，2000.

[3] 郑学坚，周斌. 微型计算机原理与应用[M]. 三版. 北京：清华大学出版社，2001.

[4] 杨振江. A/D. D/A 接口技术与实用电路[M]. 西安：西安电子科技大学出版社，1996.

[5] 邹蓬兴. 微型计算机硬件技术及应用基础(下册：接口与应用)[M]. 长沙：国防科技大学出版社，1997.

[6] 阎石. 数字电子技术基础[M]. 4 版. 北京：高等教育出版社，1998.

[7] 吴秀清，周荷琴. 微型计算机原理与接口技术[M]. 四版. 北京：中国科学技术大学出版社，2011.

[8] 王钰. 微型计算机原理[M]. 二版. 西安：西安电子科技大学出版社，2012.

[9] 喻宗泉. 80X86 微机原理与接口技术[M]. 西安：西安电子科技大学出版社，2005.

[10] 葛建梅. 汇编语言程序设计[M]. 北京：中国水利水电出版社，2005.

[11] 姚燕南，薛钧义. 微型计算机原理[M]. 西安:西安电子科技大学出版社，2000.

[12] 戴梅萼. 微型计算机技术及应用[M]. 三版. 北京:清华大学出版社，2003.

[13] 李伯成，侯伯亨，张毅坤. 微型计算机原理及应用[M]. 西安:西安电子科技大学出版社，1999.

[14] Barry B. Brey. Intel 微处理器(影印版)[M]. 北京:高等教育出版社，2001.

[15] 钱晓捷，陈涛. 16/32 位微机原理、汇编语言及接口技术[M]. 2 版. 北京:机械工业出版社，2005.

[16] 马维华. 微型计算机原理及接口技术[M]. 北京:科学出版社，2003.

[17] 朱德森. 微型计算机(80486)原理及接口技术[M]. 北京:化学工业出版社，2003.

[18] 杨素行. 微型计算机系统原理及应用[M]. 北京：清华大学出版社，1995.

[19] 倪继烈，刘新民. 微机原理与接口技术[M]. 二版. 北京：高等教育出版社，2004.

[20] 赵雁南，温冬婵，杨泽红. 微型计算机系统与接口[M]. 北京：清华大学出版社，2005.

北京大学出版社本科电气信息系列实用规划教材

序号	书名	书号	编著者	定价	出版年份	教辅及获奖情况
		物联网工程				
1	物联网概论	7-301-23473-0	王 平	38	2014	电子课件/答案,有"多媒体移动交互式教材"
2	物联网概论	7-301-21439-8	王金甫	42	2012	电子课件/答案
3	现代通信网络	7-301-24557-6	胡珺珺	38	2014	电子课件/答案
4	物联网安全	7-301-24153-0	王金甫	43	2014	电子课件/答案
5	通信网络基础	7-301-23983-4	王昊	32	2014	
6	无线通信原理	7-301-23705-2	许晓丽	42		电子课件/答案
7	家居物联网技术开发与实践	7-301-22385-7	付 蔚	39	2013	电子课件/答案
8	物联网技术案例教程	7-301-22436-6	崔逊学	40	2013	电子课件
9	传感器技术及应用电路项目化教程	7-301-22110-5	钱裕禄	30	2013	电子课件/视频素材,宁波市教学成果奖
10	网络工程与管理	7-301-20763-5	谢 慧	39	2012	电子课件/答案
11	电磁场与电磁波(第2版)	7-301-20508-2	邬春明	32		电子课件/答案
12	现代交换技术(第2版)	7-301-18889-7	姚 军	36	2013	电子课件/习题答案
13	传感器基础(第2版)	7-301-19174-3	赵玉刚	32	2013	视频
14	物联网基础与应用	7-301-16598-0	李蔚田	44	2012	电子课件
15	通信技术实用教程	7-301-25386-1	谢 慧	36	2015	电子课件/习题答案
16	物联网工程应用与实践	7-301-19853-7	于继明	39	2015	
		单片机与嵌入式				
1	嵌入式ARM系统原理与实例开发(第2版)	7-301-16870-7	杨宗德	32	2011	电子课件/素材
2	ARM嵌入式系统基础与开发教程	7-301-17318-3	丁文龙 李志军	36	2010	电子课件/习题答案
3	嵌入式系统设计及应用	7-301-19451-5	邢吉生	44	2011	电子课件/实验程序素材
4	嵌入式系统开发基础-----基于八位单片机的C语言程序设计	7-301-17468-5	侯殿有	49	2012	电子课件/答案/素材
5	嵌入式系统基础实践教程	7-301-22447-2	韩 磊	35	2013	电子课件
6	单片机原理与接口技术	7-301-19175-0	李 升	46	2011	电子课件/习题答案
7	单片机系统设计与实例开发(MSP430)	7-301-21672-9	顾 涛	44	2013	电子课件/答案
8	单片机原理与应用技术	7-301-10760-7	魏立峰 王宝兴	25	2009	电子课件
9	单片机原理及应用教程(第2版)	7-301-22437-3	范立南	43	2013	电子课件/习题答案,辽宁"十二五"教材
10	单片机原理与应用及C51程序设计	7-301-13676-8	唐 颖	30	2011	电子课件
11	单片机原理与应用及其实验指导书	7-301-21058-1	邵发森	44	2012	电子课件/答案/素材
12	MCS-51单片机原理及应用	7-301-22882-1	黄翠翠	34	2013	电子课件/程序代码
		物理、能源、微电子				
1	物理光学理论与应用(第2版)	7-301-26024-1	宋贵才	46	2015	电子课件/习题答案,"十二五"普通高等教育本科国级规划教材
2	现代光学	7-301-23639-0	宋贵才	36	2014	电子课件/答案
3	平板显示技术基础	7-301-22111-2	王丽娟	52	2013	电子课件/答案
4	集成电路版图设计	7-301-21235-6	陆学斌	32	2012	电子课件/习题答案
5	新能源与分布式发电技术	7-301-17677-1	朱永强	32	2010	电子课件/习题答案,北京市精品教材,北京市"十二五"教材
6	太阳能电池原理与应用	7-301-18672-5	靳瑞敏	25	2011	电子课件

序号	书名	书号	编著者	定价	出版年份	教辅及获奖情况
7	新能源照明技术	7-301-23123-4	李姿景	33	2013	电子课件/答案
基 础 课						
1	电工与电子技术(上册)(第2版)	7-301-19183-5	吴舒辞	30	2011	电子课件/习题答案，湖南省"十二五"教材
2	电工与电子技术(下册)(第2版)	7-301-19229-0	徐卓农　李士军	32	2011	电子课件/习题答案，湖南省"十二五"教材
3	电路分析	7-301-12179-5	王艳红　蒋学华	38	2010	电子课件，山东省第二届优秀教材奖
4	模拟电子技术实验教程	7-301-13121-3	谭海曙	24	2010	电子课件
5	运筹学(第2版)	7-301-18860-6	吴亚丽　张俊敏	28	2011	电子课件/习题答案
6	电路与模拟电子技术	7-301-04595-4	张绪光　刘在娥	35	2009	电子课件/习题答案
7	微机原理及接口技术	7-301-16931-5	肖洪兵	32	2010	电子课件/习题答案
8	数字电子技术	7-301-16932-2	刘金华	30	2010	电子课件/习题答案
9	微机原理及接口技术实验指导书	7-301-17614-6	李干林　李升	22	2010	课件(实验报告)
10	模拟电子技术	7-301-17700-6	张绪光　刘在娥	36	2010	电子课件/习题答案
11	电工技术	7-301-18493-6	张莉　张绪光	26	2011	电子课件/习题答案，山东省"十二五"教材
12	电路分析基础	7-301-20505-1	吴舒辞	38	2012	电子课件/习题答案
13	模拟电子线路	7-301-20725-3	宋树祥	38	2012	电子课件/习题答案
14	数字电子技术	7-301-21304-9	秦长海　张天鹏	49	2013	电子课件/答案，河南省"十二五"教材
15	模拟电子与数字逻辑	7-301-21450-3	邬春明	39	2012	电子课件
16	电路与模拟电子技术实验指导书	7-301-20351-4	唐颖	26	2012	部分课件
17	电子电路基础实验与课程设计	7-301-22474-8	武林	36	2013	部分课件
18	电文化——电气信息学科概论	7-301-22484-7	高心	30	2013	
19	实用数字电子技术	7-301-22598-1	钱裕禄	30	2013	电子课件/答案/其他素材
20	模拟电子技术学习指导及习题精选	7-301-23124-1	姚娅川	30	2013	电子课件
21	电工电子基础实验及综合设计指导	7-301-23221-7	盛桂珍	32	2013	
22	电子技术实验教程	7-301-23736-6	司朝良	33	2014	
23	电工技术	7-301-24181-3	赵莹	46	2014	电子课件/习题答案
24	电子技术实验教程	7-301-24449-4	马秋明	26	2014	
25	微控制器原理及应用	7-301-24812-6	丁筱玲	42	2014	
26	模拟电子技术基础学习指导与习题分析	7-301-25507-0	李大军　唐颖	32	2015	电子课件/习题答案
27	电工学实验教程（第2版）	7-301-25343-4	王士军　张绪光	27	2015	
28	微机原理及接口技术	7-301-26063-0	李干林	42	2015	电子课件/习题答案
29	简明电路分析	7-301-26062-3	姜涛	48	2015	电子课件/习题答案
30	微机原理及接口技术（第2版）	7-301-26512-3	赵志诚　段中兴	49	2016	二维码数字资源
电子、通信						
1	DSP技术及应用	7-301-10759-1	吴冬梅　张玉杰	26	2011	电子课件，中国大学出版社图书奖首届优秀教材奖一等奖
2	电子工艺实习	7-301-10699-0	周春阳	19	2010	电子课件
3	电子工艺学教程	7-301-10744-7	张立毅　王华奎	32	2010	电子课件，中国大学出版社图书奖首届优秀教材奖一等奖
4	信号与系统	7-301-10761-4	华容　隋晓红	33	2011	电子课件
5	信息与通信工程专业英语(第2版)	7-301-19318-1	韩定定　李明明	32	2012	电子课件/参考译文，中国电子教育学会2012年全国电子信息类优秀教材

序号	书名	书号	编著者	定价	出版年份	教辅及获奖情况
6	高频电子线路(第2版)	7-301-16520-1	宋树祥　周冬梅	35	2009	电子课件/习题答案
7	MATLAB基础及其应用教程	7-301-11442-1	周开利　邓春晖	24	2011	电子课件
8	计算机网络	7-301-11508-4	郭银景　孙红雨	31	2009	电子课件
9	通信原理	7-301-12178-8	隋晓红　钟晓玲	32	2007	电子课件
10	数字图像处理	7-301-12176-4	曹茂永	23	2007	电子课件，"十二五"普通高等教育本科国家级规划教材
11	移动通信	7-301-11502-2	郭俊强　李成	22	2010	电子课件
12	生物医学数据分析及其MATLAB实现	7-301-14472-5	尚志刚　张建华	25	2009	电子课件/习题答案/素材
13	信号处理MATLAB实验教程	7-301-15168-6	李杰　张猛	20	2009	实验素材
14	通信网的信令系统	7-301-15786-2	张云麟	24	2009	电子课件
15	数字信号处理	7-301-16076-3	王震宇　张培珍	32	2010	电子课件/答案/素材
16	光纤通信	7-301-12379-9	卢志茂　冯进玫	28	2010	电子课件/习题答案
17	离散信息论基础	7-301-17382-4	范九伦　谢勰	25	2010	电子课件/习题答案
18	光纤通信	7-301-17683-2	李丽君　徐文云	26	2010	电子课件/习题答案
19	数字信号处理	7-301-17986-4	王玉德	32	2010	电子课件/答案/素材
20	电子线路CAD	7-301-18285-7	周荣富　曾技	41	2011	电子课件
21	MATLAB基础及应用	7-301-16739-7	李国朝	39	2011	电子课件/答案/素材
22	信息论与编码	7-301-18352-6	隋晓红　王艳营	24	2011	电子课件/习题答案
23	现代电子系统设计教程	7-301-18496-7	宋晓梅	36	2011	电子课件/习题答案
24	移动通信	7-301-19320-4	刘维超　时颖	39	2011	电子课件/习题答案
25	电子信息类专业MATLAB实验教程	7-301-19452-2	李明明	42	2011	电子课件/习题答案
26	信号与系统	7-301-20340-8	李云红	29	2012	电子课件
27	数字图像处理	7-301-20339-2	李云红	36	2012	电子课件
28	编码调制技术	7-301-20506-8	黄平	26	2012	电子课件
29	Mathcad在信号与系统中的应用	7-301-20918-9	郭仁春	30	2012	
30	MATLAB基础与应用教程	7-301-21247-9	王月明	32	2013	电子课件/答案
31	电子信息与通信工程专业英语	7-301-21688-0	孙桂芝	36	2012	电子课件
32	微波技术基础及其应用	7-301-21849-5	李泽民	49	2013	电子课件/习题答案/补充材料等
33	图像处理算法及应用	7-301-21607-1	李文书	48	2012	电子课件
34	网络系统分析与设计	7-301-20644-7	严承华	39	2012	电子课件
35	DSP技术及应用	7-301-22109-9	董胜	39	2013	电子课件/答案
36	通信原理实验与课程设计	7-301-22528-8	邬春明	34	2015	电子课件
37	信号与系统	7-301-22582-0	许丽佳	38	2013	电子课件/答案
38	信号与线性系统	7-301-22776-3	朱明旱	33	2013	电子课件/答案
39	信号分析与处理	7-301-22919-4	李会容	39	2013	电子课件/答案
40	MATLAB基础及实验教程	7-301-23022-0	杨成慧	36	2013	电子课件/答案
41	DSP技术与应用基础(第2版)	7-301-24777-8	俞一彪	45	2015	
42	EDA技术及数字系统的应用	7-301-23877-6	包明	55	2015	
43	算法设计、分析与应用教程	7-301-24352-7	李文书	49	2014	
44	Android开发工程师案例教程	7-301-24469-2	倪红军	48	2014	
45	ERP原理及应用	7-301-23735-9	朱宝慧	43	2014	电子课件/答案
46	综合电子系统设计与实践	7-301-25509-4	武林　陈希	32(估)	2015	
47	高频电子技术	7-301-25508-7	赵玉刚	29	2015	电子课件
48	信息与通信专业英语	7-301-25506-3	刘小佳	29	2015	电子课件
49	信号与系统	7-301-25984-9	张建奇	45	2015	电子课件
50	数字图像处理及应用	7-301-26112-5	张培珍	36	2015	电子课件/习题答案
51	激光技术与光纤通信实验	7-301-26609-0	周建华　兰岚	28	2015	

序号	书名	书号	编著者	定价	出版年份	教辅及获奖情况
	自动化、电气					
1	自动控制原理	7-301-22386-4	佟 威	30	2013	电子课件/答案
2	自动控制原理	7-301-22936-1	邢春芳	39	2013	
3	自动控制原理	7-301-22448-9	谭功全	44	2013	
4	自动控制原理	7-301-22112-9	许丽佳	30	2015	
5	自动控制原理	7-301-16933-9	丁 红 李学军	32	2010	电子课件/答案/素材
6	现代控制理论基础	7-301-10512-2	侯媛彬等	20	2010	电子课件/素材,国家级"十一五"规划教材
7	计算机控制系统(第2版)	7-301-23271-2	徐文尚	48	2013	电子课件/答案
8	电力系统继电保护(第2版)	7-301-21366-7	马永翔	42	2013	电子课件/习题答案
9	电气控制技术(第2版)	7-301-24933-8	韩顺杰 吕树清	28	2014	电子课件
10	自动化专业英语(第2版)	7-301-25091-4	李国厚 王春阳	46	2014	电子课件/参考译文
11	电力电子技术及应用	7-301-13577-8	张润和	38	2008	电子课件
12	高电压技术	7-301-14461-9	马永翔	28	2009	电子课件/习题答案
13	电力系统分析	7-301-14460-2	曹 娜	35	2009	
14	综合布线系统基础教程	7-301-14994-2	吴达金	24	2009	电子课件
15	PLC原理及应用	7-301-17797-6	缪志农 郭新年	26	2010	电子课件
16	集散控制系统	7-301-18131-7	周荣富 陶文英	36	2011	电子课件/习题答案
17	控制电机与特种电机及其控制系统	7-301-18260-4	孙冠群 于少娟	42	2011	电子课件/习题答案
18	电气信息类专业英语	7-301-19447-8	缪志农	40	2011	电子课件/习题答案
19	综合布线系统管理教程	7-301-16598-0	吴达金	39	2012	电子课件
20	供配电技术	7-301-16367-2	王玉华	49	2012	电子课件/习题答案
21	PLC技术与应用(西门子版)	7-301-22529-5	丁金婷	32	2013	电子课件
22	电机、拖动与控制	7-301-22872-2	万芳瑛	34	2013	电子课件/答案
23	电气信息工程专业英语	7-301-22920-0	余兴波	26	2013	电子课件/译文
24	集散控制系统(第2版)	7-301-23081-7	刘翠玲	36	2013	电子课件,2014年中国电子教育学会"全国电子信息类优秀教材"一等奖
25	工控组态软件及应用	7-301-23754-0	何坚强	49	2014	电子课件/答案
26	发电厂变电所电气部分(第2版)	7-301-23674-1	马永翔	48	2014	电子课件/答案
27	自动控制原理实验教程	7-301-25471-4	丁 红 贾玉瑛	29	2015	
28	自动控制原理(第2版)	7-301-25510-0	袁德成	35	2015	电子课件,辽宁省"十二五"教材
29	电机与电力电子技术	7-301-25736-4	孙冠群	45	2015	电子课件/答案

如您需要更多教学资源如电子课件、电子样章、习题答案等,请登录北京大学出版社第六事业部官网 www.pup6.cn 搜索下载。

如您需要浏览更多专业教材,请扫下面的二维码,关注北京大学出版社第六事业部官方微信(微信号:pup6book),随时查询专业教材、浏览教材目录、内容简介等信息,并可在线申请纸质样书用于教学。

感谢您使用我们的教材,欢迎您随时与我们联系,我们将及时做好全方位的服务。联系方式:010-62750667,szheng_pup6@163.com,pup_6@163.com,lihu80@163.com,欢迎来电来信。客户服务QQ号:1292552107,欢迎随时咨询。